U0253022

普通高等教育"十一五"国家级规划教材

计算机科学与技术专业实践系列教材

教育部"高等学校教学质量与教学改革工程"立项项目

实用操作系统教程
（第2版）

主编　李建伟
编著　吴江红　马　梁　刘　依
　　　苏　静　富　坤　韩红哲

清华大学出版社
北京

内 容 简 介

　　操作系统是计算机系统中的核心系统软件,"操作系统"课程是计算机专业的一门必修课程。本书深入浅出地阐述了操作系统的基本原理、基本结构、实现技术和运行机制。全书共分9章,依次介绍了操作系统的基本概念、进程(线程)管理、内存管理、I/O设备管理、文件管理及Linux操作系统的相关实现技术。这些知识可为读者理解、分析和应用操作系统打下坚实的专业基础。

　　本书内容讲解重点突出、通俗易懂,符合计算机专业"操作系统"课程教学大纲的要求,并涵盖了全国硕士研究生入学考试计算机学科专业基础综合考试大纲中操作系统部分的全部内容,每章后精选了大量典型习题和历年全国统考真题供读者练习。

　　本书是普通高等教育"十一五"国家级规划教材,可用于普通高等院校计算机各专业"操作系统"课程的教材或考研参考书,也可作为广大计算机科学工作者和从事相关领域工作的工程技术人员的参考资料。

图书在版编目(CIP)数据

实用操作系统教程/李建伟主编. --2版. --北京:清华大学出版社,2016(2023.8重印)

计算机科学与技术专业实践系列教材

ISBN 978-7-302-43400-9

Ⅰ. ①实… Ⅱ. ①李… Ⅲ. ①操作系统—高等学校—教材 Ⅳ. ①TP316

中国版本图书馆 CIP 数据核字(2016)第 076203 号

责任编辑:汪汉友　柴文强
封面设计:傅瑞学
责任校对:焦丽丽
责任印制:杨　艳

出版发行:清华大学出版社
　　　　网　　　址:http://www.tup.com.cn,http://www.wqbook.com
　　　　地　　　址:北京清华大学学研大厦 A 座　　　　　　邮　　编:100084
　　　　社 总 机:010-83470000　　　　　　　　　　　　　邮　　购:010-62786544
　　　　投稿与读者服务:010-62776969,c-service@tup.tsinghua.edu.cn
　　　　质量反馈:010-62772015,zhiliang@tup.tsinghua.edu.cn
　　　　课件下载:http://www.tup.com.cn,010-83470236
印 装 者:北京国马印刷厂
经　　销:全国新华书店
开　　本:185mm×260mm　　　印　　张:22.5　　　字　　数:543千字
版　　次:2011年5月第1版　2016年7月第2版　印　　次:2023年8月第10次印刷
定　　价:59.50元

产品编号:068251-02

普通高等教育"十一五"国家级规划教材
计算机科学与技术专业实践系列教材

编　委　会

主　　　任：王志英

副　主　任：汤志忠

编 委 委 员：陈向群　樊晓桠　邝　坚

孙吉贵　吴　跃　张　莉

第 2 版前言

本书第 1 版自 2011 年出版以来多次重印,得到了广大读者的厚爱和支持。我们在深感欣慰的同时,也感谢广大读者在使用过程中提出的宝贵意见。在第 1 版的使用过程中,我们一方面关注学生们对教材内容的反馈,及时对发现的问题进行深入分析和总结;另一发面,也不断学习当代最新的操作系统技术,持续跟踪全国硕士研究生入学统一考试中计算机科学专业基础综合考试的考试大纲变化以及近几年全国统考真题。在此基础之上,我们对本书第 1 版的内容进行了修订、补充和调整。

本书编写前,我们对本书第 1 版的知识结构体系、内容编排进行了反复推敲,多次调整。相对于上一版,本书重点调整了进程管理部分的章节结构,更加突出进程同步和通信这部分内容。由于学时所限,删除了上一版教材中未列入计算机科学专业基础综合考试大纲的操作系统安全与保护一章。对每章结束部分的习题重新进行了整理,增加了一些典型习题和最近几年计算机专业研究生入学考试全国统考真题,使每章习题对广大读者,尤其是对考研读者更具实用性。在课堂教学中我们发现,一个好的例题往往胜过老师的长篇大论,能有效地帮助读者快速而深刻地理解所学理论知识。故在第 2 版中,我们在部分重点章节增添了一定数量的典型例题,更加突出本书的“例题讲解、习题巩固”的特点。

本书讲解通俗易懂,大量运用读者熟知的日常生活实例进行类比,生动而深刻地表述了操作系统的基本概念和基本原理。本书每章开头有内容提示和学习目标,指导读者阅读,帮助读者整理思路,形成清晰的逻辑体系和主线,增强了本书的可读性。同时,在本书编写过程中,结合了作者的长期教学体会,突出课程中重点、难点知识的讲解,对读者容易混淆的知识点进行了特别提醒和详细阐述,帮助读者少走弯路,节省学习时间,继续保持了第 1 版教材“重点突出、通俗易懂”的特点。

为了帮助读者更加深入地理解所学的理论知识,本书增加了 Linux 操作系统实现技术概要介绍,并将其分散到相关章节的后面。通过这部分内容的学习,读者既能及时感受到所学的操作系统理论在实际操作系统中是如何应用的,又能深入理解 Linux 操作系统,为今后学习、使用 Linux 打下良好基础。

全书共 9 章,适合于 48～60 学时的课堂教学。其主要内容包括操作系统基本理论、操作系统基本功能(进程管理、内存管理、设备管理、文件管理)、Linux 操作系统介绍等。其中,对于 Linux 部分的教学内容,任课教师可依据本校的授课对象和授课学时自行掌握。

本书由李建伟担任主编,负责全书的统稿、校核和定稿工作。第 1 章～第 5 章由李建伟、马梁、刘依、韩红哲、张亚娟编写,第 6 章～第 8 章由吴江红、李建伟、苏静编写,第 9 章由李建伟、富坤、樊世燕编写。

河北工业大学计算机科学与软件学院顾军华教授仔细审阅了本书书稿,提出了许多宝贵意见,在此表示感谢。

感谢清华大学出版社的工作人员,他们为本书的顺利出版付出了辛勤的劳动。

本书是普通高等教育“十一五”国家级规划教材,可作为高等院校计算机及相关专业的教材,也可作为研究生入学统一考试的参考资料,还可供从事计算机及相关工作的专业人员学习操作系统原理时阅读。

本书的教学用电子课件和全部习题答案,读者可与出版社或作者联系。

本书在修订过程中汲取了众多国内外优秀操作系统教材的精华,包括 Internet 上的一些技术资料,听取了许多高校教师与广大读者的意见和建议,在此一并表示感谢。由于时间仓促以及作者水平所限,书中难免有疏漏之处,恳请广大读者批评指正。

编　者
2016 年 2 月

第1版前言

操作系统是计算机系统中最重要的系统软件,它是硬件与软件的接口。操作系统与每个计算机用户联系密切,无论是计算机软、硬件的开发者,还是使用者,都需要了解操作系统的基本原理、基本结构和实现技术,理解操作系统的运作机制,从操作系统的高度来看待计算机系统中的一切问题。

正如操作系统在计算机系统中的特殊地位那样,作为计算机专业重要必修课程之一的"操作系统"在计算机课程系统中起着承上启下的特殊作用。学好操作系统,可帮助学生梳理和整合以前课程所学的硬件和软件知识,做到融会贯通。2009年,"操作系统"被纳入全国硕士研究生入学统一考试计算机科学专业基础综合考试大纲,该课程的地位尤显重要。

本书的主要作者均为长期在一线从事"操作系统"课程教学的教师,具有丰富的教学、科研经验。近年来,随着新计算机课程的不断增加,"操作系统"和其他课程一样在逐渐压缩学时。为了适应此特点,本书内容在保证教育部高等学校计算机科学与技术教学指导委员会编写的操作系统教学大纲要求的基础上,对大纲以外的知识点进行了合理取舍,以方便老师和同学们使用。

近年来,考研人数逐年上升。我们在教学中时常发现,大部分准备考研的同学在备考时为了防止遗漏知识点,往往按照考研大纲的要求同时阅读多本教材。为了减轻这部分同学的负担,本书的编者们在编写前多次分析和讨论了考研大纲及近两年的统考真题,内容上严格比照考研大纲的要求进行编写。在每章首部,我们给出了本章的学习难点和重点,它们同时也是考研大纲规定的重要考点,希望读者在学习时给予重视。在每章的结束部分,我们精心选配了一定量的典型习题供读者使用,这些习题多源于国内知名高校的历年考研试卷和2009、2010年统考真题,这使得本书更具实用性。

本书语言通俗易懂,大量运用读者熟知的日常生活管理实例作类比,生动而深刻地表述了操作系统的基本概念和基本原理。同时,结合作者们的教学体会,突出重点、难点知识的讲解,并对读者容易忽略的疑点进行详细阐述,帮助读者少走弯路,节省学习时间。

全书共9章,适用于48~60学时的课堂教学。其内容主要包括:操作系统基本理论、操作系统基本功能(进程管理、存储管理、文件管理、设备管理)、操作系统安全与保护等。本书具有配套的实验指导教程,建议在讲完第2章后,依次穿插相关实验的讲解和布置。

全书由李建伟、刘金河担任主编,李建伟负责全书的统稿、定稿工作。参加编写的人员及分工:第1章、第3章、第4章由李建伟、刘金河、温泉编写;第2章、第5章、第6章、第7章、第8章由吴江红、任德华、苏静、李建伟编写;第9章由李建伟、张彦忠、傅灵丽编写。陈顺通、薛美云、韩炜、杜涛、代俊秋参与了本书的选材讨论及部分编写工作。感谢清华大学出版社的工作人员,他们为本书的出版付出了辛勤的劳动。

本书可作为高等院校计算机及相关专业的教材,也可作为研究生入学统一考试的参考资料,也可供从事计算机及相关工作的专业人员学习操作系统原理时阅读。

作者向出版社提供了本书的教学用电子课件和全部习题答案,有需要的老师,可与作者联系(lijianwei@hebut.edu.cn)或从出版社网站下载。

本书在编写过程中参考了大量相关文献资料,在此向参考文献的作者们深表谢意。由于编者们的才学有限,加之时间仓促,书中难免有不足之处,恳请专家及广大读者指正。

编　者

2011 年 4 月

目　　录

第1章 操作系统概述

通过本章的学习,读者将了解操作系统的概念和发展历史,掌握操作系统的主要功能、特征和发展方向,熟悉操作系统的结构设计和运行环境,为后续章节的学习打下良好的基础。

读者在本章将学到一个贯穿本课程的总纲,即操作系统采取各种合理有效的管理方法替用户管理好计算机系统中的各种软硬件资源,通过多任务并发或并行执行的方式共享计算机系统资源,最大限度地提高资源利用率;操作系统为用户提供了一个方便、安全、高效地使用计算机资源的接口。请读者牢记这个总纲,本书后续各章节都是围绕它展开讲解的。

【本章学习目标】

- 操作系统的概念、功能、特征和提供的服务。
- 批处理系统的特征、单道和多道的区别、多道程序设计技术的特征。
- 分时系统和实时系统的区别。
- 操作系统的运行环境(内核态与用户态、中断、异常、系统调用)。
- 操作系统体系结构及各自的优缺点。

1.1 操作系统的概念

1.1.1 计算机系统资源

计算机系统资源通常分为两大部分:计算机硬件和计算机软件。

1. 计算机硬件

计算机硬件是指人能看得见、摸得着的各种计算机部件,包括处理器、存储器、输入/输出(I/O)设备和系统总线等。

一台基本的个人计算机的硬件系统可抽象为图1.1所示的模型。

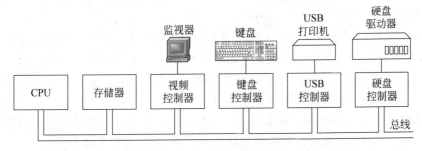

图 1.1 个人计算机硬件系统

处理器控制计算机的操作,实现数据处理功能。计算机完成的主要操作都需要处理器进行控制和处理。传统的计算机中只有一个处理器,通常称之为中央处理器,即人们常说的CPU(Central Processing Unit)。

存储器通常指用于存储程序和数据的内存,又称主存。内存依靠电才能存储数据,所以具有存取速度快和断电易失性等特征。计算机主存的大小是衡量计算机存储性能的一个重要指标,通常分为 K 级、M 级、G 级和 T 级。

处理器和存储器是计算机硬件资源的核心,它们是最宝贵的系统资源,二者通常称为主机。

输入/输出(I/O)设备是指计算机和外部进行信息交换的设备。其中,输入设备负责接收外部信息,包括各种命令请求、数据信息输入等;输出设备负责将计算机处理过的信息传送给外界,包括接收信息的人和设备。常见的 I/O 设备包括:外存(磁盘、磁带、光盘等)、键盘、显示器、打印机、CD-ROM、绘图仪、网卡等。输出设备通过设备控制器和 CPU 及内存进行信息交互,它们的显著特点是种类繁多、差异巨大,并且大多数设备直接和用户进行接触。

系统总线是构成计算机系统的互连机构,它是系统功能部件之间传送数据的公共通道,常被称为计算机系统的枢纽。无论哪个设备,如需使用总线与另一个设备交换信息,都要先向操作系统提出申请,获得总线使用权之后才能进行通信。在通信双方进行数据交换时,系统不再响应其他设备提出的总线使用申请,其他设备只能等待。

对于单处理器系统,总线大体分为三类:数据总线、地址总线和控制总线。数据总线是计算机各部件之间传送数据的通道。地址总线是 CPU 用来传送地址的通道。控制总线是传送各功能模块间传输数据时所需控制信号的通道。总线速度对系统性能有着极大的影响,它是衡量总线的一个重要指标。

随着计算机技术的飞速发展,单一处理器的计算能力已经很难再大幅提高,于是出现了多核处理器技术。该技术把两个以上的 CPU 核集成在一块芯片上,操作系统在多个 CPU 核上分配工作负荷,以提高系统的计算性能。

2. 计算机软件

计算机硬件是所有计算机软件运行的物质基础。光有硬件的计算机被称为裸机,用户直接使用硬件非常不方便,也会降低硬件资源利用率。计算机软件是一个为计算机系统配置程序和数据的集合,它能充分发挥硬件潜能,扩充硬件功能,并能组织、协调好硬件的使用,完成各种系统任务和应用任务。计算机硬件和软件相辅相成、互相促进、缺一不可。

计算机软件根据完成任务的不同可分以下几种。

(1)固化软件。固化软件指与计算机硬件联系比较密切、主要完成系统中各类硬件设备设置、实现系统引导的软件。固化软件通常具有功能简单、规模较小、所需存储空间不大等特点。例如计算机加电后,固化在计算机 ROM 中的系统初始化程序按约定将操作系统内核程序加载入内存,并执行系统初始化程序。

(2)系统软件。系统软件是指为程序运行提供运行环境的软件。系统软件管理着计算机系统中的各种资源,生成计算机可识别的机器指令,为各类程序提供良好的运行环境。系统软件种类繁多,包括:操作系统、编译系统、数据库管理系统、分布式软件系统等。其中,操作系统是计算机系统中最底层的系统软件,紧挨着硬件层,它为用户管理好系统中的各种软硬件资源,提高这些资源的利用率,为计算机用户提供良好服务。同时,操作系统又是其他软件运行的基础。

(3) 工具软件。工具软件又称为支撑软件,它是辅助软件开发人员从事软件开发工作的软件,例如:软件开发工具 JCreator、软件测试工具 IBM Rational Robot 等。工具软件能提高软件开发效率、改善软件产品质量。

(4) 应用软件。应用软件是指在系统软件和工具软件之上建立的具有特殊用途、针对特定用户的软件。应用软件种类繁多,与终端用户接触最为密切,例如:办公软件、财务软件、天气预报软件、医院管理软件、游戏软件、通信软件、网络浏览器等。

1.1.2 操作系统的地位

计算机系统的软件和硬件形成层次结构,如图1.2所示。其中,每层都具有一定的功能。底层向上层提供功能调用接口,上层用户无须了解下层功能的具体实现过程,只需通过调用接口调用下层提供的功能即可。

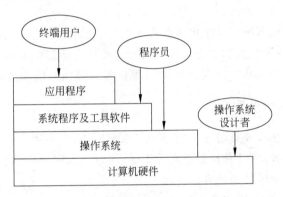

图 1.2　计算机系统层次结构图

应用程序用户(即终端用户)根本接触不到计算机硬件,故不必关心硬件的实现细节。在他们看来,计算机就是由一组应用程序组成的虚拟机。例如:铁路售票员在售票时使用计算机系统中安装的铁路售票应用软件,出于安全方面的考虑,往往不允许他们在该计算机上运行其他的程序或上网,更不允许他们修改程序,只允许他们使用该软件售票。所以,在铁路售票员看来,他们工作用的计算机就是铁路售票应用软件虚拟机(或称铁路售票机)。

应用程序由程序员开发,为了降低开发难度、简化开发过程,程序员在开发中通常要使用一些系统程序和工具软件。应用程序在运行时也将通过系统调用的方式调用操作系统提供的各种功能,这要求程序员也应熟悉操作系统的系统调用。因此,程序员接触到的计算机层次为系统程序及工具软件和操作系统。例如:某程序员用 Delphi 和 SQL Server 开发一个书店管理信息系统应用程序时,他会用到 Delphi 工具软件和 SQL Server 数据库系统软件,开发好的书店管理信息系统运行时将调用 SQL Server 数据库或操作系统提供的各种系统功能调用。

从图1.2可以看出,操作系统处于计算机系统层次的中间层。它上层是其他系统软件、工具软件和应用程序,操作系统对它们具有支配权力,同时又为它们提供支持。操作系统下层是计算机硬件,操作系统在核心态下对硬件资源直接实施控制、管理,它的很多功能都是与硬件配合实现的,如中断系统、缓冲管理等。

操作系统是所有软件中最靠近硬件的软件,常被看作是计算机硬件的第一层扩充。因为有了操作系统,计算机才变成功能强大、方便操作的虚拟计算机。操作系统使得程序员无须了解硬件知识就可通过操作系统提供的系统调用接口使用硬件,降低了软件的编写难度。同时,操作系统通过用户界面与终端用户直接接触,它是终端用户直接操作计算机资源的接口。有了操作系统提供的良好用户界面,普通计算机用户在不了解计算机内部工作原理的条件下,也能方便地使用计算机系统中的各种资源。

良好的用户界面是衡量操作系统好坏的一个重要标准,这点在个人计算机操作系统中尤为明显。个人计算机操作系统 DOS 曾经风靡一时,一度处于垄断地位,它提供给计算机用户的操作接口是各种操作命令和系统调用,初学者必须花费大量精力去学习、记忆。当提供图形用户界面的操作系统(如 Windows)出现之后,人们可以很容易地使用鼠标对各种图标"发号施令",无须再学习、记忆各种操作命令。图形化用户接口更加直观、更加友好,降低了用户使用操作系统的难度。所以,提供图形接口的操作系统很快取代了 DOS 操作系统,同时也使得个人计算机在普通用户中得到了极大推广。

操作系统在计算机系统层次结构中起着承上启下的作用,它既面向硬件又面向软件和各类用户,是软硬件资源的控制中心。操作系统的质量直接影响着计算机系统的运行效率和用户使用系统资源的满意度。因此说,操作系统是计算机系统中最重要的系统软件。

1.1.3 操作系统的定义

操作系统是配置在计算机硬件上的第一层系统软件,它为用户控制和管理着计算机系统中的所有软硬件资源,使计算机系统高效工作;同时又为用户提供良好的用户接口,使用户能够方便、有效、安全地使用计算机资源。

从这个定义可以看出,操作系统具有以下两个重要特点。

(1) 高效资源管理。操作系统帮助用户管理好系统中的所有软硬件资源,是一个负责的"大管家",它不仅要为用户"看管"好软硬件资源,更要控制、调度、管理好它们。

(2) 方便用户使用。操作系统把计算机系统中复杂的软硬件操作虚拟成方便、高效的操作界面,使得用户操作接口和系统调用接口两方面都具有易用性和易维护性。从这方面看它是一个非常好的"魔法师"。Windows 等操作系统提供的图形用户界面之所以深受用户欢迎,就是它为用户使用计算机资源提供了极大的方便。

高效管理系统资源和方便用户操作这两方面密切相关。管理好系统资源有利于提高用户程序的执行效率,为用户提供方便;方便用户操作能够吸引更多的用户,为提高系统资源利用率创造更多机会。但两者之间也存在一定制约,例如:有时为了方便用户操作需要降低一些系统资源使用效率,有时为了追求更高的使用效率可能会使某些用户在使用系统资源时感觉不便。操作系统设计者在设计操作系统时,可依据所设计操作系统的具体需求,对这两方面权衡利弊、有取有舍。

读者在学习"操作系统"这门课程时,注意它与计算机课程体系中其他课程的不同之处。操作系统中的许多设计思想和实现方法都是折中的,往往是"没有最好、只求更好",处处体现着管理学思想。所以,有的学者说操作系统是计算机技术和管理技术相结合的产物。

随着计算机技术和其他信息技术的飞速发展,人们对计算机的依赖性越来越强。与此同时,操作系统的安全问题越发显得重要。例如:操作系统在提供系统调用时,必须考虑到系统资源的安全使用问题,即用户是否有权限使用该资源。用户超越权限使用资源,不仅会危害系统的正常运行,甚至会损坏其他用户的利益。超越权限使用系统资源常常是计算机病毒和攻击者想做的事情。

计算机网络发展日新月异,互联网攻击日益猖獗,终端用户们采取各种补救措施予以应对,如频繁杀毒和对各种软件打补丁。为此,信息安全专家们致力于寻找一种更为行之有效的方法来解决黑客攻击这一令人头疼的问题。在此过程中,人们不断尝试通过增强操作系统的安全性来扼制黑客攻击和各种计算机病毒的干扰。

无论是系统软件还是应用软件,它们都建立在操作系统之上,都要通过操作系统提供的系统功能调用来完成信息的存取和处理。在网络环境中,网络安全可信性的基础是互联网中各主机系统的安全可信性,而主机系统的安全可信性依赖于其上操作系统的安全性。没有操作系统的安全可信性,其他的系统安全措施如同建立在沙滩上的建筑,根基不会牢靠,很难实现安全性。安全机制已成为当今主流操作系统不可或缺的一部分。

总之,操作系统既使得计算机系统实现了高效率和高度自动化,又使得用户能够方便、有效、安全地使用计算机系统资源。

1.1.4　操作系统的设计目标

操作系统的发展历史中出现过各种不同类型的操作系统,它们的设计目标虽各有侧重,但都是围绕着操作系统的两个重要特点进行设计。一是高效管理计算机中的各种资源,保证计算机系统的高效性;二是方便用户使用计算机系统资源。通常情况下,现代操作系统的设计者们在设计具体操作系统时会考虑以下5个设计目标。

1. 高效性

高效性是系统管理人员对操作系统的要求,其主要包含以下两个含义。

(1) 高效性的第一个含义是提高系统资源利用率。计算机系统中的各个部件存在着巨大的速度差异。如不采取措施,慢速的 I/O 设备将导致快速的 CPU 长时间等待数据的输入/输出,把 CPU 的速度拉下来与之匹配,造成 CPU 使用的巨大浪费。在程序运行过程中,内存和外存中存放的数据过少也会导致存储空间的浪费。CPU 在执行计算指令时,I/O 设备会由于没有输入/输出任务而长期闲置。即使下一个任务有许多数据需要输入,但由于 I/O 设备不能离开 CPU 的控制独立运行,其只能空闲等待,造成使用效率降低。所有这些都造成了系统资源的极大浪费。操作系统的设计者们在设计操作系统时,首先要考虑的就是在操作系统运行时如何协调、管理好计算机系统中的各种软硬件资源,使之高效运行。

(2) 高效性的另一个含义是提高系统的作业吞吐量。作业(Job)指用户在一次上机活动中要求计算机系统所做工作的集合。从执行角度看,作业由一组有序的作业步组成,如编译、运行分别称为不同的作业步。单位时间内计算机系统完成的作业道数称为作业吞吐量,它是衡量计算机系统效率的一个重要指标。作业吞吐量的提高可使用户感觉作业运行周期缩短,提高系统运行效率,增加满意度。用户作业往往具有不同的运行特征,有的以计算为主、有的以 I/O 操作为主、有的是计算和 I/O 操作混合,种类繁多。操作系统要根据作业的特征,合理组织计算机的工作流程,提高系统资源利用率,缩短作业等待时间,提高系统的作业吞吐量。

为了实现高效性,操作系统设计人员采取了多种措施,如:多道程序设计技术、虚拟存储器、输入/输出缓冲、SPOOLing 技术等,这些内容都将在后续章节中详细介绍。

2. 方便性

方便性是用户对操作系统的要求。计算机系统配置操作系统后,操作系统要给用户提供一个方便、高效的操作界面,用户通过该界面使用系统中的各类资源。

早期的计算机非常昂贵,运行的程序多为数值计算。当时,系统资源的高效性最为重要。随着计算机的普及,尤其是个人电脑进入千家万户,计算机的主要工作已不再是复杂的数值计算,而是大量的信息处理。用户在要求操作系统具有高效性的前提下,也更加关注操作系统的方便性。试想一下,一个操作界面非常糟糕的操作系统,即使它有很好的系统资源运行效率,但普通用户也不会选用它。当前,具有良好方便性的图形用户界面操作系统大行其道,几乎所有的通用操作系统都提供了图形用户界面,这充分说明了方便性在设计操作系统时的重要性。

3. 可扩充性

随着计算机技术的飞速发展,不断出现各种新硬件和新系统结构。操作系统要适应计算机硬件资源、体系结构等的发展要求,方便更新或增加新的功能模块,具有良好的可扩充性。只有具有良好可扩充性的操作系统才具有更好的生命力,才能被广大用户接受。例如:当前流行的微内核操作系统结构就具有良好的可扩充性,便于增加或修改系统功能模块。操作系统是一种高度复杂的系统软件,其开发中必然要不断修正错误,这就要求操作系统也要有一定的可维护性。

4. 开放性

网络在现今社会无处不在,操作系统的应用环境从早期封闭的单机环境转向开放的网络环境。这要求操作系统的设计者在设计操作系统时要遵循国际标准,设计出的操作系统应具有兼容性,使不同平台上开发的应用程序具有可移植性和可互操作性,方便实现网络互联。现代绝大多数操作系统都具备不同程度的开放性,以适应网络环境的要求。

5. 安全性

操作系统的安全性对用户的隐私安全以及使用便利性都有很大影响,注重操作系统的安全性具有重大意义。随着 Internet 的迅猛发展,操作系统的安全性已成为网络安全中的重要内容之一。一般来讲,操作系统的安全机制主要包括 5 个方面,分别为:身份认证、访问控制、数据保密性、数据完整性以及不可否认性。当前流行的操作系统 Windows、Linux、UNIX、Mac OS 都充分考虑了系统安全性,设计出了各种安全机制。

为了实现上述设计目标,操作系统的设计者们逐渐从实践中总结出了一套卓有成效的软件设计工程化方法,积累了一些常用的操作系统设计技术。无论哪种操作系统都会全部或部分用到这些内容,在后续各章中,我们将分别予以介绍。

1.2 操作系统的发展历史与分类

1.2.1 操作系统的发展历史

操作系统的发展历史与计算机的发展历史紧密相连。人们按照计算机元件工艺的演变将计算机的发展过程划分为 5 个时代,操作系统也在这 5 个时代中不断地演变和发展。

1. 第一代计算机(1946—1955 年):计算机主要由电子管组成,无操作系统

第一代计算机运算速度慢,主要由主机(运算控制部件和内存)、输入设备(如:纸带输入机、卡片阅读机)、输出设备(如:打印机)和控制台组成,辅存主要采用磁带。当时的计算机只能接收机器语言指令,还没有出现操作系统。由于只能采用人工方式操作计算机,通常把这个时期称为"人工操作阶段"。

第一代计算机主要用于数值计算。程序员采用机器语言编制程序,直接控制和使用计算机硬件。操作人员将事先准备好的程序和数据穿孔在纸带或卡片上,然后把程序纸带或卡片装入输入机。启动输入机把卡片、纸带或磁带上的程序和数据送入指定的内存区域,通过控制台设置内存启动地址并启动程序运行。数值计算完毕,用户把计算结果存储到磁带或通过打印机直接打印输出。运行用户程序时,用户程序独占计算机系统资源。整个执行过程中,操作人员不断地装纸带、控制程序运行、卸纸带,速度非常慢且容易出错。操作人员不仅要掌握编程语言,还要掌握所有设备的操作过程。当时的计算机速度较慢,程序较小,人们可以容忍人工操作的慢速。

人工操作方式存在着严重缺点,主要有以下几个方面。

(1) 用户程序独占系统资源,系统资源利用率不高。

(2) 人工干预较多,处理机因等待人工干预的完成而大部分时间处于空闲。

(3) 人工操作易发生错误,一旦出错,无论程序已执行多长时间,必须重新开始执行。

到了 20 世纪中期,计算机运算速度有了很大提高,出现了 Fortran、COBOL 等高级程序设计语言,但人工操作速度和计算机运算速度之间的矛盾愈发突出,缩短手工操作和人工干预时间变得十分紧迫。新的计算机渴望用程序自动控制取代人工操作,摆脱人工干预的困扰。

2. 第二代计算机(1955—1965 年):计算机主要由晶体管组成,出现监控程序

第二代计算机中广泛采用了磁芯存储器和磁鼓存储器等快速存储设备。计算机在体积和性能方面都有了极大改善,出现了磁盘、通道、终端等部件。第二代计算机已经具备了成批处理作业的能力。

为了解决人机矛盾,避免人工操作给计算机带来的硬件资源浪费,人们提出一种解决方法——把作业的输入、编译、运行和输出等流程交给预存在计算机内存中的监控程序(Monitor)进行管理。监控程序如同人工操作中的系统操作员。计算机运行用户提交的作业时,监控程序控制输入机读入作业的卡片组,并将输入内容加载到内存。之后,从指定内存地址启动执行程序。当一个作业结束时,监控程序清理处理机内部状态并初始化硬件设备,控制输入机读入下一个作业。

实际工作中,监控程序的主要部分预装在内存中,它的一些例行程序以及语言编译程序等存放在被称为"系统带"的磁带上。监控程序为操作人员提供了一套控制命令,操作人员通过打字机输入命令,监控程序识别并执行命令,这样不仅速度快,操作人员还可进行一些复杂的控制。监控程序中还包含了磁带机、打印机、读卡机等设备的操作程序和常用的数学子程序,所有用户程序都可以调用这些程序来完成相应的工作,减轻了程序员编写程序的难度。

监控程序功能简单,它不允许程序员和正在执行的作业进行交互,也无法防止作业对计算机系统的修改,但它具备了对运行作业进行管理的功能。监控程序与操作系统有许多相似的特征,但由于其不具备并发运行机制,不能使多个用户作业共享系统资源,故其不是真正意义上的操作系统,应该属于操作系统的雏形。

为防止用户程序错误对计算机系统造成干扰和破坏,人们将机器指令分为特权指令和非特权指令。使用系统资源的指令规定为特权指令。只有监控程序才有权使用特权指令,用户程序只能使用非特权指令。用户程序如想使用系统资源,必须通过系统调用向监控程序提出请求,监控程序通过执行系统内部程序来完成用户请求。

在此阶段出现了批处理技术,并依次出现了联机批处理系统和脱机批处理系统。

(1)联机批处理系统。该系统就是在以前人工操作的基础上增加了监控程序。用户在使用计算机前,先把要执行的程序、数据和作业说明书提交给操作人员。操作人员把用户提交的一批作业装入到慢速输入设备(如:读卡机)上,然后在监控程序的控制下把作业传送到快速存储设备(如:磁带)上。之后,监控程序自动输入第一个作业的说明书,若当前系统资源能满足其要求,则将该作业的程序、数据调入内存,并从系统带上输入所需的编译程序。编译程序将用户源程序翻译成目标程序,再由链接装配程序把编译后的目标程序及其所需子程序装配成可执行程序,接着启动执行。计算完成后,输出该作业的计算结果。当一个作业输出完毕后,监控程序自动调入下一个作业进入内存执行,直到该批作业处理完毕。

联机批处理系统中,成批的作业在监控程序的控制下自动执行,减少了人工干预,提高了处理机利用率。但慢速的输入/输出操作仍由处理机直接控制,处理机仍有很多空闲等待时间。例如:在把纸带或卡片上存储的作业输入到磁带上时,宝贵的处理机此时"无米下锅",只能长时间处于等待状态,不能发挥 CPU 应有的效率。为了解决该问题,人们提出了脱机批处理系统。

(2)脱机批处理系统。该系统由主机和卫星机组成。卫星机不与主机直接连接,只与外部设备打交道。卫星机负责把输入机上的作业传送到输入磁带上。当主机需要输入作业时,把输入磁带与主机相连,主机直接从快速的输入设备——磁带上调入作业,而不再是从慢速的纸带或卡片上调入作业,极大地缩短了处理机的输入等待时间,提高了系统作业吞吐量。输出时,主机只需把输出结果输出到磁带上即可认为输出操作完毕。之后,由卫星机把磁带上的输出数据在慢速打印机上输出,大大缩短了处理机的输出等待时间。

IBM 公司早期推出的 1401 和 7094 系统就是典型的脱机批处理系统实例,其系统如图 1.3 所示。

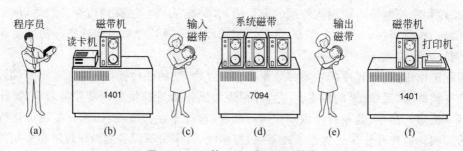

图 1.3　IBM 的 1401 和 7094 系统

图 1.3(a)中,程序员将自己的程序首先输出到卡片上,并装入与 1401 输入机相连的读

卡机上。图(b)中,1401输入机将卡片上的作业通过读卡机读到磁带机中的磁带上。图(c)中,操作员将存有一定数量作业的输入磁带送入7094主机控制的磁带机中。图(d)中,7094主机从输入磁带上依次读入作业进入内存,并进行计算,将运行结果保存在输出磁带上。图(e)中,操作员将存有运算结果的输出磁带送到与1401输出机相连的磁带机中。图(f)中,1401输出机通过磁带机把输出磁带上的数据读出并打印,打印结束后,操作员将打印结果交给用户。

该系统中专门用于输入/输出操作的1401卫星机不与7094主机相连,所有输入/输出操作都是在脱离7094主机控制下进行的,7094主机在监控程序的控制下进行批量作业处理,故称此类系统为脱机批处理系统。

第二代大型计算机主要用于大型科学计算,这时的批处理系统虽然在一定程度缓解了处理机与I/O设备速度不匹配的矛盾,但内存中始终只有一道作业,该作业运行时独占系统全部资源,这导致系统资源整体利用率很低。根据这个特点,通常称此阶段的批处理系统为单道批处理系统。

3. 第三代计算机(1965—1980年):采用集成电路芯片,出现多道批处理系统

集成电路芯片的采用既大大缩小了计算机体积,又提高了系统的可靠性和适应性。中断技术和通道技术为实现处理机和I/O设备并行工作提供了基础,这使得操作系统由单道批处理时代进入了多道批处理时代。

单道批处理系统虽然避免了人工操作,在一定程度上提高了计算机的运行效率,但处理机和I/O设备(如磁带机)之间仍然是串行工作。磁带机进行作业输入/输出操作时,处理机等待并周期性检测外设是否完成输入/输出操作,而不能进行它所擅长的计算工作。随着计算机运算速度的迅速提高,人们发现宝贵的处理机在等待输入/输出操作完成上浪费了大量时间。对于商业数据处理,处理机浪费在等待输入/输出操作完成上的时间可占到总运行时间的80%~90%。分析其产生原因,人们发现内存中任何时刻只存有一道作业是根本原因,它阻碍了系统资源利用率的提高。于是在此阶段,人们提出了多道批处理系统。在一段时间内,内存能接纳多道程序的系统称为多道批处理系统。

这一时期,操作系统逐渐形成并不断完善,出现了三种基本操作系统类型。它们是多道批处理操作系统、分时操作系统和实时操作系统。下节将对这三种操作系统进行详细介绍。

对计算机新技术的不断探索最终导致了操作系统的诞生。该时期的典型代表是IBM公司设计的多道批处理操作系统OS/360,它运行在IBM的第三代计算机System/360、System/370、System/4300等之上。该系统允许多个输入/输出操作同时运行,处理机和磁盘操作可以并行工作。

4. 第四代计算机(1980—1990):采用大规模集成电路芯片,出现成熟商用操作系统

20世纪80年代后期,随着大规模集成电路芯片的发展和应用,各种类型的计算机和操作系统不断涌现。由于硬件价格的下降,个人计算机得到普及,操作系统也出现了新的发展方向。个人计算机虽由用户独享,但用户往往让计算机同时运行多个任务,对系统资源利用率仍有较高要求。此外,个人计算机用户的水平参差不齐,这对操作系统的方便性提出了更高要求,甚至超过了对资源利用率的要求。1985年,微软公司受苹果公司Macintosh操作系统窗口式人机界面的启发,发布了基于DOS的Windows操作系统。系统中各种实用程序不再使用文本行的输入/输出方式,取而代之的是图形化的窗口界面,这使得计算机更加接近大众,加快了其普及程度。

网络的出现给计算机发展带来了新的动力,随之出现了网络操作系统和分布式操作系统。传统的网络操作系统就是在原有操作系统的基础上增加网络功能。为了充分利用闲置的计算机资源,又出现了分布式操作系统。它把运行作业分解成多个任务,让多台计算机同时计算,但看上去好像是一台计算机在计算。分布式操作系统比网络操作系统的运算效率更高。

第四代阶段出现了许多成熟的商用操作系统,如 UNIX,MS-DOS,Windows 等。

5. 第五代计算机(1990 年至今):计算机主要由超大规模集成电路芯片组成

人们关于第五代计算机的定义并不完全一致。随着计算机性能的不断提高,运行在其上的操作系统也取得了快速发展,不仅种类越来越多,而且功能也更加强大。随着虚拟技术、多核管理技术等新技术的出现,嵌入式操作系统、强实时操作系统、并行操作系统、分布式操作系统等各种新型操作系统不断涌现,这些都是当今操作系统发展的方向。此外,随着人们对信息安全的不断重视,操作系统安全与保护已经成为操作系统设计需要考虑的一项重要内容,这也将导致操作系统变得更加复杂。

1.2.2 操作系统分类

本节我们把操作系统发展历史上出现的典型操作系统进行了大致分类,共分 7 类。随着计算机技术的飞速发展和应用领域的不断扩大,相信还会不断涌现新的操作系统类别。

1. 批处理操作系统

批处理操作系统(Batch Processing Operating System)的工作流程为:用户将作业交给系统操作人员,系统操作人员将多个用户的作业组成一批输入磁带,然后启动批处理操作系统。系统自动从磁带上加载作业到内存执行,最后把执行结果输出。根据系统一次加载作业的道数,批处理操作系统分为单道批处理操作系统和多道批处理操作系统。单道批处理操作系统每次只加载一道作业到内存中执行。多道批处理操作系统每次加载多道作业到内存中并发执行,各个作业轮流使用处理机和其他系统资源,最终依次完成。批处理系统适合处理大批无交互的作业。

批处理操作系统优点:作业逐批进入系统并逐批进行处理,系统资源利用率高、作业吞吐量大;作业之间的过渡由操作系统完成,无须人工干预,减少差错出现。

批处理操作系统缺点:作业周转时间长;用户不能和正在执行的程序进行交互;不利于程序的开发和调试。

(1)单道批处理系统

单道批处理系统硬件配置如图 1.4 所示。

单道批处理系统是早期的一种批处理管理方式,典型的操作系统是 20 世纪 50 年代末安装在 IBM7090 计算机上的 FMS(Fortran Monitor System)系统。

单道批处理系统首先把一批作业以脱机输入的方式输入到目标磁带上,在控制台监督程序的控制下,先把磁带上的第一个作业传送到主机内存中,并把 CPU 的使用权交给它。当第一个作业处理完毕后又把 CPU 使用权交还给监控程序,由监控程序把第二个作业调入内存,各个作业依次执行,直至把磁带上的所有作业都处理完毕。这是一种封闭式的管理方式,用户和操作人员的职责分离,避免了因用户直接操作主机造成 CPU 利用率低下。

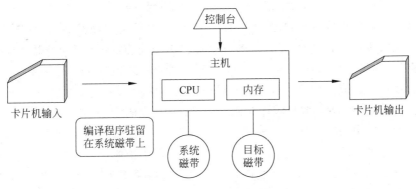

图 1.4　单道批处理系统硬件配置

单道批处理系统中各个作业在监督程序的控制下顺序进入内存,无须用户干预,提高了系统效率。但是作业在执行过程中不允许和用户进行交互,只有等全部作业执行完毕,用户才能看到作业结果,这导致用户在作业执行过程中即使发现错误也不能及时改正。用户在提交作业之前,需对作业运行期间可能出现的各种情况预先设定好处理方法,这对于新作业较难实现,延长了新作业的调试时间。

单道批处理系统比人工操作效率高,但 CPU 与 I/O 设备是以串行方式工作的,CPU 工作时,I/O 设备空闲;I/O 设备工作时,CPU 忙等待,这极大限制了设备和 CPU 的利用率。由于 CPU 和 I/O 设备间存在巨大速度差异,CPU 需要花费大量时间等待 I/O 操作完成。

单道批处理系统具有以下特征。

① 自动性。磁带上的作业在监控程序控制下自动的逐个执行,但对以输入/输出操作为主的作业,CPU 会长期空闲。

② 顺序性。作业顺序进入内存,执行与完成的顺序和调入的顺序完全相同。

③ 单道性。内存中仅有一道作业,只有该作业完成或发生异常时,才调入后继作业进入内存运行。

(2) 多道批处理系统

在早期的单道批处理系统中,CPU 与 I/O 设备以串行方式工作,故两者的利用率较低。随着计算机硬件技术的发展,特别是中断和通道的实现、内存的扩大、脱机输入/输出系统的采用,尤其是多道程序设计技术(Multiprogramming Technology)引入,出现了多道批处理系统。

多道批处理系统引入了一种全新的程序设计技术——多道程序设计技术。多道程序设计技术的基本思想是在内存中同时存放多道相互独立的程序,这些程序共享系统资源,并在操作系统控制下交替在 CPU 上执行。在多道批处理系统中,多个用户作业在外存上排成"后备队列",系统中的作业调度程序从该队列中挑选多道作业调入内存,这些选中并进入内存的作业同时处于运行状态交替执行。多道批处理系统将内存分成几个部分,操作系统占用其中一个,其余的部分中,每部分放一道作业。

宏观上看,内存中的多道程序都已经开始执行但都尚未结束;微观上看,在单处理器系统中,某一时刻只有一个程序获得 CPU 执行。多道程序交替执行的方式常被称为程序的并发执行,采用多道程序设计技术的系统被称为多道程序系统。

支持多道程序设计技术的系统有两个非常明显的特点。

①多道。内存中存放多道程序，多道程序交替执行，每个程序都在"走走停停"，从而充分提高了系统资源利用率，增加了系统的吞吐量。在单处理机情况下，宏观上看，内存中的几道程序都在"同时"执行；微观上看，内存中的多道程序轮流或分时地占有CPU，交替串行。它给程序用户造成一种多道程序"同时"执行的假象。

②成批执行，交互少。成批程序在系统中运行时，系统不允许用户和程序进行交互，用户必须对作业运行中可能出现的各种情况事先在作业说明书中规定好处理方法。

多道程序设计技术要求I/O设备有较强的功能，能不依赖CPU管理而实现I/O操作。中断技术的发展和通道技术的出现使得多道程序设计技术成为可能。中断是指CPU在收到外部中断信号后，停止原来工作，转去处理中断事件，处理完毕后回断点继续执行。通道是专门用于控制I/O设备的处理机，它可以实现I/O设备和主存间直接通信，在相当长的一段时间内不用CPU干预，这段时间CPU可以做其他工作。I/O操作完成后，I/O设备向系统发出中断请求，CPU响应中断后很快处理完内存中的输入/输出数据。

随着计算机处理能力的不断提高，激发了人们用计算机解决更多、更大作业的愿望。但在实际中，计算机内存容量虽不断增大，但远远赶不上程序规模的增长速度。于是出现了虚拟内存技术，系统用一部分廉价的磁盘空间来"虚拟"内存，作业运行时只需部分装入内存。作业运行时，操作系统完成作业各部分在内存和辅存之间的交换。虚拟内存技术为多道批处理系统的实现提供了有利条件。

图1.5给出了某4道作业并发执行时，CPU和4个I/O外设的使用情况。作业A先执行，当作业A进行I/O操作时，CPU并没有空闲，而是去执行作业B。当作业B进行I/O操作时，CPU分配给作业C。作业C在CPU上执行结束后，进行I/O操作。此时，作业A、B和C都在进行I/O操作，CPU转去执行作业D。CPU交替执行多道作业，几乎没有空闲等待时间，提高了CPU、内存和I/O设备的利用率。

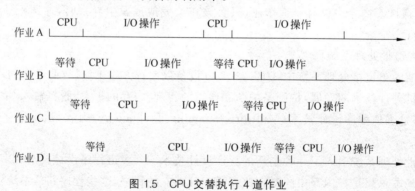

图1.5 CPU交替执行4道作业

从图1.5可以看到，多道程序系统利用CPU的空闲等待时间运行其他程序，提高了作业吞吐量；系统中CPU、内存和外设的利用率都得到了极大提高。若能使适量的多道程序并发执行，可将CPU的等待时间减小到最小。

由以上介绍，可得到如下公式：

批处理系统＋多道程序设计技术＝多道批处理系统

为了说明多道批处理系统的优点，我们再来看一个例子例题：设内存中有三道程序 A、B、C，每个程序具有计算和 I/O 操作两部分构成。三道程序按 A→B→C 的优先次序执行。它们的计算和 I/O 操作的时间如表 1.1 所示（单位：ms）。

表 1.1　三道程序的运算时间

操作 ＼ 程序	A	B	C
计算	20	40	10
I/O 操作	30	20	30
计算	10	10	20

假设三道程序使用相同设备进行 I/O 操作，即程序以串行方式使用设备，计算一下，单道串行和多道并发运行三道程序各需多长时间？（调度程序的执行时间可忽略不计）

单道串行方式：总的运行时间为：20＋30＋10＋40＋20＋10＋10＋30＋20＝190ms。

多道并发方式：程序 A 先执行 20ms 的计算，再完成 30ms 的 I/O 操作（与此同时程序 B 进行 30ms 的计算），最后再进行 10ms 的计算（此时程序 B 等待，因还需要进行 10ms 的计算）；程序 B 先执行 10ms 的计算，再完成 20ms 的 I/O 操作（与此同时程序 C 进行 10ms 的计算，然后等待 I/O 设备），最后再进行 10ms 的计算（此时程序 C 执行 I/O 操作 10ms）；然后程序 C 先执行 20ms 的 I/O 操作，最后再进行 20ms 的计算。至此，三道程序全部运行完毕，总的运行时间为：20＋30＋10＋10＋20＋10＋20＋20＝140ms，比单道串行方式节省 50ms。三道程序并发执行的时间关系如图 1.6 所示。

通过此例我们可知，多道程序并发执行方式提高了 CPU 和 I/O 设备的利用率，比单道串行执行方式效率高。

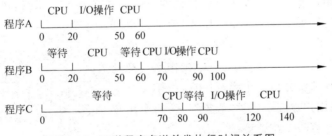

图 1.6　三道程序多道并发执行时间关系图

为了保证多道批处理系统能够正常运行，多道批处理系统对计算机系统中的各个资源管理都提出了新的要求。例如：处理机管理模块要增加 CPU 切换和调度等功能；存储管理模块不仅要具有内存分配的功能，还应增加内存共享和保护、虚拟内存等功能。这些要求增加了多道批处理操作系统的繁杂性，加大了其设计难度。

多道批处理系统的优点主要如下。

① 资源利用率高。CPU、内存和外设的利用率都得到提高。

② 作业吞吐量大。单位时间内完成的作业道数增大。

多道批处理系统的缺点主要如下。

① 用户交互性差。整个作业完成后或出现异常时，用户才能知道计算结果，不利于作

业的调试和修改。

② 作业平均周转时间长。周转时间指作业从提交到完成的时间。由于各个作业随机执行,不能照顾短作业,短作业的周转时间增长,故全部作业的平均周转时间变长。

多道批处理操作系统的出现标志着操作系统的真正形成。现代通用操作系统中一般都保留了批处理功能。如 DOS 中扩展名为. bat 的文件、Linux 中的 shell 脚本文件等都是批处理文件。后续的各章节都围绕着多道程序设计技术展开,讲解操作系统在对各种系统资源进行管理时如何实现多道程序设计技术。

2. 分时操作系统

多道批处理系统使得计算机系统的整体效率得到了很大提升,但这也使得批处理系统交互性差的缺点更加突出。在多道批处理系统中,用户一旦把多道作业交给了系统,便不能再以"会话"方式控制作业运行,有时用户为了查明或改正一处错误,需要运行作业多次甚至很多次才能实现。

此外,短作业虽然运行时间短,但在批处理系统中,短作业用户也要等待一批作业全部处理完后才能获得运算结果或响应,这引起短作业用户的强烈不满。

为了增加系统与用户之间的交互性,人们在多道批处理系统的基础上发展了一种新型操作系统——分时操作系统(Time Sharing Operating System)。分时操作系统是指将多个用户程序同时装入内存,系统把 CPU 的运行时间分割成一个个的时间段,每个时间段称为一个时间片。时间片大小通常为几十毫秒。分时系统将 CPU 工作时间分别提供给多个用户使用,每个用户依次轮流使用时间片。当分时系统分给用户程序的时间片用完后,分时系统强行收回 CPU,该用户程序只能等待下一次获得时间片时再继续执行。

由于采用控制台、打印机这类外设进行人机交互操作很不方便,分时系统中引入了一种新型硬件——终端。终端是集 I/O 功能为一体的外设,分时系统为用户提供了一组在终端上使用的命令。用户通过终端采用人机会话的方式直接控制程序运行,可修改程序中的错误和获得程序运行结果。在分时系统中,一台计算机可与多台终端相连,每个终端上的用户都可通过命令和主机交互,如图 1.7 所示。主机内部的分时操作系统把处理机的运行时间片依次分给各个终端用户,由于交互速度快,给各个终端用户造成了一种"假象"——每个用户都感觉自己独占计算机系统资源。

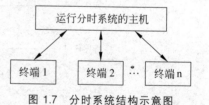

图 1.7 分时系统结构示意图

图 1.8 给出了四个终端用户程序(A、B、C 和 D)按照时间片轮转依次执行的过程。

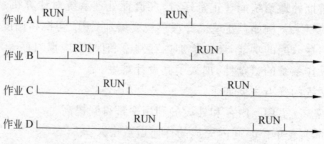

图 1.8 四个作业的时间片轮转执行示意图

分析图1.8可以发现,分时系统本质上是一种基于时间片轮转的多道批处理系统。

第一个真正的分时操作系统是1961年美国麻省理工学院开发的CTSS(Compatible Time Sharing System)。它仅是一个实验系统,运行在当时最先进的IBM 7090机器上,可连接多个终端设备,最多支持32个交互型用户同时工作。在CTSS系统中,用户用交互命令替代作业控制程序,CPU以分时的方式执行命令或用户程序。CTSS的出现证明了分时系统的实用性,它同时满足了人们充分利用系统资源和及时获得系统响应的要求。

分时系统里最著名的是MULTICS系统,它由美国麻省理工学院、贝尔实验室和通用电气公司联合开发,旨在建立一个能够同时支持多个用户的分时系统。由于目标过于庞大,该项目1969年失败而被撤销。退出MULTICS项目后,贝尔实验室的Thompson在PDP-7小型机上开发出了简化的MULTICS版本,它就是早期UNIX,Thompson也因此获得了计算机图灵奖。

分时操作系统的设计复杂,但它使人们看到了计算机的巨大实用价值。计算机从此由主要从事数值计算进入现实生活中的各个领域,从事各种信息处理工作。

分时操作系统具有以下特点。

(1)同时性。同时性又称为多路性,一台主机上连接若干台终端,系统配置多路卡及时接收各终端用户的输入,系统按分时原则轮流为每个用户作业服务。终端用户共享主机中的各种资源。

(2)交互性。用户通过终端采用人机会话的方式直接控制程序的运行。用户可以让系统同时执行多个任务,各个任务轮流获得CPU时间片。由于时间片很小,任务之间切换很快,用户宏观上感觉多个任务同时执行、同时交互。

(3)独占性。用户在各自的终端上请求主机提供的系统服务,彼此独立,互不干扰。分时系统如能在3s之内响应用户请求,用户就感觉不到等待,只感觉好像整个系统为自己独占、只为自己服务。

(4)及时性。及时性是指分时系统用户能在很短的时间内获得响应,及时与主机进行交互。它是分时操作系统的主要目标。因此,分时操作系统适合于要求快速响应、交互较多的小型作业。

分时操作系统中,CPU时间片长度的选取是一个关键问题。时间片过长会使终端用户不能及时得到响应;过短会造成CPU频繁切换,增大系统开销。操作系统设计者应对系统中的各种因素进行综合分析,选取适中的时间片。

分时操作系统最初目标是为了提高主机使用效率和缩短终端用户的响应时间。现在流行的通用操作系统中也都有分时操作系统的特征,但通常是为了满足用户"同时"运行多个程序的要求。这样一来,分时操作系统除了提高系统资源利用率,还给用户提供了一个更加友好的交互界面。在分时操作系统的基础上,操作系统的发展开始分化,出现了实时操作系统、个人操作系统等。

3. 实时操作系统

20世纪60年代后期,计算机已被广泛地应用到工业控制、军事控制、实时信息处理等领域。这些领域对操作系统提出了实时性要求,要求系统必须在规定的时间内做出正确响应。分时系统中的时间片轮转策略显然不能满足实时要求,于是出现了一种新型操作系统——实时操作系统(Real Time Operating System),其主要特征是实时性和可靠性。

所谓"实时",即立即、及时的意思。实时操作系统能及时响应外部事件请求并在规定的时间内处理完毕、做出反应。例如：在飞机订票系统中,系统要能对用户的服务请求及时做出响应,并能及时修改、处理系统中的数据。

在个人计算机系统中,"实时"要求也处处可见。当外部的一种或多种物理设备给计算机传输了信号,计算机必须在规定的时间内做出准确的响应。例如：系统获得了从外部驱动器传来的有关音乐的位流,它必须在非常短的时间间隔内将位流转换为音乐,否则用户就会感觉出所听音乐有停顿。

实时操作系统在保证实时性的前提下,还要保证响应的高可靠性,否则会造成重大经济损失甚至引起灾难性后果。例如：在航天控制系统中,实时系统故障带来的后果是无法估计的;在化工生产控制系统中,系统必须对传感器定时送来的温度数据及时处理,并根据温度值决定下一步的工作内容。若温度值虽及时获取但处理不准确,这会给生产造成极大损失。

早期实时系统广泛采用双工体制,即系统中有两台完全相同的计算机,一台作为主机工作,另一台作为备用机与主机并行运行。一旦主机发生故障,后备机马上替代主机继续工作,以保证系统不间断的实时工作。现代操作系统中采取了多种可靠性措施,例如：不间断电源、磁盘阵列等。

实时任务按截止时间分为硬实时任务和软实时任务两种。

(1) 硬实时任务。系统必须满足任务对截止时间的要求,否则可能出现难以预料的后果。

(2) 软实时任务。软实时任务对截止时间的要求不太严格,若超出截止时间,产生的影响不大。

实时操作系统为了保证系统能够及时、准确地做出响应,一般都具备实时时钟硬件和相关的管理软件,系统的整体性较强。采用实时操作系统的系统中多采用较高时钟中断频率,实现精确计时,这可保证实时任务及时被响应。

为了保证实时任务的及时响应,实时系统中一般采用多级中断机制。把与实时任务有关的中断设为高优先级,这类中断可打断系统正在执行的低优先级中断处理程序。实时操作系统一般采用可剥夺调度,保证实时任务剥夺非实时任务的执行。例如：为了保证化工生产中传感器数据被及时处理,可把计算温度的中断请求定为高优先级中断,允许它打断其他低优先级中断的执行,诸如键盘输入中断、鼠标输入中断等。

实时操作系统通常为特殊用途而设计,它强调系统的实时性和高可靠性,而对系统交互性和系统资源利用率方面要求不高。实时系统为了保证实时性,通常具有较强的中断处理机构、分析机构和任务开关机构,且这些机构多常驻于内存中。

实时系统,除了包括管理系统资源的程序外,还通常包括控制某实时过程或处理实时信息的专用应用程序。因此实时操作系统可分成两大类：实时控制系统和实时信息处理系统。

当前的许多操作系统通常都兼有分时系统、实时系统和批处理系统的特征,被称为通用操作系统。通用操作系统能运行在多种硬件平台上,适用于数值计算、事务处理等多种领域,如 UNIX、Linux、Windows NT 等。

4. 网络操作系统

20 世纪 80 年代,随着计算机网络的飞速发展,出现了一种新型操作系统——网络操作系统(Network Operating System)。

计算机网络就是把地理上分散而且独立自治的若干台计算机通过通信线路相互连接,按照网络协议进行数据传输和通信,实现资源共享。计算机网络有利于用户突破地理条件的限制,方便使用远程计算机资源,大大拓展了计算机的应用范围。网络操作系统就是安装在计算机网络中各个计算机上的操作系统。

网络操作系统是为了使网络中各计算机能方便有效地共享网络资源,为网络用户提供所需的各种服务的软件和有关规程的集合。网络操作系统除了具有一般操作系统的功能外,还应该满足用户共享网络资源的需要,尤其要保证用户数据的安全传输、实现用户通信以及方便用户操作。网络操作系统是网络用户与计算机网络之间的接口。

网络操作系统具备以下两大特征:

(1) 由于网络中的各个计算机是相互独立的,网络操作系统首先具备普通操作系统的功能,以便能及时响应本地用户的请求。所以,网络操作系统必须架构在本机操作系统之上。

(2) 用户通过网络操作系统能够方便地使用网络共享资源,这要求网络操作系统必须遵循网络体系结构协议,提供网络管理、通信、安全等各种服务,通过网络协议实现网络资源的统一配置,建立网络资源共享平台。

网络操作系统既可以相等地分布在网络中的各个结点,即对等式结构;也可只将主要功能驻留在中心结点,该结点为其他结点提供各种服务,即集中式结构。网络操作系统是整个计算机网络的核心,它的结构决定了网络文件传输方式以及网络文件处理效率。国际标准化组织为了标准化网络软件,定义了一个开放系统互联参考模型(OSI),该模型定义了 7 个软件层:应用层、表示层、会话层、传输层、网络层、数据链路层和物理层。这部分内容不是本课程的重点,读者可参考"计算机网络"等相关课程。

现代操作系统大多提供了网络操作系统的功能。常见的网络操作系统有 Sun 公司的 NFS、SCO 公司的 UNIX Ware 7.1、Linux、Novell 公司的 Netware 5.0、IBM 公司的 LAN Server 4.0、微软公司的 Windows XP、Windows 7 等。

5. 分布式操作系统

20 世纪 80 年代是并行计算的年代。由于微处理器的价格逐年下降和功能日益提高,计算机应用日趋广泛,大量的实际应用要求一个完整的、一体化的系统,该系统同时具有分布处理能力,于是出现了分布式系统。分布式系统由若干台独立的计算机构成,它们既相互对立又相互协作,每个计算机有自己的内存、辅存储器和 I/O 设备,整个系统给用户的印象就像一台计算机。

分布式操作系统是一种让用户把一组不含共享存储器的机器看成是单台计算机的软件。它统一进行资源分配和共享,执行中协调各计算机之间的同步,实现计算机之间的通信和负载平衡。

分布式操作系统以计算机网络为基础,系统的各个子功能和子任务被布置在多个处理器上执行,形成处理上的分布;系统的管理模块可以在系统中的任何一个处理器上运行,进行系统任务分配和负载均衡调整,形成控制上的分布;用户通过统一界面实现所需操作和使用系统资源,至于操作是由哪个计算机执行,用户无须了解。

分布式操作系统通常采用客户/服务器模式。客户指的是网络中需要各种服务的用户,服务器指的是网络中履行各种服务的软硬件。一个服务器一般只致力于某一类服务,例如打印服务、文件服务、数据库存取服务、绘图服务、邮件服务等。

分布式操作系统有以下 4 个主要特征。

(1) 统一性。它是一个统一的操作系统。

(2) 共享性。分布在各个计算机上的所有资源都是共享的。

(3) 透明性。用户感觉不到使用本机资源与使用其他计算机资源的区别。

(4) 自治性。分布式操作系统中的各计算机地位平等,均可独立工作。

虽然分布式操作系统与网络操作系统都是通过网络将分布在不同地理位置上的计算机连接在一起,但两者具有本质的区别。网络操作系统是松散耦合结构,它允许具有不同操作系统的计算机连接在一起,平时执行各自的任务,只在必要时才进行数据交互,只需遵循相同协议即可。分布式操作系统是紧耦合结构,不是简单的资源共享,它负责任务的整体分配和资源调配。

网络操作系统和分布式操作系统的区别:

(1) 分布式系统的各个计算机之间地位平等,无主从关系;网络操作系统中的计算机之间有主从关系。

(2) 分布式系统中的系统资源为所有用户共享;网络操作系统的各用户有限制地共享系统资源。

(3) 分布式系统中,任务可分给若干处理器相互协作共同完成,而网络系统中的各个处理器往往是各司其职,不进行协作。

分布式系统具有高性价比和高可靠性。高性能、高配置的大型计算机价格远远高于普通计算机,但由多个普通计算机组成的分布式系统完全可以达到大型计算机的处理能力。分布式系统还具有高可靠性,若系统中的某台计算机出现故障,可让其他计算机替代它进行运算。网络操作系统中,一旦大型服务器出现故障,则整个系统瘫痪,不能正常运转。许多现代操作系统都提供了分布处理功能,如 Solaris MC 系统。

例如某家银行有 3 个下属分行,建立了分布式服务系统图,如图 1.9 所示。银行总部建立总行服务系统,每个分行建立分行服务系统。分行可在分行服务系统中直接处理本地的银行业务,也可根据需要将数据传送到其他分行或总行服务系统中进行处理。银行的所有业务数据分布在总行和分行的服务器上处理,系统的处理能力接近所有服务器处理能力的总和。

6. 个人操作系统

20 世纪 70 年代,微处理器技术的发展促进了个人计算机的发展,同时也带动了个人操作系统的快速发展。

个人操作系统主要是为没有计算机专业知识的个人计算机用户编写的、运行在个人计算机上的操作系统。个人操作系统通常是联机的交互式单用户操作系统,它提供的联机交互功能与分时系统所提供的联机交互功能很相似。

个人计算机的主要应用范围是完成各种事务处理和满足个人用户的多媒体应用需要。个人操作系统用户对操作系统的高效性和可靠性要求并不苛刻,但要求操作系统必须界面

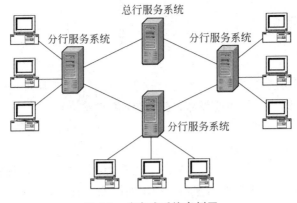

图 1.9 分布式系统实例图

友好、使用方便、性价比高。例如：个人操作系统操作界面要易学易用、能够实现常用设备的即插即用或快速安装、具有丰富的应用软件、方便用户管理、能满足用户同时运行多个应用程序的需求等。

美国 IBM 公司于 1980 年开始设计面向家庭的"个人计算机"，并选中微软公司的 MS-DOS (Microsoft-Disk Operating System)作为其操作系统。IBM 公司采取个人计算机和个人操作系统捆绑式销售的方式迅速占领了个人计算机市场。与此同时，微软公司的个人计算机操作系统也迅速成为主流的个人操作系统，为其今后的发展打下了坚实基础。

个人操作系统的特点主要有：

(1) 具有良好的图形用户接口。

(2) 管理性能较高，引入了许多过去在小型机中采用的技术，如虚拟内存技术、多线程技术等，能管理个人计算机中越来越快的信号处理、能管理越来越多的存储空间、能处理多个实时事件。

(3) 具有较好的可扩充性和兼容性，方便不同系统之间的互连和分布式处理。

(4) 具有丰富的应用软件。

常见的个人操作系统有：早期单用户单任务的 CP/M、MS-DOS 等；单用户多任务的 OS/2、Windows 3. x、Windows 95、Windows XP、Linux 等；多用户多任务的 UNIX 系统以及各种类 UNIX 系统等。

7. 嵌入式操作系统

嵌入式操作系统(Embedded Operating System)是为嵌入式系统应用而研制的一种特定操作系统，它运行在嵌入式计算机或嵌入式处理机芯片上，具有及时响应外部请求、调度执行任务和控制 I/O 设备等操作系统功能。

嵌入式操作系统与一般操作系统相比具有明显的特点。因为对硬件配置有一定限制，而且用户对系统性能要求不高，嵌入式操作系统的规模一般较小。嵌入式系统与硬件环境、设备配置情况联系密切，不同领域的嵌入式系统差别较大。例如：运行在掌上电脑中的系统、移动电话、运行在智能家电上的系统、植入人体内部的智能医疗芯片等。嵌入式操作系统大多用于控制，因而要具备一定的实时特性。

嵌入式操作系统一般采用微内核结构，常包括以下基本功能。

（1）处理机调度。

（2）基本内存管理。

（3）通信机制。

（4）电源管理。

嵌入式操作系统功能可在这些基本功能的基础上进一步扩展，以适应不同的应用目标。随着硬件功能的扩展和执行效率的提高，支持多任务并发执行也是嵌入式操作系统的一个发展趋势。

嵌入式操作系统主要具有以下 4 个特征。

（1）实时性。嵌入式操作系统广泛应用于过程控制、数据采集、传输信息、多媒体信息等领域，这些领域均要求系统能对用户请求做出实时响应。

（2）微型化。嵌入式系统的应用环境限制了处理器芯片的大小，存储空间也极其有限。因此，不允许嵌入式操作系统占用很多系统资源。其系统代码应尽量少，在保证实现基本功能的前提下，以微型化作为出发点来设计嵌入式操作系统。这要求嵌入式操作系统设计者要充分考虑代码的设计质量，力争以较少的代码量达到比较优良的系统功能和性能。

（3）可定制。嵌入式操作系统运行的硬件平台多种多样，从减少开发成本和缩短研发周期的角度考虑，要求嵌入式操作系统能够在不同的微处理器平台上运行，能针对硬件的变化进行结构、功能上的配置，以满足不同用户的不同应用要求。

（4）可靠性。嵌入式操作系统虽然结构简单，但必须具有一定的可靠性，对关键应用还要提供预防故障措施和容错措施。

随着嵌入式系统的广泛应用，出现了众多的嵌入式操作系统。常见嵌入式操作系统有微软公司开发的功能强大、支持多种 CPU 的 Windows CE、3Com 公司开发的专门用于掌上计算机的 Plam OS、代码开源的嵌入式 Linux 等。

1.3　操作系统的主要功能

只有在理解操作系统主要功能的基础上，才能理解操作系统结构设计，也才能合理应用操作系统，提高计算机系统性能。操作系统管理计算机系统中所有的软硬件资源，合理地组织计算机的工作流程，同时为用户提供一个良好的使用界面。从资源管理者角度和操作系统用户角度看，操作系统主要具有以下 5 个功能，即处理机管理功能、内存管理功能、设备管理功能、文件管理功能和用户接口管理功能。

1.3.1　处理机管理功能

操作系统管理的所有系统资源中，处理机是最重要的资源。操作系统要支持多用户、多任务对处理机的共享，因此处理机管理成为操作系统最重要的功能。

处理机管理的主要任务是处理机调度。在单用户单任务的情况下，处理机仅为一个用户的一个任务所独占，处理机管理工作十分简单。为了提高处理机的利用率，操作系统采用了多道程序设计技术，这使得处理机管理变得复杂。

操作系统中的处理机管理为并发执行的多道程序创建进程，并为之分配必要的系统资源。之后，依据一定的策略，把处理机分配给处于就绪态的进程，控制进程在运行过程中的状态转换。为使系统中的多个并发进程有条不紊地运行,并确保执行结果正确,操作系统设置了进程同步机制,对并发执行的多个进程进行协调。系统各进程之间有时需要信息交换,为此操作系统还需进行进程通信管理。

处理机一般以进程为单位进行调度,故有的资料把处理机管理称为进程管理。如果系统支持多线程模型,则以线程为单位进行调度,并对线程的并发活动进行控制和管理。有关进程和线程的详细知识,请读者参见本书的第2章。

操作系统所采用的处理机管理策略决定了操作系统的主要性能。操作系统对处理机的管理策略决定了其作业处理方式,如批处理方式、分时处理方式、实时处理方式等。最终,呈现在用户面前的是具有不同处理方式的各类操作系统。

处理机管理的主要功能包括:进程控制、进程同步、进程通信、进程调度、线程模型等。

1.3.2　内存管理功能

内存管理主要指对计算机系统中的另一重要资源——内存进行分配、保护和扩充,为内存中多道程序的准确、高效运行提供有力的支撑,提高内存使用效率。

由于实际内存容量有限,如何在内存中装入更多的并发执行进程以及如何运行比实际内存容量大得多的进程,这些都是需要内存管理解决的问题。操作系统通常采用虚拟存储技术来提高内存利用率和系统并发程度。如何保证内存中多道程序互不干扰,这也是内存管理的主要功能之一。

内存管理的主要功能包括内存分配、地址映射、内存共享、内存保护和内存扩充等。

1.3.3　设备管理功能

在计算机系统的硬件中,I/O设备占了很大的比例。设备管理的主要任务是管理各类I/O设备,加快I/O信息的传输速度,发挥I/O设备的并行性,为用户屏蔽硬件细节,提供方便、简单的设备使用方法。

计算机中配置的I/O设备多种多样,它们的工作原理、传输速度和传输方式千差万别。为了让用户方便操作这些I/O设备,操作系统通常采用统一界面来管理I/O设备,使用户才操作I/O设备时,感觉不到各I/O设备的差异。同时,操作系统将I/O设备本身的物理特性差异交给设备驱动程序去处理,提高了其自身的适应性。

设备管理模块要能实现I/O设备的控制和分配。设备管理模块对I/O设备的控制方式多种多样,常见的有查询等待控制方式、中断控制方式、DMA控制方式和通道方式。计算机系统中配置的每类设备的数量是有限的,一般少于进程的申请个数,设备管理模块需制定设备分配策略和具体实施方法。

I/O设备种类繁多,差异巨大,为了方便用户使用、提高I/O设备利用率,大多操作系统中采用了"设备独立性"技术。操作系统允许用户使用便于记忆的逻辑设备名,用户在使用设备时只需关心逻辑设备名,而不需了解具体物理设备的执行过程。操作系统根据逻辑设备名对物理设备进行分配和回收。"设备独立性"为用户提供了良好的I/O设备使用界面,也提高了I/O设备的利用率。

CPU和I/O设备之间存在着巨大的速度差异。如不进行处理,CPU会长时间等待I/O设备完成慢速I/O操作,这样会极大地降低CPU的使用效率。现代操作系统中,通常采用缓冲技术来平滑 CPU 和 I/O 设备之间的速度差异,提高 CPU 的使用效率。

设备管理是操作系统中最庞杂、琐碎的部分,其主要功能包括:I/O 设备的控制、缓冲管理、设备独立性、设备分配、设备处理、虚拟设备管理和磁盘存储管理等。

1.3.4 文件管理功能

操作系统中负责信息管理的部分称为文件系统,因此称为文件管理。当前的计算机系统中,几乎所有信息都以文件的形式存储在外存(如磁盘、光盘、磁带等)中。操作系统对文件进行有效的管理,有助于提高系统其他资源的利用率和增加用户满意度。

操作系统的文件管理模块是最接近用户的部分,也是用户比较熟悉的部分。文件管理的基本功能是实现用户"按名存取"文件,同时实现文件的共享和保护,给用户提供一个方便、可靠的文件使用环境。

现代计算机系统中,文件的存储介质主要是磁盘。不同操作系统对文件的磁盘存储结构有不同的管理方式,文件在磁盘上以何种结构进行组织和存储直接影响文件的存取速度。

文件管理的主要功能包括:文件组织方式、目录管理、文件存储控制、文件共享和保护、文件操作和文件存储空间管理等。

1.3.5 用户接口管理功能

操作系统是计算机和用户之间的接口,它通过命令行、系统调用以及图形界面等方式为用户提供服务,方便了用户操作和程序开发。用户通过操作系统提供的接口使用系统资源,用户接口的好坏直接关系到操作系统能否得到用户认可。现代操作系统都非常重视用户接口设计工作,微软的 Windows 系统软件源码中,有关人机接口的内容占到总代码的 80% 以上。

操作系统向用户提供了 3 种使用接口,包括命令行接口、图形用户接口、系统调用接口等。

1. 命令行接口

命令行接口是操作系统给用户提供的一组控制操作命令,供用户组织和控制作业的运行,包括联机命令行接口和脱机命令行接口。

为联机用户提供的联机命令行接口由一组键盘命令及其解释程序组成。当用户在控制台或终端输入一条命令后,操作系统转入执行该命令的解释程序,对该命令进行解释并执行。完成命令后,系统控制返回控制台,等待接收用户输入的下一条命令。用户通过不断地输入命令,实现对作业的直接控制。

脱机命令行接口主要指脱机的作业控制语言及命令。用户利用作业控制语言书写作业控制语句,描述作业需求,然后输入到系统中,控制计算机系统执行相应动作。脱机命令行接口不允许用户直接与计算机进行交互。

命令行接口方式中的命令众多,普通用户难以记忆,使用时感到不方便。

2. 系统调用接口

系统调用接口又称程序接口,它是操作系统自身提供的与用户程序之间的接口,也即和程序员之间的接口。

操作系统为给用户应用程序的执行创建良好的环境,提供了一系列具备预定功能的内核函数,它们只在核心态下运行,通过系统调用接口提供给用户。用户程序必须通过系统调用接口才能得到操作系统内核提供的各种服务。

系统调用接口由一组系统调用组成,每个系统调用是一个完成特定功能的子程序。用户编写的程序可以直接调用这些子程序,由操作系统代为实现用户程序的部分功能。如果没有系统调用和内核函数,用户将不能编写高效的大型应用程序。

注意:系统调用从感觉上类似于函数(过程)调用,但两者有着本质的区别。函数(过程)调用在用户态下完成,系统不进入核心态;系统调用则必须要实现系统从用户态到核心态的转变。

3. 图形用户接口

用户通过命令接口和系统调用接口可以有效地使用系统资源。但使用这两种接口时,用户必须记住数量众多的字符命令、熟悉命令的各种参数和指定格式。此外,不同操作系统提供的字符命令的词法、语法、语义和表达风格也不一样,一个对 MS-DOS 命令十分熟悉的程序员在改用 Linux 时,也要重新熟悉 Linux 命令。这些都给用户增加了不少负担。

大屏幕、高分辨率图形显示器及多种交互式 I/O 设备(如鼠标、光笔、触摸屏等)的出现,使得把"记忆并输入"操作方式转变为图形接口操作方式成为可能。图形用户接口的目标是对出现在屏幕上的对象直接进行操作,以控制和操纵程序的运行。图形用户接口简单、直观,大大减轻甚至免除了用户记忆各种命令的负担,操作方式变为无须培训的"选择并点取"方式,极大地方便了用户,受到各阶层人群的普遍欢迎。

图形用户接口的主要构件是窗口、菜单、按钮、对话框等。国际上为了促进图形用户接口的发展,1988 年制定了图形用户接口国际标准。现在主流操作系统几乎都提供图形用户接口,如 Windows 的视窗系统、Linux 的 X Window 系统等。图形用户接口在用户空间运行,一般不属于操作系统内核。

现代操作系统一般同时提供以上 3 种接口,图 1.10 指出了 3 种接口在计算机系统中的位置。

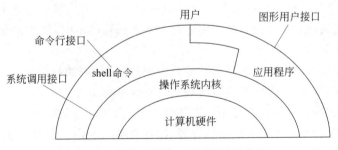

图 1.10　操作系统接口在系统中的位置

1.4　操作系统的主要特征

操作系统本质上是一个软件,由于其任务比较重要、地位比较特殊,导致操作系统具备了其他软件不具有的许多特征。掌握操作系统的主要特征对深刻理解操作系统原理有很大帮助。下面以现代操作系统为背景,介绍其主要特征。

1.4.1　并发执行

并发性是指两个或多个事件在同一时间间隔内发生。在多道程序环境下,因为有了并发性,内存中同时存放操作系统程序和若干个用户程序。宏观上在一段时间内有多道程序在同时运行,但在单处理器系统中,每一时刻仅有一道程序在执行。微观上各个程序轮流切换地使用CPU,交替执行。并发执行是现代操作系统最重要的特征,操作系统内核必须提供多道程序并发执行机制。

运行着的程序在操作系统中被称为进程,它是程序针对某一数据集合的一次执行过程。操作系统一般使用进程机制来实现多道程序的并发执行,它提供进程创建、进程结束等系统调用功能供用户使用。

并发性能有效地提高系统资源利用率和作业吞吐率。例如:某个进程在运行时,由于某种原因(如等待输入设备完成数据的输入)暂时不能执行,它就主动放弃CPU使用权,系统调度程序选择另一个可执行的进程获得CPU执行,避免了CPU出现"空闲等待"。宏观上看,CPU和I/O设备同时工作,两者都没有空闲,提高了系统资源利用率。

并发性同时也给操作系统带来了一系列问题,使操作系统的设计和实现变得异常复杂。例如:为了实现多个进程并发执行,操作系统设计者要缜密考虑如何从一个进程转到另一个进程、如何保护一个进程的执行不受到其他并发执行进程的影响、进程之间如何共享系统资源、如何实现各进程之间的通信等。

注意:读者要学会区分与并发性非常类似的一个概念——并行性。并行性指两个或多个事件在同一时刻发生。若系统中有多个处理器,可并行执行多个进程,每个处理器执行一个进程。并行性强调的是"同时"执行,并发性强调的是"切换"执行。在单处理机系统中,并发执行的多个进程在宏观上看是同时执行,但微观上是串行的,交替获得处理机运行。

1.4.2　资源共享

资源共享是指计算机系统资源可被内存中存放的多个并发执行进程共同使用,达到节约资源、提高系统资源利用率的目的。由于资源本身属性的不同,资源共享分成2类。

1. 互斥型共享

在一个时间段内,只允许一个进程排他式使用的资源(例如打印机、扫描仪、全局变量、队列等),称为临界资源,这类资源共享时须采用互斥型共享方式。

当一个进程获得必须排他式使用的资源时,其他欲访问该资源的进程必须等待。即使该进程在获得资源期间暂时没有使用该资源,该资源实际上处于空闲状态,但其他欲访问该资源的进程也不能和它"切换"使用该资源。

例如,A进程获得了系统中唯一一台打印机的使用权,并已打印了部分内容。由于某种原因,A进程暂时没有使用打印机打印剩余的部分内容,打印机此时处于空闲。若CPU被操作系统调度程序分配给了另一进程B,进程B恰巧此时执行打印机输出指令,想打印输出部分内容。此时,打印机打出的文稿是进程A输出内容和进程B输出内容的混合。这样虽看似提高了打印机利用率,但打印结果没有任何意义,进程A和进程B的用户都不会接受这样的打印结果。因此,对于临界资源必须"串行"使用,只有等待某个进程全部使用完毕后,操作系统才能将它收回并分配给其他等待使用该资源的进程。

2. 同时型共享

系统中有一类资源允许多个进程在同一时间内对其进行交替访问,例如可重入码、磁盘、处理机等。对这类资源共享时可采用同时型共享方式。

这里的"同时"是宏观上的。对于单处理机系统,微观上看,多个进程访问这类资源时仍然是"切换"的、"交替"的,只是"切换"对资源使用的结果没有影响。

例如:有两个并发进程对磁盘依次提出了读请求。当其中一个进程访问磁盘文件且没有访问结束时,系统发生了进程切换,另外一个进程获得 CPU。后者进程在执行时也可以读磁盘文件,并不需要等待先前进程磁盘访问结束后才能进行。两个进程以"走走停停"的方式,任意交替地读取磁盘上的文件。

共享性和并发性相辅相成。由于并发所以实现了资源共享,但一味追求共享,管理不好就会影响并发性的实现,甚至会导致并发执行进程的运行结果错误。这些内容在后续章节中会有详细讲解。

1.4.3　一切皆虚拟

"虚拟"的概念在操作系统中随处可见。操作系统中的"虚拟"是指通过某种管理技术把一个物理实体变为若干个逻辑上的对应物,或把物理上的多个实体变成逻辑上的一个对应物。物理实体是客观存在的,逻辑上的对应物是虚构的,只是用户主观上的一种想象。

从虚拟机角度看,我们可以把操作系统看作是"操作系统虚拟机"。操作系统在硬件功能支持下,给用户提供方便、易用的功能界面。当在普通用户看来,这些似乎是计算机硬件本身具有的功能。采用层次结构的操作系统中,每层都实现一定的功能,每层都可看成一个虚拟机。

现代操作系统中主要有两种虚拟技术:时分复用技术和空分复用技术。

(1) 时分复用技术。即分时使用技术,它把硬件设备的使用时间分割成小的时间片,供多个用户程序"轮流"、"切换"使用。

典型例子为多道程序设计技术中的虚拟 CPU。单 CPU 系统中虽然一个 CPU,每次只能执行一个进程。采用多道程序设计技术后,CPU 在各个用户进程之间切换,依次为各个用户服务,每个进程获得一段 CPU 运行时间。由于 CPU 切换的很快,用户感觉上好像有多个 CPU 在同时执行多个进程。这种情况就是利用时分复用技术将一个物理 CPU 虚拟成多个逻辑 CPU,逻辑 CPU 常称为虚拟 CPU。

现代操作系统中大量采用了时分复用技术。例如,设备管理中的 SPOOLing 技术把物理上的一台独占设备变成逻辑上的多台虚拟设备;窗口技术把一个物理屏幕变成逻辑上的多个虚拟屏幕;虚拟存储技术把物理上的多个存储器(主存和部分辅存)变成逻辑上的一个虚拟内存等。

(2) 空分复用技术。即通过空间的划分,把一个物理存储设备改造成为逻辑上的多个存储设备。

例如,虚拟磁盘技术。用户买来一个新硬盘,通过虚拟磁盘技术它虚拟成多个虚拟硬盘,如分成 C、D、E、F 四个逻辑硬盘。用户在使用时感觉系统中有个四个硬盘,可将不同类型的内容存到不同的逻辑硬盘中,这样使用起来既方便又安全。但实质上是在一个物理硬盘存储信息,用户感觉到的逻辑硬盘不过是物理硬盘的一部分存储空间。

操作系统中采用虚拟技术可提高系统的资源利用率,使系统负载更加均衡,用户使用更加方便。操作系统对于系统中的硬件和软件资源都采取了一定的虚拟机制,现代操作系统中处处均有虚拟技术的"身影"。

1.4.4 异步性

异步性是指在多道程序设计环境下,系统中每道程序的推进时间、多道程序间的执行顺序以及完成每道程序所需的时间由于受运行环境的影响都是不确定的、不可预知的。因此,有的文献也称异步性为不确定性、随机性。

多道程序并发执行环境中,进程由于受到资源限制或其他因素的影响,其执行往往不是一贯到底,而是呈现出"走走停停"的特征。同一程序多次执行相同数据,若不采取任何措施,受运行环境的影响,可能得到不同运行结果。

现代操作系统中,异步性非常普遍。例如,到达系统的作业类型和到达时间是随机的、用户发出的命令或使用鼠标单击按钮的次序是随机的、程序运行中发生错误或异常的时间是随机的等。异步性给操作系统带来了潜在危险,导致进程产生与时间有关的错误。操作系统要能确保捕捉到任何一种随机事件,能正确处理进程间的执行序列,保证多次运行同一进程得到相同的结果。

异步性极大地增加了操作系统的设计与实现难度,操作系统设计者必须采取一定的措施,避免出现并发进程运行结果随机性。

1.5 操作系统的结构设计

软件结构是影响软件质量的内在因素,良好的软件结构可提高软件的可靠性、可维护性和工作效率。操作系统是一个地位特殊、结构复杂、接口众多、并行度高的系统软件,为了更好地研制操作系统,必须对其结构进行有效的设计。

操作系统的结构设计包括两方面内容,一是操作系统整体结构,二是操作系统局部结构。局部结构包括操作系统采用的数据结构和控制结构。

本节简要介绍操作系统结构设计的发展过程及主要的体系结构。

1.5.1 无结构操作系统

无结构操作系统指在操作系统设计中不考虑系统结构,系统以过程为主体堆砌而成,各过程之间不存在相互依存关系。早期操作系统是无结构操作系统。系统内部无结构,由众多过程组成,每个过程都有良好接口,相互间可任意调用。

无结构操作系统的主要缺点是:过程间存在较高耦合度,独立性差;结构不清晰,难以保证可靠性;系统移植性差。无结构操作系统的主要优点是:结构紧密,组合方便,灵活性较大。

无结构操作系统适合于功能简单的小型计算机系统,现在有些专用的小型操作系统仍在采用这种结构。

1.5.2　模块化结构操作系统

模块化结构操作系统按照系统功能划分为若干个具有一定独立性的模块,模块之间通过接口实现交互。在此类操作系统中,关键是模块的划分和设计好模块之间的接口。划分模块时,要充分注意模块的独立性问题。

(1) 模块化结构操作系统优点。提高了操作系统设计的可靠性、可理解性和可维护性,增强了其适应性,加速了其开发过程。

(2) 模块化结构操作系统缺点。模块之间复杂地调用关系使得系统结构混乱,操作系统设计者在设计中无法找到可靠的开发各模块的顺序,难以保证设计中的每个决定都是正确的,开发出的系统难以分析、维护和移植。

随着系统规模的不断增大,模块化结构操作系统的复杂性迅速增加,这促使人们去研究新的操作系统结构及相关设计方法。

1.5.3　分层式结构操作系统

随着操作系统的发展,人们逐渐认识到模块化结构操作系统中功能模块之间的关系复杂,修改一个模块将导致其他所有模块都需要修改,增加了操作系统的开发和维护难度。模块化结构中的网状联系易造成循环调用,导致系统可靠性下降。于是,人们提出了一种新的操作系统结构——分层式结构。

分层式结构操作系统按照操作系统模块功能和相互依存关系,将复杂的操作系统功能逐层分解,每层由若干个模块组成,并且其功能仅依赖于该层以下的各层,即只能调用它下层中的模块,不能调用它上层中的模块。分层式结构非常类似于"洋葱头",如图 1.11 所示。

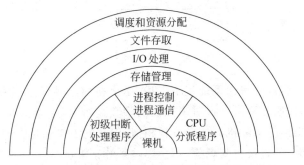

图 1.11　洋葱头式分层结构示意图

"洋葱头"的中心是裸机本身提供的各种功能,向外扩展的每一层都提供一组相应的功能,这组功能只依赖于该层以内的层次。"洋葱头"的各层组成了连续的一系列虚拟机,紧挨着裸机的是操作系统内核,这部分包括中断处理程序、常用设备驱动程序,以及运行频率较高的模块(如进程控制模块、进程通信模块,进程调度模块等)。为了提高操作系统的执行效率和便于实施保护,内核一般常驻内存。内核的外层依次是操作系统提供的各项基本功能。"洋葱头"的最外层是具备用户所需功能的虚拟机。

(1) 分层式结构操作系统的优点:系统把整体问题局部化,各个模块之间关系清晰,易保证系统的正确性;增加、修改或替换一个层次不影响其他层次,有利于系统维护和扩充。

（2）分层式结构操作系统缺点：系统效率低下；层次划分无固定模式，很难有效划分。

层次式结构在操作系统设计中应用较广，许多典型的商用操作系统都是基于这种结构实现的，如 MS-DOS、早期的 Windows 及传统的 UNIX 等。

1.5.4　虚拟机结构操作系统

随着计算机硬件更新速度的加快和计算机应用领域的不断扩展，操作系统管理的资源数量不断增加，用户对操作系统管理资源的效率要求不断提高，层次式结构操作系统已经不能满足要求，人们又提出一种新型的操作系统设计结构——虚拟机结构。

虚拟机结构的基本思想：在裸机上运行操作系统的核心——虚拟机监控程序，使之具有多道程序并发执行的功能；虚拟机监控程序向上层提供若干台虚拟机，每台虚拟机仅仅包含 CPU 工作状态、I/O 功能、中断和其他真实硬件所具有的功能，不具有文件等高级功能；在不同的会话监控系统上可运行不同的操作系统，形成更高一层的虚拟机。不同的虚拟机可运行不同的操作系统，如一些虚拟机可运行 OS/360 或其他大型批处理或事务处理操作系统中的一个；另一些虚拟机可运行单用户、交互式系统供分时用户们使用，这些系统称为会话监控系统（Conversational Monitor System，CMS）。

虚拟机组成结构如图 1.12 所示。

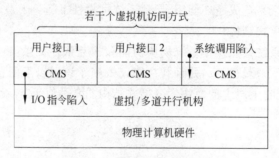

图 1.12　虚拟机组成结构

在每台虚拟机上运行的操作系统互不干扰，用户在使用时可以拥有自己独立的硬盘和操作系统，可像使用普通计算机一样对虚拟机的硬盘进行分区、格式化、安装系统或安装应用软件。虚拟机的操作与实际机器的操作很相似，但它的工作都是在上层完成的，一旦虚拟系统出现问题或崩溃，可直接将其删除，不会影响系统正常运行。

20 世纪 70 年代，美国 IBM 研究中心开发的 VM/370 系统是虚拟机结构的典型实例，该系统名字中的 VM 就是虚拟机的英文缩写。VM/370 的体系结构如图 1.13 所示。它在裸机上运行并具备多道程序功能，向上层提供若干台虚拟机。但与其他操作系统不同之处在于这些虚拟机不是具有文件等特征的扩展计算机，而仅是裸机硬件的精确复制，它包含核心态/用户态、I/O 功能、中断，以及真实硬件具有的全部内容。

当 CMS 上的应用程序执行系统调用时，系统调用陷入自己的 CMS，而不是 VM/370 内核。之后，CMS 发出正常的硬件 I/O 指令来执行该系统调用。作为对真实硬件模拟的一部分，这些 I/O 指令被 VM/370 捕获后执行。

虚拟机结构操作系统将分时系统具备的多道程序技术和虚拟机技术分开实现，使系统结构简单、灵活且易于维护。

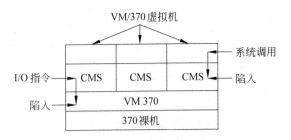

图 1.13 带 CMS 的 VM/370 体系结构

虚拟机结构操作系统对系统硬件要求较高,虽简化了系统,但本身仍很复杂。目前常用的虚拟机软件有 VMware Workstation 和 Virtual PC,它们都可以在一台 PC 上建立多台虚拟 PC,可同时运行多个不同操作系统。

1.5.5 微内核结构操作系统

微内核结构是一种支持客户/服务器模型的新型操作系统设计结构,它从 20 世纪 80 年代后期发展起来。由于它能有效地支持多处理机运行,故适用于分布式系统环境。现代操作系统的一个发展趋势就是把操作系统的非基本功能从内核中分离出来,移到具有更大独立性的其他层次中。

微内核结构操作系统的内核尽量简单,仅存放最基本、最主要的核心功能模块,其他服务和应用建立在内核之上,作为系统进程或用户进程运行。

目前存在着多种不同的微内核,它们的规模和功能差别较大。并不存在一个规则规定微内核应提供什么功能或基于什么结构,通常把依赖于硬件的功能、支撑用户模式的应用程序和系统服务所需功能放在微内核中。例如,基本存储管理功能、内部进程通信、基本调度管理、中断管理等功能模块存放在内核中,其他与操作系统结构管理关系不密切的功能模块(如文件管理、I/O 控制)都可以放在内核以外的部分中。

微内核结构操作系统中最著名的就是荷兰 Virije 大学开发的 Amoeba 操作系统、美国卡耐基-梅隆大学开发的 Mach 操作系统和 Microsoft 公司推出的 Windows NT 操作系统,它们在微内核技术的具体使用上各具特色,存在着一定差别。

微内核结构操作系统有以下 3 个主要优点。

① 良好扩充性。只需添加支持新功能的服务进程即可增加新功能。

② 可靠性高。调用关系明确,执行转移不易混乱。

③ 便于网络服务和分布式处理。

微内核结构操作系统的主要缺点是消息传递效率低,因为所有用户进程都要通过微内核相互通信,但可通过提高系统硬件性能来弥补。

微内核系统体系结构的模型如图 1.14 所示。

微内核结构适应性好,它是操作系统结构的一个重要发展方向。由于微内核结构中只包含操作系统的核心功能模块,在系统管理中通常需要在核心层与用户层之间频繁切换,增大了系统开销。为了减少核心层和用户层之间的切换,有的微内核系统把一些常用的操作系统功能重新移入内核,但这样增大了微内核,提高了微内核的设计代价。

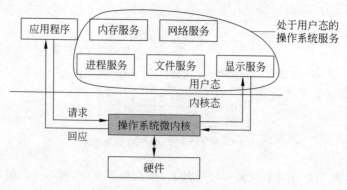

图 1.14　微内核的操作系统结构

1.6　操作系统的运行环境

操作系统作为系统管理程序,它与计算机系统的软、硬件资源联系密切。为了实现其功能,操作系统需要一定的运行环境支持,例如应有处理机、主存、输入/输出设备和相关系统软件等。在学习操作系统的具体理论前,本节对与操作系统联系比较密切的硬件运行环境和由其他系统软件构成的系统软件环境进行简要介绍,讨论操作系统对运行环境的要求。如需要详细了解和深入学习这部分知识,请读者学习"计算机组成原理"课程中的相关内容。

1.6.1　操作系统硬件运行环境

操作系统是运行于计算机硬件之上的第一层系统软件,因此读者有必要对与操作系统联系密切的计算机硬件运行环境有所了解。

1. 时钟

为了让计算机的各项操作功能在不同时间段有序、分布地完成,计算机必须提供系统时钟。系统时钟通常安装在主机板上,像节拍器一样规律性地控制计算机工作。系统时钟通常分为两种控制方式:同步时序控制方式和异步时序控制方式。

同步时序控制方式是指用统一发出的时序对各项操作进行同步控制。在同步控制方式中,操作时间被划分为许多长度固定的时间段,也称为时钟周期。CPU 根据统一的时钟周期为指令的执行安排严格的时间表,各操作必须按时间执行。异步控制方式指各项操作不受统一时序信号约束,而可以根据实际需要安排时间长短。主要用于控制系统总线的操作,以适应系统总线所连接各设备的工作速度、时间的不同。

时钟管理是操作系统的一项重要工作,通过对时钟的管理,操作系统通常可以完成以下任务。

(1) 在多道程序运行环境中,为系统发现陷入死循环的进程,防止处理器做无效工作,浪费处理器资源。

(2) 在分时系统中,用间隔时钟实现对进程按时间片轮转调度的机制。

(3) 在实时系统中,按需要的时间间隔,输出正确的时间信号给实时控制设备,以保证系统对实时控制任务的正确执行步骤。

（4）在各类系统中，时钟还被用做唤醒各种事件处理，例如，为各个进程计算优先数供进程调度程序使用。

（5）时钟可记录用户占用设备的时间，或者记录某外部事件发生的时间等。

（6）时钟可记录用户和系统所需的绝对时间。

2. 处理机状态及状态转换

操作系统作为计算机资源的管理者，拥有对资源的绝对控制权，能够决定谁使用资源、使用多少资源以及如何使用资源。如何保证操作系统的这种地位呢？处理机如何知道当前运行的是操作系统还是用户应用程序呢？这都依赖于处理机状态的标识。

计算机系统根据运行程序对资源和机器指令的使用权限把处理机的执行状态分成两类。

（1）核心态（又称为内核态、管态、特权状态、系统模式）。

核心态是指操作系统运行时，处理机所处的状态。处理机处于核心态时，其上运行的程序可以执行包括特权指令和非特权指令在内的全部机器指令，能访问包括所有寄存器和存储区在内的所有系统资源，并具有改变处理机状态的能力。

无论是大型计算机还是微型计算机都设有若干个特殊寄存器，其中有一个专门用于标识处理机状态的寄存器，称为程序状态字（Program Status Word，PSW）寄存器。PSW中专门有一位用于表示处理机的执行状态，这一位可通过特权指令修改。

怎样才能实现处理机从核心态到用户态的转换呢？所有计算机都会提供一条称作加载程序状态字 LSPW（Load PSW）的特权指令，用它对程序状态字进行修改，从而实现处理机状态的转换。

操作系统能改变处理机状态，使之从核心态转换为用户态，实现从操作系统到用户程序的转换。用户程序如想放弃处理机，把处理机使用权交还给操作系统，可通过相关中断调用或系统调用实现。

（2）用户态（又称目态、目标状态、用户模式）。

用户态是指用户程序运行时处理机所处的状态。处理机处于用户态时只能执行硬件机器指令的一个子集，即非特权指令。

由于设置处理机状态的指令为特权指令，用户态下的用户程序不能更改处理机状态。那么，处理机如何从用户态转换到核心态呢？

通常下面两类情况发生时会导致处理机从用户态转换为核心态。

① 用户程序执行一条系统调用，请求操作系统提供服务。

② 用户程序运行时发生中断事件，用户程序被中断，处理机执行核心态下的中断处理程序。

这两类情况都需通过中断机构才能实现。中断是处理机从用户态到核心态转换的唯一途径。中断发生时，中断向量中的程序状态字应表明处理机处于核心态。

Intel 的 Pentium 处理器有 4 种状态，支持 4 个特权级别。0 级别权限最高，3 级权限最低。各操作系统可根据具体策略有选择地使用这些特权级别。例如：运行在 Intel Pentium 处理器上的 Windows 操作系统只使用了的 0 级和 3 级，0 级表示核心态、3 级表示用户态。

3. 特权指令和非特权指令

操作系统为保证计算机系统正确、可靠地工作，通常将指令系统分成特权指令和非特权指令两部分。

特权指令是只能在核心态下执行的指令,这些指令的执行不但能影响程序本身,还会影响其他程序甚至整个操作系统。例如启动物理设备指令、设置时钟中断指令、控制中断屏蔽指令、存储保护指令等。

非特权指令是在核心态和用户态下都能执行的指令,这些指令的执行只与运行程序本身有关,不会影响其他程序。例如数据传送指令、图形显示指令等。

操作系统能使用特权指令和非特权指令,用户程序只能使用非特权指令。若用户程序直接使用特权指令,可能引起系统冲突或由于某些意外造成系统错误,威胁系统安全。

4. 控制和状态寄存器

寄存器是处理机内的暂存器件,它在处理机中交换数据的速度比内存更快,其体积比内存小、价格比内存贵。寄存器通常用来暂存指令、数据和地址。其中,有一类寄存器被称为控制和状态寄存器,其主要用来对处理机的优先级、保护模式或用户程序执行时的调用关系等进行控制和操作,这类寄存器和操作系统的运行密切相关。操作系统的设计者只有在完全了解硬件厂商所提供的各种寄存器的功能后,才能具体地设计操作系统的各个功能模块。下边,主要介绍几种典型的控制和状态寄存器。

(1) 程序状态字(PSW)寄存器。

处理机如何感知当前处于用户态还是处于核心态? 怎样保证交替执行进程时不出现差错? 这依靠读取程序状态字。程序状态字保存在程序状态字寄存器中。

程序状态字用来指示处理机状态、控制指令执行顺序并保留与运行程序有关的各种信息,其主要作用是实现程序状态的保护和恢复。每个正在执行的程序都有一个与其执行相关的程序状态字,处理机通过读取程序状态字知道当前处于用户态还是处于核心态。

不同处理机的程序状态字格式也不一样,一般包括如下内容。

① 指令地址:指出下一条指令的存放地址。

② 条件码:反映指令执行后的结果特征。

③ 指令状态:是核心态还是用户态。

④ 程序计数器:指明将要执行的下一条指令地址。

⑤ 中断码:记录当前发生的中断事件。

⑥ 中断屏蔽位:指出当程序发生中断时,是否允许中断。

在早期计算机中,每个 CPU 都有一个程序状态字寄存器。程序在 CPU 上执行时,其程序状态字存储在程序状态字寄存器中。现在大多数处理器中,一般不设专门的程序状态字寄存器,而由一组控制寄存器和状态寄存器来完成程序状态字寄存器的工作。为了方便讨论,本书继续沿用程序状态字和程序状态字寄存器。

例如:IBM360/370 系列计算机中程序状态字的基本格式如图 1.15 所示。

中断屏蔽	键	CMWP	中断码	指令长度	条件码	程序屏蔽	指令地址
0	7 8	11 12	15 16	31 32	33 34	35 36	39 40	63

图 1.15　IBM360/370 的程序状态字

其中各字段的含义如下:

① 中断屏蔽位(0~7 位):表示允许或禁止某个中断事件发生。

② 键(8～11 位):当没有设置存储器保护时,该 4 位为 0;当设置存储器保护时,仅当这 4 位值与欲访问存储区的存储键相匹配时,指令才被执行。

③ CMWP(12～15 位):依次为基本/扩充控制方式位、开/关中断位、运行/等待位、用户态/核心态位;第 15 位指示处理机的状态,1 表示用户态,0 表示核心态。

④ 中断码(16～31 位):中断码与中断事件对应,记录当前产生的中断源。

⑤ 指令长度(32～33 位):01 表示半字长、10 表示整字长、11 表示一字半长。

⑥ 条件码(34～35 位):指令执行后的结构特征。

⑦ 程序屏蔽(36～39 位):表示是否允许程序性中断。

⑧ 指令地址(40～63 位):24 位指令地址,用于存放正在执行的指令。

在单处理器计算机系统中,处理器依照程序状态字寄存器中的指令地址和设置状态来控制进程的执行。当操作系统调度某个进程运行时,必须先把该进程的程序状态字送入程序状态字寄存器中,处理机才能控制它的执行。若某进程暂时不能在处理器上执行,也必须把它的程序状态字保存到堆栈中;当该进程再次被调度执行时,恢复其程序状态字,保证从上次中断处继续执行。

(2) 程序计数器。

程序计数器(Program Counter,PC)存放将要执行的下一条指令的地址。它可指出内存的任一地址,其宽度与内存的单元个数相对应,通常与内存的地址寄存器位数相等。在程序执行过程中,CPU 将自动修改 PC 的内容,顺序执行时为 PC+1。程序执行跳转时,PC 将被置入跳转指令所含的转移地址,使其保持的总是将要执行的下一条指令的地址,从而使程序能连续自动地执行下去,直至结束。

(3) 指令寄存器。

指令寄存器(Instruction Register,IR)是临时放置从内存里面取得的、待执行的程序指令寄存器。计算机系统执行一条指令时,先把它从内存取到数据寄存器中,然后再传送至指令寄存器中。指令划分为操作码和地址码字段,由二进制数字组成。指令译码器完成对操作码的测试,以便识别其所要求的操作。指令寄存器中操作码字段的输出就是指令译码器的输入。操作码一经译码后,即可向操作控制器发出具体操作的特定信号。

(4) 堆栈寄存器。

堆栈是一种具有"后进先出"(Last In First Out,LIFO)访问属性的存储结构,常用于保存中断断点、子程序调用返回点、保存 CPU 现场数据等,也常用于程序间传递参数。通常情况下,CPU 中针对不同用途设立若干堆栈寄存器,用于存放要求"后进先出"的数据。

5. 中断和异常

操作系统的主要功能通常由操作系统内核程序实现,CPU 在执行用户程序时唯一能进入内核程序运行的途径就是通过中断或异常。当中断或异常发生时,CPU 从执行用户程序切换到执行操作系统内核程序。

(1) 中断。

现代计算机都配置了硬件中断装置,它们是计算机系统的重要组成部分。用户程序执行系统调用请求系统服务时、操作系统管理 I/O 设备时、操作系统处理各种内部和外部事件时都需要通过中断机制。操作系统是基于中断驱动的。

中断指计算机系统为应对突发事件而采取的处理措施。在进程执行过程中,若遇到某个突发事件,处理机需及时利用设定好的中断机制中断当前正在执行的进程,保存好中断现场,执行中断处理程序。当中断处理完后,恢复进程的中断现场,继续执行中断进程。例如:某进程从磁带读入一组信息,当发现读入信息有误时,产生读数据错误中断。操作系统暂停当前工作,组织磁盘退回,重读该组信息。这样可解决错误,得到正确磁盘信息。

中断通常是由硬件和软件协作完成的。硬件中断装置首先发现产生的中断事件并终止现行进程的执行,然后调用相应的中断处理程序来处理该中断。由此可见,中断事件发生后,中断装置能改变处理机正在执行进程的顺序,实现多个进程在处理机上交替执行。中断是操作系统实现多道程序并发执行的重要技术之一。

(2) 异常。

异常是由 CPU 执行指令的某种特殊结果而引发的中断。异常处理过程如图 1.16 所示。

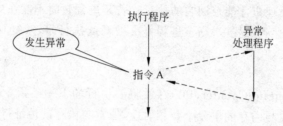

图 1.16 异常处理过程示意图

CPU 在执行指令时由于各种原因会产生异常,如除 0 错误、地址越界、硬件异常等,此时需要 CPU 转去执行一段特定的程序对异常情况进行处理,如报告错误信息、转去执行其他进程等。处理异常的特定程序称为异常处理程序。例如用户程序在执行过程中,因为出现浮点溢出而产生异常,此时继续执行该进程已经没有任何意义,异常处理程序终止该用户进程的运行,转去执行操作系统内核进程。

异常一般是由于 CPU 的内部活动——执行指令引起,故又称为内部中断、例外或陷入(Trap)。异常发生时并不总是意味着程序执行错误。异常还包括非程序错误的硬件异常、存储管理异常和特殊指令执行异常等。操作系统对不同的异常有不同的处理方法。表1.2给出了各种异常的例子以及常见的处理方法。

表 1.2 各种异常的例子

异常类型	例　子	异常处理
程序错误	除 0、浮点溢出、地址越界、非法指令	停止执行用户程序
硬件异常	奇偶校验错误	分配需要的存储页面后,继续执行用户程序
存储管理异常	页面例外异常、copy-on-write 例外异常	调用操作系统功能函数
指令异常	"陷入"指令	调用操作系统功能函数
	"断点"指令	执行调试器程序

早期的中断和异常并没有严格区分,统称为"中断"。随着它们的发生原因和处理方法的差异越来越大,才把两者分开。

异常和中断比较,具有以下明显特征:

(1) 异常由 CPU 内部产生,在单处理机的计算机系统中不会同时发生多个异常。

(2) 除"页面例外"和硬件异常之外,通常不会发生异常的嵌套,即不会在执行异常处理程序的过程中又发生新的异常。

(3) 异常不能被屏蔽。异常必须被及时处理,否则程序无法继续正常运行。

注意:异常通常会引起中断,但中断未必全是由异常引起的。

6. 地址映射机构

用户程序多由高级语言编写,程序中的地址一般从 0 开始。由于程序中的地址不是内存实际地址,程序不能被处理机直接执行。用户程序需要先通过编译程序编译或汇编程序汇编后获得目标程序,目标程序中的地址也不是内存实际地址,通常被称为逻辑地址。逻辑地址的集合称为该用户程序的逻辑地址空间,逻辑地址空间可是从 0 开始排序的一维地址,也可是二维地址。二维地址时,用户程序被分为若干段,每段有不同的段号,每段的段内地址从 0 开始。当程序运行时被装入内存,程序和数据的内存地址一般不与原来的逻辑地址一致。在多道程序系统中,内存中同时存放多个程序,每个程序在内存中的存放位置是随机的,且可以更改。所以,操作系统通常要使用硬件系统中的地址映射机构进行地址变换,保证用户程序放入内存后仍能正确找到并执行完毕。地址映射机构在不同的硬件环境中也不相同,它在很大程度上决定了程序存储方式。

7. 通道与 DMA 控制器

由于 CPU 和各种 I/O 设备之间存在巨大速度差异,如让 CPU 直接控制各种 I/O 设备的运行,CPU 的大量时间将用于忙等待。为把 CPU 从繁琐的 I/O 操作中解脱出来,增加 CPU 与 I/O 设备、I/O 设备与 I/O 设备之间的并行程度,一般采取的方法是利用硬件系统提供的 DMA(Direct Memory Access,直接内存访问)控制器或通道专门负责 I/O 设备操作,CPU 只发送 I/O 指令。在 I/O 设备工作期间,CPU 可去做其他工作。I/O 设备在 DMA 控制器或通道的控制下进行 I/O 操作,只在 I/O 操作结束后或出现异常时才向 CPU 发出中断请求,否则 I/O 设备和 CPU 并行工作,两者的利用率都得到了极大提高。

通道是专门负责 I/O 操作的处理机,具有自己的简单指令系统,但一般没有自己的内存,通常和 CPU 共用系统内存。通道可执行由通道指令组成的通道程序,控制 I/O 设备和内存之间一次传递一组数据块,传递期间不需 CPU 干预。DMA 控制器与通道类似,但功能相对简单一些,没有自己专用的指令系统,一次只能控制 I/O 设备和内存之间传输一个数据块。

8. 陷入

陷入(Trap)指 CPU 执行一条实现系统调用的"陷入"指令或执行指令时出现异常情况,如算术溢出、取数时发生奇偶错、访存指令越界等,系统中断当前进程的执行,去执行相应的陷入处理程序或异常处理程序。

陷入指令是为了实现用户程序调用系统内核功能。用户程序或系统实用程序在 CPU 上执行时,如想请求操作系统为其提供某种服务,可安排其执行一条陷入指令。陷入的处理一般依赖于当前进程的执行现场,且陷入不能被屏蔽,一旦出现陷入,立即处理。陷入指令是一种特殊的程序调用,其特殊之处在于处理机状态从"用户态"变成"核心态"。

9. 计算机启动过程

通常情况下,启动计算机并加载操作系统的过程如下。

(1) 加电启动主板上的基本输入/输出系统(Basic Input Output System,BIOS)程序。检查 RAM 数量、键盘和其他外部设备是否正常,扫描 ISA 和 PCI 总线,并进行一系列初始化。

(2) BISO 根据在 CMOS 中保存的配置信息来判断使用哪种设备启动操作系统。

(3) CPU 通过执行指令找到操作系统的引导区,把操作系统引导区中的代码自动导入计算机内存,并开始执行。

(4) 将操作系统加载到计算机内存中的指定区域,并启动。

(5) 操作系统为用户提供相应的用户界面,并根据用户需求,做出各种响应。

1.6.2　操作系统与其他系统软件关系

系统软件直接服务于计算机系统,通常由计算机厂商或专业软件开发商提供。它包含指导计算机基本操作的程序,如屏幕显示程序、磁盘存储程序、向打印机发送数据程序、解释用户命令程序以及和外围设备通信程序等。系统软件让用户更加方便地使用操作系统,控制系统资源按照操作系统的要求运行。

操作系统是直接与硬件相邻的第一层软件,它由大量系统程序和众多数据结构集成。操作系统不但控制和管理着其他各种系统软件,而且与其他系统软件共同支撑用户程序的运行。操作系统是在系统中永久运行的超级系统软件。

操作系统虽是一种系统软件,但它是系统软件中的系统软件。没有它的支持,其他系统软件都不能运行。同时,操作系统的功能设计也受其他系统软件功能强弱和完备与否的影响,没有完备的系统软件与应用软件的支持,操作系统也不会得到广大用户的认可。

综上所述,操作系统运行环境可以理解为:用户通过操作系统运行上层程序(如系统提供的命令解释程序和用户应用程序等),而上层程序的运行需要操作系统提供服务支持。当需要操作系统服务时,系统通过中断机制进入核心态,执行系统管理程序。当程序运行过程中出现异常、被动地需要管理程序的服务时,可通过异常处理进入核心态。执行完系统管理程序后,恢复用户程序的中断现场,继续执行。总之,操作系统除了需要硬件环境支持外,也需要其他系统软件提供一定的支持。

1.7　初识 Linux 操作系统

1.7.1　Linux 概述

20 世纪 80 年代,Andrew S. Tanenbaum(AST)教授为了满足《操作系统》课程的教学需要,自行设计了一个微型的类 UNIX 操作系统——MINIX。该系统源码开放,主要目的是用于学生学习操作系统原理。1991 年 4 月,芬兰赫尔辛基大学学生 Linus Torvalds 以 MINIX 为开发平台进行操作系统原理课的学习。据 Linus 说,刚开始的时候,他只是想编写一个进程切换器程序,后来为了自己上网的需要编写了终端仿真程序,再后来为了从网上下载文件而又进一步编写了硬盘驱动程序和文件系统。这时,他惊奇地发现自己已经实现了一个近乎完整的操作系统内核,他把这个操作系统命名为 Linux。1991 年年底,Linus Torvalds 在赫尔辛基大学的一台 FTP 服务器上首次公布了 Linux0.01 版,允许用户免费下载 Linux 的公开版本和源代码。此后一段时间里,一个令全世界所有人都没有想到的奇迹发生了。

Linux 操作系统是 UNIX 操作系统的一种典型克隆。但严格来说,Linux 是有别于 UNIX 的一种新的操作系统。Linux 的兴起极大地得益于因特网的流行,加上其免费下载、开放源代码的特点,Linux 在全世界计算机爱好者的共同努力下,在不到 3 年的时间里得到飞速发展,一跃成为一个功能完善、稳定可靠的主流操作系统。

1993 年,Linux1.0 以自由软件的形式发布,公开了全部源代码,任何用户有权使用、复制、扩散、修改该软件,同时用户有义务将自己修改过的程序免费公开,任何使用者都不能从 Linux 交易中获利。但 Linus Torvalds 本人很快认识到,Linux 的自由软件形式限制了其以磁盘复制或者光盘等形式传播的可能,也限制了商业公司参与进一步开发 Linux 并提供技术支持的良好愿望。1993 年底,Linus Torvalds 将 Linux 操作系统转向了 GPL 版权 (General Public License),并加入了完全基于自由软件的软件体系 GNU(GNU is Not UNIX)。GPL 除了规定有自由软件的各项许可权之外,还允许用户出售自己的程序复制品。这一版权上的转变对 Linux 的进一步发展起了极为重要的作用。从此以后,有多家技术力量雄厚又善于市场运作的商业软件公司加入了原先完全由业余爱好者和网络黑客组成的 Linux 研发团队,并开发出多种 Linux 的发布版本,增加了易于用户使用的图形用户界面和众多应用软件,极大地拓展了 Linux 的用户范围。Linus Torvalds 本人也认为:“使 Linux 成为 GPL 的一员是我一生中所做过的最漂亮的一件事。”RedHat、InfoMagic 等大软件公司推出了各自的以 Linux 为内核的商品化操作系统版本,这有力地推动了 Linux 的普及,扩大了 Linux 的影响。

随着 Linux 用户的不断扩大、性能不断提高,各种平台的 Linux 版本不断出现。各大软件公司也推出了各自的 Linux 发行版本,许多著名计算机厂商纷纷宣布自己的硬件平台支持 Linux,如 Sybase、Oracle、Sun 以及 Netscape 等软件公司相继推出了针对 Linux 操作系统的应用软件。当前,Linux 在不断向高端发展,开始进入越来越多的计算机领域。

(1) 服务器领域。Linux 服务器操作系统在整个服务器操作系统市场格局中占据了越来越多的市场份额,已经形成了大规模市场应用的局面。Linux 已经引起了全球 IT 产业的高度关注,正以强劲的势头成为服务器操作系统领域的中坚力量。

(2) 桌面领域。当前的桌面操作系统可分为两大类。一类是主流商业桌面系统,包括微软的 Windows 系列、Apple 的 Macintosh 等;另一类是基于自由软件的桌面操作系统,特别是 Linux 桌面操作系统。Linux 国内市场主要有中标软件、红旗等系统软件厂商推出的 Linux 桌面操作系统,目前已经在政府、企业、OEM 等领域得到了广泛应用。国外的 Novell (Suse)、Sun 公司也相继推出了基于 Linux 的桌面系统。但是,从系统的整体性能来看,Linux 桌面系统与 Windows 桌面系统相比还有一定的差距,主要表现在系统易用性、系统管理效率、软硬件兼容性、应用软件丰富程度等方面。目前主要流行的 Linux 版本有 Fedora、Ubuntu、Suse、RedFlag、Linpus、中标普华桌面等。

(3) 网络设备领域。中国的骨干网、城域网中使用的众多路由器、交换机设备基本都是由 Cisco、中兴、华为三家公司提供的,这三家公司都是依据自身网络设备特性,自主研发基于 Linux 内核的操作系统。因此,Linux 在通信设备上的装机量呈现出了越来越多的趋势,占据的市场份额越来越大。

(4) 嵌入式系统领域。当前,在嵌入式领域使用 μCLinux 等简化版的系统较多,但是随着基于 Linux 内核的、开源 Android 操作系统的极大推广,这个市场也正在被 Linux 一步步占领。

由以上介绍可以看出,Linux 在计算机各个领域中都已经发挥着不可替代的作用,具有不可估量的发展趋势。像 Sun 和 HP 这样的国际大公司,即使它们的操作系统产品与 Linux 有利益冲突,但也没有抵制 Linux,而是大力支持,从而达到促进其硬件产品销售的目的。作为一个发展成熟、已取得巨大成功的操作系统,Linux 已经成为商业操作系统市场中的一个重要部分,并充当着免费 UNIX 操作系统接口的角色,它必将引领未来操作系统的发展方向。

Linux 操作系统在很短的时间内得到迅猛的发展,这与其具有的良好特性是分不开的。

(1) 开放性、兼容性好。Linux 遵循开放系统互连(OSI)国际标准,兼容性非常好。Linux 是免费的,其源代码开放,任何人都可以免费使用或者修改其中的部分源代码,这非常有利于用户根据自身需求进行自定义扩展。Linux 内核由专业团队进行管理,内核版本无变种,这保证了用户应用的兼容性。Linux 支持多种文件系统,如 EXT、NFS、ISOFS,以及 Windows 的文件系统 FAT、NTFS 等,这给不同用户的使用提供了极大便利。

(2) 多用户、多任务,系统运行效率高。Linux 系统资源可被分配给不同用户使用,每个用户对自己的资源(例如,文件、设备等)有特定的权限,互不干扰。Linux 管理的内存中可同时存放多个用户任务,这些任务并发执行,这提高了系统资源的利用率。

(3) 提供了丰富的网络功能,具有网络优势。Linux 在通信和网络功能方面为用户提供了完善的、强大的网络功能,它对网络的支持比大多数操作系统出色。例如,Linux 拥有世界上最快的 TCP/IP 驱动程序,支持几乎所有的通用网络协议。

(4) 可靠的系统安全性。Linux 采用了许多安全技术措施,例如对读、写进行权限控制、子系统保护、审计跟踪、核心授权等。这些都为网络环境下的用户提供了安全保障。

(5) 出色的稳定性和高速运算性。Linux 可以连续运行数月、甚至数年无须重新启动。一台 Linux 服务器可以支持 100~300 个用户。Linux 可以把各种处理器的性能发挥到极致,充分提高处理器的使用效率。

(6) 良好的用户界面,方便用户使用。Linux 向用户提供了两种界面:用户界面和系统调用。普通用户通过用户界面可以像使用 Windows 操作系统那样方便地操作计算机资源。程序员用户可通过系统调用等方式调用 Linux 系统提供的各种功能,便于编写各类应用程序。

(7) 较好的程序兼容性。Linux 支持 POSIX 标准和 X/Open 标准,UNIX 用户程序和大部分基于 X Window 操作系统的程序都不需任何修改即可以在 Linux 系统上运行。

(8) GNU 软件的支持。Linux 支持大部分 GNU 计划下的自由软件,包括 GNU 和 GCC 编译器、GAWK、GROFF 和其他软件等。

1.7.2 Linux 内核设计

Linux 是一个用 C 语言编写、符合 POSIX 标准的类 UNIX 操作系统。Linux"内核"实际上是一个提供硬件抽象、文件(磁盘)系统控制、多任务并发执行等功能的系统软件。严格意义上讲,内核不是完整的操作系统,一套基于 Linux 内核的完整操作系统才叫 Linux 操作系统,或 GNU/ Linux。

分析一个操作系统的优良,我们可从它的组织结构上入手。操作系统的组织结构主要有整体式系统结构、层次式系统结构、虚拟机系统结构、客户-服务器系统结构及微内核结构。

整体式系统结构是早期操作系统常常采用的结构。实际上,这种结构的操作系统中不存在任何明确的结构。也就是说,整个操作系统是一堆过程的集合,每个过程都可以调用任意其他过程,这导致操作系统内部复杂而又混乱。然而,Linux 系统也是这种结构。难道Linux 系统内部也是"一团糟"吗?通过对 Linux 内核源码的分析,我们发现 Linux 内核并不是我们想象的那样混乱。

一般来讲,Linux 体系结构可分为 5 个子系统:CPU 和进程管理、存储管理、虚拟文件系统、设备管理和驱动和网络通信。

Linux 是一个多任务操作系统,它为每个程序创建若干个进程,不同进程间相对独立。进程间可通过内核提供的进程间通信机制 IPC(如 System V IPC 机制)进行通信。多个进程交替在 CPU 上执行,Linux 采用一定的调度策略分配 CPU。Linux 内核对进程的调度分为普通进程调度和实时进程调度,实时进程的优先级高于普通进程。普通进程采用基于优先级进行调度,实时进程采用简单先进先出调度算法和基于时间片的先进先出调度算法。

Linux 内存管理中使用了计算机系统提供的虚拟存储技术,实现了虚拟存储器管理。虚拟存储技术使得进程可使用比实际物理内存大得多的空间。Linux 内核对内存采用动态内存管理机制,该机制限制每个进程所能申请的最大内存空间,这可避免由于进程内存泄露而造成的系统崩溃。

Linux 系统采用虚拟文件系统 VFS(Virtual File System),它是一种用于网络环境的分布式文件系统。虚拟文件系统(VFS)是物理文件系统与服务之间的一个接口层,它对Linux 中的每个文件系统的所有细节进行抽象,使不同文件系统在 Linux 核心进程以及系统中运行的其他进程看来都是相同的、无差别的。严格来说,虚拟文件系统并不是一种实际的文件系统,它只存在于内存中,不存在于外存中。虚拟文件系统在 Linux 启动时创建,在Linux 关闭时消亡。虚拟文件系统能让用户进程访问不同文件系统的关键是用一个通用文件模型来表示各种不同的文件系统。这个通用文件模型由对象 superblock、inode、dentry、file 等表示。此外,Linux 文件系统采用树型目录结构,系统只有一个根目录(通常用"/"表示),其中含有下级子目录或文件的信息。子目录中含有更下级的子目录或者文件的信息,这样一层一层地延伸下去,构成一棵倒置的树性结构。这个特点和 Windows 操作系统非常类似。

在 Linux 系统中,一切设备都被当作是特殊文件,均可用访问文件的方式来访问。无论哪种设备类型,Linux 都能对其文件抽象。也就是说,Linux 习惯于将系统中几乎所有的东西按文件形式对待,这使得用户能用相同的接口去打开、关闭、读取和写入不同类型的文件。由于 Linux 把所有设备都作为一类特别文件对待,用户可像使用普通文件那样对使用设备,从而实现设备无关性。设备文件虽然和普通磁盘文件类似,两者都有文件结点信息,但设备文件不包含任何数据。

网络接口(NET)提供了对各种网络标准协议的存取以及对各种网络硬件的支持。网络接口可分为网络协议和网络驱动程序两部分。网络协议部分负责实现每一种可能的网络传输协议。网络驱动程序部分负责与硬件设备进行通信,每一种网络硬件设备都有相应的网络设备驱动程序。

1.7.3 Linux 启动和初始化过程

Linux 操作系统可在多种硬件平台上运行,如 80x86CPU 系列(80386 以上)、SUNsparc 64、ARM26 等。为了使 Linux 具有良好的可移植性,Linux 内核针对不同的硬件平台,开发了不同的启动程序和初始化程序。这些程序处于 arch/子目录中,用户可根据自己的需求修改内核代码,并能即时编译,形成满足自己要求的内核。这也是 Linux 操作系统广受欢迎的主要原因之一。

Linux 操作系统的启动过程主要包括:BIOS (基本输入/输出程序,完成机器自检等步骤后将主控权交给引导程序)自检、GRUB 引导、加载 Linux 内核、执行 /sbin/init 和执行脚本等。启动过程中的第一个步骤 BIOS 自检是任何一个操作系统启动必须经历的过程,也是计算机启动时必要的自我检查过程。

当启动电源时,计算机会从 CMOS(互补金属氧化物半导体,保存了计算机运行最基本的程序和参数)加载 BIOS,然后开始进行 POST 上电自检,检测系统的基本硬件信息。POST 上电自检是微机接通电源后,系统进行的一个自我检查的例行程序,主要包括检测内存、CPU 等。系统的 BIOS 初始化串行端口、视频设备、键盘等核心设备驱动程序,分配系统资源,例如 IRQ 和 I/O 端口。BIOS 完成设备初始化工作之后,会搜索计算机中合适的引导设备。BIOS 可能会因为计算机本身情况的不同而有所不同,BIOS 中的参数也在 CMOS 中进行修改。

GRUB 是一个来自 GNU 项目的多操作系统启动程序。它是将引导装载程序安装到主引导记录的一个程序。主引导记录一般位于硬盘开始的扇区,是计算机在启动过程中运行的第一个程序。通常,计算机启动时,通过 BIOS 自检后才能读取并运行硬盘主引导扇区中的启动引导器程序,启动引导器程序负责加载启动硬盘分区中的操作系统。

在 GRUB 引导阶段,系统开始加载内核程序,此时系统已正式进入 Linux 的控制阶段。Linux 首先会检索系统中的所有硬件设备,并且驱动它们。硬件设备的检测信息会在屏幕上显示,用户可通过这些信息了解硬件设备是否驱动成功。

加载内核后,系统会调用/sbin/init 程序。init 是 Linux 启动过程中创建的第 1 个用户态进程,它负责触发系统其他必需进程,以使系统进入可用状态。init 的进程 ID 号为 1。其实,在 Linux 系统中有一个名为 idle 的进程,其 ID 号为 0。在 CPU 没有进程可以运行时会自动运行 idle 进程。一般情况下,我们可认为 init 进程是 Linux 中其他所有进程的祖先进程,Linux 使用 init 进程对组成 Linux 的服务和应用程序进行初始化。上述服务开启完毕后,用户就可以登录到 Linux 桌面了。

1.7.4 Linux 系统调用介绍

系统调用是操作系统内核提供给应用程序调用的一系列函数(也可称为一组特殊接口),功能十分强大。系统调用在操作系统内核中实现,应用程序通过系统调用可获得操作系统提供的有关进程控制、进程通信、内存管理、设备管理等一系列功能,而不必了解系统的内部结构,从而起到减轻用户负担、保护系统以及提高系统资源利用率的作用。如果没有系统调用,每个应用程序需直接控制系统硬件,这给应用程序的编写者造成极大负担。

　　不同操作系统的系统调用的实现方式因其内核实现技术不同而不同。例如 DOS 系统以软中断的方式向用户提供系统调用,DOS 对其内核无任何保护措施,用户可以随意拦截、修改系统调用。Linux 系统类似于 UNIX 操作系统,它通过在内核设置一组实现系统功能的子程序来实现系统调用。系统调用和普通库函数调用非常相似,只是系统调用由操作系统核心提供,运行于核心态下。Linux 的系统调用技术保证了内核安全,用户进程不能随意拦截、修改系统调用。

　　在 Linux 系统中,程序的运行空间分为内核空间和用户空间,也常称为核心态和用户态。Linux 提供两种运行模式:内核模式和用户模式。

　　通常,应用程序运行在用户模式,只能访问用户空间;系统调用运行在内核模式,可以访问内核空间,实现与用户空间的通信。应用程序和系统调用分别运行在不同的级别上,逻辑上相互隔离。用户进程通常不允许访问内核,当用户进程需要获得一定的系统服务时,须用系统调用门陷入到系统内核中去,才能执行内核子程序。系统调用规定了用户进程进入内核空间的具体位置.然后程序从用户态进入核心态完成相关处理,执行完系统调用后再返回用户态,如图 1.17 所示。从安全角度讲,将用户空间和内核空间置于这种非对称访问机制下能有效防止恶意用户的窥探,也能防止质量低劣的用户程序的侵害,从而使系统稳定、安全。

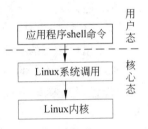

图 1.17　Linux 系统调用过程

　　Linux 中的系统调用都以 sys 开头,如 sys_mkdir()。它们通过 int ox80 来完成从用户态切换到核心态,进入特权级执行。int ox80 会使执行跳转到系统调用在内核中定义的入口地址。这个位置叫做 system_call,它是唯一确定的,且只可被用户进程读操作,不可进行写操作。进程通过查找系统调用表 system_call_table,从中找到希望调用的内核函数的地址,调用此函数。除了系统调用号以外,大部分系统调用都还需要一些外部的参数输入。

　　Red Hat Linux-2.4.20 版中共有 258 个系统调用,大体上分为进程控制、文件系统控制、文件系统操作、系统控制、内存管理、网络管理、socket 控制、用户管理、进程通信管理等几方面。例如,系统调用 open()在内核里面的入口函数是 sys_open,其定义是:

```
static inline long open(const char * name, int mode, int flags)
     {  return sys_open(name, mode, flags);  }
```

　　关于 Linux 系统调用的具体使用细节不是本书重点,感兴趣的读者可查看相关书籍,在此不再详述。

习　题　1

一、选择题

1. 在计算机系统中,操作系统是(　　　)。

A. 一般应用程序   B. 核心系统软件

C. 用户应用软件   D. 系统支撑软件

2. 下列选项中,( )不是操作系统关心的主要问题。

    A. 管理计算机裸机

    B. 设计、提供用户程序与计算机硬件系统的界面

    C. 管理计算机系统资源

    D. 高级程序设计语言的编译器

3. 操作系统最重要的两个目标是( )。

    A. 开发性和有效性   B. 可扩充性和方便性

    C. 有效性和方便性   D. 方便性和开放性

4. 计算机开机后,操作系统最终被加载到( )。[2013 年全国统考真题]

    A. BIOS   B. ROM   C. EPROM   D. RAM

5. 操作系统提供给编程人员的接口是( )。

    A. 库函数   B. 高级语言   C. 系统调用   D. 子程序

6. 系统功能调用是( )。

    A. 用户编写的一个子程序   B. 高级语言中的库程序

    C. 操作系统中的一条命令   D. 操作系统向用户程序提供的接口

7. 若程序正在试图读取某个磁盘的第 100 个逻辑块,使用操作系统提供的( )接口。

    A. 系统调用   B. 图形用户   C. 原语   D. 键盘命令

8. 从下面关于并发性的论述中选出一条正确的论述( )。

    A. 并发性是指若干事件在同一时刻发生

    B. 并发性是指若干事件在不同时刻发生

    C. 并发性是指若干事件在同一时间间隔内发生

    D. 并发性是指若干事件在不同时间间隔内发生

9. 在单处理器系统中,可并行的是( )。[2009 年全国统考真题]

Ⅰ 进程与进程   Ⅱ 处理器与设备   Ⅲ 处理器与通道   Ⅳ 设备与设备

    A. Ⅰ、Ⅱ和Ⅲ   B. Ⅰ、Ⅱ和Ⅳ   C. Ⅰ、Ⅲ和Ⅳ   D. Ⅱ、Ⅲ和Ⅳ

10. 操作系统的不确定性是指( )。

    A. 程序运行结果的不确定性   B. 程序运行次序的不确定性

    C. 程序多次运行时间的不确定性   D. B 和 C

11. 一个多道批处理系统中仅有 P_1 和 P_2 两个作业,P_2 比 P_1 晚 5ms 到达,它们的计算和 I/O 操作顺序如下:

P_1:计算 60ms,I/O 80ms,计算 20ms。

P_2:计算 120ms,I/O 40ms,计算 40ms。

若不考虑调度和切换时间,则完成两个作业需要的最少时间是( )。[2012 年全国统考真题]

    A. 240ms   B. 260ms   C. 340ms   D. 360ms

12. 下列选项中,不可能在用户态发生的事件是( )。[2012 年全国统考真题]

A. 系统调用　　B. 外部中断　　　　C. 进程切换　　　D. 缺页

13. 不影响分时系统响应时间的是(　　)。

A. 进程调度和切换的时间　　　　B. 分时用户的数目

C. 分时用户所运行程序的特性　　D. 时间片的大小

14. 批处理系统的主要缺点是(　　)。

A. CPU 利用率低　　　　　　　B. 不能并发执行

C. 缺少交互性　　　　　　　　D. 以上都不是

15. 在分时系统中,用户数目是 100 时,为保证响应时间不超过 2s,此时的时间片最大应为(　　)。(注:1s＝1000ms)

A. 10ms　　　　B. 20ms　　　　C. 50ms　　　　D. 100ms

16. 中断发生时,由硬件保护并更新程序指令计数器 PC,而不是由软件完成,主要是为了(　　)。

A. 提高处理速度　　　　　　　B. 使中断程序易于编制

C. 节省内存　　　　　　　　　D. 能进入中断处理程序并能正确返回

17. 中断处理和子程序调用都需要压栈以保护现场。中断处理一定会保存而子程序调用不需要保存其内容的是(　　)。[2012 年全国统考真题]

A. 程序计数器　　　　　　　　B. 程序状态字寄存器

C. 通用数据寄存器　　　　　　D. 通用地址寄存器

18. 下列选项中,会导致用户进程从用户态切换到内核态的操作是(　　)。[2013 年全国统考真题]

Ⅰ 整数除以零　　Ⅱ sin()函数调用　　Ⅲ read 系统调用

A. 仅Ⅰ、Ⅱ　　　B. 仅Ⅰ、Ⅲ　　　C. 仅Ⅱ、Ⅲ　　　D. Ⅰ、Ⅱ和Ⅲ

19. 下面(　　)技术对提高操作系统实时性无效。

A. 中断分级　　　　　　　　　B. 时间片轮转

C. 加快时钟中断频率　　　　　D. 可剥夺调度

20. 相对于单一内核结构,采用微内核结构设计和实现的操作系统具有诸多优点。但(　　)不是微内核的优势。

A. 使系统更高效　　　　　　　B. 添加新服务时不必修改内核

C. 便于实现分布式处理　　　　D. 使系统更可靠

二、综合题

1. 简述并发与并行的区别,在单处理机系统中,下述并行和并发现象哪些可能发生?哪些不会发生?

(1) 处理机和设备之间的并行;

(2) 处理机和通道之间的并行;

(3) 通道和通道之间的并行;

(4) 设备和设备之间的并行。

2. 操作系统具有哪些基本特征?

3. 什么是多道程序设计技术?多道程序设计技术的优点是什么?

4. 推动批处理系统和分时系统形成和发展的主要动力是什么?

5. 如何理解操作系统的不确定性？

6. 一个分层结构操作系统由裸机、CPU 调度与进程同步操作、作业管理、内存管理、设备管理、文件管理、命令管理等部分组成。试按层次结构的原则从内到外将各部分排序。

7. 批处理操作系统、分时操作系统和实时操作系统各有什么特点？

8. 有两个程序，A 程序按顺序使用 CPU 10s，使用设备甲 5s，使用 CPU 5s，使用设备乙 10s，最后使用 CPU 10s。B 程序按顺序使用设备甲 10s，使用 CPU 10s，使用设备乙 5s，使用 CPU 5s，最后使用设备乙 10s。在顺序环境下先执行 A 程序再执行 B 程序，计算 CPU 的利用率是多少？在多道程序环境下，CPU 的利用率是多少？

9. 设某计算机系统有一块 CPU、一台输入设备、一台打印机。现有两个进程同时进入就绪状态，其进程 A 先得到 CPU 运行，进程 B 后运行。进程 A 的运行轨迹为：计算 50ms，打印信息 100ms，再计算 50ms，打印信息 100ms，结束。进程 B 的运行轨迹为：计算 50ms，输入数据 80ms，再计算 100ms，结束。试画出它们的时序关系图，并说明：

(1) 开始运行后，CPU 有无空闲等待？若有，在哪段时间内等待？计算 CPU 的利用率。

(2) 进程 A 运行时有无等待现象？若有，在什么时候发生等待现象？

(3) 进程 B 运行时有无等待现象？若有，在什么时候发生等待现象？

10. 处理机状态被划分为核心态和用户态，这给操作系统设计带来什么好处？

11. 试说明库函数与系统调用的区别和联系。

12. 从宏观结构上看，操作系统有哪几种结构设计方法？

13. 微内核结构具有哪些优点？为什么？

第 2 章　进程、线程管理

操作系统引入多道程序设计技术后,内存中可同时装入多个程序并发执行。为了更好地描述和管理程序的并发执行过程,操作系统中引入了一个新的概念——进程。进程是程序的一次执行过程,是系统进行处理机调度和资源分配的基本单位。现代操作系统为了进一步提高系统内部的并发执行程度和降低并发运行的系统开销,又引入了线程。进程和线程是本章中两个最重要、最基本的概念。

处理机是计算机系统中最宝贵的硬件资源,处理机管理是操作系统的重要功能之一。引入进程后,操作系统把对处理机的管理转化为对进程的管理。操作系统必须有效地控制进程执行,给进程分配资源,允许进程之间共享信息,保护每个进程在运行期间不受其他进程的干扰,实现进程的互斥、同步和通信。为了有效地记录和管理进程,操作系统为每个进程在系统中设立了一个数据结构——进程控制块(PCB),用它来记录当前系统中进程的情况和系统管理进程所需的主要信息。本章主要讲解进程和线程的概念、进程和线程的状态及其转换、进程和线程的控制,最后介绍了 Linux 中进程的实现方案,加深读者对本章所学理论的理解。

通过本章的学习,读者要仔细体会进程和程序的区别,学会用进程、线程的观点来看待操作系统中的一切问题,不要只停留在作业或程序的层次上,这样才能更好地理解操作系统原理。现在,许多高级编程语言(如 Java、Delphi 等)中也都引入了多线程编程技术,学好本章也有助于更好地掌握这些高级编程语言。

【本章学习目标】

- 引入进程、线程的原因。
- 进程、线程的概念及特征。
- 进程三个基本状态及其转换。
- 各种进程控制系统调用的实现过程。
- 多线程模型。

2.1　进程的基本概念

2.1.1　程序执行过程

计算机程序通常有两种执行方式:顺序执行和并发执行。

目前使用的计算机结构基本上沿袭了冯·诺依曼设计的计算机结构,其基本特点之一就是处理机按照程序指令地址的指示,顺序执行程序指令。

在早期未配置操作系统的计算机系统以及单道批处理系统中,内存中一次只能装入一道用户程序。该程序顺序执行,在执行期间独占系统资源,系统资源利用率低下。例如:程序在处理机上执行时,各种输入设备和输出设备只能空闲。系统只有等到该道程序运行结束后,才允许新的程序装入内存。

为克服单道程序运行的缺点,操作系统中引入了多道程序设计技术。在多道程序系统中,内存中可一次装入多道用户程序,以并发执行的方式运行。这些用户程序共享系统资源,提高了系统资源的利用率和系统作业吞吐量,但同时也给程序执行带来许多新问题。

下边,先介绍一下用于描述程序(或进程)执行顺序的工具——前驱图,再讲解程序顺序执行和并发执行的特点。

1. 前趋图

前趋图是一种用来描述程序(或进程)之间先后执行顺序的有向无环图,它是一种非常直观的描述工具。

前趋图由结点和有向边两部分组成。结点可表示一个程序、进程、程序段或者一条语句。结点间的有向边表示结点间的前趋关系。如结点 P_i、P_j 之间存在前趋关系 $P_i \rightarrow P_j$,表示 P_i 必须执行完成后 P_j 才能开始执行,称 P_i 是 P_j 的直接前趋,P_j 是 P_i 的直接后继。图 2.1 所示的前趋图存在如下前趋关系:$P_1 \rightarrow P_2$,$P_1 \rightarrow P_3$,$P_1 \rightarrow P_4$,$P_2 \rightarrow P_5$,$P_3 \rightarrow P_6$,$P_4 \rightarrow P_6$,$P_5 \rightarrow P_7$,$P_6 \rightarrow P_7$。

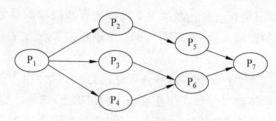

图 2.1　前趋图举例

在日常生活中也常见类似前趋图表示的先后顺序关系实例。例如在计算机课程的安排上,操作系统课程通常要在"数据结构"、"计算机组成原理"等课程学完之后才能开设,即只有"数据结构"、"计算机组成原理"等这些前趋课程学完后,才能开设后继课程——"操作系统"。

2. 顺序执行及其特征

进程的顺序执行是指程序在处理器上的执行是严格按序的,即按照程序规定的操作顺序执行,只有在前一个操作结束后才能开始后继操作。一个程序通常由若干个程序段组成,它们必须按照某种先后次序来执行。例如,一个计算应用程序由输入程序段、计算程序段、输出程序段三部分组成。该程序的顺序执行过程是:首先输入计算所需的数据,接着程序进行相关计算,最后输出计算结果。若用结点表示各程序段的操作,I 代表输入程序段、C 代表计算程序段、P 代表输出程序段,则上述三个程序段存在 I→C→P 的前趋关系。两个这样程序的顺序执行可用图 2.2 所示的前趋图描述。

图 2.2　顺序执行的前趋图

由上述分析可知,程序顺序执行具有如下特征。

（1）顺序性。处理机的操作严格按照程序所规定的顺序执行,每一操作必须在上一操作结束之后才能开始。用户程序之间也按先后次序执行,只有一道程序结束,另一道程序才能开始执行。

（2）封闭性。程序在封闭环境下运行,独占系统所有资源,包括处理器、内存、I/O 设备等,这些资源的状态(除初始状态外)只有该程序才能改变。程序一旦开始运行,其执行结果只取决于程序本身,不受其他程序和外界因素影响。

（3）可再现性。只要程序执行时的初始条件和执行环境相同,程序重复执行时可获得完全相同的结果。可再现性为程序的检查和调试带来了极大的方便。

3. 并发执行及其特征

程序的并发执行是指在内存中同时存放若干个程序,交替在 CPU 上运行,共享系统资源。这些程序(或程序段)的执行在时间上是重叠的,一个程序(或程序段)的执行尚未结束,另一个程序(或程序段)的执行即已开始。但是,并非所有的程序(或程序段)之间都能任意并发执行,只有不存在前趋关系的程序(或程序段)之间才能并发执行。且在并发执行过程中,各个程序之间不再互不影响,而是存在着复杂的制约关系。

宏观上看,系统中的多个程序都"同时"得到执行;微观上看,每一时刻真正在 CPU 上执行的程序只有一个。

用户宏观上看到的多个程序同时执行实际上是一种"假象"。并发执行的程序轮流使用 CPU,由于 CPU 的时间片很短,切换的很快,用户感觉不到切换过程。例如,某用户在使用 Word 进行文档编辑时,同时听 Windows Media Player 播放流行歌曲,感觉很享受。其实,这只是我们用户感觉到的一个假象。Word 文档和歌曲播放软件交替在 CPU 上执行的,由于交替很快,我们感觉"同时"执行。但是,普通用户更喜欢这种"假象",甚至已离不开这种"假象",这是多道程序并发执行带给用户的好处之一。

在早期的单用户、单任务操作系统 DOS 中,一次只能执行一个程序,该程序独占系统资源。早期的 DOS 操作系统用户要么编辑文档、要么听歌,两者只能选一个,而不能两者"同时"进行。所以,DOS 不能满足用户"同时"运行多个程序的要求。

并发执行在现代操作系统中大量存在,读者必须理解并掌握它的特征。

执行同一任务的计算应用程序,其输入、计算、输出三个程序段必须顺序执行。但若是多个执行不同任务的计算应用程序并发运行,属于不同计算应用程序的各程序段间不存在前趋关系,可并发执行。例如图 2.3 所示,系统中有 4 个执行不同任务的计算应用程序并发执行,I_{i+1}、C_i、P_{i-1} 之间可并发执行。假设 I、C、P 每个程序段所需的执行时间都为 1s,如果 4 个任务没有并发执行而是串行执行,完成 4 个任务需要 12s,采用图 2.3 所示的并发执行,在忽略任务切换的条件下,则只需要 6s 就可完成,节省了一半时间。

并发执行的多个程序共享系统资源,协同完成任务。但程序之间存在各种制约关系,产生了下述与程序顺序执行不同的特征。

（1）间断性。程序在执行过程中,由于等待资源或与其他程序协作完成任务,每个程序的执行过程往往不是"一气呵成",而是呈现出"执行－暂停－执行"的间断性规律。作为初学者必须牢牢把握住并发执行程序的这个特点。

假设 I、C、P 分别表示输入、计算、输出工作的三个程序段,三者协作完成全部任务。其中,I 必须等待 C 取走数据后才能处理下一个输入;C 在执行当前计算后,如果 I 没有准备好

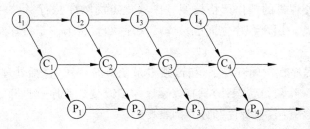

图 2.3 并发执行的前趋图

新输入数据,C需等待;P在完成当前输出后,也需等待C的下一次计算结果。

(2) 失去封闭性。程序并发执行时,多个程序共享系统资源,系统资源的状态将由多个程序共同改变。一个程序在运行时,其运行环境会受其他程序的影响,从而失去了程序顺序执行时具有的封闭性特征。

(3) 不可再现性。程序并发执行时,由于失去了封闭性,导致其失去可再现性。即使初始条件相同,一个程序的多次执行结果也可能不同。

(4) 相互作用和制约性。并发执行程序既有相互独立的一面,表现为每个程序为用户提供特定的功能,它们之间相互独立;也有直接或间接制约的一面,表现为多个程序之间相互影响,程序运行结果可能不唯一。

例如,两个程序共享一个全局变量N,程序A中设N=5;程序B中设N=3,并打印N。A和B并发执行,可能会出现以下3种情况。

先执行A,再执行B,打印N语句在N=5与N=3之后执行,打印结果为3;

先执行N=3,然后切换执行A,打印N语句在N=5之后执行,打印结果为5;

先执行B,再执行A,打印结果为3。

由上述分析可知,由于程序A、B共享全局变量N,它们之间产生了相互影响,最终打印结果不唯一。打印结果与程序A和程序B相对执行速度有直接关系。

再举一个较为复杂的例子:有两个程序并发执行,其程序代码如下。

```
P1()                          P2()
{ x=1;                        {x=-1;
y=2;                          a=x+3;
if(x>0)                       x=a+x;
z=x+y;                        b=a+x;
else                          c=b*b;
z=x*y;                        print c;
print z;                      }
}
```

问:

(1) 可能打印出的z值有几种?

(2) 可能打印出的c值有几种?(其中x为进程P1和进程P2共享的变量)

本题中可能打印出的z值有6个,分别是:-2,1,2,3,5,7。可能打印出的c值有3个,分别是9,25,81。请读者利用上述所学知识自行分析一下,用动态的观点来分析两个程序的并发执行过程,找出所有输出结果的程序执行轨迹。

并发执行的这一特点给我们分析程序运行结果带来很大困难。例如,某几个程序并发执行,但最终结果可能不是用户期望的结果。用户想分析一下产生的原因,但很难再现程序执行现场。因为只有在很巧合的一种程序间推进顺序下,才会出现该问题。在其他的程序间推进顺序下可能不会出现该问题,这给发现并修改程序错误造成很大困难。

多个程序并发执行时,程序间的推进顺序是一个数量巨大的组合数,用户很难逐一进行测试。希望读者牢牢掌握并发执行的这个特点,为以后分析并发执行程序打下基础。

2.1.2　进程的定义和特征

由于程序并发执行失去了封闭性和可再现性,为了准确地描述并管理好多个并发执行程序,操作系统中引入了进程的概念。采用多道程序设计技术的现代操作系统都引入了进程的概念。

1. 为何引入进程

操作系统引入进程的主要目的在于清晰刻画系统的内在活动规律,有效调度和管理进入内存的程序。从理论角度上看,进程是对运行程序活动规律的抽象;从实现角度上看,进程由程序、数据和进程控制块(Process Control Block,PCB)组成。

下面从程序并发执行角度和系统资源共享角度分析一下引入进程的必要性。

(1) 程序并发执行角度。在多道程序环境下,程序的任意两条指令之间都可能发生程序切换,每个程序的执行不再连续的,而是“走走停停”。在单 CPU 系统中,宏观上看,用户感觉所有并发执行程序同时执行,实际上任一具体时刻只有一道程序在 CPU 上执行。为了精确刻画哪个程序在 CPU 上执行、哪些程序没有执行、哪些程序之间存在制约关系,静态的程序概念已不能胜任,于是引入了进程——这一描述并发程序执行的有力工具。进程具有不同的状态,能较好地刻画系统内部的动态性;进程之间能够并发执行,能准确描述多个程序的并发执行。

(2) 系统资源共享角度。多道程序并发执行时,系统资源被各个并发执行程序共享,如打印机为多个具有输出请求的程序共享。但是由于系统资源自身特点所致,有的系统资源可被多个程序同时调用,例如,编译程序可同时编译多个源程序,被多个源程序共享;有的资源不能被多个程序任意交替使用,例如打印机、全局共享变量。不能任意交替使用的资源,会导致程序之间存在制约关系。例如,如果某个程序在使用打印机期间暂时不用打印机,即使此刻打印机空闲,也不能分配给其他正在等待使用该打印机的程序,只有等该程序使用全部结束后,操作系统才能把它分配给其他等待程序。否则,打印出的结果是混乱的,两个程序都不能满意。如果要实现这个要求,操作系统和用户必须确切地知道打印机在某时刻是空闲还是分给了哪个程序,这对于静态的程序概念而言,无法满足这个要求。而引入进程后,进程是资源分配的基本单位,操作系统和用户通过进程能准确地掌握系统资源的使用情况。

2. 进程的定义

1960 年,著名的分时操作系统 MULTICS 的设计人员首次在操作系统论述中使用了“进程”(Process)这一术语。进程在 MULTICS 系统出现前被称做 Job,由 IBM 公司提出并用其描述多道批处理系统中并发执行的程序。MULTICS 的设计人员不愿采用 IBM 公司提出的术语,故将 Job 改为 Process。

进程在其发展过程中有过各式各样的定义,至今没有一个令人满意的、统一的定义,比较典型的有以下 4 种。

① 进程是执行中的程序。

② 进程是具有独立功能的程序在某个数据集合的一次执行过程,是系统资源分配和调度的基本单位。

③ 一个进程是由伪 CPU 执行的一个程序。

④ 能分配给处理机并由处理机执行的实体。

本书中将进程定义为:进程是一个可并发执行的具有独立功能的程序在某个数据集合的一次执行过程,它也是操作系统进行资源分配和调度的基本单位。

为了更好地描述和管理并发执行的多个进程,操作系统中为每个进程设置了一个进程控制块(PCB)。

为了帮助读者更好地理解进程和程序的概念,我们用一个乐谱和演奏的例子来比喻程序和进程。乐谱详细记录了演奏内容,是静止的。演奏是个动态过程,除了乐谱本身以外,还包括了演奏者、演奏地点、演奏时间、演奏过程等诸多内容。显然,可把乐谱比作程序,把演奏乐谱的过程比作进程。

3. 进程的构成

进程通常由以下几部分构成,如图 2.4 所示。

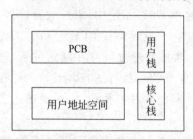

图 2.4　进程组成示意图

（1）独立的用户地址空间。每个进程都具备含有代码和数据的一段可执行程序,存放在其独立的用户地址空间中。进程的用户地址空间由操作系统在创建进程时进行分配。

（2）进程控制块。它是操作系统对进程管理的重要依据,也是进程存在的标识。进程控制块主要包含进程标识信息、进程说明信息、处理机状态信息和进程控制信息等。进程执行期间所需资源及系统已经分配给它的系统资源都记录在其进程控制块中。

（3）执行栈区。执行栈区指进程运行和进程切换时所涉及到的数据结构。通常情况下,操作系统进程使用的堆栈称为核心栈,用户进程使用的堆栈称为用户栈。核心栈和用户栈都是内存中的一个固定区域,用于保存进程运行时的现场信息,为进程运行和进程切换服务。例如:保存子程序调用时所压栈帧、系统调用时所压栈帧等。

创建进程时,系统在进程空间中定义一个用户栈,用来保存进程的运行现场信息。同时为进程在操作系统核心空间分配一个核心栈,用来保存中断/陷入点现场等信息。逻辑上,进程的用户栈和核心栈都属于一个执行栈区,但核心栈保存的是核心态下运行进程的现场信息,用户栈保存的是用户态下运行进程的现场信息。

4. 进程上下文

进程的物理实体和支持进程运行的环境合称为进程上下文(Process Context)。进程上下文包括用户级上下文、系统级上下文和寄存器上下文。

用户级上下文由进程的用户地址空间、执行栈区和共享存储区组成,其在编译目标文件时生成,占据进程的虚拟地址空间。系统级上下文是由进程控制块、内存管理信息、进程环境块和系统堆栈等组成的进程地址空间。寄存器上下文由程序状态寄存器、各类控制寄存器、地址寄存器、通用寄存器和用户栈指针等组成。

进程在进程上下文中执行,当一个进程被系统调度选中而获得 CPU 时,发生进程切换,切换工作的内容主要是切换进程上下文。

5. 进程的特征

通过以上分析,进程具有如下特征。

(1) 动态性。进程实质是程序的一次执行过程。进程由创建而产生,由调度而执行,由撤销而消亡。因此,进程具有一个生命周期,它是操作系统中最活跃的部分。在进程生命周期中,进程的状态不断发生改变。动态性是进程最基本的特征,也是它区分于程序的最重要特征。

(2) 共享性。操作系统与多个用户的进程共同使用计算机系统中的资源。系统中的硬件和软件资源不再为某个进程所独占,而是供多个用户进程共同使用。

(3) 并发性。多个进程实体同存于内存中,且在一段时间内同时运行。对于单 CPU 系统而言,各个进程轮流切换地使用 CPU。进程的执行过程可被中断。进程在执行完一条指令后、执行下一条指令前可能被迫让出处理机,由其他进程执行若干条指令后才能再次获得处理机,从断点处继续执行。

进程的并发性提高了系统的资源利用率和作业吞吐量,它也是进程最重要特征之一。并发性和共享性是互为存在条件的。共享性是以进程的并发性为条件的,若系统不允许进程并发执行,自然不存在资源共享问题。若系统不能对资源共享实施有效的管理,必将影响到进程的并发执行,甚至根本无法并发执行。

(4) 独立性。进程是一个能独立运行的基本单位,只有进程才能向操作系统申请资源,凡是未建立进程的程序都不能作为独立运行单位参与 CPU 的分配。

注意:在没有引入线程技术的系统中,进程是 CPU 调度的基本单位;引入线程后,线程是 CPU 调度的基本单位,进程不再是 CPU 调度的基本单位,但仍然是其他系统资源分配的基本单位。

(5) 异步性。并发执行进程之间存在着相互制约关系。进程在执行的关键点上可能需要与其他进程相互等待或互通消息,这导致进程按各自独立的、不可预知的速度向前推进,造成进程间的执行顺序不确定,具有异步性。

对并发执行进程间的异步性必须给予高度重视,如处理不好会导致进程计算结果不唯一,甚至会造成死锁现象。操作系统设计者通常采取各种办法处理好并发进程间的制约关系,确保各个并发进程正常执行。

6. 进程和程序的区别

(1) 进程和程序的最大区别就是进程是程序的一次执行过程,它是一个动态概念。程序是以文件形式存放在磁盘上的代码序列,它本身没有动态的含义,是一个静态概念。进程是暂时的,进程执行完毕就被撤销了。程序是永久的,不管它是否被执行,它都作为一个实体存在。

(2) 进程能够并发执行,而程序不能。在同一段时间内,并发执行的若干进程共享一个处理机,各个进程按照不同的推进速度执行。进程状态及其转换可以很好地描述并发执行进程的执行过程。

（3）进程是计算机系统资源分配的基本单位,程序不能作为一个独立单位运行,也不能申请系统资源。

（4）进程由含有代码和数据的用户地址空间、进程控制块和执行栈区等部分组成,而程序只由静态代码组成。

（5）进程和程序之间是多对多的关系。一个程序可被多个进程共用,一个进程在其活动中又可调用若干个程序。

2.1.3 进程状态和状态转换

1. 进程的三种基本状态

进程在不断地进程切换中走走停停,最终执行完成或被强行终止。为了更好地描述进程在其生命周期中所处的不同阶段,系统定义了若干进程状态,每个状态都是进程向前推进的整个生命周期中的关键点。进程的动态性是由它的状态及状态转换来体现的。

通常情况下,进程有 3 个基本状态,分别是就绪状态、执行状态和阻塞状态。

（1）就绪状态。当进程获得除 CPU 以外的所有必要资源后,只要再获得 CPU,便可立即执行,进程这时所处状态为就绪状态。系统中处于就绪状态的进程可能有多个,通常将它们按照某种调度策略排成一个队列,称为就绪队列。

（2）执行状态。进程获得 CPU 并正在运行,进程此时处于执行状态。在单处理机系统中,多个并发执行的进程中只能有一个进程处于执行状态;在具有 n 个 CPU 的系统中,可有不多于 n 的进程处于执行状态。

（3）阻塞状态。正在执行的进程由于发生某事件而暂停执行,这时进程处于阻塞状态。引起进程阻塞的典型事件有:请求 I/O 操作、申请缓冲空间等。系统中处于阻塞状态的进程可能有多个,通常也排成阻塞队列。处于阻塞状态的进程由于等待条件没有被满足,故不参与竞争 CPU。

进程创建初始时处于就绪状态,当调度程序为之分配了处理机后,进程就占用处理机,进入执行状态。正在执行的进程称为当前进程。当前进程执行过程中,如果分配给该进程的 CPU 时间片用完或被高优先级进程剥夺 CPU 使用权,当前进程被暂停执行,由执行状态转入就绪状态。如当前进程由于发生某些事件而暂时无法继续执行时,当前进程主动调用阻塞原语将自己阻塞,从执行状态变为阻塞状态。处于阻塞态的进程在满足某种条件后由操作系统唤醒,由阻塞态变为就绪状态。进程的三状态以及各状态之间的转换关系如图 2.5 所示。

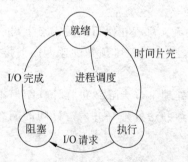

图 2.5 进程的三种基本状态及其转换

注意:

① 读者要学会区分就绪状态和阻塞状态。就绪状态是指进程只缺少 CPU,只要获得 CPU 就能立即执行,阻塞状态指进程需要其他资源或的等待某一事件。之所以把 CPU 和其他资源分开是因为在基于时间片轮转机制的分时系统中,每个进程分到的时间片很短,常常是若干毫秒,并且时间片轮转非常频繁。而其他资源(如打印机)的分配和使用或者某一

事件的发生(如I/O操作的完成)对应的时间相对来说较长,进程转换到阻塞状态的次数也相对较少。此外,CPU只分配给就绪状态进程,阻塞状态进程不参与CPU调度。

② 阻塞状态进程不参与CPU调度,进程不能由阻塞状态直接变为执行状态。

③ 进程无法从阻塞状态直接转换为运行状态,必须先转换为就绪状态,等待调度程序选中后,才能获得CPU执行。这点读者一定要牢记。

④ 进程从执行态到阻塞态是进程的自我行为,进程主动调用阻塞原语阻塞自己。而进程从阻塞态到就绪态是上一个使用处理器的进程把其由阻塞态唤醒,使其变为就绪态。

2. 创建状态和终止状态

为了对进程进行更有效管理,许多操作系统中还引入了创建状态和终止状态。

(1) 创建状态。

一个进程正在创建过程中,还没转换到就绪状态之前的状态。

创建一个进程需要通过多个步骤:首先,进程的拥有者申请空白PCB,并在PCB中填写用于控制和管理进程的信息;然后,由系统为该进程分配运行时所需的各种资源;最后将该进程插入到就绪队列中。但如果进程所需资源无法得到满足,进程创建工作就无法完成,进程此时处于创建状态。

引入创建状态有两个目的。一是为确保对进程控制块操作的完整性、保证进程调度工作必须在进程创建工作完成后进行;二是为增加管理灵活性,如操作系统可以根据系统性能或主存容量等限制,推迟新进程的提交,使之先处于创建状态。处于创建状态的进程获得所需资源并对其PCB的初始化工作完成后,便可由创建状态进入就绪状态。

当就绪队列接纳新创建的进程时,操作系统就把处于创建状态的进程移入就绪队列,进程从创建状态转化为就绪状态。

(2) 终止状态。

当一个进程正常结束,或者出现了错误而无法运行,或者被操作系统或其他进程终止时,它将进入终止状态,并收回其占有的资源。进程处于终止状态后就不能再执行。但它在操作系统中仍然保留一个记录,其中保存了该进程的状态码和一些统计数据,供其他进程收集。一旦操作系统或其他进程提取信息后,操作系统将该进程的PCB置成空闲态并返回给系统,供新建进程使用,该进程此时被彻底撤销。

图2.6给出了增加创建状态和终止状态后的进程状态及其转换关系。

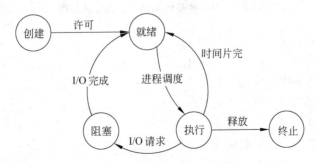

图2.6 进程的五种状态及其转换关系

3. 挂起操作

一些操作系统为了提高系统效率,还增加了一个对进程的重要操作——挂起操作。执行此操作后,进程被挂起,并处于静止状态。进程可在就绪状态被挂起,也可在阻塞状态被挂起,还可在运行状态被挂起。如果进程正在执行,它将暂停执行,变为静止就绪状态;如果其原本处于就绪状态,进程被对换到外存,变为静止就绪状态;如果进程处于阻塞态,进程被对换到外存后,变为静止阻塞状态。

引入挂起操作的原因是基于系统和用户的需要,其中主要原因如下。

(1) 系统资源的需求。当内存中充满阻塞状态进程,没有可调度的就绪状态进程时,CPU 只能空闲。为了提高 CPU 的利用率,需要将部分阻塞状态进程交换到外存,以便让出它们占用的内存空间给新就绪进程使用。

(2) 终端用户的需要。终端用户可暂停自己进程的运行,以便研究其执行情况或者对进程进行修改。

(3) 父进程请求。父进程挂起某个子进程,以便考查或者修改该子进程,或者协调各子进程间的活动。

(4) 调节系统负荷。当系统内进程太多,造成内存资源相对不足、系统负荷过重时,系统可挂起部分不重要的进程,以保证系统正常运转。

(5) 操作系统的需要。操作系统有时需要挂起某些进程,以检查运行中的资源使用情况或进行记账。

引入挂起操作后,3 种状态进程转换如图 2.7 所示。图 2.5 中的就绪状态进一步划分为活动就绪和静止就绪两种状态,阻塞状态进一步划分为活动阻塞和静止阻塞两种状态,并增加了相应的状态转换过程。

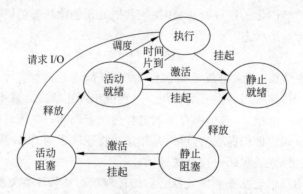

图 2.7　引入挂起操作后的进程 3 状态图

活动就绪→静止就绪:执行挂起操作。

静止就绪→活动就绪:执行激活操作。

活动阻塞→静止阻塞:执行挂起操作。

静止阻塞→活动阻塞:执行激活操作。

静止阻塞→静止就绪:引起阻塞的事件完成。

活动阻塞→活动就绪:引起阻塞的事件完成。

执行→活动就绪:CPU 时间片用完。

执行→静止就绪:执行挂起操作。

执行→活动阻塞:发生某些事件,进程无法继续执行。

活动就绪→执行：进程调度。

引入挂起操作后,5种状态进程的转换关系如图2.8所示,与图2.7比较可知,增加了由创建到活动就绪、创建到静止就绪和执行到终止的状态改变。

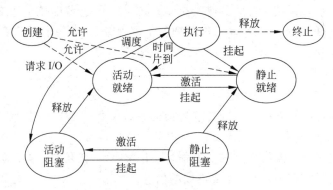

图2.8　引入挂起操作后的进程5状态图

创建→活动就绪：完成创建过程,进程获得CPU即可执行。

创建→静止就绪：不分配进程所需的主存资源,将其先安置在外存,不参与CPU调度。

通过以上分析,一个被挂起的进程具有如下特征。

(1) 挂起进程不能被立即执行。

(2) 挂起进程可能会等待一个事件,但其等待的事件是独立于挂起条件的,事件满足并不能导致进程具备执行条件。

(3) 进程进入挂起状态是因为操作系统、父进程或进程本身阻止其运行造成的。结束进程挂起状态的命令只能通过操作系统或父进程发出,进程自己不能激活自己。

在实际的操作系统中,为了便于管理和调度进程,对进程的状态进行详细划分,例如UNIX V中定义的进程的主要状态如下。

```
#define SSLEEP  1  睡眠状态
#define SWAIT   2  等待状态,该状态已被废弃
#define SRUN    3  执行状态或就绪状态
#define SIDL    4  创建子进程状态
#define SZOMB   5  等待善后处理状态
```

2.1.4　进程控制块及其组织方式

进程在其一生中所处的状态不断发生改变,并不断获得操作系统分配给它的各种系统资源。当进程间发生切换时,操作系统要保护好被中断进程的执行现场,以便将来恢复现场继续执行。操作系统是如何完成这些工作的呢? 要解决这些问题,首先要知道操作系统是如何描述进程的。

1. 进程控制块的作用

进程控制块(PCB)是操作系统为了描述和管理进程而定义的数据结构,PCB中记录了进程当前情况以及管理进程所需的全部信息,它是操作系统中最重要的数据结构之一。正是由于PCB的存在,使得在多道程序环境下的程序(含数据)成为一个能独立运行的基本单

位、一个能并发执行的进程。PCB 几乎会被操作系统的所有模块访问和修改,包括进程调度、资源分配、中断处理和性能监督分析等模块。

进程控制块的具体作用如下。

(1) PCB 是进程在系统中存在的唯一标识。PCB 伴随进程的整个生命周期,操作系统通过 PCB 感知和管理进程。当操作系统创建一个进程时,其中一个很重要的工作就是为其建立一个进程控制块。

(2) 保存 CPU 现场信息。进程因阻塞而暂停运行时,PCB 中保存 CPU 现场信息,供进程再次被调度程序选中时恢复现场使用。

(3) 提供进程管理所需信息。例如进程访问系统文件或 I/O 设备信息、程序及数据的内存或外存地址信息、进程运行所需资源信息等。

(4) 提供进程调度所需信息。例如进程状态信息、优先级信息、进程等待时间和已执行时间信息等,不同的进程调度算法需要不同的信息。

(5) 实现与其他进程的同步和通信。进程同步用于实现多进程间的协调运行,采用信号量机制时,每个进程中都需设置用于同步的信号量,这些信号量信息都保存在 PCB 中。PCB 中还保存了用于实现进程通信的队列指针等信息。

进程控制块的内容好比演奏乐谱(类似进程)的管理信息。为了保证演奏的正常进行,每次演奏乐谱时,演出的管理者就要为该次演奏建立管理信息,其中包括:演奏人员的信息、演奏的时间安排、演奏的布景要求、演奏的过程信息等等。演出管理者(类似 CPU)根据管理信息对演奏过程进行管理。当演奏结束后,演出管理者就撤销本次演奏的管理信息。

2. 进程控制块的信息

一般来说,根据操作系统的需求不同,进程 PCB 所包含的内容会有不同,但往往都包含以下 4 类基本信息。

(1) 进程标识信息。进程标识信息用于唯一标识一个进程。进程标识信息非常有用,操作系统控制的许多表格均用进程标识信息确定进程控制块的位置。

进程标识通常有两种,其用途各不相同。

① 外部标识符。它由进程创建者提供,是为方便用户对进程进行访问而设置的标识,通常由字母和数字组成。

② 内部标识符。它是由操作系统设置、每个进程唯一的数字形式的系统内码,即我们通常所说的进程号。

此外,在 PCB 中为了描述进程的家族关系,还设置有父进程标识和子进程标识;为了标识拥有该进程的用户,还设置有用户标识。

(2) 进程说明信息。

① 进程状态。保存了该进程当前的执行情况,如进程所处状态,造成进程阻塞的原因等。

② 存储管理信息。保存了该进程程序和数据的内存或外存地址信息。

③ 进程所用资源列表。记录进程运行时所需资源以及已获得资源等。

④ 链接信息。为了便于管理进程,操作系统通常把进程链接到一个进程队列中。例如,同一优先级的就绪进程被链接成一个队列。进程控制块中保存这些队列的对头指针以便于满足操作系统在处理同类进程时的访问要求。

（3）处理机状态信息。处理机状态信息用于记录处理机中各寄存器的内容，这些内容反映了进程在处理机中运行时的情况，它是进程推进的依据。进程执行时，有关进程执行的许多信息都放在寄存器中，当进程正常执行流程被中断或异常打断时，需将各个寄存器的内容保存在 PCB 中，以便该进程在重新执行时恢复现场，从断点处继续执行。

处理机状态信息中所涉及的寄存器主要取决于处理机硬件的设计，通常包含用户可见寄存器、控制和状态寄存器、栈指针等。

（4）进程的控制信息。进程控制信息供进程调度和进程管理使用，主要包括如下内容。

① 进程调度信息。进程调度信息与具体的操作系统调度算法有关，例如进程优先级、系统轮转时间片、进程已等待时间、进程上次占用处理机时间等。

② 进程通信机制。PCB 中保存了用于进程通信的相关信息，如消息队列指针、信号量等互斥和同步机制等。

最基本的进程控制块内容如图 2.9 所示。

3. 进程控制块的组织方式

一个进程拥有一个 PCB，系统中可能同时存在成百上千个 PCB。为了对 PCB 进行有效的管理，需要用适当的方法把这些 PCB 组织起来。目前，常用的 PCB 组织方式有以下 3 种。

标识信息	进程名
说明信息	进程状态
	等待原因
	进程程序存放位置
	进程数据存放位置
处理机状态信息	通用寄存器内容
	控制寄存器内容
	程序状态字寄存器内容
控制信息	进程优先数
	队列指针

图 2.9　进程控制块的基本内容

（1）线性方式。无论进程的状态如何，将所有 PCB 连续地存放在内存系统区中，组织成一个线性表，并将表首地址放在内存的一个专用区域内，这种方式适用于系统中进程数目不多的情况。按线性方式组织 PCB 的情况如图 2.10 所示。线性方式结构简单、实现容易，其缺点是系统为选择合适的进程需要对整个 PCB 线性表进行扫描，降低了进程调度效率。

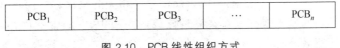

| PCB₁ | PCB₂ | PCB₃ | … | PCBₙ |

图 2.10　PCB 线性组织方式

（2）链接方式。系统按照进程状态，通过 PCB 中的链接字将具有相同状态进程的 PCB 链接成队列，从而形成 PCB 的就绪队列、阻塞队列、空白队列等。链接方式组织 PCB 的情况如图 2.11 所示。现代 UNIX 系统就采用这种方式管理系统中的 PCB。

链接方式的主要优点是直观，为进程调度提供了方便；缺点是对 PCB 的操作效率仍然较低。

（3）索引方式。系统按照进程的状态分别建立 PCB 的就绪索引表和阻塞索引表，状态相同进程的 PCB 组织在同一索引表中。索引表的表目中存入相应状态 PCB 在 PCB 表中的地址，操作系统通过索引表来管理系统中的进程。按索引方式组织 PCB 的情况如图 2.12 所示。

索引方式与链接方式比较，索引方式最明显的优点如下：

（1）通过索引表可以快速得到 PCB 地址，不需要像链接方式那样，从链首到链尾进行查找。

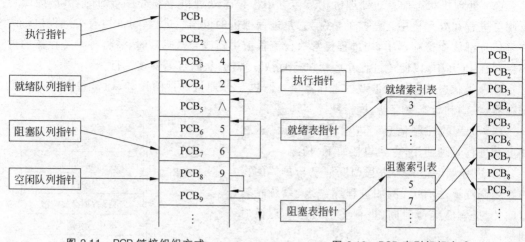

图 2.11　PCB 链接组织方式　　　图 2.12　PCB 索引组织方式

(2) 如果进程状态变化,不需要修改进程控制块的链接指针,只需要增加或删除各索引表中的记录。

索引方式的缺点为:索引表本身需要占用内存空间,检索索引表时间较长。

三种 PCB 组织方式各有利弊,操作系统设计者可根据实际需要进行选取。

2.2　进程控制

进程的"一生"由创建而产生、由调度而执行、由撤销而消亡。操作系统要有对进程生命周期中各个环节进行控制的功能。进程控制的主要职责是对系统中的全部进程实施有效的管理,其功能包括进程的创建、进程的执行、进程的撤销、进程的阻塞与唤醒以及进程状态转换。这些功能一般均由操作系统内核实现。

在现代操作系统设计中,往往把一些与硬件紧密相关的模块、运行频率较高的模块以及被许多模块共享的一些基本操作安排在靠近硬件的内核中,它们常驻内存。这样做一方面提高操作系统的运行效率、减少外存访问;另一方面便于对它们进行保护、防止破坏。

操作系统的进程控制功能通常是通过执行各种原语来实现的。原语是由若干条机器指令组成的、用于完成一定功能的一个过程。原语具有不可分割性,其执行期间不允许被中断,要么从头到尾执行一遍,要么全不执行。原语的这个特征保证其在执行过程中不受外界因素影响。如不使用原语,进程控制过程中就会受到外界因素的影响,从而达不到进程控制的目的。原语的常见实现方法是以系统调用的方式提供原语接口,原语在执行过程中采用屏蔽中断的方式来保证其不能被中断。

原语常驻内存,只在核心态下运行。通常情况下,原语只提供给内核使用。

内核中用于控制进程的原语通常有以下 6 种。

(1) 创建原语。当创建一个新进程时,系统调用创建原语,为新建进程分配一个工作区和建立一个进程控制块,并置该进程为就绪状态。

(2) 撤销原语。一个进程执行完毕后,系统调用撤销原语,收回该进程的工作区和进程控制块。

（3）阻塞原语。进程运行过程中等待某事件发生，例如等待和某进程通信、等待其他进程释放占有的资源等，该进程自己调用阻塞原语，把进程状态改为阻塞状态。

（4）唤醒原语。当进程等待的事件发生时，由其他进程执行唤醒原语，把处于阻塞状态进程的状态改为就绪状态，等待调度程序调度。阻塞进程自己唤醒自己，只能由其他进程执行唤醒原语把其唤醒。因为被阻塞的进程不参与 CPU 调度，不能执行任何语句。

（5）挂起原语。进程运行过程中出现挂起事件时，系统调用挂起原语把进程变为挂起态。如原进程处于活动就绪态则变为挂起就绪；若处于阻塞态，则修改为挂起阻塞态。被挂起进程的非常驻部分要从内存移到磁盘对换区，释放出宝贵内存资源。挂起原语既可由进程自己调用也可由其他进程调用。

（6）激活原语。当激活进程的事件发生时，例如父进程或用户进程请求激活某指定进程，此时内存中若有足够空间，系统调用激活原语将指定进程激活，把外存上的静止态进程换入内存。激活原语检查被激活进程的状态，若是静止就绪便将之改为活动就绪；若为静止阻塞，便将之改为活动阻塞。激活原语一般只能由其他进程调用，进程自己不能激活自己。

2.2.1 进程创建

创建进程时，操作系统要为新创建进程准备好运行的初始现场。一旦该进程被进程调度程序选中，调度程序会把栈中存放的初始现场信息送入处理机的各个寄存器中，同时把进程的初始地址保存到程序计数器寄存器，运行创建进程时指定的运行程序。创建进程在运行过程中如发生了中断或异常，进程会转入执行操作系统的内核进程。

操作系统提供了创建进程的系统调用——创建原语，用户进程可以通过创建原语创建新进程。当一个进程创建或控制另一个进程时，前者称为父进程，后者称为子进程。子进程又可创建其子进程，形成一个树型结构的进程家族，称为进程家族树，如图 2.13 所示。在进程的 PCB 中设置了相应的信息项来标识该进程的父进程以及所有子进程。进程树中的结点（圆圈）表示进程；进程 P_i 指向进程 P_j 的有向边描述了两者之间的父子关系，P_i 是 P_j 的父进程，P_j 是 P_i 的子进程。进程树的根结点作为该进程家族的祖先。

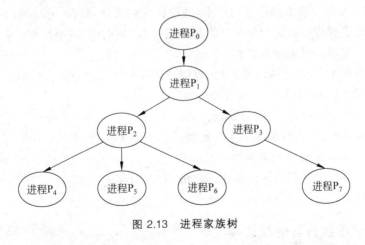

图 2.13　进程家族树

采用树型结构使得进程控制更为灵活方便。子进程继承父进程所拥有的资源。当子进程被撤销时，应将其从父进程那里继承来的资源还给父进程。父进程被撤销时，也须同时撤销其所有的子进程。

在 UNIX 操作系统中,系统初始化时创建的 1 号进程是所有用户进程的祖先,1 号进程为每个通过终端登录系统的用户创建一个终端进程,这些终端进程在执行过程中根据需要利用创建原语创建子进程,形成进程家族树。

1. 引起进程创建的事件

系统中导致创建新进程的典型事件如下所述。

(1) 操作系统初始化。当操作系统启动时,通常会创建若干进程,特别是创建一些常驻系统进程。

(2) 作业调度。多道批处理系统中,当作业调度程序选中某个作业时,将其装入内存,为其创建进程,并把创建好的进程插入到就绪进程队列。

(3) 提供服务。当某一进程向操作系统提出某种服务请求时,系统将专门创建一个进程来提供其所要求的服务。

(4) 应用请求。当用户向系统提出某种应用请求时,系统为其创建新进程。例如在Windows 操作系统中,用户在资源管理器 explorer. exe 的桌面窗口中单击程序或数据图标,explorer. exe 收到信息后向 Windows 发送创建进程的系统调用要求,Windows 创建一个新进程并让新进程运行与图标相关的处理程序。读者可以通过 Windows 系统提供的任务管理器窗口看到当前系统中进程的情况。

2. 进程的创建过程

创建一个新进程的主要任务是为其建立进程控制块,将系统和进程创建者提供的有关信息填入该 PCB 中,并把它挂入 PCB 的就绪队列。

创建进程时,操作系统主要完成以下工作。

(1) 接收父进程传来的参数。包括新建进程的各种初始值、初始执行程序描述等。

(2) 申请空白 PCB。为新进程申请并获得唯一的内部数字标识,并从系统的空白 PCB集合中获得一个空白 PCB。

(3) 为新进程分配资源。为新进程的程序代码、执行数据以及用户堆栈分配必要的内存空间。若进程的程序或数据不在内存中,则应将它们从外存调入分配的内存中。

(4) 初始化进程控制块。根据父进程提供的参数,初始化新进程 PCB 中的各类信息。

(5) 将新进程状态设置成就绪态。

(6) 将新进程 PCB 表挂入就绪队列,等待被调度程序选中运行。

一个进程派生新进程后,有两种可能的执行方式。

(1) 父进程和子进程并发(交替)执行。

(2) 父进程阻塞,等待它创建的子进程执行完毕后才执行。

新创建子进程的地址空间有两种可能的形式。

(1) 子进程复制父进程的地址空间,两者具有相同的地址空间。

(2) 子进程具有自己的执行程序,用它替代父进程地址空间的内容。

2.2.2 进程执行与进程切换

创建进程时,操作系统为它的运行准备好了初始现场并保存到相应的栈中。若进程被调度程序选中执行,调度程序会马上把栈中存放的初始现场信息恢复到处理机的各个寄存器中,进程会运行创建进程时指定的程序。新创建进程在用户模式下运行,如果在运行过程中发生了中断或陷入,进程会转入执行操作系统内核程序。进程运行系统内核程序时,系统要保存被中断进程的运行现场,包括所有处理机状态、现场信息等,保留用户程序使用的用户栈不被核心程序使用。系统为内核程序分配核心栈空间,这样当核心程序调用子程序或被中断时可利用核心栈保存现场。

中断是激活操作系统的唯一方法,它暂时中止进程的执行,把处理机切换到操作系统控制下。当操作系统获得处理机的控制权后,它就可以实现进程切换。进程切换是操作系统进程控制的一项重要内容,它只在核心态下发生,不在用户态下发生。

进程由于内部原因从用户态进入核心态执行(例如执行中出现中断或异常),被称为模式切换。核心态执行结束后又恢复执行用户态中被中断的进程,操作系统此时只需恢复进程从用户态进入核心态时的现场信息,无须改变进程空间等系统环境信息。

注意:模式切换过程并不改变处于运行态的进程状态,需要保存和恢复的工作量很小。

进程切换则不然,当进程发生切换时,老进程的进程空间等系统环境信息须保存并恢复新进程的系统环境信息。系统进行进程切换时通常进行如下工作:

(1)保存被中断进程的处理器现场信息;

(2)修改当前运行进程的PCB,将运行状态改为其他状态,并把它插入到相应的PCB队列中,如就绪、某事件阻塞等待队列;

(3)选择另一个进程运行,并修改该进程的PCB,使其状态变为运行态;

(4)将当前进程存储管理数据修改为新选进程的存储管理数据;

(5)恢复被选进程上次切换出处理机时的处理机现场,开始运行该进程。

希望读者在理解模式切换与进程切换的基础上,注意两者的区别。

2.2.3 进程阻塞与唤醒

进程的阻塞与唤醒分别用内核中的阻塞原语和唤醒原语实现。阻塞原语将进程由执行状态转换为阻塞状态,唤醒原语将进程由阻塞状态转换为就绪状态。

1. 引起进程阻塞的事件

引起进程阻塞的典型事件主要有以下4类:

(1)请求系统服务。进程向操作系统请求服务并等待服务完成,或向系统提出资源请求而暂时无法满足。

(2)启动某种操作。当进程启动某种操作后,如果该进程必须在该操作完成之后才能继续执行,该进程阻塞以等待操作完成。

(3)新数据尚未到达。对于相互协作的进程,如果一方只有在另一方提供数据后才能工作,那么在所需数据到达之前,该进程只能阻塞。

(4)无新工作可做。系统往往设置一些具有某些特定功能的进程,当这些进程完成了要求的任务后,就把自己阻塞起来等待新任务的到来。例如,系统中的打印进程,当没有打印任务时,该进程就自己阻塞自己,不再参与和其他进程竞争CPU。

2. 进程的阻塞过程

若该进程处于运行态,先立即停止该进程的执行,保存现场信息到该进程PCB中;把PCB中的进程状态由运行态改为阻塞态并将其PCB挂入阻塞队列;最后系统执行调度程序,将 CPU 分配给另一个就绪的进程。

3. 进程的唤醒过程

当阻塞进程期待的事件发生时,会产生相应中断。在操作系统的控制下,阻塞进程被唤醒,把阻塞进程从等待该事件的阻塞队列中移出,将其改为就绪态并把其 PCB 插入到就绪队列中,等待调度执行。

2.2.4 进程挂起与激活

进程的就绪、运行和阻塞等状态只能反映进程的基本变化,操作系统为了让系统中有限的资源更好地为进程服务,引入了挂起状态。处于挂起状态的进程不能立即执行,必须激活后才可能被处理机执行。

当系统中出现引起进程挂起的事件时,系统进程或用户进程可以利用挂起原语将指定进程挂起。

进程的挂起过程是:先检查被挂起进程的状态,将其从相应队列中移出;若该进程处于活动就绪状态,将其改为静止就绪状态;若该进程处于活动阻塞状态,将其改为静止阻塞状态;若该进程处于执行状态,将其改为静止就绪,并转向调度程序重新调度另一处于活动就绪状态的进程。

当系统中发生激活进程的事件时,操作系统将使用激活原语,将指定挂起进程激活。进程的激活过程是:先将欲激活的挂起进程从外存调入到内存;检查该进程的状态,若是静止阻塞状态则改为活动阻塞状态,若是静止就绪状态则改为活动就绪状态,将修改后进程的 PCB 插入到相应状态的 PCB 队列中。

阻塞原语和唤醒原语是一对功能相反的原语。如果某个进程调用了阻塞原语,则必然有一个与之对应的另一个相关进程调用唤醒原语来唤醒被阻塞的进程。否则被阻塞的进程将会因不能被唤醒而一直处于阻塞状态,不能被执行。

2.2.5 进程撤销

进程撤销是由撤销原语实现的。进程在完成其任务后应予以撤销,释放它所占用的各类系统资源。撤销进程主要是释放资源、统计相关信息、理顺进程结束后其他相关进程的关系,最后调用进程调度程序选取其他就绪进程获得处理机运行。

1. 引起进程撤销的典型事件

① 进程正常结束。进程顺利完成,结束运行。

② 进程异常结束。进程运行过程中,由于某种异常事件而使程序无法继续运行。

③ 进程等待时间超过了系统设定的最大等待时间。

④ 出现了严重的输入/输出故障。

⑤ 外界干预。进程响应外界请求而终止运行,如被操作系统或操作员干预或被父进程强行终止执行等。

有些情况下,某些进程循环运行用户请求的处理程序,永不结束直到系统关机,这种进程通常称为服务器进程或守护进程。

2. 进程的撤销进程

撤销进程时,操作系统关闭被撤销进程打开使用的文件、设备,从 PCB 集合中找到被撤销进程的 PCB,并读取其状态。若该进程处于运行状态,则应立即停止该进程的执行,设置重新调度标志,以便进程撤销后将处理机分配给其他就绪进程。若被撤销进程有子孙进程,还应将该进程的子孙进程予以撤销。对于被撤销进程所占有的资源,或者归还给父进程,或者归还给系统。将被撤销进程的 PCB 从所在队列或链表中移出,待其他程序或系统收集一些信息后,撤销该进程的 PCB,释放进程内存空间。最后,调用进程调度程序将处理机分配给其他进程使用。

例如,在 Windows 系统提供的图形界面接口中,当用户单击某个进程窗口的关闭符"×"时,产生撤销进程中断。Windows 核心程序收到该中断后会根据单击位置确定用户想关闭哪个进程,发送窗口关闭消息给相关进程,撤销该进程。

2.3 线程

操作系统引入多道程序设计技术后,进程能准确地描述多道程序的并发执行情况。直到 20 世纪 80 年代,大多数操作系统仍采用进程模型,把其作为操作系统的基本操作单位。进程既是处理机调度的基本单位,又是其他系统资源分配的基本单位。

80 年代中后期,为了进一步提高程序的并行程度和系统资源利用率,人们提出了线程(Thread)的概念。线程具有传统进程所具有的许多特征,所以又被称为轻型进程。在引入线程的操作系统中,一个进程内部可以包含多个并发(并行)执行的线程,线程成为处理机调度的基本单位,进程只作为其他系统资源分配的基本单位。

20 世纪 90 年代后,多处理机系统迅速发展。线程比进程能更好地提高程序的并行执行程度,充分发挥多处理机的优势。因此,线程模型得到广泛应用,不仅在新推出的操作系统中引入线程模型,而且在数据库管理系统和其他高级编程语言中(例如 Java)也纷纷引入了多线程技术。

2.3.1 进程的局限性

传统操作系统通过进程的并发执行提高了系统资源利用率和作业吞吐量,但进程模型存在如下局限性。

(1) 每个进程都有一个进程控制块和一个私有的用户地址空间,如果按进程进行并发控制,那么在同一个地址空间中只允许单个执行序列运行。显然,在不进行地址变换的情况下,只允许一个执行序列运行,处理机资源仍然不能得到充分利用。

(2) 一个进程内部只有一个执行序列,不能满足用户让一个进程内部并发执行多个任务的要求。

例如,某字处理软件中只支持进程模型。用户利用该软件进行文档编辑,打开一个长度为 800 页的大型文件。用户在第 1 页中删除了一段语句后,又想在第 600 页上进行另一处修改。这时,字处理软件首先要对整个书的前 600 页进行格式处理,因为字处理软件已不知道新 600 页的第一行在哪里。在新第 600 页在屏幕上显示出来之前,计算机可能要延迟相当一段时间,这会引起用户的不满。用户希望两者能同时完成,最好感觉不到任何延迟。

(3) 进程在处理机上的频繁切换给系统造成大量时空开销,这限制了系统中并发执行进程的数目,降低了系统并发执行程序。

在上例中,如果在系统中创建两个进程并发执行,一个进程负责字处理软件中的格式处理工作,另一个进程完成用户的修改工作,情况会好转吗? 如果这样,系统中会出现频繁的进程切换,增加系统开销,用户也会感觉出两个操作间有延迟。

(4) 进程通信代价大。进程间传递信息时,要把消息从一个进程的工作区传送到另一个进程的工作区,这需要操作系统提供进程通信机制并且给编程者带来负担。

(5) 不适合并行计算和分布并行计算的要求。对于多处理机和分布式的计算环境来说,进程之间大量频繁的通信和切换,会大大降低并行度。

为了克服进程的上述局限性,迫切要求操作系统改进进程结构,因而提出了比进程更小的、能独立运行的基本单位——线程。目前,线程的概念已经在许多现代操作系统中采用,例如,Windows 2000、Linux、Solaris 等都有自己的线程管理机制。

2.3.2 线程及其属性

1. 线程定义

线程通常被描述为:

① 线程是进程内的一个执行单元。

② 线程是进程内的一个可调度实体。

③ 线程是进程中相对独立的一个控制流序列。

这些描述从不同角度说明了线程的主要特征和用途。综合起来,我们将线程定义为:线程是进程内部一个相对独立的、具有可调度特性的执行单元。

引入线程概念后,原有的进程概念需要做一些调整。进程原有两个基本属性:进程是一个拥有资源的独立单位;进程同时又是一个独立调度和分配的基本单位。由于进程具有这两个基本属性,使得进程在创建、撤销和切换中,系统必须为之付出较大的时空开销。因此,系统中设置的进程数目不宜过多,进程切换的频率也不宜太高,这限制了系统并发程度的进一步提高。在实际中,如果切换的两个进程之间有公共的地址空间和可共享的数据,则没有必要将两个进程的上下文完全切换。

此外,进程通信需要通信进程之间或通信进程与操作系统之间进行信息传递,系统代价较高。例如,同一个作业创建两个进程,分别完成输入/输出处理和计算处理。这两个进程之间通过进程通信来传递数据时,不能利用它们同属一个作业、共享该作业程序和数据的优势。如何提高系统的并发执行程度、减少系统开销和方便进程间通信已成为近年来操作系统设计的重要实现目标。操作系统的研究学者们想到,可否将进程的上述两个属性分开? 把 CPU 调度和资源分配分开,针对不同的活动实体进行,以使系统轻装运行;对拥有资源的进程不宜频繁地进行切换。在这种思想的指导下,产生了线程的概念。

在引入线程模型的操作系统中,将拥有资源的基本单位与 CPU 调度的基本单位分开处理。进程依然作为除 CPU 以外其他系统资源分配的基本单位。线程是进程中的一个实体,是被系统独立调度和分配 CPU 的基本单位,线程自己基本上不拥有系统资源,只拥有一些在运行中必不可少的资源(如程序计数器、用户栈和核心栈)。同一进程的线程间共享所属进程所拥有的全部资源。

引入线程后,系统将进程和线程的调度管理进行分级,即在并行调度时,首先基于进程完成资源分配,然后再做线程的并发执行调度。这样做对原有的进程管理机制改变不大,但有效提升了系统并行性。

引入线程后,进程中包含多个线程执行流,线程和进程的关系如图 2.14 所示。

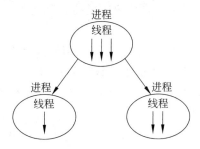

图 2.14　线程和进程的关系

同一进程中的所有线程共享所在进程的地址空间及其全部资源,但线程间都相对独立地并发执行,所以每个线程都有自己的运行状态、保存执行信息的用户栈和核心栈、静态局部变量、保存线程上下文内容的线程控制块等。图 2.15 给出了从进程管理角度看传统进程和多线程进程内部结构。

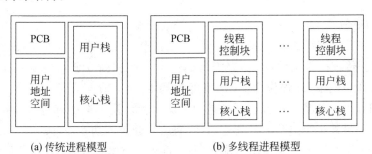

(a) 传统进程模型　　　　　　　(b) 多线程进程模型

图 2.15　传统进程和多线程进程模型

从图 2.15 可知,每个线程有一个线程控制块(Thread Control Block,TCB),用于保存线程自己的私有信息,主要有以下 3 个部分组成。

(1) 线程标识符,用以唯一标识线程。

(2) 描述处理机状态信息的一组寄存器,包括通用寄存器、指令计数器、程序状态字等。

(3) 栈指针。每个线程拥有两个栈:用户栈和核心栈,用以保存线程执行过程中信息。

2. 线程属性

线程具有下述属性:

① 轻型实体。线程除了运行中必不可少的资源(如线程控制块、用户栈、核心栈、静态局部变量)外,基本上不拥有系统资源。

② 独立调度单位。线程是能独立运行的基本单位,因而也是独立调度单位。为此,线程中必须包含调度所必需的信息。

③ 可并发执行。同一个进程中的多个线程以及不同进程中的多个线程均可以并发执行。

④ 共享进程资源。同一个进程中的各线程共享该进程所拥有的全部资源,如进程的地址空间、已打开的文件、定时器和信号量机构等。

线程的上述属性给线程带来很多优势。

① 由于线程基本不拥有资源,创建线程时不需另行分配资源,终止时也不需要进行资源的回收,切换时也大大减少了需要保存和恢复的现场信息。因此,线程的创建、终止和切换都要比进程迅速且开销小。

② 同一进程中的各线程可以共享该进程所占用的内存空间和已打开文件,线程间通信也非常简便和迅速,例如,同一进程中的不同线程间可以通过设置全局变量进行通信,也可以通过共享存储区进行大量的数据传输。这些通信方式由于机制简单、传递速度快,从而也就提高了系统并发执行的效率。

③ 线程有利于多处理器调度。在线程管理中规定:在单处理器上执行同一进程中的多线程时,处理器可以在线程之间切换;在共享内存的多处理器上执行同一个进程中的多线程时,线程可以被分配到不同的处理器上并行执行。例如,在 SMP 体系结构中,将并发执行的线程同时分配到不同的处理器上运行。

线程具有许多传统进程所具有的特征,故又称为轻量级进程(Lightweight Process,LWP);而把传统的进程称为重量级进程(Heavy Weight Process,HWP),它相当于只有一个线程的任务。

3. 线程与进程

以下从调度、并发性、系统开销、拥有资源、通信等方面对线程与进程做一下比较。

(1) 调度。传统操作系统中,拥有资源的基本单位和独立调度的基本单位都是进程。引入线程的操作系统中,线程作为 CPU 调度的基本单位,真正在处理机上运行的是线程,进程仍作为拥有资源的基本单位。同一进程中的线程切换不会引起进程切换;但一个进程中的线程切换到另外一个进程中的线程时,仍将会引起进程切换。

(2) 并发性。引入线程的操作系统中,一个进程可有多个线程,并且线程只能在该进程的地址空间内活动。进程之间的并发执行转变为更多个线程的并发执行,操作系统具有更好的并发性。例如,在一个未引入线程的单 CPU 系统中,若仅设置一个文件服务进程,当它由于某种原因被阻塞时,系统便不能提供文件服务。而在引入线程的系统中,可在文件服务进程中设置多个服务线程。当第一个线程阻塞等待时,文件服务进程中的第二个线程可以继续运行,当第二个线程阻塞时,第三个线程可以继续执行,以此类推。这样一来,显著地提高了系统的文件服务质量和作业吞吐量。

(3) 拥有资源。不论是传统操作系统,还是设有线程的现代操作系统,进程都是拥有资源的一个独立单位。一般地说,线程自己不拥有系统资源(只有一些必不可少的资源),同一进程的各个线程共享其所在进程的所有资源。

(4) 系统开销。在创建或撤销进程时,系统都要为之分配或回收资源,如内存空间、I/O设备等。因此,操作系统为此付出的开销将显著地大于创建或撤销线程时的开销。类似地,在进行进程切换时,涉及到当前进程整个进程运行环境的保存以及新被调度进程的运行环境的恢复。而线程切换时只需保存和设置少量寄存器的内容,并不涉及存储器管理等方面的操作。可见,进程切换开销远大于线程切换开销。此外,由于同一进程中的多个线程具有相同的地址空间,它们之间的同步和通信也比较容易实现。

(5) 通信。由于同一进程的线程共享该进程的所有资源,所以不须任何特殊措施就能实现数据共享。而进程通信则相当复杂,必须借助诸如通信机制、消息缓冲、管道机制等措施。

为了帮助读者更好地理解进程和线程的区别,我们举一个计算任务的例子。

某计算任务由 3 部分组成:输入、计算和打印。在没有引入多线程技术时,该计算任务通常创建 3 个进程:输入进程、计算进程和打印进程。由于没有多线程,故每个进程内部只有 1 个执行序列,3 个执行序列并发执行,如图 2.16 所示。

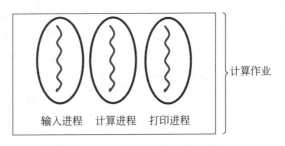

图 2.16　三个并发执行的进程

在采用多线程技术的操作系统中,上例中的计算任务只创建一个进程,进程内部创建 3 个线程,分别完成输入、计算、打印工作,如图 2.17 所示。

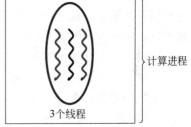

图 2.17　含有 3 个线程的进程

该进程内的 3 个线程共享进程所拥有的资源。线程切换时不再需要切换系统资源,大大降低系统开销。线程间的信息传递在同一主存空间(进程所拥有的主存空间)中进行,不需要额外的通信机制,且传递速度快。线程和进程一样能独立执行,且其更能充分利用和发挥处理器与外围设备的并行工作能力。

2.3.3　线程状态与控制

在多线程操作系统中,操作系统为启动执行的应用程序创建进程,同时为该进程创建第一个线程。在该线程的以后运行过程中,它根据需要,利用线程创建函数(或系统调用)不断创建若干个线程,并与之并发执行。线程虽由线程创建,但线程间并不提供父子关系的支持。

线程是进程的一个执行体,是系统进行 CPU 调度的独立单位。线程本身是一个动态过程,也有生命周期,即由创建而产生,由调度而执行,由撤销而消亡。每个线程被创建后,便可与其他线程一起并发地运行。并发运行的线程间也存在着共享资源和相互合作的制约关系,致使线程在运行时也具有间断性。与进程类似,线程具有就绪、执行和阻塞 3 种基本状态,线程随着自身运行和外界环境的变换而不断地在 3 种状态之间转换。线程执行完后正常终止,也可能因出现错误或其他某种原因而被强行终止。

2.3.4　线程间同步和通信

为了让并发执行线程能够高效、准确地运行,操作系统必须提供用于实现线程同步和通信的机制,常见的机制有:互斥锁、条件变量、计数信号量等。

1. 互斥锁

在线程运行时,为了避免对共享资源的交替使用,可以使用互斥锁进行管理。当某个线程运行并希望其他线程在其运行期间不对共享资源进行修改访问时,可对该共享资源设定一个互斥锁。

互斥锁是一种比较简单的用于实现线程间互斥访问资源的机制,由于操作互斥锁的时间和空间开销都较低,因而它较适合于高频度使用的关键共享数据和程序段。

互斥锁有开锁和关锁两种状态,并能进行关锁 lock 和开锁 unlock 两种操作。当一个线程需要访问某临界资源时,线程首先对该资源的互斥锁进行访问。如果互斥锁已处于关锁状态,则试图访问该资源的线程将被阻塞;如果互斥锁处于开锁状态,则将互斥锁关上后便可访问该资源。在线程完成对数据的读/写后,必须再发出开锁命令将互斥锁打开,同时还须将阻塞在该互斥锁上的第一个线程唤醒,其他的线程仍被阻塞在等待互斥锁打开的队列上。

由于互斥锁的以上特性,它使得多线程串行执行,一定程度上降低了系统的并发执行程度。

2. 条件变量

利用互斥锁来实现互斥访问可能会因为线程互相等待对方释放资源而引起死锁。条件变量可以解决此类问题,但条件变量必须和互斥锁配合起来使用。当定义一个条件变量时,系统同时建立一个相应的等待队列。单纯的互斥锁用于短期锁定,主要是用来保证不可任意共享资源的互斥使用;条件变量则用于线程的长期等待,直至所等待的资源成为可用。

用互斥锁和条件变量来实现对资源 R 的互斥访问时,线程首先对互斥锁执行关锁操作,若成功便进入临界区,然后查找用于描述资源状态的数据结构,以了解资源的情况。若发现所需资源 R 正处于忙碌状态,则执行条件变量的 wait 操作,将线程加入到该条件变量的等待队列中,并对互斥锁执行开锁操作;若资源 R 处于空闲状态,表明线程可以使用该资源,于是将该资源设置为忙碌状态,再对互斥锁执行开锁操作。占有资源 R 的线程在使用完该资源后,释放该资源,用 wakeup 操作唤醒在指定条件变量上等待的另一线程。

下面给出了对上述资源的申请(左半部分)和释放(右半部分)操作的描述。

```
lock mutex                          lock mutex
check data structures ;             mark resource as free;
while(resource busy);               unlock mutex;
    wait(condition variable) ;      wakeup(condition variable);
mark resource as busy;
unlock mutex;
```

3. 信号量机制

信号量机制可用于实现线程间的同步,线程使用的信号量可分为两类。

(1)私用信号量。当某线程需利用信号量来实现同一进程中各线程间的同步时,可调用创建信号量的命令来创建一私用信号量,其数据结构存放在应用程序的地址空间中。私用信号量属特定进程所有,操作系统并不知道私用信号量的存在。一旦发生私用信号量的占用者异常结束或正常结束,但并未释放该信号量所占有空间的情况时,操作系统将无法使它恢复为 0(空),也不能将它传送给下一个请求它的线程。

（2）公用信号量。公用信号量是为实现不同进程中各线程之间的同步而设置的。由于它有着一个公开的名字供所有的进程中的线程使用,故把它称为公用信号量。公用信号量的数据结构存放在受保护的系统存储区中,由操作系统为它分配空间并进行管理。如果公用信号量的占有者在结束时未释放,操作系统自动将该信号量空间回收,并通知下一线程。可见,公用信号量是一种比较安全的同步机制。

有关信号量的详细内容,请读者参阅第 3 章"进程同步与通信",在此不再详述。

2.3.5 线程的实现

线程已经在许多系统中实现,但各个系统的实现方式各有不同。通常有两种类型的线程:内核级线程和用户级线程。前者又称为内核级线程或轻量级进程。有些系统中,特别是一些数据库管理系统(如 Informix)所实现的是用户级线程;而另一些系统(如 Macintosh 和 OS/2)所实现的是内核级线程;还有一些系统如 Soloris,则同时实现了这两种不同类型的线程。

3 种线程实现方式如图 2.18 所示。

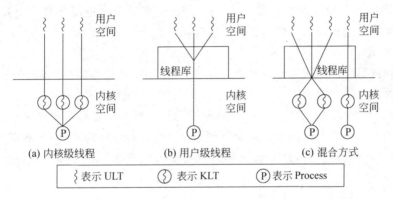

图 2.18　线程实现方式

1. 内核级线程

内核级线程(Kernel Level Threads,KLT)是由内核负责管理线程的创建、撤销、切换等操作,在内核空间为每一个内核级线程设置一个线程控制块 TCB。内核根据线程控制块感知内核级线程的存在,并对其进行管理。所有对线程的操作都是通过系统调用由内核中的相应处理程序完成。内核级线程如图 2.18(a)所示。

内核级线程实现方式主要有以下优点:

① 多处理器系统中,可使同一进程中的多个线程同时执行。

② 提高了线程的并发执行程度。如果进程中的一个线程被阻塞了,内核可调度该进程中的其他线程或其他进程的线程运行。

③ 内核级线程具有很小的数据结构和堆栈,线程切换开销小,切换速度快。

④ 内核本身也可采用多线程技术,提高系统并发执行程度。

内核级线程实现方式的主要缺点是系统需频繁进行用户态和核心态的转换,模式切换开销较大。这是因为用户线程在用户态下运行,但线程的调度和管理由系统内核实现,这增大了系统内核的负担。

2. 用户级线程

用户级线程(User Level Threads,ULT)仅存在于用户空间中,与内核无关。这种线程的创建、撤销、切换、同步、通信等功能都无须利用系统调用来实现,不需要内核支持。就内核而言,它只是管理常规进程,而根本感知不到用户级线程的存在。线程控制块设置在用户空间中,所有对线程的操作也在用户空间中由线程库中的函数(过程)完成。用户级线程如图 2.18(b)所示。

用户级线程实现的主要优点如下。

① 不需要得到内核的支持,线程间切换无须陷入内核,因此线程开销小,速度快。

② 用户线程和系统线程的调度算法可分开设计,线程库对用户线程的调度算法与操作系统的调度算法无关,线程库可提供多种线程调度算法供用户选用。

③ 平台无关性好,用户级线程的实现与系统平台无关。

用户级线程实现的主要缺点如下。

① 在基于进程机制的操作系统中,内核以进程为单位进行调度,这样如果进程中某一个线程阻塞可能导致整个进程阻塞。

② 在单纯的用户级线程实现方式中,内核每次分派给一个进程仅有一个CPU,因此无法让同一进程的多个线程在多个处理机上同时运行。

3. 混合方式

为了同时获得用户级线程和内核级线程的优点,某些操作系统(如 Solaris)中支持这两种类型的线程。在这种混合方式中,内核级线程的建立、调度和管理,同时也允许用户应用程序建立、调度和管理用户级线程。内核级线程与用户级线程之间可建立对应关系,这使得同一个进程内的多个线程可同时在多个处理器上并行运行。此外,当一个线程阻塞时,不会使整个进程的所有线程阻塞,只需切换到其他线程执行即可。混合方式线程如图 2.18(c)所示。

2.3.6 多线程模型

在不同的操作系统中,实现用户级线程和内核控制级线程的连接有 3 种不同的模型。

① 一对一模型:每个用户线程设置一个内核级线程与之连接,在多处理机系统中可以多个线程同时执行,如图 2.19(a)所示。

该模型的优点是当一个线程被阻塞后,允许另一个线程继续执行,系统并发度较高。

该模型的缺点是每创建一个用户线程都需要创建一个内核线程与其对应,这样创建线程的开销较大,会影响应用程序的性能。

② 多对一模型:一个内核级进程管理属于同一进程的多个用户级线程,如图 2.19(b)所示。

该模型的优点是线程管理在用户空间进行,系统管理的开销小,因而效率较高。

该模型的缺点是当一个线程被阻塞,整个进程会被阻塞,多个线程不能并行地在多处理机上运行。

③ 多对多模型:将 n 个用户线程映射到 m 个内核控制线程上,其中要求 m≤n,如图 2.19(c)所示。

多对多模型既克服了多对一模型并发度不高的缺点,又克服了一对一模型中一个用户进程占用太多内核级线程、开销太大的缺点,集中了两者的长处。这种模型打破前两种模型对用户级线程的限制,不仅可以使多个用户线程真正意义上并行执行,而且不会限制用户级线程的数量。如在 Solaris 中除了提供内核级线程、用户级线程外,还在它们之间定义了一种轻量型进程(Light Weight Process,LWP)。其中,内核级线程和轻量型进程是由内核实现的,而用户级线程是由用户地址空间中的线程库实现的。内核调度和分派的基本单位是内核级线程,而内核提供给用户的却是轻量型进程,即每个用户进程都可拥有一个或多个轻量型进程。轻量型进程可看成是用户级线程与内核级线程之间的桥梁,每个轻量型进程都与一个内核级线程对应,它可将一个或多个用户级线程映射到一个内核级线程,这样就可实现一对一模型、多对一模型和多对多模型。

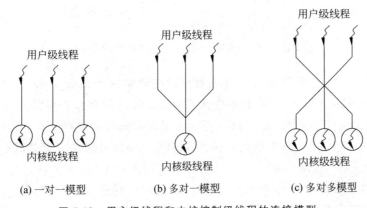

(a) 一对一模型　　　　　　(b) 多对一模型　　　　　　(c) 多对多模型

图 2.19　用户级线程和内核控制级线程的连接模型

2.4　Linux 进程管理概述

2.4.1　Linux 中的进程及其进程控制块

Linux 是一个多用户、多任务的操作系统。为了提高 CPU 和其他系统资源的利用率,Linux 和绝大多数现代操作系统一样都采用了多道程序设计技术。在 Linux 系统中,多个进程通过切换,共享系统资源。进程间的切换由调度程序完成。Linux 进程管理由进程控制块、进程调度、中断处理、任务队列、定时器、bottom half 队列、系统调用、进程通信等部分组成,它是 Linux 中存储管理、文件管理、设备管理的基础。

Linux 中的进程可以分为 3 种类型。

(1) 交互式进程。由 shell 控制运行,既可以在前台运行,也可以在后台运行。

(2) 批处理进程。运行于后台,不属于某个终端。先被提交到一个队列,以便顺序执行。

(3) 守护进程。只有在需要时才被唤醒执行,且在后台运行。

Linux 中,进程仍然是内核调度的最小单位。进程大致包含 4 部分:进程控制块(task_struct)、指令、运行时所需数据和该进程的系统堆栈。

每当产生一个新的进程,系统就会在内核空间中分配 8KB 空间,用以记录新进程的 task_struct 和系统堆栈信息,如图 2.20 所示。其中,底部的约 1KB 空间用于存放 task_ struct 结构,剩余的约 7KB 空间用于存放系统堆栈。

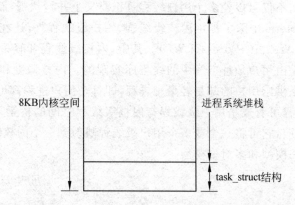

图 2.20 进程 task_struct 和系统堆栈空间分布图

为了有效管理系统中的进程,Linux 为每个进程建立一个 task_struct 数据结构。它放在/include/linux/sched. h 文件中,其中包含了 Linux 系统管理进程所需的所有信息,它是进程在 Linux 系统中存在的标志。Linux 系统中最多可同时运行进程的个数由 NR_TASK 规定,NR_TASK 即为 PCB 指针数组的长度,默认值为 512 个。创建新进程时,Linux 将从系统内存中分配一个空白的 task_struct 结构,填入所需的信息,并将指向该结构的指针加入到 task 数组中。Linux 系统初始化后,建立 init 进程,它建立第一个 task_struct 数据结构 INIT_TASK。为了便于找到当前正在执行的进程,Linux 用 current-set 指针数组来指示 CPU 上正在运行的进程。

task_struct 结构的组成主要包含以下 9 个部分。

1. 进程状态信息

表明该进程当前所处的状态。进程执行时,进程会根据具体情况改变状态。进程状态是 Linux 进行进程调度和进程对换的依据。

Linux 系统中的进程主要有以下 6 种状态。

(1) TASK_RUNNING(可运行状态)。正在运行的进程或在可运行进程队列(run_queue)中等待运行的进程处于该状态。当 CPU 空闲时,进程调度程序只在处于该状态的进程中选择优先级最高的进程运行。Linux 中运行态的进程可以进一步细分为 3 种: 内核运行态、用户运行态和就绪态。

(2) TASK_INTERRUPTIBLE(可中断等待状态)。处于可中断等待状态的进程排成一个可中断等待状态进程队列,该队列中的等待进程在资源有效时,能被信号或中断唤醒进入到运行态队列。

(3) TASK_UNINTERRUPTIBLE(不可中断等待状态)。处于不可中断等待状态的进程排成一个不可中断等待状态进程队列。该队列中的等待进程,不可被其他进程唤醒,只能直接等待硬件状态。

(4) TASK_STOPPED(暂停状态)。当进程收到信号 SIGSTOP、SIGTSTP、SIGTTIN 或 SIGTTOU 时就会进入暂停状态。可向其发送 SIGCONT 信号,让进程转换到可运行状态。

（5）TASK_ZOMBIE（僵死状态）。表示进程停止但尚未消亡的一种状态。此时进程已经结束运行并释放掉大部分资源，但尚未释放其进程控制块。在进程退出时，将状态设为TASK_ZOMBIE，然后发送信号给父进程，由父进程再统计其中的一些数据后，释放它的task_struct结构。处于该状态的进程已经终止运行，但是父进程还没有询问其状态。

（6）TASK_SWAPPING（交换状态），处于这种状态时，进程的页面可以从物理内存中换出到外存中的交换区。

Linux系统中进程之间的状态转换如图2.21所示。

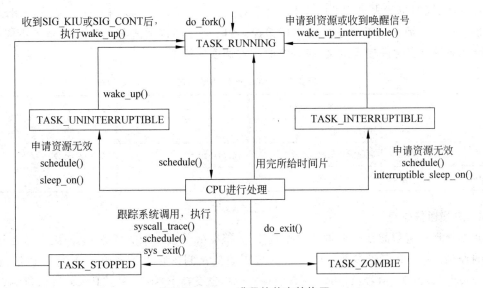

图2.21　Linux进程的状态转换图

2. 进程标示信息

Linux中每个进程都有自己的进程标识符、用户标识符和组标识符，如表2.1所示。内核通过进程标识符来识别不同的进程，同时，进程标识符也是内核提供给用户程序的接口，用户程序通过它对进程发号施令。进程标示符是32位的无符号整数，它被顺序编号。新创建进程的进程标示符通常是前一个进程的进程标示符加1。为了与16位硬件平台兼容，在Linux上允许的最大进程标示符号是32767，当内核在系统中创建第32768个进程时，必须重新开始使用已闲置的PID号。

表2.1　进程标示信息

域　名	含　义
pid	进程标识符
uid、gid	用户标识符、组标识符
euid、egid	有效用户标识符、有效组标识符
suid、sgid	备份用户标识符、备份组标识符
fsuid、fsgid	文件系统用户标识符、文件系统组标识符

3. 进程调度信息

调度程序利用这部分信息决定系统中哪个进程最应该在 CPU 上运行,并结合进程的状态信息保证系统运转的公平和效率。这一部分信息通常包括进程的类别(普通进程还是实时进程)、进程的优先级等,如表 2.2 所示。

当 need_resched 被设置时,在"下一次的调度机会"就调用调度程序 schedule()选择进程。counter 代表进程剩余的时间片,初始值是 Linux 允许进程运行的时间,它是进程调度的主要依据。它也可以说是进程的动态优先级,因为这个值在不断地减少。nice 是进程的静态优先级,同时也代表进程的时间片,用于对 counter 赋值,可以用 nice()系统调用改变这个值。policy 是适用于该进程的调度策略,实时进程和普通进程的调度策略是不同的。rt_priority 只对实时进程有意义,它是实时进程调度的依据。

表 2.2 Linux 进程调度信息

域　　　名	含　　　义	域　　　名	含　　　义
need_resched	调度标志	policy	调度策略
nice	静态优先级	rt_priority	实时优先级
counter	动态优先级		

4. 进程通信信息

并发执行的进程间往往要进行数据交流,才能完成一项复杂的任务,这种交流称之为进程间的通信。Linux 支持多种不同形式的进程通信机制。它支持典型的 UNIX 通信机制(IPC Mechanisms):信号(Signals)、管道(Pipes),也支持 System V / Posix 通信机制:共享内存(Shared Memory)、信号量和消息队列(Message Queues),如表 2.3 所示。

表 2.3 Linux 进程通信信息

域　　　名	含　　　义
spinlock_t sigmask_lock	信号掩码的自旋锁
long blocked	信号掩码
struct signal * sig	信号处理函数
struct sem_undo * semundo	为避免死锁而在信号量上设置的取消操作
struct sem_queue * semsleeping	与信号量操作相关的等待队列

5. 进程链接信息

Linux 系统中不存在任何孤立的进程,所有进程相互之间都存在或多或少的关联。Linux 中的进程具有父/子关系,在 task_struct 结构中有几个域用来表示这种关系。在 Linux 系统中,除了初始化进程 init,其他进程都有一个父进程(Parent Process)。可以通过 fork()或 clone()系统调用来创建子进程,除了进程标识符等必要的信息外,子进程的 task_struct 结构中的绝大部分的信息都是从父进程中拷贝。系统有必要记录这种"亲属"关系,使进程之间的协作更加方便,例如父进程给子进程发送杀死(kill)信号、父子进程通信等。每个进程的 task_struct 结构有许多指针,通过这些指针,系统中所有进程的 task_struct 结构就构成了一棵进程树。这棵进程树的根就是初始化进程 init 的 task_struct 结构。进程链信息如表 2.4 所示。

表 2.4　Linux 进程链信息

名　　称	中文解释[指向哪个进程]
p_opptr	祖先
p_pptr	父进程
p_cptr	子进程
p_ysptr	弟进程
p_osptr	兄进程
pidhash_next、pidhash_pprerv	进程在哈希表中的链接
next_task、prev_task	进程在双向循环链表中的链接
run_list	运行队列的链表

6. 时间和定时器信息

一个进程从创建到终止经历的时间称为进程的生存期。进程在其生存期内使用 CPU 的时间，内核需要进行记录，以便进行统计、计费等相关操作。进程耗费 CPU 的时间由两部分组成：一是在用户态下耗费的时间、二是在系统态下耗费的时间。每个时钟中断，Linux 内核都要对当前进程消费 CPU 的时间信息进行更新，修改进程 PCB 中的时间信息部分。Linux 的 PCB 中与进程时间有关的域名如表 2.5 所示。

表 2.5　PCB 中与进程运行时间有关的域

域　　名	含　　义
start_time	进程创建时间
per_cpu_utime	进程在某个 CPU 上运行时在用户态下耗费的时间
per_cpu_stime	进程在某个 CPU 上运行时在系统态下耗费的时间
counter	进程剩余的时间片

除了为进程记录其消耗的 CPU 时间外，Linux 还支持和进程相关的间隔定时器。当定时器到期时，会向定时器的所属进程发送信号。进程可使用以下 3 种不同类型的定时器来为自己发送信号，如表 2.6 所示。

表 2.6　定时器类型

real	该定时器实时更新，到期时发送 SIGALRM 信号
virtual	该定时器只在进程运行时更新，到期时发送 SIGVTALRM 信号
profile	该定时器在进程运行时，以及内核代表进程运行时更新，到期时发送 SIGPROF 信号

Linux 对 virtual 和 profile 定时器的处理是相同的，在每个时钟中断，定时器的计数值减 1，直到计数值为 0 时发送信号。

7. 打开的文件以及文件系统信息

进程在运行时需要和文件进行交互,执行打开或关闭文件的操作。文件属于系统资源,Linux 内核要对进程生命期间打开或关闭的文件进行记录。为了描述打开文件,Linux 系统中定义了 fs_struct 结构体,其中描述了两个虚拟文件系统索引结点(VFS inode),这两个索引结点叫做 root 和 pwd,分别指向进程的可执行映像所对应的根目录(Home Directory)和当前目录或工作目录。这两个虚拟文件系统索引结点通过使自己的 count 字段递增来表示一个或多个进程在引用它们。Linux 进程的 task_struct 结构中有两个域用于描述进程与文件相关的信息,它们都是结构体 fs_struct 的指针变量,分别是 fs 和 files,其功能如表 2.7 所示。

表 2.7　Linux 系统 PCB 中与文件系统相关的域

定义形式	解　　释
sruct fs_struct * fs	进程的可执行映像所在的文件系统
struct files_struct * files	进程打开的文件

8. 内存管理信息

struct mm_struct * m;

除了内核进程和守护进程,Linux 系统中每个进程都拥有自己的地址空间(也叫虚拟空间),用 mm_struct 来描述。mm_struct 结构体中主要包括进程代码段、数据段、BSS 段、调用参数区与环境区的起始结束位置,以及指向其他与内存有关的数据结构的指针等。

9. 处理器信息

每当一个进程运行时,它需要使用寄存器、堆栈等系统资源,也即进程的上下文。每当一个进程被暂停执行时,所有与 CPU 相关的上下文都必须被系统保存到该进程的 PCB 中,以便该进程被调度后,还能够从断点处恢复,继续执行。

以上介绍的是 Linux 操作系统 PCB 的主要内容。除这些主要内容之外,还有一些其他的域没有介绍,感兴趣的读者可参考相关书籍。

2.4.2　Linux 中的进程控制

1. 进程的创建

Linux 系统加电启动后,只有一个称为 init 的初始进程,其任务结构体的名字为 init_task。init 进程是系统中所有进程的祖先进程,进程标识号(PID)为 1。除了 init 进程外,Linux 系统中的所有其他进程都是使用系统调用 fork()创建的。进程创建主要完成进程基本情况的复制,生成子进程的 task_struct 结构,并且复制或共享父进程的其他资源,如内存、文件、信号等。

fork 系统调用用于从已存在进程中创建一个新进程,新进程称为子进程,而原进程称为父进程。fork 调用一次,返回两次,这两个返回分别带回它们各自的返回值,其中在父进程中的返回值是子进程的进程号,而子进程中的返回值则返回 0。因此,可以通过返回值来判定该进程是父进程还是子进程。

假设 id=fork(),父进程进行 fork 系统调用时,fork 所做工作如下。

① 为新进程分配 task_struct 任务结构体内存空间。

② 把父进程 task_struct 任务结构体复制到子进程 task_struct 任务结构体。

③ 为新进程在其内存上建立内核堆栈。

④ 对子进程 task_struct 任务结构体中部分变量进行初始化设置。

⑤ 把父进程的有关信息复制给子进程,建立共享关系。

⑥ 把子进程加入到可运行队列中。

⑦ 结束 fork()函数,返回子进程 ID 值给父进程中栈段变量 id。

⑧ 当子进程开始运行时,操作系统返回 0 给子进程中的栈段变量 id。

系统调用 fork()负责复制父进程的 task_struct。如果子进程需要执行其他与父进程不同的可执行代码,那就要放弃父进程的正文代码段,该工作可使用 exec()系统调用,通过参数指定一个文件名实现。

2. 进程的撤销

当 Linux 的进程执行完毕正常结束,或当进程受某种信号(如 SIGKILL)的作用时,进程要被系统撤销。进程自身只能释放那些外部资源,如内存、文件,但进程本身的 task_struct 结构无法释放,只能由进程的父进程或内核初始进程(如果父进程已经死掉)调用 exit()来释放。进程被撤销时,一方面要回收进程所占的资源,另一方面还必须通知其父进程,让父进程"料理后事",包括将进程从进程树中删除。

exit()定义在 kernel/exit.c 中,对应系统调用 sys_exit(),包含的主要函数是 do_exit()。do_exit()首先释放进程占用的大部分资源,然后进入 TASK_ZOMBIE 状态,该状态使被撤销进程在 schedule()中永远不会再被选中。然后,调用 exit_notify 函数,通知其父进程和子进程,撤销被撤销进程的 task_struct。当 CPU 执行完 exit()后,需要执行进程调度程序 schedule(),按照一定的规则从系统中挑选一个最合适的进程投入运行。

2.4.3 Linux 中的线程

早期的 Linux 版本不支持线程,只提供传统的 fork()系统调用,用来产生一个新的进程。随着内核版本的更新,内核中开始加入了新的系统调用 vfork()和 clone()。Linux2.4.0 已经能够支持 POSIX 标准线程。

Linux 支持内核级的多线程。Linux 将线程定义为"执行上下文",是进程上下文的一部分。Linux 可以通过复制(clone)当前进程的属性创建一个子进程,子进程可以共享父进程的文件、信号处理程序和虚拟内存等资源。当子进程共享父进程的虚拟内存空间时,该子进程就是一个线程。

Linux 系统中创建线程与创建进程不同的是,除了 task_struct 和系统空间堆栈以外的全部或部分资源通过数据结构指针的复制"遗传"。新创建的线程共享父进程的存储空间、文件描述符和软中断处理程序。

Linux 在调度上不区分进程和线程。但线程切换时的"执行上下文"比进程切换时的"执行上下文"要少很多信息,只包含少量寄存器的内容和属于线程自身的堆栈指针等。严格意义上讲,Linux 内核的调度单位仍然是进程,在此基础上进行线程切换执行,从而提高系统并发度和系统资源使用效率。

习 题 2

一、选择题

1. 某一程序运行时独占系统全部资源,资源状态只由该程序改变,程序执行结果不受外界因素影响,这是指(　　)。

    A. 程序顺序执行的顺序性　　　　　　B. 程序顺序执行的封闭性

    C. 程序顺序执行的可再现性　　　　　D. 并发程序失去封闭性

2. 进程与程序的重要区别之一是(　　)。

    A. 程序有状态而进程没有　　　　　　B. 进程有状态而程序没有

    C. 程序可占有资源而进程不能　　　　D. 进程能占有资源而程序不能

3. 下面对进程的描述中,错误的是(　　)。

    A. 进程是动态的概念　　　　　　　　B. 进程执行需要处理机

    C. 进程是有生命期的　　　　　　　　D. 进程是指令的集合

4. 进程控制块主要包括四方面用于描述和控制进程运行的信息。其中,(　　)主要是有处理器各种寄存器中的内容所组成的。

    A. 进程标识符信息　　　　　　　　　B. 进程调度信息

    C. 处理器状态信息　　　　　　　　　D. 进程控制信息

5. 下面所列进程的 3 种基本状态之间的转换关系不正确的是(　　)。

    A. 就绪态→执行态　　　　　　　　　B. 执行态→就绪态

    C. 执行态→阻塞态　　　　　　　　　D. 就绪态→阻塞态

6. 一个进程的基本状态可以从其他两种基本状态转换过来,这个基本状态一定是(　　)。

    A. 执行状态　　　B. 阻塞状态　　　C. 就绪转态　　　D. 完成状态

7. 当用户程序需要使用操作系统功能从磁盘读取执行的程序和数据时,首先要通过专门的指令完成(　　)。

    A. 从运行态到阻塞态的转换　　　　　B. 进程从活动态到挂起态的转换

    C. 进程从用户态到系统态的转换　　　D. 进程从系统态到用户态的转换

8. 进入内存的作业状态为(　　)。

    A. 就绪状态　　　B. 执行状态　　　C. 阻塞状态　　　D. 后备状态

9. 当被阻塞进程所等待的事件出现时,例如所需数据到达或等待的 I/O 操作已经完成,则调用唤醒原语操作,将等待该事件的进程唤醒。请问唤醒被阻塞进程的是(　　)。

    A. 父进程　　　　　　　　　　　　　B. 子进程

    C. 进程本身　　　　　　　　　　　　D. 另外的或与被阻塞进程相关的进程

10. 下列操作中,导致创建新进程的操作是(　　)。〔2010 年全国统考真题〕

Ⅰ用户登录成功　　Ⅱ设备分配　　Ⅲ 启动程序执行

    A. 仅Ⅰ和Ⅱ　　　B. 仅Ⅱ和Ⅲ　　　C. 仅Ⅰ和Ⅲ　　　D. Ⅰ、Ⅱ和Ⅲ

11. 下面所述步骤中,(　　)不是创建过程所必需的。

    A. 由调度程序为进程分配 CPU　　　B. 建立一个进程控制块

C. 为进程分配内存　　　　　　　　D. 将进程控制块链入就绪队列

12. 下列关于进程和线程的叙述中,正确的是(　　　)。[2012全国年统考真题]

　　A. 不管系统是否支持线程,进程都是资源分配的基本单位

　　B. 线程是资源分配的基本单位,进程是调度的基本单位

　　C. 系统级线程和用户级线程的切换都需要内核的支持

　　D. 同一进程中的各个线程拥有各自不同的地址空间

二、综合题

1. 现代操作系统中为什么要引入"进程"概念?它与程序有什么区别?

2. 什么是原语?原语的主要特点是什么?

3. 为何引入线程?线程与进程的关系是什么?

4. 内核级线程和用户级线程有什么区别?各有什么特点?

5. 试从调度、并发、拥有资源及系统开销方面,对进程和线程进行比较。

第3章 进程同步与通信

多个进程并发执行时,有些进程是相互独立的,有些进程之间是相互影响、相互合作的。相互影响、相互合作的进程间存在制约关系,称为进程间同步问题与通信问题。进程间的同步与互斥在单用户单任务操作系统中不曾出现。如果处理不好,就会影响进程的执行过程,甚至产生错误的运行结果,操作系统设计者必须对该问题给予高度重视。这部分内容是本课程的重点和难点之一,也是各种考试中频繁考察的知识点。在本章中,适当加大了例题的数量,以期帮助读者更好地掌握进程的同步和互斥。

通过本章的学习,读者要学会用并发执行的观点来分析和看待操作系统中的并发执行进程,时刻注意并发执行进程间的同步和互斥问题。

【本章学习目标】

- 进程的同步和互斥以及两者之间的区别。
- 临界资源和临界区。
- 整型信号量、记录型信号量的代码定义。
- 信号量及其在实际问题中的应用。
- 管程的定义和使用。
- 进程通信的几种方式。

3.1 进程同步和互斥

3.1.1 进程同步和互斥的基本概念

并发执行的多个进程在异步环境下运行时,每个进程都以各自独立的、不可预知的速度向前推进。若各进程间不存在制约关系,则可任意并发执行。但在实际中,由于诸进程合作完成用户任务或竞争共享资源,进程间存在着相互制约关系。相互合作的进程需要在某些确定点上协调它们的工作,从而限制了进程的执行速度,产生了进程间的直接制约关系。例如:计算进程和打印进程并发执行,打印进程必须等待计算进程得出计算结果后,才能进行打印输出;计算进程要求打印进程将上一次计算的结果打印输出后,才能进行下一次计算。此外,一些进程由于共享某一资源,而这类资源必须互斥使用,例如打印机,这就导致了进程间的间接制约关系。

在多道程序环境下,操作系统必须采取相应措施处理好进程之间的制约关系。进程同步的主要任务是对多个有制约关系的进程在执行次序上进行协调,以使并发进程间能有效地、安全地互相合作和共享系统资源。

1. 进程同步与进程互斥

并发执行的进程因直接制约关系而需相互等待、相互合作,以实现各进程按相互协调的速度向前推进,此过程称为进程同步。因间接制约而导致进程交替执行的过程称为进程互斥。进程互斥可看作是进程同步的特例,在某些参考文献中把进程同步和进程互斥统称为进程同步。如处理不好进程间的同步和互斥关系,会造成进程执行结果不正确甚至出现进程死锁现象。同步与互斥特点比较如表 3.1 所示。

表 3.1　同步与互斥的比较

同　　步	互　　斥
进程与进程之间有序合作	进程与进程之间共享临界资源
相互清楚对方的存在及其作用,直接合作	不清楚对方的情况,只是共享同一临界资源
多个进程合作完成一个任务	各个进程之间没有任何合作工作
例如:发送消息进程和接收消息进程之间;输入进程、计算进程和输出进程之间等	例如:共享打印机的若干进程之间;共享同一全局变量的若干进程之间等。

2. 临界资源与临界区

临界资源也称独占资源、互斥资源,它是指某段时间内只允许一个进程使用的资源。比如打印机等硬件资源,以及只能互斥使用的变量、表格、队列等软件资源。临界资源的使用只能采用互斥方式。当一个进程正在使用某个临界资源且尚未使用完毕时,想使用该资源的其他进程必须阻塞等待。只有当进程释放该资源时,其他进程才可被唤醒并使用该资源。任何进程不能在其他进程没有使用完临界资源时使用该资源,否则将会造成混乱、导致结果错误。对临界资源必须进行保护,避免两个或多个进程同时访问这类资源。

举例说明如下:进程 A 和进程 B 共享一个计数变量 Counter,进程 A 对它做加 1 操作,进程 B 对它做减 1 操作,这两个操作如用机器语言实现,常采用下面所示的形式:

A 进程　　　　　　　　　　　　　　　　B 进程

A_1. 将 Counter 读入通用寄存器 R1 中　　B_1. 将 Counter 读入通用寄存器 R2 中

A_2. R1 的值做加 1 操作　　　　　　　　B_2. R2 的值做减 1 操作

A_3. 将 R1 的值写回变量 Counter 中　　　B_3. 将 R2 的值写回变量 Counter 中

设当前 Counter=5,则不同的执行顺序,就会产生不同执行结果,如下所示:

$$A_1,A_2,A_3,B_1,B_2,B_3 \quad Counter=5$$
$$B_1,B_2,B_3,A_1,A_2,A_3 \quad Counter=5$$
$$B_1,B_2,A_1,A_2,A_3,B_3 \quad Counter=4$$
$$A_1,A_2,B_1,B_2,B_3,A_3 \quad Counter=6$$

这表明程序的执行已失去再现性。在后两个执行顺序上,由于 B 进程使用 Counter 时,A 插入并使用了 Counter,或者 A 进程使用 Counter 时,B 插入并使用了 Counter,造成结果错误。细心的读者会发现,造成计数变量 Counter 不正确的原因与 A、B 两进程被打断的时间有关,由这种原因造成的错误常被称为与时间有关的错误。

为了预防此类错误,关键是将 Counter 作为临界资源处理,让进程 A、B 互相排斥地访问变量 Counter。

各个进程中访问临界资源的、必须互斥执行的程序代码段称为临界区,如图 3.1 所示。各进程中访问同一临界资源的程序代码段必须互斥执行。

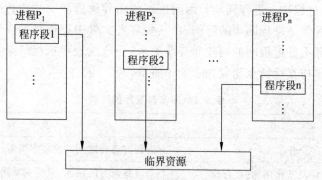

图 3.1 临界区示意图

由于临界资源必须互斥使用,进程在进入其临界区、执行临界区代码前,首先要检查是否有其他进程在使用该临界资源,起检查作用的这段代码称为进入区。如果有其他进程在使用该临界资源(即正在执行进程内部关于该临界资源的临界区代码),则该进程必须等待;如果没有,该进程才能进入临界区,执行临界区代码,同时关闭临界区,以防其他进程再进入。当进程用完临界资源退出临界区时,要将临界区访问标志置为未访问,以便其他进程能够进入临界区,这段代码称为退出区。在退出区代码中,进程应该通知其他等待使用该临界资源的进程可以使用该临界资源了,把其他进程从阻塞态唤醒成就绪态。

使用临界资源的代码结构为:

进入临界区代码-进入区

临界区代码

退出临界区代码-退出区

其余部分代码

有了临界资源和临界区的概念,进程间的互斥可描述为:禁止两个或两个以上的进程同时进入各自进程中的访问同一临界资源的临界区。

上例中,A 进程和 B 进程对计数值 Counter 进行修改的语句 A_1、A_2、A_3 和 B_1、B_2、B_3 都应该划入临界区。通过临界区保护机制保证一个进程在临界区执行时,不让另一个进程进入相关的临界区执行,就不会造成与时间有关的错误。这样一来,并发执行的 A 进程和 B 进程只有两个推进次序,即 A_1、A_2、A_3、B_1、B_2、B_3 和 B_1、B_2、B_3、A_1、A_2、A_3,这两个推进次序的运算结果都是正确的,结果均为 5。

3. 同步机制应遵循的准则

为防止两个进程同时进入临界区,可采用软件解决方法或同步机构来协调它们。但是,不论是软件算法还是同步机构都应遵循下述准则。

① 空闲让进。当无进程处于某临界资源对应的临界区时,表明该临界资源处于空闲状态,应允许一个请求进入临界区的进程立即进入临界区。

② 忙则等待。当有进程已进入某临界资源对应的临界区时,表明该临界资源正在被使用,因而其他试图进入该临界资源对应临界区的进程必须在进入区代码处等待。

③ 有限等待。对要求访问临界资源的进程应保证其在有限时间内能进入自己的临界区,以免陷入"死等"状态。

④ 让权等待。当进程不能进入自己的临界区时,应立即阻塞自己并释放处理机,以免进程陷入"忙等"状态。

4. 实现临界区互斥的基本方法

如何按照同步机制应遵循的准则实现对临界区的管理呢? 通常有软件和硬件两种方法。

(1) 软件实现方法。软件方法是指编程人员编写程序时在临界区前面设置检查语句,如果有其他并发执行的进程在临界区中,则不允许进程进入临界区,只能在临界区外"忙等"或阻塞。当其他进程退出临界区后,进程能够进入临界区运行。

常见的软件实现方法有: Dekker 算法和 Peterson 算法等。

① Dekker 算法。有两个进程 P_i、P_j,设立一个共享全局整型变量 turn,用它描述允许进入临界区的进程标识。在进入区中循环检查是否允许本进程进入: turn 为 i 时,进程 Pi 可进入;在退出区中修改允许进入的进程标识: 当进程 P_i 退出时,改 turn 为进程 P_j 的标识 j。

设立一个布尔型标志数组 flag[2],用它描述进程是否在临界区中,初值均为 false。标志数组是进程进入临界区的钥匙,使用时进程先修改自己的标志,然后检查另一进程的标志。通常每个进程设置自己的 flag,表明自己想进入临界区,但也可根据情况重置 flag,以尊重另一个进程。

```
boolean flag[2];
int turn;
void P₀()
{
    while(true)
    {
        flag[0]=true;                        //进入区
        while(flag[1]){
            if(turn==1)
            {
                flag[0]=false;
                while(turn==1)
                /* 什么也不做 */
                flag[0]=true;
            }
        }
        临界区代码;
        turn=1;                              //退出区
        flag[0]=false;
        进程的其余部分;
    }
}
void P₁()
{
    while(true)
    {
```

```
        flag[1]=true;                           //进入区
        while(flag[0]) {
            if(turn==0)
            {
                flag[1]=false;
                while(turn==0)
                    /* 什么也不做 */
                flag[1]=true;
            }
        临界区代码;
        turn=0;                                  //退出区
        flag[1]=false;
        进程的其余部分;
        }
    }
void main()
{
    turn=0;
    flag[0]=false;
    flag[1]=false;
    parbegin(P₀(),P₁());
}
```

当 P_0 希望进入自己的临界区时,它把自己的 flag 置为 true,然后继续检查 P_1 的 flag。如果 P_1 的 flag 为 false,P_0 可立即进入自己的临界区;如 P_1 的 flag 为 true,P_0 检查 turn,如果它发现 turn＝1,则将自己的 flag 置为 false,并一直等到 turn＝0 后再将自己的 flag 置成 true,进入临界区。退出临界区时,P_0 把自己的 flag 置为 false,并把 turn 置为 1,表示 P_1 可以进入。

Dekker 算法解决了互斥问题,但比较复杂。Peterson 提出了一种较简单的算法。

② Peterson 算法。标志数组 flag 标识每个进程是否在临界区。整型变量 turn 解决同时进入时的冲突问题,turn＝j 时表示可进入的进程为 j。想进入临界区的进程在进入区中先修改自己的 flag 为 ture,并修改 turn。然后,检查对方的 flag,如果不在临界区则自己进入。否则,再检查 turn,turn 保存的是较晚的一次赋值,较晚进程等待。

```
boolean flag[2]={false,false};
int turn;
void P₀()
{
    while(true)
    {
        flag[0]=true;                           //进入区
        turn=1;
        while(flag[1]&& turn==1)
            {/*什么也不做 */;}
        临界区代码;
```

```
        flag[0]=false;                      //退出区
        进程其余部分;
    }
}
void P₁()
{
    while(true)
    {
        flag[1]=true;                       //进入区
        turn=0;
        while(flag[0]&&turn==0)
            {/*什么也不做 */;}
        临界区代码;
        flag[1]=false;                      //退出区
        进程其余部分;
    }
}
```

以进程 P_0 想进入临界区为例,说明该算法的执行过程。先设置 flag[0]＝true,turn＝1;然后检查 flag[1],如果 flag[1] 为 false,则直接进入临界区。否则,此时 P_0,P_1 均要求进入临界区,产生冲突。再检查 turn,由于 turn 保存的是较晚的一次赋值,如果 turn 为 1 则表示 P_0 为后要求进入临界区的,因此 P_0 等待。当进程离开临界区后将 flag[0] 设为 false。

其实该算法可以类比为下列情况:有两个人进门,每个人进门前都会和对方客套一句"你先走"。如果进门时没别人,就当和空气说句废话,然后大步登堂入室。如果两个人同时进门,就相互请先,但各自只客套一次,所以先客套的人请完对方,就等着对方请自己,然后光明正大进门。

(2) 硬件实现方法

① 中断禁用。为保证多个并发进程互斥使用临界资源,只需保证一个进程在执行临界区代码时不被中断即可,这可通过系统内核为启用和禁用中断而定义的原语来实现。

进程可通过下面的方法实现互斥。

```
while(1)
{
    禁止中断;
    临界区;
    启用中断;
    进程其余部分;
}
```

由于临界区不能被中断,可保证互斥。但该方法代价太高,进程在临界区中产生中断后,CPU 只能忙等,系统执行效率明显降低。

② 专用机器指令。编程人员利用专用机器指令来实现临界区的互斥使用。在临界区代码前通过硬件指令来检查某一全局变量是否有其他并发执行的进程在临界区中使用。若没有,则可进入临界区;若有,则重复检查,处于"忙等"状态。当进程执行完临界区代码退出

时,修改该全局变量,允许其他并发执行的进程进入临界区执行。

通常机器指令都是原语操作,在指令执行期间不允许被中断。常见的硬件实现指令有 TestAndSet 指令、Swap 指令等。

TestAndSet 指令定义如下:

```
boolean TestAndSet (int i)
{
    if(i==0)
    {
        i=1;
        return true;
    }
    else
        return false;
}
```

该指令测试参数 i 的值。如果 i 为 0,则用 1 取代并返回 true,这表示临界资源未被使用,进程可占用临界资源;如果 i 为 1,i 值不变,返回 false,这表示临界资源已被使用,进程暂时不能占用临界资源。由于整个 TestAndSet 函数自动整体执行,它屏蔽任何中断,故可实现进程互斥。

用 TestAndSet 指令实现互斥举例:

```
const int n=N; /* N 为进程数 */
int lock;
void P(int i)
{
    while ( 1 )
    {
        while (! TestAndSet (lock))
            /*什么也不做 */;
        临界区
        lock=0;
        /* 其余部分 */
    }
}
void main()
{
    lock=0;
    parbegin (P(1), P(2), …, P(n));
}
```

n 个并发执行进程都在循环检测 lock 变量。只有当 lock 为 0 时,才允许其中一个进程进入临界区,实现对临界资源的互斥访问;lock 不为 0 时,各进程一直在临界区外循环检测。

Swap 指令定义如下:

```
void Swap (int register, int memory)
```

```
{
    int temp;
    temp=memory;
    memory=register;
    register=temp;
}
```

该指令交换一个寄存器和一个存储单元的内容。在该指令的执行过程中,其他任何指令对该存储器单元的访问均被阻止。

用 Swap 指令实现互斥举例:

```
const int n=N; /* N为进程数 */
int lock;
void P(int i)
{
    int key;
    while (1)
    {
        key=1;
        while (key !=0)
            Swap (key, lock);
            临界区
            Swap (key, lock);
        /* 进程其余部分 */
    }
}
void main()
{
    lock=0;
    parbegin(P(1), P(2),…,P(n));
}
```

共享变量 lock 被初始化为 0,每个进程都有一个局部变量 key 且初始化为 1。唯一可进入临界区的进程是发现 lock 等于 0 的那个进程,它把 lock 置为 1,防止其他进程进入临界区。该进程离开临界区时,把 lock 重置为 0,允许其他进程进入临界区。

上述硬件指令能简单而有效地实现进程互斥,适用于运行在单 CPU 或共享主存的多 CPU 上的任何数目的并发进程间。但当临界资源已被占用时,其他欲访问临界资源的进程必须不断地进行测试,处于"忙等"状态,造成处理机资源的极大浪费。此外,进程也很容易进入"死等"状态,因为当一个进程离开一个临界区并且有多个进程等待时,系统选择哪一个等待进程是随意的,这会造成某些进程无限等待,出现"死等"现象。因此,很难将上述方法应用于解决复杂的进程间同步问题。

实现临界区互斥的软件和硬件方法都相对简单,虽然能实现临界区的互斥,但使用效率较差,用户在编程时需时刻关注临界资源的互斥逻辑是否实现,增加了用户的编程负担。

3.1.2　信号量机制

信号量(Semaphore)机制是一种高效的进程同步工具。1965 年,荷兰著名计算机科学家 Edsger W. Dijkstra 在其有关协作式顺序处理的信号量论文中首先提出信号量。信号量除了能实现对临界区的互斥访问,还能实现进程之间复杂的同步关系。

信号量的基本思想:两个或多个进程可以利用彼此间收发的简单信号来实现"正确的"并发执行,一个进程在收到一个指定信号前,会被迫在一个确定的或者需要的地方停下来,从而保持进程间的同步或互斥。

信号量包含一个受保护的整型变量,和一般整型变量不同,该整型变量的值在初始化后,只能由两个原语(P 原语和 V 原语)之一来访问和修改。P 是荷兰语 proberen 的简称,意为"to test",V 是荷兰语 verhogen 的简称,意为"to increment"。

注意:有的教材或习题集中称 P 原语为 wait 原语,称 V 原语为 signal 原语。

常见的信号量分为以下几种。

(1) 整型信号量。整型信号量是一个表示资源数目的整型变量 S,但它和其他普通整型变量不同,只能对其进行 3 种操作:

① 初始化操作。例如:S=1;S 的值表示系统中可用资源的数目。

② P 原语操作。例如:P(S),或 wait(S)。

P 原语的伪代码为:

```
P(S)
while S≤0 do no-op
S=S-1;
```

其中,no-op 为不进行任何操作,返回循环判定条件,进行下一轮循环的判定。

③ V 原语操作。例如:V(S),或 signal(S)。

V 原语的伪代码为:

```
V(S): S=S+1;
```

P(S)操作和 V(S)操作是两个原子操作,执行期间不被中断。

注意:整型信号量的 P 操作中,只要是信号量 S≤0,就会不断地测试。因此,该机制并未遵循"让权等待"的准则,而是使进程处于"忙等"的状态,这降低了处理器的使用效率。

(2) 记录型信号量。整型信号量机制中的 P 操作,只要信号量 S≤0,就会不断的循环判定,进行"忙等",该机制违反了"让权等待"的准则。记录型信号量就是为解决这种"忙等"现象而被提出来的。

记录型信号量的数据结构可用一个结构体表示。

```
type semaphore=record
    value: integer;
    L: list of process;
end.
```

记录型信号量机制中除了一个用于代表资源数目的整型变量 value 外,还增加了一个进程链表指针 L,它指向在信号量上阻塞的进程队列,该队列按阻塞的先后顺序记录了由于不能访问同一临界资源而阻塞的各个进程。

相应地,P(S)和 V(S)操作可描述为:

```
procedure P(S)
var S:semaphore;
begin
    S.value:=s.value-1;
    if S.value< 0 then block(S.L)
end.
procedure V(S)
var S:semaphore;
begin
    S.value:=s.value+1;
    if S.value≤0 then wakeup(S.L)
end.
```

在记录型信号量中,P 操作仍然对信号量的值减 1。当 S.value<0 时,调用阻塞原语 block(S.L)使执行该 P 原语的进程阻塞,并插入到链表 S.L 中。由于阻塞进程会主动释放 CPU 给其他进程使用,这有效地避免了"忙等"。此时,S.value 的绝对值表示在该信号量链表中阻塞的进程数目。

对信号量执行一次 V 操作,表示执行进程释放一个单位资源,系统中可供分配的该类资源数目 S.value 加 1。加 1 后,如果 S.value≤0 时,说明在该信号量上还有其他阻塞的进程,调用唤醒原语 wakeup(S.L)唤醒一个在该信号量上阻塞的其他进程,使其状态由阻塞态转换为就绪态。

3.1.3 利用信号量解决互斥问题

为实现多个进程互斥地访问临界资源,只需为该资源设置一个公有的互斥信号量 mutex,设其初值为 1,表明该临界资源未被占用。然后,将进程中使用该临界资源的临界区置于 P(mutex)和 V(mutex)操作之间,即可实现多个进程对临界资源的互斥访问。下边以两个进程为例说明其实现过程。

```
semaphore mutex=1;
进程 P₁:                      进程 P₂:
P(mutex);                     P(mutex);
    CS₁;//临界区                  CS₂;//临界区
V(mutex);                     V(mutex);
```

每个欲访问临界资源的进程,在进入临界区之前,都要对公有信号量 mutex 进行 P 操作。如果此刻临界资源未被访问,即 mutex=1,则此次 P 操作成功,mutex 被置为 0,进程进入临界区进行操作。而此时如果其他进程也想进入自己的访问该资源的临界区,其 P 操作由于 mutex 为 0 而失败,从而阻塞。这就保证了对该临界资源的互斥访问。当占用该临界资源的进程使用完毕退出临界区时,执行 V 操作,释放该资源,将 mutex 加 1。如 mutex≤0,则说明在该信号量上还有阻塞进程,用唤醒原语 wakeup 唤醒其中一个阻塞进程。

上述情况可以推广到多个进程访问同一临界资源,P、V 操作解决多个进程互斥的方法如图 3.2 所示。

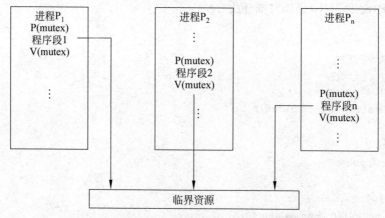

图 3.2　用信号量及 P、V 操作解决进程间互斥问题

利用信号量实现进程互斥时,同一进程中的 P 和 V 操作应成对出现,且使用该临界资源的临界区应放在两个操作之间。如果缺少 P 操作则不能保证对临界资源的互斥访问,如果缺少 V 操作会使临界资源得不到释放,从而使因等待该资源而阻塞的进程不能被唤醒。

注意:通常情况下,用于表示临界资源互斥访问的信号量初值一般为 1。

3.1.4　利用信号量解决同步问题

利用信号量可以实现进程或语句之间的前趋关系,即实现进程之间的直接制约关系。设有两个并发执行的进程 P_1 和 P_2,P_1 中有语句 S_1,P_2 中有语句 S_2。如果希望 S_1 执行完成后才能执行 S_2,则只需为 P_1、P_2 设置一个公有信号量 T,并设其初值为 0,将 V(T) 放在 S_1 之后,将 P(T) 放在 S_2 之前,即可实现 $S_1 \rightarrow S_2$ 的前趋关系。

进程 P_1:S_1;V(T)。

进程 P_2:P(T);S_2。

如先执行 P_2 进程,由于 T 初值为 0,则 P(T) 使得进程 P_2 阻塞,只有 P_1 执行完 V(T) 后,P_2 才能被唤醒,否则一致阻塞;如 P_1 先执行,当 P_1 执行完 V(T) 后,T=1,P_2 中的 P(T) 不会造成 P_2 阻塞,从而实现了 S1→S2 的前趋关系。

前趋关系图中每一个前趋关系都用一个信号量来实现,该信号量由前趋关系中的两个结点共享,信号量初始值一般为 0。例如某前趋关系如图 3.3 所示。

针对图中的前趋关系 $S_1 \rightarrow S_2$、$S_1 \rightarrow S_3$、$S_2 \rightarrow S_4$、$S_2 \rightarrow$ S_5、$S_3 \rightarrow S_6$、$S_4 \rightarrow S_6$、$S_5 \rightarrow S_6$,分别设置信号量 a、b、c、d、e、f、g,初始值均为 0。实现该前趋关系图的伪代码为:

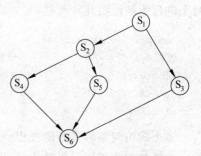

图 3.3　前趋关系图举例

```
semaphore var a,b,c,d,e,f,g=0,0,0,0,0,0,0;
    begin
    parbegin                //并发程序开始
    begin S₁; V(a); V(b; end;
```

```
begin P(a); S₂; V(c); V(d); end;
begin P(b); S₃; V(e); end;
begin P(c); S₄; V(f); end;
begin P(d); S₅; V(g); end;
begin P(e); P(f); P(g); S₆; end;
parend                        //并发程序结束
end
```

前趋关系是两个进程之间的同步关系。在实现同步关系时,应注意同一信号量的 P、V 操作也要成对出现,不过 P 操作和 V 操作出现在不同进程的代码中。

信号量虽然能够实现并发进程间的同步和互斥,但必须合理地使用该工具才能既保证进程的同步和互斥,又保证各程序正确执行完毕。例如上例中,如果用户在 begin S₁; V(a); V(b); end;中由于粗心忘记书写 V(b),那么将导致进程 S₃ 和 S₆ 无法执行,它们将永久等待下去。信号量除了能实现进程的前趋关系外,还能实现进程间控制消息的传递。

先看一个现实生活中的例子。在公共汽车上,司机进程和售票员进程各司其职,两者的工作流程如图 3.4 所示。

司机在正常行车中售票员售票,两者之间没有制约关系,可以任意并发。但在其他环节,司机进程和售票员进程之间存在着如下同步关系。

(1) 司机停车后等待售票员关车门后才能启动车辆。售票员关车门后发给司机信号,允许司机开车。

(2) 售票员售完票后阻塞,等待司机给他发送到站信号,只有收到信号后才能开车门。

采用 P、V 原语表示,司机进程和售票员进程之间的同步关系如图 3.5 所示。

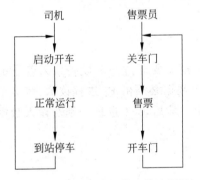

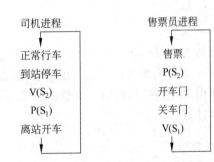

图 3.4 司机和售票员的工作流程图   图 3.5 P、V 原语表示的司机进程和售票员进程的同步关系

图 3.5 中,设置信号量 S_1 表示是否允许司机启动汽车,其初始值为 0;设置信号量 S_2 表示是否允许售票员开车门,其初始值为 0。

注意:通常情况下,表示进程间同步关系的信号量初值一般为 0。当信号量值大于零时,表示可用资源的数目;当信号量值为零时,表示没有可由资源;当信号量小于零时,其绝对值表示在该信号量阻塞队列中阻塞进程的个数。

司机进程和售票员进程的伪代码如下所示。请读者依所学知识,分析一下伪代码是否满足司机进程和售票员进程之间的同步关系。

```
var S₁,S₂:semaphore:=0,0;
```

```
begin
    parbegin
```
司机进程：
```
begin
    while(true)
      {
        P(S₁);                    //等待售票员发送关门信息
        启动车辆；
        正常行车；
        到站停车；
        V(S₂);                    //给售票员发送到站信息
        }
end;
```
售票员进程：
```
 begin
   while(true)
   {
    关车门；
    V(S₁);                       //给司机发送关门信息
    售票；
    P(S₂);                       //等待司机发送到站信息
     开车门；
     上下乘客；
   }
   end;
    parend;
end.
```

又例如，3 个进程 P_1、P_2、P_3 合作完成一项任务，它们都需要通过同一设备输入各自的数据 a、b、c，该输入设备必须互斥地使用，而且其第 1 个数据必须由 P_1 进程读取，第 2 个数据必须由 P_2 进程读取，第 3 个数据必须由 P_3 进程读取。然后，3 个进程分别对输入数据进行下列计算。

P_1:x=a+b;
P_2:y=a * b;
P_3:z=y+c-a;

最后，P_1 进程通过所连接的打印机将计算结果 x、y、z 的值打印出来。请读者用信号量实现他们的同步。

本题中，为了控制 3 个进程依次使用输入设备进行输入，需分别设置 3 个信号量 S_1、S_2、S_3，其中，S_1 的初始值为 1，S_2 和 S_3 的初始值为 0。使用上述信号量后，3 个进程不会同时使用输入设备，故不必再为输入设备配置互斥信号量，另外，还设置信号量 S_b、S_y、S_z 分别表示数据 b 是否已经输入以及 y、z 是否已经计算完成，它们的初值均为 0。3 个进程的动作可描述为：

```
P₁()
{
  P(S₁);
  从输入设备输入数据 a;
  V(S₂);
  P(S_b);
  x=a+b;
  P(S_z);
使用打印机打印出 x、y、z 的结果;
}
P₂()
{ P(S₂);
  从输入设备输入数据 b;
  V(S₃);
  V(S_b);
  y=a*b;
  V(S_y);
}
P₃()
{ P(S₃);
  从输入设备输入数据 c;
  P(S_y);
  z=y+c-a;
  V(S_z);
  V(S₁)
}
```

3.2　典型进程同步问题详解

本节介绍 3 个经典的进程同步问题,通过对这 3 个问题的分析和求解,帮助读者进一步掌握用 P、V 原语实现进程间的同步和互斥。

3.2.1　生产者-消费者问题

生产者-消费者问题是最典型的进程同步问题,由荷兰计算机科学家 E. W. Dijkstra 首先提出。实际上,计算机系统中的许多问题都可看作为生产者和消费者问题或其扩展问题。

生产者-消费者问题描述了一组生产者进程向一组消费者进程提供产品,两类进程共享一个由 n 个缓冲区组成的有界缓冲池,生产者进程向空缓冲区中投放产品,消费者进程从放有数据的缓冲区中取得产品并消费掉。假定生产者进程和消费者进程互相等效,只要缓冲池未满,生产者进程就可以把产品送入缓冲池;只要缓冲池未空,消费者进程便可以从缓冲池中取走产品。但禁止生产者进程向满的缓冲池再输送产品,也禁止消费者进程从空的缓冲池中提取产品。

生产者-消费者问题是常见相互合作进程的一种抽象。在实际系统中存在大量的类似实例,该问题有很大的代表性和实用价值。例如:在输入数据时,输入进程是生产者进程,计算进程是消费者进程;在打印时,计算进程是生产者进程,而打印进程是消费者进程。

缓冲池具有 n 个缓冲区,常被组织成一个数组。每个缓冲区能存入一个产品,缓冲池中的所有缓冲区构成一个循环缓冲结构,如图 3.6 所示。输入指针 in 指向下一个可存放产品的空缓冲区,输出指针 out 指向下一个可从中获取产品的满缓冲区。在循环缓冲结构中,输入指针加 1 表示为 in=(in+1)%n,输出指针加 1 表示为 out=(out+1)%n。当 in=out 时表示缓冲池空,没有可供消费者进程消费的满缓冲区;当(in+1)%n=out 时表示缓冲池满,没有可供生产者进程存放数据的空缓冲区。生产者进程使用局部变量 product_good 暂存每次刚生产出的产品,消费者进程使用局部变量 consume_good 暂存每次取出来消费的产品。

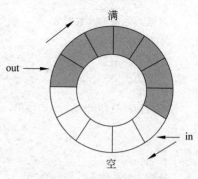

图 3.6　环形缓冲池

为解决生产者-消费者问题中的同步关系,设置两个同步信号量。一个说明空缓冲区的数目,用 empty 表示,其初值为有界缓冲池的大小 n;另一个说明满缓冲区的数目,用 full 表示,其初值为 0。另外,由于众多生产者、消费者进程共享缓冲池,而缓冲池是个临界资源,必须互斥地使用,因此为它设置一个互斥信号量 mutex,初值为 1。

```
var mutex, empty, full:semaphore :=1,n,0;   //信号量 mutex 实现临界区互斥
//信号量 empty 表示空缓冲区的个数,信号量 full 表示满缓冲区的个数
    buffer:array;0, …, n-1} of item;
    in, out: integer : =0,0;                 //in 表示空缓冲区指针,out 表示满缓冲区指针
    parbegin
       Producer()                            //生产者进程
    {
       while (1)
       { …
       produce a product_good;
       …
       P(empty);                             //获得一个空缓冲区
       P(mutex);                             //互斥使用缓冲区
       buffer[in]=product_good;
       in=(in+1)% n;                         //把产品 product 放入缓冲区中
       V(mutex);                             //释放缓冲区
       V(full);                              //缓冲池得到一个满缓冲区
       until false;
       }
    }
    Consumer()                               //消费者进程
    {
       while (1)
       { P(full);                            //获得一个满缓冲区
         P(mutex);                           //互斥使用缓冲区
```

```
            consume_good=buffer[out];       //
            out=(out+1) % n;                //把产品从缓冲区中取走
            V(mutex);                       //释放缓冲区
            V(empty);                       //缓冲池得到一个空缓冲区
          consume the consume_good;
        until false;
      }
    }
  parend
```

在每个进程中,用于实现互斥的 P(mutex)和 V(mutex)必须成对出现,且出现在同一进程中。用于实现同步的信号量 empty 和 full 的 P、V 操作也需成对出现,但同一信号量的 P、V 操作位于不同进程中。

注意:无论是在生产者还是消费者进程中,V 操作的次序无关紧要,但每个进程中多个 P 操作的先后次序不能随意颠倒,否则可能出现死锁现象。

通常情况下,先执行对同步信号量的 P 操作,然后再执行互斥信号量的 P 操作。例如:在生产者-消费者问题中,Producer()进程中 P(empty)和 P(mutex)互换先后次序。先执行 P(mutex),假设成功,生产者进程获得对缓冲区的访问权,但如果此时缓冲池已满,没有空缓冲区可供其使用,后续的 P(empty)原语没有通过,Producer()在信号量 empty 上阻塞,而此时 mutex 已被改为 0,已不能恢复成初值 1。

操作系统把 CPU 使用权切换到消费者进程后,Consumer()进程执行 P(full)成功,但其执行 P(mutex)时由于进程 Producer()正在访问缓冲区,所以不成功,阻塞在信号量 mutex 上。生产者进程和消费者进程两者均阻塞,无法继续执行,相互等待对方释放资源,故产生死锁。

注意:P(empty)和 P(mutex)互换先后次序,本质上是扩大了信号量 mutex 控制的临界区,把 P(empty)也纳入了信号量 mutex 控制的临界区,这导致生产者进程和消费者进程间存在死锁的风险。

下面分析一个较为复杂的生产者-消费者问题,帮助读者理解该类问题的特点。

某寺庙,有小和尚、老和尚若干。有一水缸,由小和尚提水入缸供老和尚饮用。水缸可容 10 桶水,水取自同一井中。水井径窄,每次只能容下一个桶取水。水桶总数为 3 个。每人一次取缸水仅为 1 桶,且不可同时进行。试用记录型信号量给出有关取水、入水的算法描述。

本题是生产者-消费者问题的扩展。小和尚为生产者,从井中提水放入缸中;老和尚为消费者,从缸中取水消费。本题中水缸相当于生产者-消费者模型中的缓冲池。

根据题意,定义信号量及其初值如下:

(1) 水桶为临界资源需互斥使用,定义信号量 bucket,因有 3 个桶,故初值为 3;

(2) 水井一次只能允许下一个桶取水,定义互斥信号量 well,初值为 1;

(3) 水缸一次只能允许一个人取水,定义互斥信号量 jar,初始值为 1;

(4) empty 和 full 用于小和尚和老和尚之间的同步制约关系。因为缸能存 10 桶水,所以 empty 初始值为 10;开始时缸中没有水,full 的初始值为 0。

```
semaphore bucket=3,jar=1,full=0,empty=10,well=1;
little_monk(){                    /*小和尚入水算法*/
    while(1)
     {
        P(empty);
        P(bucket);
        P(well);
            从水井中打水;
        V(well);
        P(jar);
            倒入水缸;
        V(jar);
        V(full);
        V(bucket);
     }
    }


void old_monk(){                  /*老和尚取水算法*/
    while(1)
    {
        P(full);
        P(bucket);
        P(jar);
            从缸中取水;
        V(jar);
        V(empty);
            从桶中倒出水饮用;
        V(bucket);

    }
}
```

3.2.2　哲学家就餐问题

哲学家进餐问题是在 1965 年由 Dijkstra 提出并解决的一个典型同步问题。该问题是进程并发控制问题中的一个典型例子,也极具代表性。

哲学家进餐问题描述: 有 5 个哲学家倾注毕生精力用于思考和吃饭,他们围坐在一张圆桌旁,在圆桌上有 5 个碗和 5 根筷子,如图 3.7 所示。每位哲学家的行为通常是思考,当其感到饥饿时,便试图取其左右最靠近他的筷子进餐。哲学家只有拿到 2 根筷子后才能进餐,进餐完后,释放 2 根筷子并继续思考。

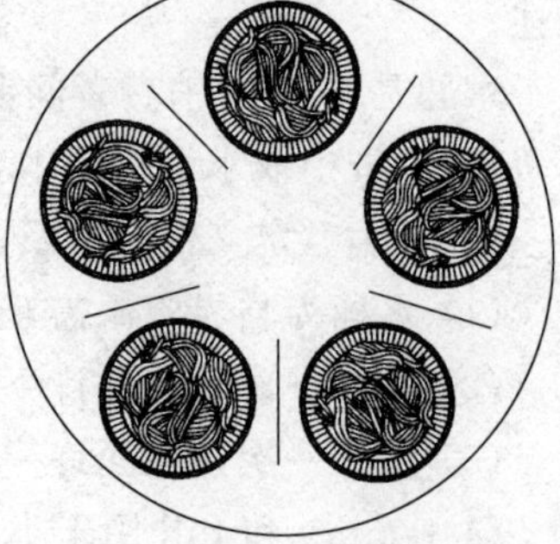

相邻两个哲学家对位于两人之间的筷子存在竞争关系。筷子为临界资源,必须互斥使用;每位哲学家必须获得 2 根筷子后才能进餐。为了实现对筷子的互斥使用,需要

图 3.7　哲学家就餐问题示意图

为 5 根筷子分别设置一个互斥信号量,初值均为 1。为了简化信号量的定义,可把这 5 个信号量定义成信号量数组。

其描述如下:

```
semaphore chopstick[5]= {1,1,1,1,1};
第 i 位哲学家的活动可描述为(i= 0,1,2,3,4):
void philosopher(int i)
{ while(true)
  {
  think();
      P(chopstick[]]);
      P(chopstick[(i+ 1) % 5]);
  eat();
      V(chopstick[i]);
      V(chopstick[(i+ 1) % 5]);
  }
}
```

当上述进程并发运行时,假如 5 位哲学家同时饥饿而各自拿起左边的筷子时,就会使信号量数组中的 5 个信号量都变为 0,当他们试图去拿右边的筷子时,都因为无筷子可拿而陷入无限期等待,等待其他哲学家释放筷子,出现死锁现象。

为了解决上述问题,避免哲学家进程间出现死锁,可采取以下方法之一。

(1) 至多只允许 4 个哲学家同时进餐,以保证至少有一个哲学家能够进餐,最终总会释放出他所使用完的 2 根筷子,从而可使更多的哲学家进餐。

增加一个信号量 room,初始值为 4,表示只允许 4 个哲学家同时进入餐厅就餐,这样就能保证至少有一个哲学家可以获得 2 根筷子就餐。而申请不到筷子的哲学家进入信号量 room 的阻塞等待队列。依据先进先出原则,先申请的哲学家会较先吃饭,吃完饭后释放筷子,这样就不会出现某个哲学家饿死现象。

```
semaphore chopstick[5]= {1,1,1,1,1};
semaphore room= 4;              //信号量 room 的初始值为 4
第 i 位哲学家的活动可描述为(i= 0,1,2,3,4):
void philosopher(int i)
{
  while(true)
  {
  think();
  P(room);                 //请求进入房间进餐
  P(chopstick[i]);         //请求左手边的筷子
  P(chopstick[(i+1)%5]);   //请求右手边的筷子
  eat();
  V(chopstick[(i+1)%5]);   //释放右手边的筷子
  V(chopstick[i]);         //释放左手边的筷子
  V(room);                 //退出房间释放信号量 room
  }
```

```
}
```

(2) 规定奇数号哲学家先拿他左边的筷子,然后再去拿右边的筷子;而偶数号哲学家则相反。按此规定,奇数号(1,3)的哲学家先拿左边的筷子,偶数号(0,2,4)的哲学家先拿右边的筷子,最后总会有一位哲学家能获得 2 根筷子而进餐。申请不到筷子的哲学家进入阻塞等待队列,当其他哲学家进程执行完毕、释放筷子时,会被唤醒,因此不会出现饿死的哲学家进程。

```
semaphore chopstick[5]={1,1,1,1,1};
第 i 位哲学家的活动可描述为 (i=0,1,2,3,4):
void philosopher(int i)
{
 while(true)
 {
  think();
  if(i%2 ==0)          //偶数哲学家,先右后左
  {
   P(chopstick[(i+1 ) %5]);
   P (chopstick[i]);
  }
  else                 //奇数哲学家,先左后右
  {
   P(chopstick[i]);
   P(chopstick[(i+1) %5)] );
  }
  eat();
  V (chopstick[i]);
  V (chopstick[(i+1) %5)] );
 }
}
```

(3) 规定仅当哲学家左、右两根筷子均可用时,才允许他拿起筷子进餐。只有一根筷子可用时,哲学家不占有该筷子。利用信号量的保护机制实现。通过新添加的信号量 mutex,其初始值为 1,对 eat()之前的取左侧和右侧筷子的操作进行保护,使之成为一个原子操作,这样可以防止死锁的出现。

```
semaphore chopstick[5]={1,1,1,1,1};
semaphore mutex =1 ;
第 i 位哲学家的活动可描述为 (i=0,1,2,3,4):
void philosopher(int i)
{
 while(true)
 {
  think();
  P(mutex);
  P(chopstick[(i+1)]%5);
```

```
    P(chopstick[i]);
    V(mutex);
    eat();
    V(chopstick[(i+1)]%5);
    V(chopstick[i]);
    }
}
```

3.2.3　读者写者问题

计算机中的数据(如文件、共享变量)常被若干个并发进程共享。其中某些进程可能只希望"读"数据,读操作完成后数据仍然存在且没有任何修改,称这类进程为读进程;另一些进程访问数据时,对数据进行修改,原数据不复存在,称这类进程为写进程。多个读进程之间可以任意并发的交替访问数据,而写进程之间以及读/写进程之间不能同时访问共享数据,否则将导致数据不一致,这种特殊的同步互斥问题被称为读者写者问题。读者写者问题是在 1971 年由 Courtois 提出,常用来测试新同步原语。

读者写者问题描述:多个进程间共享一个数据文件,把只要求读文件的进程称为 Reader 进程,其他进程则称为 Writer 进程。允许多个 Reader 进程同时读取共享文件,但不允许一个 Writer 进程和其他 Reader 进程或 Writer 进程同时访问共享数据文件。

读者写者问题是一类进程同步的抽象描述,它将对共享资源的访问类型分成两类:读操作和写操作。对于进行读操作的进程,其对共享资源的访问是共享式的;对于进行写操作的进程,其对共享资源的访问是互斥式的,且读、写操作也需互斥。

读者-写者问题可分 3 种情况实现,即:读者优先、写者优先和公平情况。下边逐一进行介绍。

1. 读者优先

当一个读者进程试图进行读操作时,如果这时正有其他读者进程在进行读操作,它可以开始读操作,无须等待。只要有读者进程在进行读操作,写者进程就不能写。但后续读者进程可以直接进行读操作,只要有读者进程陆续到来,读者进程一到就能开始读操作,而写者进程只能等到所有读者进程都退出才能够进行写操作,这就是读者优先。

为实现读者进程与写者进程的同步和互斥,设置一个互斥信号量 wmutex 用于读者进程与写者进程之间或写者进程与写者进程之间的互斥,初值为 1。用一个全局的整型变量 readcount 表示当前正在读的读者个数,当新的读者进程到来或读操作结束后都要改变 readcount 的值,readcount 成为读者进程的共享变量,各读者进程需互斥访问它。因此,定义另一个用于互斥访问 readcount 的信号量 rmutex,其初值为 1。

```
semaphorermutex=1, wmutex=1;
int readcount=0;
void reader()
{
    while(true)
    {
     P(rmutex);
```

```
        readcount=readcount+1;
        if(readcount==1)              //readcount=1,表示该进程是第一个读者进程
            P(wmutex);                //因读者进程优先,故阻塞写进程
        V(rmutex);
        perform read operation;       //读操作
        P(rmutex);
        readcount=readcount-1;
        if(readcount==0)              // readcount=0,表示该进程是最后一个读者进程
        V(wmutex);                    //此时没有读者进程,允许写者进程执行
        V(rmutex);                    //释放 readcount 的使用权,允许其他读者进程访问该变量
        }
    }
void writer()
    {
    while(true)
        {
        P(wmutex);                    //申请对数据区进行操作
        perform write operation;      //写操作
        V(wmutex);                    //释放数据区,允许其他进程读/写
        }
    }
```

在以上基于读者优先的实现算法中,写者进程只有在所有的读者进程都执行完毕后才能执行。如果读者进程频繁地、周期性地出现,写者进程可能在很长一段时间内不被系统执行,发生"饥饿"现象。故读者优先算法适合于读者进程较多、写者进程较少的情况。如果出现写者进程较多、读者进程较少的情况,应采用下面介绍的写者优先算法。

2. 写者优先

在读者写者问题中,当写者进程和读者进程同时等待执行时,如后续写者到达时可以插队到等待的读者进程之前执行。只要等待队列中有写者,不管何时到达,都优先于读者进程被唤醒,这就是写者优先。写者优先的实现算法如下。

```
semaphore rmutex=1,wmutex=1,rsem=1,wsem=1;
int readcount=0,writecount=0;
void reader()
    {
    while(true)
        {
        P(rsem);                      //检查是否存在写者,若没有,则进行后续读操作
        P(rmutex)                     //检查是否有其他读者进程修改 readcount
        readcount=readcount+1;        //读者数加 1
        if(readcount==1)              //如果是第一个读者进程,则占用数据区的使用权
            P(wsem);                  //其后的写者进程不能再占用数据区
        V(rmutex);                    //释放 rmutex,允许其他读者进程修改 readcount
        V(rsem);                      //释放 rsem,允许其他读者或写者进程使用
        perform read operation;       //读操作
```

```
        P(rmutex);                    //检查是否有其他读者进程修改 readcount
        readcount=readcount-1;        //读者数减 1
        if(readcount==0)              //如果是当前系统中最后一个读者进程,则放弃数据区
            V(wsem);
        V(rmutex);                    //释放 readcount 的使用权,允许其他读者进程访问该变量
    }
}
void writer()
  {
    while(true)
    {
        P(wmutex);                    //检查是否有其他写者进程修改 writecount
        writecount=writecount+1;      //写者数加 1
        if(writecount==1)             //如是当前系统中第一个写者进程,则阻止后续读者进程执行
            P(rsem);
        V(wmutex);                    //释放 wmutex,允许其他写者进程访问 writecount
        P(wsem);                      //检查其他读者或写者进程是否占用数据区
        perform write operation;      //写操作
        V(wsem);                      //释放数据区的使用权,允许其他写者或读者进程使用
        P(wmutex);                    //检查是否有其他写者进程修改 writecount
        writecount=writecount-1;      //写者数减 1
        if(writecount==0)             //如是当前系统中最后一个写者进程
        V(rsem);                      //释放 rsem,唤醒阻塞读者进程或允许后续读者进程执行
        V(wmutex);                    //释放 wmutex,允许其他写者进程修改 writecount
    }
  }
```

在写优先算法中,当写进程在进行写操作时,如果相继有若干读进程和写进程生成,读者进程会在信号量 rsem 的阻塞队列上阻塞排队,而后续写者进程由于不需要申请 rsem 信号量,因此会排在正在执行的写者进程后边,从而达到优先执行的目的。

当读进程执行期间,又有新的写者进程出现时,第一个写者进程虽然不能执行,但是它对信号量 rsem 进行了 P 操作,限制了其后的新读者进程进行读操作,使得系统中读者进程执行完后,优先执行写者进程,实现了写者进程优先。

3. 读者写者公平

不考虑进程的性质,只考虑进程的到达顺序,完全按照到达顺序依次执行。即一个进程试图进行执行时,必须要等待先到达的读者进程或写者进程完成后才开始执行。读者写者公平的实现算法如下。

```
semaphore mutex= 1,rmutex= 1, wmutex= 1;
//mutex 用于公平对待下一个进程,无论下一个进程是什么类型,都按顺序执行
//rmutex 用于控制互斥访问全局变量 readcount
//wmutex 用于实现写者进程之间的互斥执行
int readcount= 0;
void reader()
{
```

```
    while(true)
    {
     P(mutex);                       //当前进程是否能够执行,当有写者进程执行时,当前进程阻塞
     P(rmutex);
     readcount= readcount+ 1;
     if(readcount= = 1)             //readcount= 1,表示该进程是第一个读者进程
         P(wmutex);                 //读者进程执行时,禁止写者进程执行
     V(rmutex);
     V(mutex);                      //mutex 加 1,公平对待下一个进程
     perform read operation;        //读操作
     P(rmutex);
     readcount= readcount- 1;
     if(readcount= = 0)             //readcount= 0,表示该进程是最后一个读者进程
     V(wmutex);                     //此时没有读者进程,允许写者进程执行
     V(rmutex);                     //释放 readcount 的使用权,允许其他读者进程访问该变量
    }
}
void writer()
{
 while(true)
 {
 P(mutex);                         //当前进程是否能够执行,当有写者进程执行时,当前进程阻塞
 P(wmutex);                        //申请对数据区进行操作
 perform write operation;          //写操作
 V(wmutex);                        //释放数据区,允许其他进程读/写
 V(mutex);                         //mutex 加 1,公平对待下一个进程
 }
}
```

3.3 管程机制

3.3.1 为何引入管程

虽然信号量机制是一种有效的进程同步机制,但其存在以下缺点。

① 信号量的 P、V 操作由用户在各个进程中分散使用,使用不当容易造成死锁,增加了用户编程负担。

② 信号量机制涉及多个程序的关联内容,程序代码可读性差。

③ 使用信号量机制不利于代码的修改和维护,程序模块独立性差,任一变量或一段代码的修改都可能影响全局。

④ 信号量机制的正确性很难保证。操作系统或并发进程通常会采用多个信号量,它们关系错综复杂,很难保证没有逻辑错误。

为了解决上述问题,Hoare 和 Hansen 于 1973 年提出了管程机制。

3.3.2　管程的定义

管程的基本思想是利用共享数据结构抽象地表示系统中的共享资源,并把对该共享数据结构的操作定义为一组过程。进程对共享资源的申请、释放和其他操作都通过这组过程对共享数据结构的操作来实现。这组过程还可以根据资源的使用情况,接收或阻塞进程的访问,确保对资源的正确使用。管程将信号量及其原语操作封装在一个对象内部,把共享资源及针对共享资源进行的所有操作都集中在一个模块中。

Hansen 为管程所下的定义是:一个管程定义了一个数据结构和在此数据结构上能为并发进程执行的一组操作,这组操作能同步进程和改变管程中的数据。因此,管程是一种并发性的结构,它包括用于分配一个或一组共享资源的数据和过程,使用者使用时可忽略管程内部的实现细节,减轻了编程者的负担。

管程由 4 部分组成:

(1) 管程的名称;

(2) 局部于管程内部的共享数据结构说明;

(3) 对该数据结构进行操作的一组过程;

(4) 对管程内部共享数据设置初始值的语句。

取名为 monitor_name 的管程,其语法描述如下:

```
type momtor_name=monitor
variable declarations;
procedure entry P₁(…);
    begin …end;
             ⋮
procedure entry Pₙ(…);
    begin …end;
begin
    initialization code;
end
```

局部于管程内的数据结构只能被管程内的过程访问,局部于管程内的过程只能访问该管程内的数据结构。管程如同一堵围墙,把关于某个共享资源的抽象数据结构以及对这些数据施行特定操作的若干过程围了起来。任一进程要访问某个共享资源,必须通过相应的管程才能进入。为了实现对临界资源的互斥访问,管程每次只允许一个进程进入,调用管程内的某个过程。从语言角度看,管程具有封装性,增强了模块的独立性;同时也提高代码的可读性,便于维护和修改。

由管程的定义和组成可知,管程具有如下基本特征:

(1) 局部于管程的数据只能被局部于管程内部的过程所访问。

(2) 一个进程只有通过调用管程内部的过程才能进入管程访问共享数据。

(3) 管程每次仅允许一个进程在其内执行某个内部过程,这由编译系统进行保证。

管程与进程不同,主要体现在以下方面:

(1) 定义的数据结构及其在数据结构上进行的操作不同。进程定义的是私有数据结构,主要对数据进行处理运算;管程定义的是公共数据结构,主要进行同步和初始化操作。

(2) 目的不同。进程在于实现系统的并发性,管程是为解决共享资源的互斥使用。

(3) 进程通过调用管程中的过程实现对共享数据结构的操作,进程为主动工作方式,管程为被动工作方式。

(4) 进程之间能并发执行,而管程则不能与调用进程并发执行。

(5) 进程具有动态性,而管程则是操作系统中一个资源管理模块,供进程调用。

3.3.3 条件变量

在任何时刻,最多只有一个进程在管程中执行,因此用管程很容易实现进程间互斥,只要将需要互斥访问的资源用数据结构来描述,并将该数据结构放入管程中便可。但当一进程进入管程执行管程的某个过程时,如因某种原因而被阻塞,应立即退出该管程,进入阻塞状态。否则会出现因阻挡其他进程进入管程、而它本身又无法退出管程,从而形成死锁。为此,系统中引入了条件变量。每个独立的条件变量是与进程需要等待的某种原因(或说条件)相联系的,当定义一个条件变量时,系统就建立一个相应的等待队列。

条件变量的定义格式为:

```
Var X:condition
```

对条件变量只能执行以下两种操作:

① X. wait 操作。正在调用管程的进程因 X 条件需要被阻塞,则调用 X. Wait 将自己插入到 X 条件的等待队列上,并释放管程,直到 X 条件发生变化。

② X. signal 操作。正在调用管程的进程发现 X 条件发生了变化,则调用 X. signal 唤醒与条件 X 相应的等待队列上的一个进程。值得注意的是,若没有等待进程,则 X. Signal 不起任何作用。

3.3.4 管程解决生产者-消费者问题

利用管程来解决生产者-消费者问题,首先为它们建立一个管程,命名为 p_c。管程 p_c 中整型变量 count 表示缓冲池中已存放的产品数目,条件变量 notfull、notempty 分别对应于缓冲池不全满、缓冲池不全空两个条件。

此外,管程 p_c 中有两个局部过程:

① 过程 put:负责将产品投放到缓冲池中,当 count≥n 时,表示缓冲池已满,生产者进程需等待;

② 过程 get:负责从缓冲池中取出产品,当 count≤0 时,表示缓冲池已空,消费者进程需等待。

管程 p_c 描述如下:

```
monitor  p_c
{
    int in= 0, out= 0,count= 0;
    item buffer[n];
    condition notfull,notempty;
```

```
void put(item)
{
  if(count> = n)
    notfull.wait;
  buffer[in]= nextp;
  in= (in+ 1)% n;
  count+ + ;
  if notempty.queue          //如果条件变量 notempty 的队列非空
    notempty.signal;         //唤醒条件变量 notempty 等待队列上的一个进程
}
void get(item)
{
  if(count< = 0)
    notempty.wait;
  nextc= buffer[out];
  out= (out+ 1)% n;
  count- - ;
  if notfull.queue           //如果条件变量 notfull 的队列非空
   notfull.signal;           //唤醒条件变量 notfull 等待队列上的一个进程
}
```

相应的生产者和消费者进程可描述为：

```
void producer()
{
  while(true)
  {
    produce an item in nextp;
    p_c.put(item);
  }
}
void consumer()
{
 while(true)
 {
   p_c.get(item);
   consume the item in nextc;
 }
}
```

3.4　进程通信

　　进程间交换信息的过程称为进程通信(IPC)。操作系统提供了多种进程通信机制以支持进程间通信，每种通信机制适用于不同的场合。

　　根据通信内容，进程通信可分为两类：低级通信和高级通信。低级通信又称为控制信息交换,其传输的数据量小。例如:进程之间的同步,其传输的都是用于进程同步控制的少量信息。高级通信指进程间大批量的数据交换。低级通信方式由于传送数据少、效率低且对用户不透明,一般不能作为高级通信的方式。本节主要介绍常见的高级通信机制,用户利用操作系统提供的高级通信机制能高效地传送大量数据。操作系统封装了高级通信的实现细节,通信过程对用户透明,提高了用户编写通信程序的效率。

3.4.1 高级通信分类

高级通信机制可分为 3 大类。

1. 共享存储器系统

共享存储器系统中相互通信的进程间共享某些数据结构或存储区,彼此能够通过这些空间进行通信。

共享存储器系统可分为两种类型:

(1) 基于共享数据结构的通信方式

在这种通信方式中,要求各通信进程共用某些数据结构而实现进程间的信息交换。但对共享数据结构的设置以及进程间的同步都必须由程序员来处理,且只能进行少量的数据交换,因此属于低级通信方式。

(2) 基于共享存储区的通信方式

在存储器系统中划出了一块共享存储区,各个进程可通过对共享存储区的读/写来交换数据。通信前,进程首先向系统申请获得共享存储区的一个分区并指定该分区的关键字,如果系统已经给其他进程分配了同名关键字的分区,则将该分区的描述符返回给申请者;然后,申请者将获得的共享存储分区连接到本进程内部,其就可以读/写该分区的内容了。

2. 消息传递系统

进程间的数据交换常以格式化的消息为单位。在计算机网络中,又把消息称为报文。程序员直接利用系统提供的一组通信命令进行通信。消息传递系统按实现方式分成两种。

(1) 直接通信方式

发送进程利用操作系统提供的发送命令直接把消息发送给目标进程,操作系统中通常提供 send(receiver,message) 和 receive(sender,message) 两条通信命令供用户使用。

(2) 间接通信方式

进程间需要通过某种中间实体(即信箱)来进行通信。发送进程将消息投入信箱,接收进程从信箱中取得消息。间接通信不仅能实现实时通信,还能实现非实时通信。支持此通信方式的操作系统应提供若干条原语分别用于实现信箱的创建、撤销和消息的发送、接收等。

消息传递系统是当前应用最广的进程通信方式,在下节还有详细介绍。

3. 管道通信

管道是指用于连接一个读进程和一个写进程以实现它们之间通信的一个共享文件。向管道(共享文件)提供输入的发送进程(即写进程)以字符流形式将大量的数据送入管道;接收管道输出的接收进程(即读进程)从管道中接收(读)数据。

管道通信机制又常被称为共享文件(shared file)通信机制。管道实质上是一个共享文件,因此可借助文件系统的机制实现,包括管道文件的创建、打开、关闭和读/写。进程对通信机构的使用应该遵循进程同步的要求,当一个进程正在使用某个管道写入或读取数据时,另一个想进行操作的进程必须阻塞等待。在发送者进程和接收者进程进行通信时,必须能够感知对方的存在,这非常类似于现实生活中的打电话现象,通话双方必须知道对方才能通话。

为了协调读、写进程之间的通信,操作系统中的管道机制必须提供3方面的协调能力。

① 读、写进程之间对管道操作的互斥;

② 读、写进程之间对数据操作的同步;

③ 能够确定彼此是否存在。

管道通信首创于 UNIX 操作系统,是 UNIX 最有意义的贡献之一,由于它能有效地传送大量数据,因而又被引入到许多其他操作系统中。

3.4.2 消息传递系统

1. 消息缓冲机制

1973 年,美国 P. B. Hansan 提出消息缓冲机制,现已被广泛用于进程间通信。在消息缓冲通信中,进程间的数据交换以消息为单位,用户利用操作系统提供的消息发送原语 send 和消息接收原语 receive 实现进程间通信。

消息缓冲通信的基本思想:操作系统在内存中设置一组消息缓冲区。当发送进程向接收进程发送消息时,首先在自己的进程空间设置一个发送区,填入要发送消息的长度、正文和接收进程标识符。之后,发送进程通过发送原语 send 向系统申请一个空闲缓冲区,将消息从发送进程的发送区复制到消息缓冲区,并将消息缓冲区插入到接收进程的消息队列中,最后通知接收进程。接收进程利用 receive 原语从自己的消息队列上取出第一个消息缓冲区,将其复制到接收进程的接收区后,释放该消息缓冲区,完成消息地接收。

消息缓冲通信过程如图 3.8 所示。

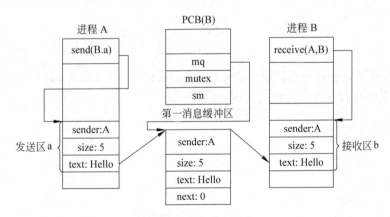

图 3.8　消息缓冲通信

(1) 消息缓冲区。消息缓冲区由操作系统负责管理,每个消息缓冲区存放一个消息,消息缓冲区的数据结构:

```
Type messageBuffer=record
  sender: integer;                    //发送消息的进程标识符
```

```
    size:integer;                    //消息长度
    text:string;                     //消息正文
    next:pointer;                    //指向下一个消息缓冲区的指针
End
```

（2）进程 PCB 中有关数据项。

```
Type PCB=record
    ⋮
    mutex:semaphore;                 //消息队列互斥信号量,初值为 1
    sm:semaphore;                    //消息队列资源信号量,初值为 0
    mq: pointer;                     //消息队列队首指针
    ⋮
End
```

（3）发送原语。发送进程调用发送原语 send(receiver，a)，申请一个消息缓冲区，把以 a 为首地址的发送区中的消息复制到该消息缓冲区，并将其挂接到接收进程的消息队列上。

```
Procdeure send(receiver, a)
Begin
    getbuf(a.size,i);                //根据消息长度,申请消息缓冲区 i
    i.sender:=a.sender;              //将 a 复制到 i
    i.size:=a.size;
    i.text:=a.text;
    i.next:=0;
    getid(reciver, j);               //得到接收进程的 PCB 指针 j
    p(j.mutex);                      //互斥使用消息队列
    insert(j.mq,i);                  //将消息 i 挂接到接收进程 j 的消息队列尾部
    v(j.mutex);
    v(j.sm);                         //进程 j 的消息数加 1
End
```

（4）接收原语。接收进程调用接收原语 receive(b)，从消息队列 mq 中把第一个消息缓冲区的数据复制到以 b 为首的接收区内。

```
Procdeure receive(b)
Begin
    j=internal name ;                //得到本进程的 ID
    p(j.sm);
    p(j.mutex);
    remove(j.mq,i);                  //多 j.mq 队首取第一个消息 i
    V(j.mutex);
    b.sender:=a.sender;              //将 i 中的内容复制到 b
    b.size:=i.size;
    b.text:=i.text;
    releasebuf(i);                   //释放 i
End
```

2. 信箱机制

在直接通信方式下,进行通信的每一方都必须显式地指明消息接收方或发送方是谁。而间接通信方式下,消息不是发送到接收方,而是发送到一个共享数据结构中。信箱机制是一种间接通信方式,信箱即是共享的数据结构,用来暂存通信进程的消息。发送方把消息送到信箱,接收方从信箱中取走数据,每个信箱有唯一的标识。在这种方式下,消息在信箱中可以安全地保存,只允许核准的目标用户进程随时访问信箱。

利用信箱机制,既可实现实时通信,又可实现非实时通信。系统为信箱通信提供了操作原语,用于信箱的创建、撤销和消息的发送、接收等。信箱可由系统进程创建也可由用户进程创建,创建者是信箱的拥有者。

信箱可分为如下 3 类:

① 私用信箱:用户进程为自己创建,作为拥有者可能从信箱中读取数据,而其他用户只能将消息发送到该信箱中。

② 公用信箱:由操作系统创建,并提供给系统中所有核准进程使用。核准进程既可以往公用信箱发送消息,也可以从中读取发送给自己的消息。

③ 共享信箱:由用户进程创建,并同时指明能使用该信箱的进程名称。信箱的创建者和共享者都有权从共享信箱中取走发送给自己的消息。

利用信箱通信时,发送进程和接收进程关系灵活,可存在 4 种关系:一对一关系、多对一关系、一对多关系和多对多关系。

3. 用消息传递方式解决生产者-消费者问题

假设所有消息大小相同,操作系统自动将已发送、且尚未被接收的消息存入缓冲区中,总共有 N 条消息。消费者进程把 N 条空消息发送给生产者进程;当生产者进程生产出一个消息时,它占用一个空消息并填上消息内容,发送给消费者进程。系统中消息的总数不变,当生产者进程较快,所有空消息都填满时,生产者进程应阻塞等待消费者进程返回空消息;当消费者进程较快,所有消息均为空,消费者进程应阻塞等待生产者进程填入消息。

利用 send 和 receive 原语的解法如下:

```
#define N 100              //空消息个数,也即缓冲区个数
void producer(void)
{
  int item;
  message m;
  while(TRUE){
    item=produce_item();   //生成一些数据放入缓冲区
    receive(consumer,&m);  //等待一条空消息到达
    build_message(&m,item); //构造一条可供发送的消息
    send(consumer,&m);}
}
void consumer(void)
{
  int item,i;
  message m;
  for(i=0;i< N;i++)
```

```
        send(producer,&m);                  //发送 N 条空消息
    while(TRUE){
        receive(producer,&m);
        item=extract_item(&m);              //从消息中提取数据项
        send(producer,&m);                  //向消费者发回一个空消息
        consume_item(item);                 //使用数据项进行相关操作
        }
    }
```

3.5　Linux 进程通信概述

Linux 系统中的用户进程和系统内核之间、各个用户进程之间都需要相互通信,以便协调彼此间的活动。Linux 系统支持多种进程间的通信方式,其中最常用的方式主要有管道、信号、消息队列、信号量、共享内存以及利用 socket(套接字)的网络间的进程通信。

3.5.1　管道

管道(Pipe)及有名管道是最早的进程间通信机制之一。管道是单向的字节流,它实际上是在通信进程间开辟一个固定大小的内存缓冲区(一般为 4kB),将发送进程的标准输出和接收进程的标准输入连接起来。因此,一个管道线就是连接两个进程的一个打开的"文件",该管道文件不是用户直接命名的普通文件。发送进程向管道的一端写数据,而接收进程则从管道的另一端读数据,即数据相当于从管道的一端流到另一端,这就是管道名字的由来。这种通信方式非常适合于大数据量的无格式字符流信息交换。

管道可用于具有亲缘关系的进程(如父子进程或兄弟进程)之间的通信。有名管道克服了管道没有名字的限制,提供一个路径名与管道相连,它除具有管道所具有的功能外,还允许无亲缘关系的进程间通信。有名管道的读操作总是从开始处返回数据,写操作则把数据追加到末尾。

例如命令:

```
$ ls | more
```

Linux 系统创建一个管道文件和两个进程。"|"对应一个管道文件;命令 ls 对应一个进程,它向该管道文件中写入信息,称为发送进程;命令 more 对应另一个进程,它从管道文件中读出信息,称为接收进程。

管道文件允许两个进程按照先进先出的方式传送数据,而它们可以彼此不知道对方的存在。每个管道只有一个内存页面用作缓冲区,该页面是按照环型缓冲区的方式来使用的。由于管道的缓冲区只限于一个页面,当发送进程发送的数据写满一页时,发送进程必须阻塞等待,等到接收进程从管道中读走一些数据后,读进程才能唤醒写进程,写进程才能继续向缓冲区中发送数据,这一点非常类似于生产者-消费者模型。管道通信中涉及到的同步、调度和缓冲问题,由 Linux 系统自动处理。图 3.9 给出了管道实现机制示意图。

管道具有以下特点。

(1) 管道是半双工的,数据只能向一个方向流动。数据的发送和接收分别在管道的两

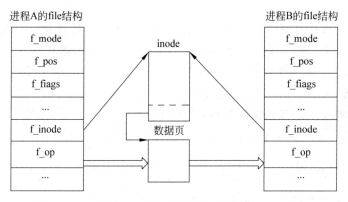

图 3.9　管道实现机制示意图

端进行,不能都在一端进行。

（2）管道不属于文件系统,而是单独构成一个文件系统,并只存在于内存中。

3.5.2　信号

信号(signal,称为软中断)是在软件层次上对中断机制的一种模拟。从原理上讲,一个进程收到一个信号与处理器收到一个中断请求是一样的。信号是异步的,一个进程不必通过任何操作来等待信号的到达,进程也不知道信号到底什么时候到达。利用信号机制实现进程间通信的过程如图 3.10 所示。

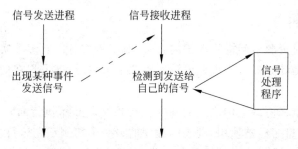

图 3.10　利用信号实现进程间通信的过程

进程可以通过 4 种方式来响应一个信号。

（1）忽略信号。不对信号做任何处理,但 Linux 系统中有两个信号不能忽略,分别是 SIGKILL 和 SIGSTOP。

（2）阻塞信号。进程可以选择对某些信号予以阻塞。

（3）捕捉信号。定义信号处理函数,当信号发生时,执行相应的处理函数。

（4）执行缺省操作。Linux 对每种信号量都规定了默认操作。

Linux 究竟采用哪一种方式来响应信号,取决于传递给相应系统调用的参数。常见的与信号处理有关的系统调用有：kill()、raise()、alarm()等。

从信号发送到信号处理函数的执行完毕,对于一个完整的信号生命周期来说,可以分为 3 个重要阶段,这 3 个阶段由以下 4 个重要事件来进行描述。

（1）信号的诞生。这主要是指产生信号的事件发生,如检测到硬件异常、定时器超时等等。

（2）在目标进程中注册信号。信号加入到目标进程的等待处理信号集中，表明目标进程已经感知到该进程，但并没有处理该信号，或者因为该信号被进程阻塞。

（3）在目标进程中注销信号。如果信号被目标进程检测到，并准备运行相应的信号处理函数进行处理，则把信号在目标进程中注销。

（4）信号的终止。进程注销信号后，立即执行相应的信号处理程序，执行完毕后，信号的本次发送对进程的影响彻底结束，该信号在系统中的生命周期结束。

3.5.3　消息队列

Linux 把消息队列、信号量和共享内存定义为 UNIX System V 的 IPC 对象。

消息队列是一个由消息缓冲区所构成的消息链表，它允许一个或多个进程从中读出或写入消息。具有写权限的进程向队列中添加消息，被赋予读权限的进程则读走队列中的消息。消息队列克服了信号承载信息量少、管道只能承载无格式字符流及管道缓冲区大小受限制等缺点。消息队列能够灵活地处理数据，特别是在传输小数据块情况下效率更高。

消息队列是一种进程间的异步通信方式，在这种情况下，发送方不必等待接收方检查它的消息，即在发送消息后，发送方就可以从事其他的工作了。

消息通信机制允许一个或多个进程对消息队列进行读/写操作。这种通信机制通常使用在 C/S(Client/Server)模型中，多个客户向服务器发送请求消息，服务器读取消息并响应相应的请求。

3.5.4　信号量

信号量是一种对资源访问进行保护的方式，对于每次可以被多个实体占用的资源而言，信号量可以被看成是计数器。当进程申请的资源不可用时，该进程在信号量上阻塞，等待其他进程把它唤醒。

进程使用信号量来协调它们之间的并发执行顺序。互斥执行时，进程在执行前首先申请信号量，如果信号量已经被使用，则表明程序的另一个实例正在运行。程序可以等待信号量被释放、放弃并退出或者暂时继续其他工作，稍后再试信号量。同步执行时也类似，进程执行到某条指令时，如需要其他进程在这条指令处与其通信，则该进程可通过对相关信号量实施操作，阻塞自己。只有等到所需的信息到来后，阻塞进程才能被激活，继续执行。

Linux 系统中，有关信号量的数据结构是：struct sem、struct semid_ds、struct sem_queue 和 struct sembuf 等。

3.5.5　共享内存

共享内存机制是指允许不同进程间通过一块共享的内存区域来交换数据，从而达到进程间通信的目的。该块共享内存由各个进程分别映射到各自的虚拟地址空间中，是各个进程虚拟地址空间的一个组成部分。映射后，这些共享内存就可以像常规内存一样被访问。该种通信方式效率高、实现原理简单，但它不能确保对内存操作的互斥性。如对该问题处理不当，将导致通信数据错误。例如：一个进程可以向共享内存中的给定地址写入，而同时另外一个进程从相同的地址读出，这将导致数据不一致。

因此,使用共享内存的进程必须自己确保读操作和写操作的严格互斥,可使用锁或原子操作解决这个问题,也可以使用信号量保证互斥访问共享内存区域。

Linux 实现内存共享的方式有两种,系统实现方式和用户实现方式。当采用系统实现方式时,Linux 利用 shmid_ds 数据结构来表示每个新创建的共享内存区域。shmid_ds 数据结构描述了共享内存的大小、其占用的物理内存页、有多少进程同时使用共享内存以及如何将共享内存映射到进程的地址空间等信息。

每一个希望共享内存的进程必须通过系统调用将共享内存连接到自己的虚拟内存中。当某一个进程不再共享虚拟内存时,它通过系统调用将自己的虚拟地址区域从链表中移去,并更新进程页表。当最后一个进程释放了自己的虚拟地址空间后,系统才能释放所分配的物理页。

用户进程若想采用共享内存方式与其他进程进行通信,可以通过调用 shmget() 来创建和获得一块共享内存区域,然后通过 shmat() 把共享内存区域映射到调用进程的虚拟地址空间中去,方便进程对共享区域进行访问操作。用 shmdt() 来解除进程对共享内存区域的映射,用 shmctl() 对共享内存区域进行控制操作。

共享内存在一些情况下可以代替消息队列,而且共享内存的读/写比使用消息队列要快。

习 题 3

一、选择题

1. 进程从运行态到阻塞态可能是( )。

    A. 进程自己运行 P 操作

    B. 进程调度程序的调度

    C. 操作系统分配给它的时间片使用完毕

    D. 运行的进程执行了 V 原语

2. 在支持多线程的系统中,进程 P 创建的若干个线程不能共享的是( )。

    A. 进程 P 的代码段   B. 进程 P 中打开的文件

    C. 进程 P 的全局变量   D. 进程 P 中某线程的栈指针

3. 进程中( )是临界区。

    A. 用于实现进程同步的那段程序   B. 用于实现进程通信的那段程序

    C. 用于访问共享资源的那段程序   D. 用于更改共享数据的那段程序

4. 在多进程的系统中,为了保证公共变量的完整性,各进程应互斥地进入临界区。所谓临界区是指( )。

    A. 一个缓冲区   B. 一段共享数据区

    C. 一段程序   D. 一个互斥资源

5. 要实现两个进程互斥,设一个互斥信号量 mutex,当 mutex 为 0 时,表示( )。

    A. 没有进程进入临界区

    B. 有一个进程进入临界区

    C. 有一个进程进入临界区,另外一个进程在等待

D. 两个进程都进入了临界区

6. 下列说法不正确的是(　　)。

　　A. 一个进程可以创建一个或多个线程

　　B. 一个线程可以创建一个或多个线程

　　C. 一个线程可以创建一个或多个进程

　　D. 一个进程可以创建一个或多个进程

7. (　　)定义了一个共享数据结构和各种进程在该数据结构上的全部操作。

　　A. 管程　　　　　　B. 类程　　　　　　C. 线程　　　　　　D. 程序

8. 设与某资源相关联的信号量初值为3,当前值为1,若 M 表示该资源的可用个数,N 表示等待该资源的进程数,则 M 和 N 分别是(　　)。[2010年全国统考真题]

　　A. 0,1　　　　　　B. 1,0　　　　　　C. 1,2　　　　　　D. 2,0

9. 若有3个进程共享一个互斥段,每次最多允许两个进程进入互斥段,则信号量的变化范围是(　　)。

　　A. 2,1,0,-1　　　　　　　　　　B. 3,2,1,0

　　C. 2,1,0,-1,-2　　　　　　　　D. 1,0,-1,-2

10. 若一个信号量的初值为3,经过多次 P、V 操作之后当前值为-1;则表示等待进入临界区的进程数为(　　)。

　　A. 1　　　　　　B. 2　　　　　　C. 3　　　　　　D. 4

11. 进行 P_0 和 P_1 的共享变量定义及其初值为:

```
boolean flag[2];
int turn=0;
flag[0]=false; flag[1]=false;
```

若进行 P_0 和 P_1 访问临界资源的类 C 代码实现如下:

```
void P0()   //进程 P0
{ while(true)
   { flag[0]=true; turn=1;
    while(flag[1]&&(turn==1));
     临界区;
    flag[0]=false;
  }
}
void  P1() //进程 P1
{ while(true)
   { flag[1]=true; turn=0;
   while(flag[0]&&(turn==0));
    临界区;
   flag[1]=false;
  }
}
```

并发执行进程 P_0 和 P_1 时产生的情况是(　　)。[2010年全国统考真题]

A. 不能保证进程互斥进入临界区、会出现"饥饿"现象

B. 不能保证进程互斥进入临界区、不会出现"饥饿"现象

C. 能保证进程互斥进入临界区、会出现"饥饿"现象

D. 能保证进程互斥进入临界区、不会出现"饥饿"现象

12. 下面关于管程的叙述错误的是(　　　)。

A. 管程是进程的同步工具,解决信号量机制大量同步操作分散的问题

B. 管程每次只允许一个进程进入管程

C. 管程中的 V 操作的作用和信号量机制中 V 操作的作用相同

D. 管程是被进程调用的,是语法范围,无法创建和撤销

二、综合题

1. 什么叫临界资源? 什么叫临界区? 在解决临界区问题时必须遵循哪些原则?

2. 什么叫"忙等待"? 操作系统中还有其他的等待吗? 忙等待能完全消除吗?

3. 在生产者—消费者问题中,如果将两个 P 操作,即 P(full)和 P(mutex)互换位置,或者 P(empty)和 P(mutex)互换位置,其后果如何? 如果将两个 V 操作,即 V(full)和 V(mutex)互换位置,或者 V(empty)和 V(mutex)互换位置,其后果又会如何?

4. 设有 3 个进程 A、B、C,其中 A 与 B 构成一对生产者与消费者(A 为生产者,B 为消费者),共享一个由 n 个缓冲块组成的缓冲池;B 与 C 也构成一对生产者与消费者(此时 B 为生产者,C 为消费者),共享另一个由 m 个缓冲块组成的缓冲池。用 P、V 操作描述它们之间的同步关系。

5. 桌上有一只盘子,每次只能放入一个水果。爸爸专向盘子里放苹果,妈妈专向盘子里放橘子,唯一的儿子专吃盘子中的橘子,唯一的女儿专吃盘子中的苹果。仅当盘子空闲时,爸爸或妈妈才可向盘子里存放一只水果。仅当盘子中有自己需要的水果时,儿子或女儿才可从盘子里取出一只水果。把爸爸、妈妈、儿子、女儿看作四个进程,请用 PV 原语进行管理,使这 4 个进程能正确地并发执行。

6. 三个进程 P1、P2、P3 互斥使用一个包含 N(N＞0)个单元的缓冲区。P1 每次用 produce()生成一个正整数并用 put()送入缓冲区某一空单元中;P2 每次用 getodd()从该缓冲区中取出一个奇数并用 countodd()统计奇数个数;P3 每次用 geteven()从该缓冲区中取出一个偶数并用 counteven()统计偶数个数。请用信号量机抽实现这三个进程的同步与互斥活动,并说明所定义的信号量的含义。要求用伪代码描述。［2009 年全国统考真题］

7. 睡眠的理发师问题

理发店里有一位理发师、一把理发椅和 n 把供等候理发顾客坐的椅子。如果没有顾客,理发师便在理发椅上睡觉。当一个顾客到来时,他必须先叫醒理发师,如果理发师正在理发时又有顾客来到,则如果有空椅子可坐,他们就坐下来等;如果没有空椅子,他就离开。这里的问题是:为理发师和顾客各编写一段程序,来描述他们行为。要求不能带有竞争条件。

8. 某工厂有两个生产车间和一个装配车间,两个生产车间分别生产 A,B 两种零件,装配车间的任务是把 A,B 两种零件组装成产品。两个生产车间每生产一个零件后都要分别把他们送到装配车间的货架 F1,F2 上。F1 存放零件 A,F2 存放零件 B,F1 和 F2 的容量均为 10。装配工人每次从货架上取一个 A 零件和一个 B 零件后组装成产品。请用 P、V 原语进行正确管理。

9. 某高校计算机系开设网络课并安排上机实习,假设机房共有 2m 台计算机,有 2n 名学生选该课程,其中 m>n,(注:计算机数和学生数均为偶数)规定:

(1) 每两个学生组成一组,各占一台计算机,协同完成上机实习;

(2) 只有一组两个学生到齐,并且此时机房有空闲计算机时,机房管理员才让该组学生进入机房;

(3) 上机实习由一名教师检查,检查完毕,一组学生同时离开机房。

试用 P、V 操作实现上机实习中教师进程 teacher()、机房管理员进程 guard()和学生进程 student_i()之间的同步关系。

10. 某博物馆最多可容纳 500 人同时参观,有一个出入口,该出入口一次仅允许一个人通过。参观者的活动描述如下:

```
cobegin
参观者进程 i:
{
    …
    进门;
    …
    参观;
    …
    出门;
    …
    }
coend
```

请用 P、V 原语实现上述过程中的互斥与同步。要求写出完整的过程,说明信号量的含义并赋初值。

11. 为何引入管程? 管程有几部分构成?

12. 试说明管程和进程有何异同点?

13. 进程高级通信方式有哪几类? 各有什么特点?

14. 试叙述高级通信机制和低级通信机制 P、V 原语操作的主要区别。

15. 简述消息缓冲机制(有限缓冲)的基本工作原理。

第4章 处理机调度

在支持多道程序设计技术的操作系统中,几乎所有资源在使用前都需经过操作系统调度。处理机是计算机中最重要的系统资源,多个并发执行进程在系统中运行时,它们必然竞争处理机。处理机调度就是操作系统对处理机进行合理分配,它是进程管理的重要基本功能之一。

由于处理机调度在系统中使用频率高,其调度算法的好坏直接关系到操作系统的整体性能。因此,处理机调度是操作系统设计者在设计操作系统时必须缜密思考的一个内容。

本章主要讲解处理机调度的基本概念、调度时机、切换与过程、调度的基本准则、调度方式、典型调度算法等。

【本章学习目标】

- 三级调度的含义和比较。
- 抢占式调度、非抢占式调度的区别与联系。
- 常见调度算法的含义及其比较。
- 调度算法的评价准则。
- 常见调度算法。
- 理解等待时间、周转时间、加权周转时间的含义,并会计算。
- 实时调度和多处理机调度的特点。

4.1 三级调度体系

处理机调度主要是对处理机运行时间进行分配,即按照一定算法或策略将处理机运行时间分配给各个并发进程,同时要尽量提高处理机的使用效率。

一个进程在处理机上运行之前,必须占有一定系统资源(如主存、I/O 设备等)。为了合理地安排进程占用这些资源,操作系统也需对其他资源进行分配,选择部分进程占用系统的其他系统资源。例如,操作系统选择响应某进程的磁盘 I/O 请求,进行磁盘的输入/输出操作,这也称为磁盘调度。

现实中,没有绝对完美的处理机调度策略。由于不同操作系统的设计目标差异巨大,操作系统设计者可依据设计目标,在综合考虑各种因素的前提下,合理地、折中地设计处理机调度策略。

现代操作系统中,按照调度所实现的功能分为 3 种类型,分别为高级调度、中级调度和低级调度,它们一起构成三级调度体系。其中,低级调度是该体系中不可缺少的最基本调度。

4.1.1 高级调度

在大型系统中,往往有数百个终端与主机相连,共享系统中的一台主机。有时,系统中可能有数百个作业放在磁盘的批处理作业队列中,如何从这些作业中选出部分作业放入内存是处理机调度的重要功能之一。

高级调度(high-level scheduling)又称作业调度或长程调度,它是根据某种算法将外存上处于后备作业队列中的若干个作业调入内存,为作业分配所需资源并创建相应进程。

作业是用户需要计算机完成某项任务而要求计算机所做工作的集合。作业通常分成若干个既相对独立又互相关联的加工步骤,每个步骤称为一个作业步。每个作业步可能对应一个或多个进程。例如:一个用 Java 语言编写的程序可看作一个作业,该作业执行时,首先经过 JDK 编译程序进行编译,形成后缀名为 class 的字节码文件;字节码文件再通过 JDK 的执行程序进行解释执行,用户才能看到最终运行结果。上述两个步骤(作业步),系统可以通过创建两个进程来完成。如系统此时还有其他进程运行,这两个进程与其他进程并发执行。

作业一般要经历"提交"、"后备"、"执行"和"完成"四个状态,如图 4.1 所示。用户向系统提交一个作业时,该作业所处的状态为提交状态。例如将一套作业卡片交给机房管理员,由管理员将它们放到读卡机上读入;或者用户通过键盘向机器输入作业等。用户作业经输入设备(如读卡机)送入输入井(磁盘的一部分),等待进入内存时所处状态为后备状态。后备态作业的数据已经转换成机器可读形式,作业请求资源等信息也交给了操作系统。系统中往往有多个作业处于后备状态,它们通常被组织成队列形式。后备态作业被作业调度程序选中后调入内存、获得所需资源时,称作业处于执行状态。作业执行完毕,其结果被放到硬盘中专门用来存放结果的某个固定区域或打印输出,操作系统收回分配给它的全部系统资源,此时的作业处于完成状态。

注意:高级调度中调度的基本单位是作业,而不是进程。作业进入内存后,就统称为执行状态,不细分为就绪、运行和阻塞态。

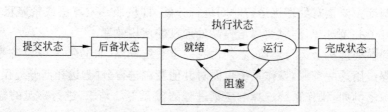

图 4.1　作业状态及其转换图

计算机系统接纳作业的道数由操作系统决定,如内存中运行的作业过多,会影响到系统的服务质量及程序的正常执行。操作系统为了保证进入系统的作业能够正常执行,往往限制系统中的作业道数。当作业道数达到峰值后,只有完成一个作业后另一个作业才能进入内存。

综上所述,高级调度决定允许哪些作业可进入内存,参与竞争 CPU 和系统其他资源,将一个或一批作业从后备状态变为运行状态,如图 4.2 所示。被高级调度程序选中的作业可获得基本

图 4.2　高级调度示意图

内存和相应的系统资源，系统为之创建相应的进程。此后，该作业以进程的形式参与并发执行，同其他进程竞争 CPU。高级调度为中级调度和低级调度做好了前期准备。

在多道批处理系统中，为了调度和管理作业，系统为每个作业设置了一个作业控制块（Job Control Block，JCB），它记录作业的相关信息。作业控制块是作业在系统中存在的标志，只有作业执行完成或中途退出系统时，作业控制块才被撤销。操作系统根据作业控制块中的信息对作业进行调度和管理。表 4.1 给出了典型作业控制块 JCB 的主要内容。

表 4.1　作业控制块 JCB 的主要内容

作业名	由用户提供，系统将其写到作业控制块中
资源要求	预估的运算时间 最迟完成时间 要求的内存量 要求外设类型、台数 要求的文件量和输出量
资源使用情况	进入系统的时间 开始运行的时间 已经运行的时间 内存地址 外设台号
类型级别	控制方式（分为联机或脱机） 作业类型（CPU 繁忙型和 I/O 繁忙型作业或批处理输入作业和终端作业） 优先级（反映作业运行的紧急程度）
状态	后备/执行/完成

作业控制块中记录了作业所需资源及资源使用情况，但作业所需资源的分配和释放不是由作业调度程序完成，而是由存储器管理和设备管理程序完成。作业调度程序只是把作业对内存的需求和对设备的需求转交给系统中的内存管理程序和设备管理程序。

作业调度的一项重要工作就是确定作业调度算法。操作系统调度程序在调度作业前需要确定作业的调度算法，然后再按照确定的作业调度算法从磁盘的作业后备队列中选择作业进入内存。

确定作业调度算法时，既要考虑用户的要求，又要确保系统的效率。在批处理系统中，常用的作业调度算法有先来先服务、短作业优先和最短剩余时间优先法。先来先服务是把最先提交的作业最先调入内存；短作业优先法是将所需处理机运行时间最短的作业最先调入内存；最短剩余时间优先法是将剩余运行时间最短的作业优先调入内存。这些调度算法各有利弊，设计者可根据需求加以选择。低级调度中仍然具有这些调度算法，我们在讲解低级调度时再详细分析它们的各自特点。

高级调度通常出现在需进行大量作业处理的批处理系统中，这类系统的设计目标是最大限度地提高系统资源利用率和保持各种系统活动的充分并行。而分时操作系统和实时操作系统中，终端用户作业被直接送入内存，一般不需要作业调度。当然，有的分时操作系统和实时操作系统也支持批处理作业，当批处理作业存在时也能进行作业调度工作。

4.1.2 中级调度

中级调度(middle-level scheduling)又称内存调度,它是进程在内存和外存之间的对换。

引入中级调度的目的是为了提高内存利用率和系统吞吐量,控制系统并发度、降低系统开销。当内存空间非常紧张或处理机无法找到一个可执行的就绪进程时,需把某些暂时不能运行的进程换到外存上去等待,释放出其占用的宝贵内存资源给其他进程使用。换到外存的进程所处状态为挂起状态。当这些进程重新具备运行条件且内存又有空闲空间时,由中级调度程序决定把外存上的某些进程重新调入内存,并修改其状态,为占用处理机做好准备。

具有中级调度的系统中,进程除了具有3个基本状态外,还具有静止就绪和静止阻塞两个状态。中级调度如图4.3所示,图中带箭头直线表示中级调度所作工作。

图 4.3　中级调度示意图

中级调度实际上是存储管理中的对换功能,它调控进程对物理主存的使用。在虚拟存储管理系统中,进程只有被中级调度选中,才有资格占用主存。从某种意义上讲,中级调度可通过设定内存中能够接纳的进程数来防止系统负载过高,在一定时间内起到平滑和调节系统负载的作用。

4.1.3 低级调度

低级调度(low-level scheduling)又称进程调度、短程调度,它决定哪个就绪态进程获得处理机,即选择某个进程从就绪态变为执行态。执行低级调度的原因多是处于执行态的进程由于某种原因放弃或被剥夺处理机,此时处理机空闲。

低级调度是三级调度中的最终调度,又称底层调度。在这级调度中真正实现了处理机的分配,它是操作系统中必须配置的调度。进程调度的运行频率很高,一般隔几十毫秒就要运行一次。

在仅具有进程调度的系统中,调度队列模型如图4.4所示。

通常出现以下情况时,进程调度程序将被激活。

(1) 新进程创建后,由调度程序决定运行父进程还是子进程。

(2) 运行状态进程正常结束或被强行终止。例如:当执行的进程正常结束后,它向操作系统发出进程结束系统调用,操作系统在处理完进程结束系统调用后执行进程调度程序,选择一个新的就绪进程运行。

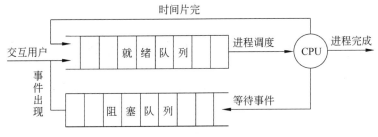

图 4.4 仅具有进程调度的调度队列模型

（3）正在执行的进程由于某种原因被阻塞。例如：运行态进程等待其他进程的通信数据，此时操作系统将该进程变成阻塞态，重新进行进程调度。运行中的进程要求进行输入/输出操作时，在输入/输出操作没有完成前，进程处于阻塞态，系统需调度新进程运行。

（4）分配给运行进程的时间片用完。当系统时钟中断发生时，时钟中断处理程序调用有关时间片的处理程序，如发现正在运行进程的时间片已用完，应进行重新调度，以便让下一个轮转进程使用处理机。

（5）抢占调度方式下，一个比正在运行进程的优先级更高的进程申请运行。在支持基于优先级抢占式调度的系统中，任何原因引起的进程优先级变化都应请求重新进程调度。

进程调度的功能主要包括以下两部分。

（1）选择就绪进程。动态查找就绪态进程队列中各进程的优先级和资源（主要是内存）使用情况，按照一定的进程调度算法确定处理机的分配对象。

（2）进程切换。进程切换是处理机分配的具体实施过程。正在处理机上执行的进程释放处理机，将调度程序选中的就绪态进程切换到处理机上执行。进程切换中主要完成的工作有：保存当前被切换进程的执行现场；累计当前就绪进程的执行时间、剩余时间片、动态变化优先级等；调度程序根据进程调度策略选择一个就绪态进程，把其状态转换为执行态，并把处理机分配给它。

进程的执行现场往往保存在自己的 PCB、用户栈和系统栈中，常包括以下寄存器内容：处理机状态寄存器、指令地址寄存器；通用寄存器、堆栈起始地址和栈顶指针、存储管理寄存器。

进程切换的中心工作是完成两个进程执行现场的切换。一旦操作系统内核将被调度程序选中进程的执行现场恢复到上述寄存器中后，处理机就开始执行新调度的进程。

4.1.4 三级调度关系

分级调度系统中，各级调度分别在不同的调度时机进行。对于一个用户作业来说，通常要经历高级调度、中级调度和低级调度才能完成整个作业程序的运行。

在系统中，不同状态的进程通常会加入到不同的队列，这样便于调度和管理。作业进入系统时被加入到作业后备队列。内存中处于就绪态的进程形成就绪队列，阻塞态的进程形成阻塞队列。在外存中处于挂起态的进程形成就绪挂起队列和阻塞挂起队列。

具有三级调度的系统中，各级调度的队列、发生时机和切换过程如图 4.5 所示。

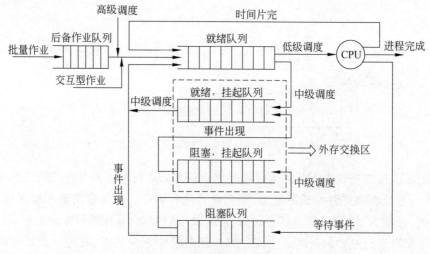

图 4.5　具有三级调度的系统模型

4.2　进程调度目标和调度方式

4.2.1　进程调度目标

进程调度目标是指进程调度需要达到的最终结果或目的。一般而言,有以下 5 种调度目标:

(1) 公平性。保证每个进程得到合理的处理机时间和执行速度,比如,不能由于采用某种调度算法而使得某些进程长时间得不到处理机的执行,出现"饥饿"现象。要在保证某些进程优先权的基础上,最大限度地实现进程执行的公平性。

(2) 高效率。保证处理机得到充分利用,不让处理机由于空闲等待而浪费大量时间,力争使处理机的绝大部分时间都在"忙碌"地执行有效指令。

(3) 低响应时间。保证交互命令的及时响应和执行。对于交互式命令或交互性较强的进程,不能让用户等待过长时间,必须保证在规定时间内给出执行结果。

(4) 高吞吐量。要实现系统高吞吐量,缩短每个进程的等待时间。

(5) 特殊应用要求。保证优先运行实时进程或特殊应用进程,满足用户的特殊应用要求。

不同类型的操作系统有不同的调度目标。下边介绍一下常见操作系统作业的调度目标。设计操作系统时,设计者选择实现哪些调度目标在很大程度上取决于操作系统的自身特点。

(1) 多道批处理操作系统。多道批处理系统强调高效利用系统资源和高作业吞吐量。进程提交给处理机后就不再与外部进行交互,系统按照调度策略安排它们运行,直到诸进程完成为止。

(2) 分时操作系统。分时系统更关心多个用户的公平性和及时响应性,它不允许某个进程长时间占用处理机。分时系统多采用时间片轮转调度算法或在其基础上改进的其他调度算法。但处理机在各个进程之间频繁切换会增加系统时空开销,延长各个进程在系统中的存在时间。分时系统最关注的是交互性和各进程的均衡性,对进程的执行效率和系统开销往往要求并不苛刻。

(3) 实时操作系统。实时操作系统必须保证实时进程的请求得到及时响应,往往不考虑处理机的使用效率。实时系统采取的调度算法和其他类型系统采取的调度算法相比有很大不同,其调度算法的最大特点是可抢占性。

(4) 通用操作系统。通用操作系统中,对进程调度没有特殊限制和要求,选择进程调度算法时主要追求处理机使用的公平性以及各类资源使用的均衡性。

4.2.2 进程调度方式

进程调度有两种基本方式:非抢占方式和抢占方式。

(1) 非抢占方式(Nonpreemptive)

进程一旦获得处理机执行,其他进程就不能中断它的执行,即使当前等待进程中出现了优先级更高的请求进程也不允许该进程抢占处理机。直到执行态进程完成或发生某个事件主动放弃处理机,才能调度其他进程获得处理机执行。

采用非抢占调度方式时,引起进程调度的常见原因有:

① 正在执行的进程执行完毕或因发生某事件而不能再继续执行。

② 执行中的进程提出 I/O 请求而暂停执行。例如等待慢速的 I/O 设备传输数据等。

③ 在进程通信或同步过程中执行了某种原语操作,如 P 原语、阻塞原语等。当正在执行的进程所需资源不能满足时,该进程通过执行某些原语"主动"放弃处理机的使用权。

这种调度方式的优点是实现简单、系统开销小,适用于大多数批处理系统。但它难以满足实时任务的要求,在要求比较严格的实时操作系统中,一般不宜采用此类调度方式。

(2) 抢占方式(Preemptive)

抢占式调度是指在进程并发执行中,如果就绪进程中某个进程优先级比当前运行进程的优先级还高,无论当前正在运行的进程是否结束,允许高优先级进程抢占当前运行进程的处理机并立即执行。

抢占式调度可确保高优先级进程立即获得处理机。抢占式调度在实际系统中具有重要意义。为了帮助大家理解抢占式调度的必要性,我们不妨举一个源于现实生活的例子。一个父亲有两个孩子,儿子 5 岁,女儿 4 岁。一天,父亲正在为今天生日的女儿做蛋糕,两个孩子在院里玩耍。制作过程中,儿子突然跑进来说,他的手在玩耍时划破了,正在大量流血,让父亲赶紧给包扎一下伤口。在这个例子中,父亲可看作处理机,为女儿做蛋糕的过程可看作是一个进程,给儿子包扎伤口的过程可看作是另一个进程。父亲正在执行做蛋糕进程,该进程需要的时间较长。如果系统不允许抢占调度,那么父亲就不能及时终止做蛋糕进程给儿子包扎伤口,这显然不符合日常逻辑。父亲应马上终止当前做蛋糕进程,并要保存好现场,记录好蛋糕做到了什么环节。然后。立即切换执行包扎伤口进程,包扎完后恢复做蛋糕现场,继续做蛋糕。

在某些计算机系统中,为了实现某种目的,有些进程需要优先执行,只有采用抢占式调度才能满足它们的需求。抢占式调度对提高系统吞吐率、加速系统响应时间都有好处。

支持抢占式调度的系统中,一般的抢占原则如下。

① 优先权原则

就绪的高优先权进程有权抢占低优先权进程的 CPU。

② 短作业优先原则

就绪的短作业有权抢占长作业的 CPU。

③ 时间片原则

一个时间片用完后，系统重新进行进程调度。

引起抢占式调度的事件可归纳为 3 类。

① 运行进程的时间片用完。为了让所有就绪态进程都有机会在处理机上运行，把 CPU 的运行时间按一定长度分成时间片。每个进程获得 CPU 后只执行一个时间片，时间片用完后系统把 CPU 切换给其他进程。每当内核发生时钟中断时，系统检查和计算进程的剩余时间片。如果执行进程的时间片用完，内核程序马上剥夺当前进程的处理机，把它分配给下一个轮转进程。

② 当实时信号或实时事件发生时，内核必须立即将处理机分配给相应的实时进程，以满足实时处理任务的需求。

③ 当某个就绪进程的优先级高于当前进程时，内核进程剥夺低优先级进程占有的处理机，分配给高优先级进程。

任何操作系统都必须支持非抢占方式调度，而对抢占式调度的支持可视具体需要而定。一般情况下，通用操作系统都支持基于时间片的抢占式调度，实时操作系统则必须支持严格的、满足规定要求的抢占式调度。

4.3　调度算法的评价准则

操作系统设计者在设计进程调度算法时，往往有很多种调度算法可供选择，哪种方法更优秀，必须有一个明确的评价准则。通常可从用户角度、系统角度和调度算法实现角度来考察算法的优劣，经过综合考虑做出最终判断。

在学习具体调度算法前，我们先详细介绍一下调度算法的评价准则，这有利于各种调度算法的学习和比较。

4.3.1　面向用户的评价准则

用户最关心的是进程能尽快被调度、快速完成所有指令并尽快给出结果。因此面向用户的常见调度指标有如下 4 个。

（1）作业周转时间

所谓作业周转时间是指从作业被提交给系统开始，到作业完成为止的这段时间间隔。作业周转时间越短越好。

作业周转时间由四部分时间组成：作业在外存后备队列中的等待时间；进程在就绪队列上等待进程调度的时间；进程在 CPU 上执行的时间；进程等待输入/输出操作完成的时间。其中后三项在一个作业的整个处理过程中可能会重复发生。

单个作业的周转时间往往具有片面性，不能全面衡量调度算法的优劣。实际中，常常采用平均周转时间来评价调度算法的优劣。

平均周转时间：

$$T = \frac{1}{n}\Big(\sum_{i=1}^{n} T_i\Big)$$

其中，T_i 是每个作业的周转时间，n 是作业个数。

为了进一步衡量作业的等待时间和其在处理机上的实际执行时间，人们还定义了带权周转时间。作业的周转时间 T 与它在处理机上实际执行时间 T_s 之比，即 $W = T/T_s$，称为带权周转时间。平均带权周转时间可表示为：

$$W = \frac{1}{n}\Big(\sum_{i=1}^{n} \frac{T_i}{T_{Si}}\Big)$$

（2）响应时间

响应时间是指从进程输入第一个请求到系统给出首次响应之间的时间间隔。用户请求的响应时间越短，用户的满意度越高。响应时间通常由三部分时间组成。

① 进程请求传送到处理机的时间。

② 处理机对请求信息进行处理的时间。

③ 响应信息回送到显示器显示的时间。

其中，第①、③部分时间很难减少，只能通过合理的调度算法缩短第②部分时间。

（3）截止时间

截止时间是指用户或其他系统对运行进程可容忍的最大延迟时间。它是衡量实时操作系统的主要指标之一，通常用该准则衡量一个调度算法是否合格。在实际系统评价中，主要考核的是开始截止时间和完成截止时间。

（4）优先权准则

在批处理、分时和实时系统中选择调度算法时，为保证某些紧急作业得到及时处理，必须遵循优先权准则。为此，操作系统常常对进程设立优先级，高优先级进程优先获得处理机的使用权。

4.3.2　面向系统的评价准则

对计算机系统而言，在保证用户请求被高效处理的基础上，尽量使计算机系统中的各类资源得到充分利用。面向系统的调度指标主要有以下 4 种。

（1）系统吞吐量

单位时间内系统处理的进程数目为 CPU 的工作成效，单位时间内系统完成的进程数目为系统吞吐量。在处理大进程时，吞吐量可能每小时只有一个；在处理小而短的进程时，吞吐量达到每秒几十个甚至上百个。

系统吞吐量可以在一定程度上反映一个系统的最大处理能力，是从系统效率角度评价系统性能的参数，它通常是选择批处理作业调度算法的重要依据。

影响系统吞吐量的主要因素有：进程平均服务时间、系统资源利用率、进程调度算法等。其中，进程调度算法同时也影响进程平均周转时间和系统资源利用率。

（2）处理机利用率

处理机利用率为 CPU 有效工作时间与 CPU 总的运行时间之比。CPU 总的运行时间为 CPU 有效工作时间与 CPU 空闲时间之和。

大、中型计算机都非常重视处理机的利用率。早期由于处理机价格昂贵,致使处理机利用率成为衡量系统性能的最重要指标。在当今的计算机系统中,随着硬件技术的发展,处理机的价格不断下降,但在操作系统的设计中还是要充分重视处理机利用率,忽视它会对整个系统性能造成影响。

(3) 各类资源均衡利用

对于计算机系统内的资源,不仅要使处理机的利用率高,而且还要能有效地利用其他各类资源,例如内存、外存和输入/输出设备等。进程通常包括多种类型,有些是处理机繁忙型进程,有些是输入/输出繁忙型进程。进程调度算法要考虑进程对处理机的不同需求,最好是让不同类型进程搭配运行,使的处理机和其他各类资源能均衡利用。

(4) 调度算法实现准则

调度算法实现准则主要包括两方面:调度算法的有效性和易实现性。

调度算法是否能有效地解决实际问题,这是选择调度算法的根本。如果调度算法不能很好地满足用户或系统的某种特定要求,那么该算法一定不是一个优秀的调度算法,需要考虑采用其他调度算法替换它。

调度算法本身是否容易实现,也是操作系统设计者考察调度算法时的一个重要标准。一个算法再好,如果它不易于实现或实现的系统开销太大,这也会影响到系统性能或使调度工作很难进行。在实际中,容易实现的调度算法往往调度效率较低,而调度效率较高的算法又较为复杂,不容易实现。不同调度算法可满足不同要求,要想得到一个满足所有用户和系统要求的算法,几乎是不可能的。设计者在考察一个调度算法时,可依据系统设计目标统筹兼顾、有所取舍。

4.4 典型进程调度算法

作业调度算法和进程调度算法非常相似,进程调度算法稍加改动就可转换为作业调度。进程调度主要是采用某种调度算法,合理、有效地把处理机分配给各个进程。进程调度算法很多,这里介绍 7 种典型进程调度算法。

4.4.1 先来先服务调度算法

FCFS(First Come First Service)算法按照进程就绪的先后顺序调度进程,越早到达的进程,越先执行。

系统中处于就绪态的进程往往排成队列。队列这种数据结构本身就具有"先进先出"特点,可天然实现先来先服务调度算法。队首进程是先到达的进程,它最先获得处理机,直至其执行完毕或发生某等待事件而放弃处理机。在没有其他进程调度参考信息时,FCFS 算法是最常见的一种进程调度策略。

FCFS 算法的优缺点如下。

(1) 有利于长进程,不利于短进程。排在长进程后边的短进程往往等待的时间较长,从而导致其周转时间过长,没有体现出"短进程优先"原则。

(2) 有利于处理机繁忙的进程,不利于输入/输出繁忙的进程。

对于繁忙使用处理机的进程来说,一旦获得了处理机就可以全力投入计算工作而不会有其他干扰;对于输入/输出繁忙型的进程,在获得处理器后不久就会频繁地进行输入/输出操作。在输入/输出操作时,该进程须主动放弃处理机,等待输入/输出操作完成。输入/输出操作完成后,该进程往往不能马上恢复现场执行,而是先转换为就绪态,在就绪队列的队尾入队并等待调度。所以,对输入/输出繁忙型进程调度时,FCFS算法的执行效率较低。

(3) 算法简单,易于实现,系统开销小。由于它的调度方式是非剥夺方式,操作系统不会强行暂停当前正在执行的进程。

下面我们举例说明采用 FCFS 调度算法的调度性能。

系统中有 5 个进程 P_1、P_2、P_3、P_4 和 P_5 并发执行,其信息表如表 4.2 所示。

表 4.2　5 个并发进程的信息表

进程名	进程创建时间	要求执行时间	优先级	时间片个数
P_1	0	3	3	3
P_2	1	6	5	6
P_3	2	1	1	1
P_4	3	4	4	4
P_5	4	2	2	2

采用 FCFS 调度算法,这 5 个并发进程的运行时序图如图 4.6 所示。

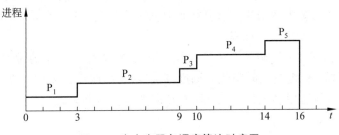

图 4.6　先来先服务调度算法时序图

每个进程的周转时间和带权周转时间如表 4.3 所示。

表 4.3　先来先服务调度的评价结果

进　程　名	周 转 时 间	带权周转时间
P_1	3	1
P_2	8	1.33
P_3	8	8
P_4	11	2.75
P_5	12	6
平均	8.4	3.82

4.4.2　短作业(进程)优先调度算法

早期的处理机调度是按照作业管理的,称为短作业优先调度(Shortest Job First,SJF)

后来又将这种调度算法应用在了进程管理上,所以称为短进程优先调度(Shortest Process Next,SPN)。

短作业优先调度算法是从后备队列中选择一个或若干个估计运行时间最短的作业调入内存,并为它们创建进程运行。

短进程优先调度算法则是从就绪队列中选出一个估计运行时间最短的进程,将处理机分配给它,使它立即执行并一直到进程结束。如进程在执行过程中因某事件而阻塞并放弃处理机时,系统重新调度其他短进程。

短进程优先调度算法最大限度地降低了平均等待时间,但也存在对长进程的不公平性。长进程在此调度算法中可能长时间得不到运行机会,甚至由于"饥饿"时间过长而被系统撤销。

短作业(进程)优先调度算法优缺点如下。

优点是照顾了短进程,缩短了短进程的等待时间,体现了短进程优先原则;改善了平均周转时间和平均带权周转时间;有利于提高系统的吞吐量。

缺点是对长进程不利,甚至会导致长进程长时间无法得到关注而使得系统整体性能下降;完全未考虑进程的紧迫程度,因而不能保证紧迫性进程会被及时处理;进程的运行时间很难精确估计,进程在运行前不一定能真正做到短进程被优先调度。

通常情况下,单凭进程的代码长度来估计进程的运行时间一般不行,因进程代码中存在着大量循环次数不定的循环语句。同一进程因使用的数据不同其执行时间也可能相差很大。若某些进程在系统中频繁执行且其执行时间较为稳定,可以考虑采用此种调度策略,例如工业控制系统中的某些控制进程。

由于短作业(进程)优先调度算法具有以上特点,在实际应用中通常对其进行部分改造后加以使用。例如:最短剩余时间优先调度算法、最高响应比优先调度算法等等。

我们对 FCFS 算法中的实例采用 SJ(P)F 调度算法重新调度。5 个并发进程的运行时序图如图 4.7 所示。

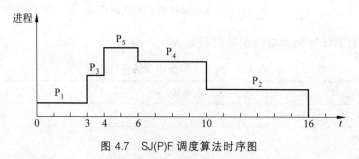

图 4.7　SJ(P)F 调度算法时序图

采用 SJ(P)F 调度算法,每个进程的周转时间和带权周转时间如表 4.4 所示。

表 4.4　SJ(P)F 调度的评价结果

进程名	周转时间	带权周转时间
P_1	3	1
P_2	15	2.5
P_3	2	2

进程名	周转时间	带权周转时间
P$_4$	7	1.75
P$_5$	2	1
平均	5.8	1.65

由表 4.4 可知,SJ(P)F 算法与 FCFS 算法对比,无论是周转时间还是带权周转时间都明显减小,系统的吞吐率得到提高。

4.4.3 最短剩余时间优先调度算法

最短剩余时间优先调度算法(Shortest Remaining Time First,SRTF)是短作业(进程)优先调度算法的变型,它通常采用抢占式调度策略。当新进程加入到就绪队列中时,如果它需要的运行时间比当前正在运行进程所需的剩余时间短,则执行进程切换。当前运行进程被强行剥夺 CPU 的使用权,新进程获得 CPU 并运行。这种算法能保证新的短作业一进入系统就能得到服务。但是,这种算法要不断统计各个进程的剩余时间且进程切换较为频繁,系统开销较大。

4.4.4 时间片轮转调度算法

时间片轮转算法(Round Robin,RR)依据公平服务的原则,将处理机的运行时间划分成等长的时间片,轮转式依次分配给各个就绪进程使用。采用此算法的系统中,所有就绪进程按照先来先服务的原则排成一个队列,每次调度时将处理机分派给队首进程。如果进程在一个时间片内没执行完,那么调度程序强行将该进程终止,进程由执行态变为就绪态,并把处理机分配给下一个就绪进程。该算法能保证就绪队列中的所有进程在一给定的时间段内均能获得处理机运行,不会出现"饥饿"现象。

时间片轮转算法不仅保证了每个进程有均等的运行机会,也保证了短进程有较短的响应时间。从上面的算法执行过程可知,进程的等待时间完全取决于进程所需的服务时间,服务时间越短,等待时间就越短,响应时间也就越短。因此,时间片轮转算法非常适合于交互性较强的处理环境,时间片轮转算法被广泛地应用于分时操作系统中。

在时间片轮转算法中,一个关键问题是时间片长度的确定,时间片过长或过短都不能达到理想的效果。时间片若过长,绝大部分进程在一个时间片内都能执行完,这时该算法就退化成了先来先服务调度算法,不能发挥时间片轮转算法的优点。但和先来先服务调度算法相比,它增加了调度算法的系统开销。时间片过短,会导致大多数进程都需要使用大量的时间片才能执行完毕,进程切换数量大大增加,系统耗费在进程切换和进程调度上的开销增多。这样一来,系统响应时间增加,执行效率下降。当进程切换和进程调度的系统开销增加到一定程度时,短进程已经不能从该算法中获得任何好处。

考虑时间片的取值时,需要分析系统负载分布情况,即进程服务时间分布情况。可将交互进程或交互事务的平均服务时间作为时间片参考值,以便满足交互处理的响应时间要求。

通过以上分析发现,静态时间片方式很难满足用户需求和系统要求。在实际操作系统中,进程获得时间片的数目不定,是动态变化的。操作系统调度程序可以根据需要对不同的进程分配不同数量的时间片。这样一来,不同进程使用处理机的时间份额不同,不同进程的推进速度也就不同。例如,系统中有 3 个就绪进程,如果调度程序分配给每个进程的时间片固定,都是 10ms,那么每个进程均可获得 1/3 的处理机时间份额;如果出于某种目的,调度程序每次都给其中一个进程 30ms 的时间片,其他进程仍是 10ms,那么该进程获得了 3/5 的处理机时间份额,比其他两个进程的运行速度快 3 倍。

时间片的分配方式有两种:

① 一次性时间片。调度程序在每次调度时,不管进程在上次占用 CPU 时是否用完时间片,都为进程重新分配一个时间片。

② 累计时间片。如进程在占用 CPU 时没有使用完时间片就发生进程切换了,剩余时间片将作为下次调度的时间片,只有当该进程累计使用完时间片后,调度程序才为它重新分配一个时间片。这样能保证每个进程严格按照调度程序分配的时间片使用 CPU,能更好地控制进程的执行速度。

我们仍然采用 FCFS 算法中的实例,改用时间片轮转调度算法对其重新调度。5 个并发执行进程的运行时序图如图 4.8 所示。

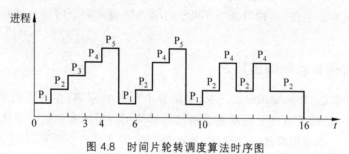

图 4.8　时间片轮转调度算法时序图

采用时间片轮转调度算法,每个进程的周转时间和带权周转时间如表 4.5 所示。

表 4.5　时间片轮转调度的评价结果

进　程　名	周　转　时　间	带权周转时间
P_1	10	3.33
P_2	15	2.5
P_3	1	1
P_4	11	2.75
P_5	5	2.5
平均	8.4	2.42

在时间片轮转调度算法中,短进程得到了一定的照顾。例如,短进程 P_3 的带权周转时间为 1。所有进程的平均周转时间和 FCFS 相比并没有显著的降低,但是每个进程的带权周转时间都比较接近,体现出了较好的公平性。

4.4.5　优先级调度算法

优先级调度算法(Priority Scheduling,PS)为每个进程赋予一个整数,表示其优先级。

就绪进程按照优先级的顺序排队,调度程序选择优先级最高的进程获得CPU。该算法常被用于批处理系统中。

优先级调度算法可以是抢占式也可以是非抢占式。抢占式中,一旦就绪进程队列中出现优先级比当前运行进程更高的进程时,调度程序就进行一次抢占调度,将CPU的使用权让给优先级更高的就绪进程;在非抢占式中,只有当前进程阻塞、时间片用完或者执行完毕才把CPU的使用权让给优先级更高的就绪进程。

在采用优先级调度算法的系统中,进程的优先级越高,越早获得CPU执行,周转时间越短。因此,高优先级进程的运行速度比低优先级进程的运行速度快。

优先级调度总体上又分为静态优先级调度和动态优先级调度两种。

① 静态优先级调度:进程的优先级在创建时确定,其在进程的整个运行期间都不改变。此类调度中的优先级往往是个常数。通常确定进程优先级的依据为:进程类型、进程对资源的需求、用户要求等。

② 动态优先级调度:进程在创建时被赋予的优先级可随进程执行或等待时间的增加而改变,这可防止低优先级进程长期得不到运行。

优先级的修改必须要依据一定的策略。例如:最高响应比调度算法中的响应比R可看作是一种动态优先级。进程在就绪队列中随着等待时间的增加而提高响应比,这可使得优先级较低的进程在等待足够的时间后,随着响应比的提高而被调度程序选中。当进程被调度程序选中后,每执行一段时间就降低一级,从而使进程在持续执行一段时间后,其优先级就被降低,进而让出处理机,使其他进程可以被执行,防止该进程长期占用处理机。这既保证了进程调度的公平性又使系统设计更容易实现。

优先级调度算法的主要优缺点是:

① 调度灵活,能适应多种调度需求。优先级的分配决定了进程的等待时间,也影响到系统吞吐量,动态优先级更是增加了系统调度的灵活性。

② 进程优先级的划分和确定每个进程优先级都比较困难。

③ 抢占式调度增加了系统开销。抢占式调度增加了调度程序的执行频率,也增加了进程切换次数,加大了系统开销。

仍然采用FCFS算法中的实例,分别改用不可抢占静态优先级调度算法和可抢占静态优先级调度算法重新调度。不可抢占静态优先级调度运行时序图如图4.9所示,可抢占静态优先级调度运行时序图如图4.10所示。

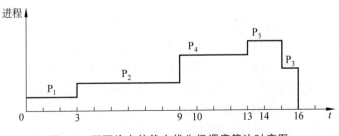

图 4.9　不可抢占的静态优先级调度算法时序图

采用不可抢占和可抢占静态优先级调度算法,每个进程的周转时间和带权周转时间如表4.6所示。

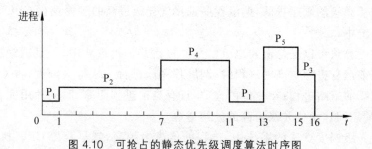

图 4.10　可抢占的静态优先级调度算法时序图

表 4.6　静态优先级调度的评价结果

进程名	不可抢占式静态优先级		可抢占式静态优先级	
	周转时间	带权周转时间	周转时间	带权周转时间
P_1	3	1	13	4.33
P_2	8	1.33	6	1
P_3	14	14	14	14
P_4	10	2.5	8	2
P_5	11	5.5	11	5.5
平均	9.2	4.87	10.4	5.37

4.4.6　高响应比优先调度算法

为克服先来先服务调度算法和短进程优先调度算法的缺点而提出高响应比优先调度算法（Highest Response Ratio Frist，HRRF）。

一个作业或进程的响应比 R 定义为：

$$R = 响应时间 / 需运行时间 = \frac{等待时间 + 需运行时间}{需运行时间}$$

$$R = 1 + \frac{等待时间}{需运行时间}$$

HRRF 调度程序开始调度时，首先计算各个后备作业或各个就绪进程的响应比 R，然后选择 R 值最大的作业或进程。

操作系统每隔固定时间间隔计算并修改所有进程的响应比 R。如果作业等待时间相同，则进程要求服务的时间愈短，其响应比 R 越大，因而该算法有利于短作业。当要求服务的时间相同时，等待时间决定作业的响应比 R，等待时间愈长，其响应比 R 愈高，因而它也体现了先来先服务。对于长作业，作业的响应比 R 可随等待时间的增加而提高，当其等待时间足够长时，其响应比 R 便可升到很高，从而获得处理机，该算法从某种程度上照顾了长作业，避免了长作业长时间得不到 CPU 执行的情况。

因此，HRRF 调度算法既照顾了短作业又照顾了长作业，同时也照顾了先到达进程。其缺点是调度之前需计算各个进程的响应比，增加了系统开销，导致对实时进程无法做出及时反应。

例题：在一单道批处理系统中，一组作业的提交时间和运行时间如表 4.7 所示，如系统采用响应比高者优先调度算法，试计算该组作业的平均周转时间和平均带权周转时间。

表 4.7　作业提交时间和运行时间表

作　业	提交时间	运行时间	作　业	提交时间	运行时间
1	8.0	1.0	3	9.0	0.2
2	8.5	0.5	4	9.1	0.1

8.0 的时候只有 1 号一个作业，所以肯定是 1 号作业得到 CPU。9.0 的时候 1 号作业执行完毕，此时 2 号和 3 号作业都已提交。2 号作业的响应比为 $(9.0-8.5+0.5)/0.5=2$，3 号作业的响应比为 $(9.0-9.0+0.2)/0.2=1$，2 号作业的响应比高，9.0 时调度 2 号作业。2 号作业在 9.5 时执行完毕，此时 4 号作业已经提交。3 号作业的响应比为 $(9.5-9.0+0.2)/0.2=3.5$，4 号作业的响应比为 $(9.5-9.1+0.1)/0.1=5$，4 号作业的响应比高，所以调度 4 号作业。最后执行 3 号作业。

最高响应比优先调度算法的执行情况如表 4.8 所示。

表 4.8　最高响应比优先调度执行情况表

作业	提交时间	运行时间	开始时间	结束时间	周转时间	带权周转时间
1	8.0	1.0	8.0	9.0	1.0	1.0
2	8.5	0.5	9.0	9.5	1.0	2.0
3	9.0	0.2	9.6	9.8	0.8	4.0
4	9.1	0.1	9.5	9.6	0.5	5.0

平均周转时间 $T=(1.0+1.0+0.8+0.5)/4=0.825$
平均带权周转时间 $W=(1.0+2.0+4.0+5.0)/4=3.0$

4.4.7　多级反馈队列调度算法

多级反馈队列调度算法（Multilevel Feedback Queue，MFQ）是综合时间片轮转调度算法和优先级调度算法并加以改进而得到的算法。

该算法中，设置多个调度队列，并为各个队列赋予不同的优先级和时间片，如图 4.11 所示。一个新进程到达内存后，先被放到优先级高的队列中按 FCFS 原则排队等待调度，若被调度程序选中，则按时间片轮转算法被调度执行。当轮到该进程执行时，如它能在该时间片内完成，便可准备撤离系统；如果它在一个时间片结束时尚未完成，调度程序便将该进程转入第 2 级队列的末尾，再同样地按 FCFS 原则等待调度执行；如果它在第 2 级队列中运行一个时间片后仍未完成，再依次将它放入第 3 级队列，……，如此下去，当一个长作业（进程）从第 1 级队列依次降到第 n 级队列后，在第 n 级队列中便采取按时间片轮转的方式运行，不再进行队列转换。在第 1 级队列的优先级最高，时间片最小；第 2 级队列优先级次高，时间片次小……依此类推，第 n 级队列中的优先级最低，时间片最大。

仅当第 1 级队列空闲时，调度程序才调度第 2 级队列中的进程运行，仅当第 1～(i-1)

级队列均空时,才会调度第 i 级队列中的进程运行。如果处理机正在第 i 级队列中为某进程服务时,又有新进程进入优先级较高的队列(第 1~(i-1)中的任何一级队列),则此时新进程将抢占正在运行进程的处理机,即由调度程序把正在运行的进程放回到第 i 级队列的末尾,把处理机分配给新到的高优先级进程。

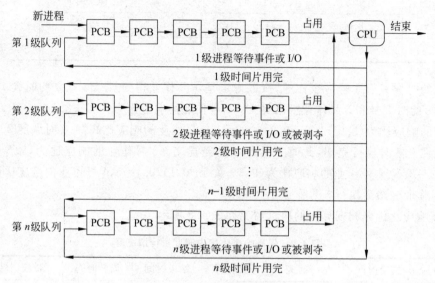

图 4.11 多级反馈队列调度算法

多级反馈队列调度算法的优点如下。

(1)保证短进程优先,可让终端型用户满意。短进程需要的服务时间少,在前几级就绪队列中就能够完成。终端型用户的进程通常所需的 CPU 服务时间不长,这类进程能够留在高优先级队列中运行。

(2)满足输入/输出型进程的要求。输入/输出型进程经常需要等待输入/输出设备而阻塞,但阻塞的进程仍然处在较高优先级队列中。由于慢速的输入/输出设备经常成为系统的瓶颈,让正在使用输入/输出设备的进程优先执行,可以充分提高设备的利用率,保证输入/输出型用户能及时得到响应。

(3)照顾了计算型长进程的执行。对于计算型的长进程,由于其执行时间长,往往要不断地向优先级低的调度队列转换。但是该算法中,优先级越低的调度队列其执行的时间片越长,这可以有效地减少长进程的调度次数,保证长进程能够较快执行完毕。

(4)系统开销小。由于不需要动态计算时间片和优先级,进程的优先级和时间片等于他所在调度队列的优先级和时间片。

但是本算法也存在着一定问题,例如在这种调度算法中进程的优先级只降不升,不能全面反映进程行为的动态变化。一般情况下,大型科学计算的进程由三部分组成:大量数据输入、长时间计算、大量数据输出。在完成第二部分工作后,进程被降级到最后一级调度队列中。当进程开始第三个处理过程时,进程由于优先级最低而不能快速运行,长时间占用输出设备,造成其他想用该输出设备的进程阻塞,从而引发输出设备使用的"瓶颈"现象。为了解决此类问题,当长时间计算后的进程提出输入/输出操作时,可以提高该进程的优先级,放到优先级最高的调度队列中,保证输入/输出型进程优先执行,避免输入/输出设备使用的

"瓶颈"现象发生。

多级反馈队列调度算法不必事先知道各种进程所需的执行时间,仍能基本满足用户的短进程优先和输入/输出频繁进程优先的需要,因而是目前公认的比较好的一种进程调度算法。UNIX系统、Windows NT、OS/2等都采用了类似的调度算法。

本节最后,我们把以上7种典型调度算法做了简要比较,如表4.9所示。

表4.9　典型调度算法比较

	先来先服务（FCFS）	时间片轮转（RR）	短作业优先（SJF）	最短剩余时间（SRTF）	优先级（PS）	高响应比（HRRF）	多级反馈队列（MFQ）
调度方式	非抢占式	抢占式	非抢占式	抢占式	均可	均可	抢占式
吞吐量	不突出	如时间片太小,可能变低	高	高	不强调	高	不突出
响应时间	可能很高,特别在进程执行时间有很大变化时	对于短进程提供良好的响应时间	对于短作业提供良好的响应时间	提供良好的响应时间	提供良好的响应时间	提供良好的响应时间	不突出
系统开销	最小	低	可能高	较高	较高	可能高	可能高
对进程的作用	不利于短作业（短进程）和I/O繁忙型作业（进程）	公平对待	不利于长作业（长进程）	不利于长作业（长进程）	较好地平衡各种进程	良好的均衡	可能偏爱I/O繁忙型作业（进程）
饿死问题	无	无	可能	可能	可能	无	可能

各种调度算法各具特点,操作系统设计者在选取时可综合考虑各种条件进行取舍或综合应用这些调度算法。

4.5　线程调度算法

支持线程技术的操作系统中存在两个层面的并发活动:进程并发和线程并发。在这样的计算机系统中,线程是低级调度的基本单位,线程调度与线程实现方式关系密切。前面讲过,线程实现方式分为用户级线程和核心级线程两种,下面分别从这两种实现方式介绍一下线程调度。

4.5.1　用户级线程调度

用户级线程是在用户态下创建的,系统内核并不知道线程的存在。此时系统内核和只支持进程的系统内核一样,只为进程服务,从就绪进程队列中选中一个进程并分配给它一个CPU时间片。假设该进程为A,进程A内部的线程调度程序决定该进程中哪个线程运行。假设获得CPU时间片的线程为A_1,由于并发执行的同一进程内的多个线程之间不存在时钟中断,故线程A_1执行时不受时钟中断的干扰。如果A_1线程用完了进程A的时间片,系统内核就会调度另一个进程执行。当进程A再次获得时间片时,线程A_1将恢复运行。如此反复,直到 A_1 完成自己的工作。如果线程 A_1 运行时间较短,没用完一个时间片就已结束或被强行终止,线程 A_1 让出 CPU,进程 A 的线程调度程序调度进程 A 的另一个线程运行,例如线程 A_2。

综上所述,进程 A 获得 CPU 时间片内,其内部可能发生多次线程切换,参见图 4.12,同一进程线程间的切换有效地避免了进程间的切换。线程切换代价比进程切换的系统代价小得多,多线程技术提高了系统的整体执行效率。

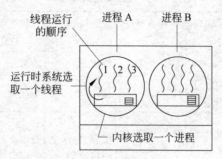

图 4.12　用户级线程调度

具体线程调度算法可采用 4.4 节中介绍的典型进程调度算法。从实用角度考虑,时间片轮转调度和优先级调度更为有效。

用户级线程调度的局限是缺乏时钟中断将运行时间过长的线程及时中断,不能照顾短线程。

4.5.2　核心级线程调度

在核心支持线程技术的系统中,内核直接调度线程。线程调度时,内核不考虑该线程属于哪个进程。被选中的线程获得一个时间片,如果执行时间超过此时间片,该线程被系统强制挂起。如果线程在给定的时间片内阻塞,处于内核的线程调度程序调度另一个线程运行。后者和前者可能同属于一个进程,也可能属于不同进程。

例如图 4.13 所示,假设进程 A 的线程 A_1 获得一个长度为 30ms 的时间片,5ms 之后该线程被阻塞,让出 CPU 使用权。此时,内核调度程序把 CPU 分配给其他线程,可能分给进程 A 的线程,也可能分给进程 B 的线程,出现属于不同进程间的线程切换。

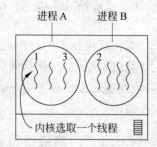

图 4.13　核心级线程调度

用户级线程调度和核心级线程调度的主要区别在于:

① 用户级线程间切换只需少量机器指令,速度较快;而核心级线程间切换需要完整的进程上下文切换,修改内存映像,高速缓存失效,因而速度慢,系统开销大。

② 用户级线程可使用专为某用户态程序定制的线程调度程序,应用定制的线程调度程序能够比内核更好地满足用户态程序需要。核心级线程在内核中完成线程调度,内核不了解每个线程的作用,不能做到这点。

4.6 实时调度算法

4.6.1 实时调度目标和所需必要信息

实时系统是一种时间起主导作用的系统,对时间有着严格的要求。在实时系统中,每一个实时任务都有一个时间约束要求。实时调度(real-time scheduling)的目标就是合理地安排这些任务的执行次序,使之满足各个实时任务的时间约束要求。

通常,一个特定任务与一个截止时间相关联。截止时间包括:开始截止时间(任务在某时间以前,必须开始执行)和完成截止时间(任务在某时间以前必须完成)。

第1章中已经介绍,根据截止时间的要求可将实时任务分成硬实时任务和软实时任务。

实时调度策略主要考虑如何使硬实时任务在规定的截止时间内完成(或开始)。同时,尽可能使软实时任务也能在规定的截止时间内完成(或开始)。公平性和最短平均响应时间等准则不再显得重要。大多数现代操作系统都无法实现直接依据任务截止时间进行调度,它们一般通过提高响应速度,保证任务在其截止时间内完成。

一般情况下,实时系统中可能同时有多个周期性任务并发执行,形成任务流,这些实时任务都要求系统做出实时响应。系统能否对它们全部予以处理,取决于每个任务要求的处理时间和该任务出现的周期。例如,系统中有 n 个周期性任务,其中任务出现的周期为 P_i,处理所需的 CPU 时间为 C_i,那么系统能处理这个任务流的条件是:

$$\sum_{i=1}^{n} \frac{C_i}{P_i} \leqslant 1$$

当此值等于 1 时,处理机利用率达到最大。这是实时调度的理想状态,但实际中往往比此值小。满足这个不等式关系的实时系统称为可调度,该式称为可调度测试公式。

当此值大于 1 时,实时调度算法失效。无论进行何种调度都不能满足实时要求。此时,采取的方法主要有:减少任务流中的周期性任务数量 n;系统更换性能更好的 CPU,减少每个实时任务所需的 CPU 时间 C_i;增加系统中处理器的个数,提高系统的处理能力。

满足可调度测试公式的实时任务流才是可调度的,在考虑实时调度算法时,还需要考虑各个实时任务的一些必要信息,才能安排好合适的实时调度策略。这些必要信息包括:

① 就绪时间。指任务成为就绪态、准备执行时的时间。

② 开始截止时间和完成截止时间。通常不可能两者都知道,典型的实时系统只需知道任务的开始截止时间或完成截止时间。

③ 任务的执行时间。

④ 实时任务执行时的资源需求。

⑤ 实时任务的优先级。通常硬实时任务的优先级较高。

⑥ 子任务结构。一个较大的任务可以分解成一个必须执行的子任务和若干个可选的子任务。

4.6.2 抢占调度和快速切换机制

在要求严格的实时系统中,如硬实时系统,允许一个优先权高的实时任务抢占优先权低的实时任务,从而满足实时任务对截止时间的要求。如果一个实时任务不抢占就能够满足自己的截止时间要求,则不宜采取抢占调度,因为抢占调度系统开销较大。

在实际应用中,系统判断能否满足截止时间要求并不是一件容易的事。如系统小,需要处理的任务较少,则容易判断能否满足截止时间要求;如系统较大,则很难判断能否满足其截止时间要求。

快速切换机制可以实现对实时任务的快速切换。快速切换机制常用硬件装置实现快速中断机构,做到尽量不漏掉实时任务的中断。在软件实现上,可通过提高分派程序对任务切换的速度来提高系统的性能。

4.6.3　典型实时调度算法

实时系统的调度算法是在充分考虑实时系统对时间特殊需求的前提下,对一般进程调度算法改进后得到的算法。

1. 最早截止时间优先调度算法(Earliest Deadline First,EDF)

最早截止时间优先调度算法中根据实时任务的开始截止时间确定任务的优先级,截止时间越早,其优先级越高。调度程序把所有可以运行的进程按照其截止时间先后顺序放在一个以表格形式存在的就绪队列中,队首的任务具有最早截止时间。调度程序调度时,总是选队首进程。

对于新到达的实时任务,系统查看其截止时间。如果截止时间先于正在运行任务的截止时间,新进程抢占当前进程的 CPU 使用权。

最早截止时间优先调度算法是抢占式调度算法,适用于周期性和非周期实时任务的调度。

举例:实时系统中有一组实时任务 A、B、C、D、E,需要 CPU 的处理时间分别为 325ms、225ms、160ms、95ms、420ms,截止时间分别为 690ms、675ms、无期限、135ms、1100ms。

如果采用最早截止时间优先调度算法,这些进程调度的顺序为 D→B→A→E→C,调度的具体情况如图 4.14 所示。

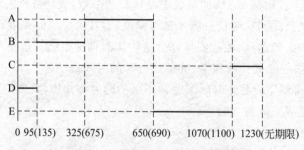

图 4.14　最早截止时间优先调度结果

2. 速率单调调度算法(Rate Monotonic Scheduling,RMS)

速率单调调度算法面向周期性实时任务,它是非抢占式调度算法。RMS 根据任务的周期大小给每个实时任务赋予不同的优先级,周期最短的任务具有最高的优先级。该算法广泛应用于工业实时控制系统的周期性任务调度。

RMS 为每个任务赋予的优先级与该任务的任务速率成正比关系。任务速率越大,任务的优先级越高。任务速率是任务周期的倒数,以赫兹为单位。任务周期是指一个任务到达至下一个任务到达之间的时间范围,包括任务被 CPU 执行的时间和等待下一个任务到达的 CPU 空闲时间。所以,该算法又称为优先级随速率单调的调度算法。

RMS 调度是非抢占式调度,相对于 EDF 调度更容易实现。两者在处理机利用率上差别不大,都可以达到 90% 左右。

4.7　Linux 进程调度概述

Linux 内核主要包括进程调度、内存管理、设备管理和驱动、虚拟文件系统和网络通信五部分。其中,进程调度是操作系统的核心、灵魂,其性能的好坏对操作系统的整体性能有着直接影响。一个好的调度算法应该考虑很多方面:公平性、有效性、响应时间、周转时间、系统吞吐量等等。但这些因素之间有的是相互矛盾的,最终的取舍根据系统要达到的目标而定。

1. 调度方式

Linux 根据进程调度策略(policy)将进程划分为实时进程和普通进程两类,实时进程优先于普通进程运行。实时进程采用时间片轮转和先进先出的调度策略。在时间片轮转策略中,每个要运行的实时进程轮流执行一个时间片,而先进先出策略是使实时进程按照各自在运行队列中的顺序执行,且顺序不能改变。普通进程则采用动态优先调度策略。

Linux 内核中的函数 schedule() 是实现进程调度的函数,它通过调用函数 goodness() 来选择最值得运行的进程获得 CPU。Linux 内核为每个进程都分配了一定的时间片和优先级,以保证 CPU 上始终是优先级最高的进程在运行。当选中一个进程后,之后的进程切换工作由函数 schedule() 调用 switch_mm() 和 switch_to() 来实现。其中,switch_mm() 负责切换虚拟内存,switch_to() 负责切换系统堆栈。

在 Linux 中,进程切换的方式有两种,一种是主动调度方式,进程自己通过系统调用,将自己转换成阻塞、僵死、暂停等状态;另一种是被动调度方式,进程由系统空间返回到用户空间,即从中断、系统调用或异常返回到用户空间执行时,其可执行的时间片已经用完,系统将转入 schedule() 函数重新调用进程。由于系统调用是在用户空间发生的,所以返回时要返回用户空间。Linux 在内核模式下时,系统是不会发生调度的。所以,系统代码执行时不必考虑进程切换的问题,这极大地简化了 Linux 的设计及实现。

2. 调度时机

Linux 进程调度的时机和现代操作系统进程调度的时机基本一致。Linux 系统通过进程调度标志 need_resched 来判定是否进行进程调度。

一般来讲,引起 Linux 系统中进程调度的原因主要有以下 6 种。

(1) CPU 上正在运行进程的状态发生改变,不再占用 CPU。

(2) 就绪队列中增加了新进程。

(3) 正在执行进程的时间片用完。

(4) 执行系统调用的进程返回到用户态。

(5) 系统内核结束中断处理返回到用户态。

(6) 直接执行调度。

3. 调度算法

在调度算法的实现上,涉及到 Linux 进程控制块(task_struct 结构)中的 4 个域:rt_priority、policy、priority(nice)和 counter。调度程序根据这 4 个参数对进程进行调度,分配 CPU。其中,policy 的值表示不同类型进程的调度策略,其取值范围如下。

(1) SCHED_OTHER(值为 0):普通进程优先级轮转法。

(2) SCHED_FIFO(值为 1):实时进程先来先服务算法。

(3) SCHED_RR(值为 2):实时进程优先级轮转算法。

以上 3 种调度算法都是基于优先级的。如前所述,Linux 系统支持实时和普通两种进程,普通进程的优先级由 priority 确定,而实时进程的优先级由 rt_priority 确定。counter 用于指出轮转中时间片的大小,其初值分别为 priority 和 rt_priority。实时进程相对于普通进程具有绝对的优先级。对应地,实时进程采用 SCHED_FIFO 或者 SCHED_RR 调度策略,普通进程采用 SCHED_OTHER 调度策略。

在普通进程的 SCHED_OTHER 调度策略中,调度器总是选择 priority+counter 值最大的进程来调度执行。从逻辑上分析,SCHED_OTHER 调度策略存在着调度周期。在每一个调度周期中,一个进程何时被调度受 priority 和 counter 值的影响,其中 priority 是一个固定不变的值,在进程创建时就已经确定,它代表了该进程的优先级以及该进程在每一个调度周期中能够得到的时间片的多少。counter 的值在进程的运行过程中不断减少以表示剩余时间片的多少,且其初值由 priority 赋予。每次该进程被调度执行时,其 counter 值都减少。当 counter 值减到零时,该进程的时间片也用完了,此时应放弃 CPU,然后插入到就绪队列的末尾。此时并不马上为其分配新的时间片,需要等待就绪队列中已分配时间片的所有进程都用完了各自的时间片后,才重新为每个进程分配新的时间片,然后进行新一轮的调度。这时 counter 应重新被赋值,以使得普通进程有机会被重新调度。从中可以看出 Linux 系统对普通进程的调用不是静态的,而是动态变化的。这种进程调度算法就是动态优先的调度算法。值得注意的一点是,在 Linux2.4 版本以上的内核中,priority 被 nice 所取代,但二者作用类似。

由此可见 SCHED_OTHER 调度策略本质上是一种比例共享的调度策略,它的这种设计方法能够保证进程调度时的公平性。一个低优先级的进程在每一个周期中也会得到自己应得的那些 CPU 执行时间,另外它也提供了不同进程的优先级区分,具有高 priority 值的进程能够获得更多的执行时间。

对于实时进程来说,它们使用的是基于实时优先级 rt_priority 的优先级调度策略。但根据不同的调度策略,同一实时优先级的进程之间的调度方法也有所不同:

SCHED_FIFO 调度策略中,不同的进程根据静态优先级进行排队,然后在同一优先级的队列中,谁先准备好就先调度谁,并且正在运行的进程不会被终止直到以下情况发生:

(1) 被有更高优先级的进程所抢占 CPU;

(2) 自己因为资源请求而阻塞;

(3) 自己主动放弃 CPU(调用 sched_yield);

SCHED_RR 这种调度策略实际上是 SCHED_FIFO 的延伸,它给每个进程分配一个时间片,进程用完时间片,就放弃主动 CPU。时间片的长度可以通过 sched_rr_get_interval 调用得到。

总之，Linux 中的进程调度以进程的优先级为调度依据。调度算法所使用的数据结构相对简单，并将多种调度策略有机地结合起来，同时兼顾各类进程的特点。对于实时进程要求高的进程，采用基于优先级的先来先服务调度策略，保证以最快的速度响应；而对于实时性要求较低的进程，可以采用基于优先级的轮转调度算法，保证各个进程同时获得较快的响应，从而实现对所有进程进行公平、合理、高效地调度。

Linux 中的内核线程采取了与进程一样的表示和管理方式，Linux 使用进程调度统一处理进程和内核线程，通过进程调度可得知线程调度的具体情况。

习　题　4

一、选择题

1. 在现代操作系统中必不可少的调度是(　　)。

    A. 高级调度　　　　B. 中级调度　　　　C. 作业调度　　　　D. 进程(线程)调度

2. 支持多道程序设计的操作系统在运行过程中，不断地选择新进程运行来实现 CPU 的共享，但其中(　　)不是引起操作系统选择新进程的直接原因。

    A. 运行进程的时间片用完　　　　　　B. 运行进程出错

    C. 运行进程要等待某一事件发生　　　D. 有新进程进入就绪状态

3. 以下不可能引起进程调度的是(　　)。

    A. 一个进程完成工作后被撤销

    B. 一个进程从就绪状态变成了运行状态

    C. 一个进程从等待状态变成了就绪状态

    D. 一个进程从运行状态变成了等待状态或就绪状态

4. 下面关于进程的叙述中，正确的是(　　)。

    A. 进程获得 CPU 运行是通过调度得到的

    B. 优先级是进程调度的重要依据，一旦确定就不能改变

    C. 单 CPU 的系统中，任意时刻都有一个进程处于运行状态

    D. 进程申请 CPU 得不到满足时，其状态变为阻塞

5. 下面有关选择进程调度算法的准则中不正确的是(　　)。

    A. 尽快响应交互式用户的请求　　　B. 尽量提高处理器利用率

    C. 尽可能提高系统吞吐量　　　　　D. 适当增长进程就绪队列中的等待时间

6. 下列进程调度算法中综合考虑进程等待时间和执行时间的是(　　)。〔2009 年全国统考真题〕

    A. 时间片轮转调度算法　　　　　　B. 短进程优先调度算法

    C. 先来先服务调度算法　　　　　　D. 高响应比优先调度算法

7. 一个作业 8:00 到达系统，估计运行时间为 1 小时。若 10:00 开始执行该作业，其响应比是(　　)。

    A. 2　　　　　　　B. 1　　　　　　　C. 3　　　　　　　D. 0.5

8. 对剥夺式系统来讲结论正确的是(　　)。

    A. 若系统采用轮转法调度进程，则系统采用的是剥夺式调度

B. 若现行进程要等待某一事件时引起调度,则该系统是剥夺式调度

C. 实时系统通常采用剥夺式

D. 在剥夺式系统中,进程的周转时间较之非剥夺式系统可预见

9. 下列选项中,满足短任务优先且不会发生"饥饿"现象的调度算法是(   )。[2011年统考真题]

    A. 先来先服务   B. 高响应比优先

    C. 时间片轮转   D. 非抢占式短任务优先

10. 下列进程调度算法中,可能引起进程长时间得不到运行的算法是(   )。

    A. 时间片轮转法   B. 不可抢占式静态优先级算法

    C. 可抢占式静态优先级算法   D. 不可抢占式动态优先级算法

11. 系统拥有一个CPU,IO$_1$和IO$_2$为两个不同步的输入/输出装置,它们能够同时工作。当使用CPU之后控制转向IO$_1$、IO$_2$时,或者使用IO$_1$、IO$_2$之后控制转向CPU时,由控制程序执行中断处理,但这段处理时间忽略不计。系统中有A、B两个进程同时被创建,进程B的调度优先权比进程A高。当时,当进程A正在占用CPU时,即使进程B需要占用CPU,也不用打断进程A的执行。若在同一系统中分别单独执行,则需要占用CPU、IO$_1$和IO$_2$的时间如下图所示:

进程A

CPU	IO$_1$	CPU	IO$_2$	CPU	IO$_1$
25ms	30ms	20ms	20ms	20ms	30ms

进程B

CPU	IO$_1$	CPU	IO$_2$	CPU	IO$_2$	CPU
20ms	30ms	20ms	20ms	10ms	20ms	45ms

经过计算可知(   )先结束。

    A. 进程A   B. 进程B

    C. 进程A和进程B同时   D. 不一定

12. 下列选项中,降低进程优先权级的合理时机是(   )。[2010年全国统考真题]

    A. 进程的时间片用完   B. 进程刚完成I/O,进入就绪队列

    C. 进程长期处于就绪队列   D. 进程从就绪状态转为运行状态

13. 进程调度算法中,可以设计成可抢占式的算法有(   )。

    A. 先来先服务调度算法   B. 最高响应比优先调度算法

    C. 最短作业优先调度算法   D. 时间片轮转调度算法

14. 若单处理机多进程系统中有多个就绪进程,则下列关于处理机调度的叙述中,错误的是(   )。[2012年全国统考真题]

    A. 在进程结束时能进行处理机调度

    B. 创建新进程后能进行处理机调度

    C. 在进程处于临界区时不能进行处理机调度

    D. 在系统调用完成并返回用户态时能进行处理机调度

15. 下列( )进程调度算法会引起进程的饥饿问题(注:当进程等待时间给进程推进和响应带来明显影响时,称为进程饥饿)。

    A. 先来先服务   B. 时间片轮转   C. 优先级   D. 多级反馈队列

二、综合题

1. 关于处理机调度,试问:

(1) 什么是处理机的三级调度?

(2) 处理机的三级调度分别在什么情况下发生?

(3) 各级调度分别完成什么工作?

2. 一个作业要占用处理器运行必须经过两级调度,请写出这两级调度,并指出它们的关系。

3. 对于下述处理机调度算法分别画出 3 状态进程转换图。

(1) 时间片轮转算法

(2) 可抢占处理机的优先数调度算法

(3) 不可抢占处理机的优先数调度算法

4. 在 CPU 按优先权调度的系统中:

(1) 没有运行进程是否就一定没有就绪进程?

(2) 没有运行进程,没有就绪进程,或者两者都没有,是否可能? 各是什么情况?

(3) 运行进程是否一定是自由进程中优先权最高的?

5. 为什么说多级反馈队列调度算法能较好地满足各类用户的需求?

6. 设有 4 道进程,它们的提交时间及执行时间如下表所示:

进程号	创 建 时 间	要求 CPU 服务时间	进程号	创 建 时 间	要求 CPU 服务时间
1	10	2.0	3	10.4	0.5
2	10.2	1.0	4	10.5	0.3

试计算在单道程序环境下,采用先来先服务调度算法和最短作业优先调度算法时的平均周转时间和平均带权周转时间,并指出它们的调度顺序。(时间单位:ms,以十进制进行计算)。

7. 在多道程序系统中,供用户使用的内存空间 100KB,磁带机 2 台,打印机 1 台。系统采用可变分区分配方式管理主存,对磁带机与打印机采用静态分配方式,并假设输入/输出操作的时间忽略不计。现有一作业序列如下表所示。

作业号	到达时间	要求计算时间	要求内存量	申请磁带机数	申请打印机数
1	8:00	25min	15KB	1 台	1 台
2	8:20	10min	30KB	0 台	1 台
3	8:20	20min	60KB	1 台	0 台
4	8:30	20min	20KB	1 台	0 台
5	8:35	15min	10KB	1 台	1 台

假设作业调度采用 FCFS 算法，优先分配主存的低地址区域且不准移动已在主存的作业，在主存中的各作业平分 CPU 时间，试问：

（1）作业调度选中各作业的次序是什么？

（2）如果把一个作业从进入输入井到运行结束的时间定义为周转时间，在忽略系统开销时间条件下，最大的作业周转时间是多少？

（3）作业全部执行结束的时间是多少？

8. 设有一组作业，它们的提交时间及运行时间如下所示。试问在单道方式下，采用响应比高者优先调度算法，作业的执行顺序是什么？

作业号	提交时间	运行时间/min	作业号	提交时间	运行时间/min
1	8:00	70	3	8:50	10
2	8:40	30	4	9:10	5

第 5 章 死 锁

死锁是多道程序并发执行带来的又一严重问题,它是操作系统乃至并发程序设计中最难处理的问题之一。死锁产生的根本原因有两个:一是系统中的资源数目不能满足多个并发进程的全部资源需求,各进程竞争资源,如系统对资源分配不合理就会产生死锁,简记为:资源竞争;二是并发执行进程间的推进顺序不合理也可产生死锁,简记为:推进顺序不当。"资源竞争、推进顺序不当",这 10 个字是本章的一条主线,本章所有内容都围绕它们展开。

死锁是所有操作系统都面临的潜在问题,死锁必须通过外力才能解决。死锁处理不好会导致整个系统运行效率下降,甚至不能正常运行,操作系统设计者必须给予死锁现象高度重视。学完本章我们会发现,死锁普遍存在;对于死锁,不存在完美的、彻底的解决方案,只能在众多可行方案中选择一个折中的方案。

本章主要讲解死锁的概念、死锁处理策略、死锁预防、死锁避免、死锁检测和解除。

【本章学习目标】

- 死锁的基本概念。
- 死锁产生的 4 个必要条件。
- 处理死锁的方法。
- 死锁预防与死锁避免的区别。
- 系统安全状态及其判别方法。
- 银行家算法及其应用。
- 死锁检测、死锁解除的概念和方法。

5.1 死锁的基本概念和产生原因

5.1.1 死锁的基本概念

死锁是荷兰学者 Dijkstra 于 1965 年研究银行家算法时首先提出,此后 Havender、Lynch 等人分别于 1968 年、1971 年相继对该问题取得共识并对其加以发展。并发执行的进程间存在着复杂同步关系,如果处理不好有时会出现后果严重的"死锁"现象。死锁是多道程序设计技术带来的又一个非常难处理的问题。

所谓死锁,是指一组并发执行的进程彼此等待对方释放资源,而在没有得到对方占有的资源之前不释放自己占有的资源,导致彼此都不能向前推进,称该组进程发生了死锁。

死锁产生后,在无外力干预下,陷入死锁的各个进程都永远不能向前推进,导致这些进程不能正常结束。同时,要求共享使用死锁进程所占资源的其他进程或者需要与死锁进行某种合作的其他进程也会受到牵连,不能正常结束。最终可能导致系统瘫痪,给系统和用户带来极大损失。因此,操作系统设计者必须对死锁现象给予充分重视。

死锁问题不仅普遍存在于计算机系统中,日常生活中也广泛存在。先举几个典型例子帮助大家理解死锁。

先举一个现实生活中的常见的交通死锁问题。某交通路口恰有 4 辆汽车几乎同时到达,并相互交叉停了下来,如图 5.1(a)所示。如果该路口没有采取任何交通管理措施,4 辆车同时驶过十字路口,就会发生图 5.1(b)所示的场面。最终结果是 4 辆车都在等待对方车辆后退,但谁也不先让,所以都不能通过该路口,出现交通死锁现象。

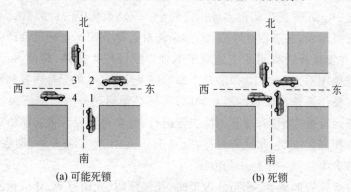

图 5.1　交通阻塞导致死锁示意图

在该例中,可把每个汽车行驶过十字路口看作一个进程,系统中共有 4 个这样的进程并发执行。十字路口可看作 4 个临界资源,如图 5.1(a)中标注的 1、2、3 和 4 所示。每个汽车进程在过路口时都要依次申请其中的两个资源。向北行驶的汽车依次申请 1 和 2 号资源;向西行驶的汽车依次申请 2 和 3 号资源;向南行驶的汽车依次申请 3 和 4 号资源;向东行驶的汽车依次申请 4 和 1 号资源。

出现死锁局面时,向北行驶的汽车占据 1 号资源申请 2 号资源;向西行驶的汽车占据 2 号资源申请 3 号资源;向南行驶的汽车占据 3 号资源申请 4 号资源;向东行驶的汽车占据 4 号资源申请 1 号资源。各个汽车进程彼此相互等待对方释放资源,同时不释放自己所拥有的资源,形成了一个相互等待链,导致死锁发生。

此时,若不采取外力措施干预,如交通警察赶到现场进行疏导管理,4 辆汽车将永远互相等待。在死锁解除前,如果此后还有其他汽车想通过该十字路口,由于 4 个路口资源都已经分配,故也不能通过,造成更多进程阻塞。

在计算机系统中,凡是涉及临界资源(即互斥资源)申请的并发进程间都可能发生死锁。举一个计算机系统中的简单实例,某系统中有 P_1、P_2 两个进程并发执行,P_1 和 P_2 在执行中都需要使用一台打印机和一台 CD-ROM 驱动器。该系统中只有一台打印机和一台 CD-ROM驱动器,两者均为临界资源。

设进程 P_1、P_2 的执行过程如图 5.2 所示。

当进程 P_1 申请打印机成功时,恰巧此时进程发生切换,调度程序选中 P_2 执行,P_1 暂时变为就绪态等待调度程序调度。进程 P_2 首先申请 CD-ROM 驱动器,此时该设备处于空闲,故系统把它分配给进程 P_2。这时,P_1 和 P_2 两个进程都不能向前继续推进。进程 P_1 向前推进时想获得 CD-ROM 驱动器,但 CD-ROM 驱动器已被 P_2 占用,只能阻塞,等待进程 P_2 使用完毕后释放 CD-ROM 驱动器给它;进程 P_2 向前推进时申请打印机,但打印机此时被进程 P_1 占

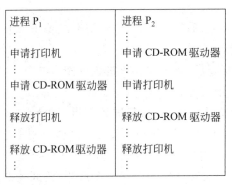

图 5.2　两个并发执行进程的活动图

用,P_2也只好阻塞,等待P_1释放该资源。两个进程此时陷入了相互等待,形成死锁。

第 3 章我们介绍的哲学家就餐问题中也存在着死锁风险。如果所有的哲学家恰巧同时拿起自己左边的筷子,此后各个哲学家都因不能获得右边筷子而阻塞。由于谁也不释放自己已占有的筷子,哲学家进程间形成死锁。

通过上面介绍的例子可以发现,死锁具有以下特点:

① 陷入死锁的进程是系统并发进程中的一部分,且至少要有 2 个进程,单个进程不能形成死锁。

② 陷入死锁的进程彼此都在等待对方释放资源,形成一个循环等待链。

③ 死锁形成后,在没有外力干预下,陷入死锁的进程不能自己解除死锁,死锁进程无法正常结束。

④ 如不及时解除死锁,死锁进程占有的资源不能被其他进程所使用,导致系统中更多进程阻塞,造成资源利用率下降。

5.1.2　产生死锁的原因

计算机系统产生死锁的根本原因有两个:一是系统中的资源数不能满足多个并发进程的全部资源需求,并发进程间竞争资源,当资源分配不合理时就会产生死锁,简记为资源竞争;二是并发执行进程间的推进顺序不合理也会导致死锁发生,简记为推进顺序不当。

下面逐一介绍这两个根本原因。

1. 资源竞争

死锁产生的根本原因是资源竞争其分配不当。因为多道程序并发执行,造成多个进程在执行中所需的资源数远远大于系统能提供的资源数。例如:图 5.2 所示例中的进程 P_1、P_2 之所以死锁,就是因为系统中的 CD-ROM 驱动器和打印机不够用。如果系统中配置了多台 CD-ROM 驱动器和打印机,进程 P_1 和 P_2 根本不会出现死锁。但是在一个系统中,仅仅为了防止死锁而配置多台相同的 CD-ROM 驱动器和打印机,从成本角度看是不现实的,各个进程对资源的需求量是动态变化的。例如某时系统中虽然有多个并发执行的进程,但它们对打印机提出的请求可能只有一个甚至没有,那么系统配置多台打印机就造成了极大的资源浪费。

计算机系统中有很多种资源,按照占用方式来分,可分为可剥夺资源与不可剥夺资源。

（1）可剥夺资源

某进程在获得这类资源后，即使该进程没有使用完，该类资源也可以被其他进程剥夺使用。例如 CPU、内存、磁盘等。

进程的可剥夺资源被剥夺后，系统保存该进程的断点信息。在合适的时候，该进程可从断点处恢复执行，继续使用该资源。

CPU 是典型的可剥夺资源。例如，当某进程获得 CPU 后，如果该进程的时间片用完，即使该进程没有发生阻塞还能继续使用 CPU 执行指令，CPU 也被系统剥夺分给其他进程。这也是我们前面介绍的进程并发执行的特点。如果 CPU 不允许被剥夺，并发执行的各进程只能串行，第一个进程执行完后才能执行第二个进程，依此类推。显然，这是单任务执行，不是并发执行。

内存也是可剥夺资源。假设有两个并发进程 A 和 B，它们大小均为 2KB。系统为这两个进程只分配了 2KB 的用户内存空间，即同一时刻只允许一个进程在内存中。当两个进程并发执行时，若进程 A 先被调度执行而进入内存，在没有执行完毕时，时间片用完，进程切换执行进程 B。进程 B 此时不能进入内存，因系统为进程 A 和进程 B 分配的用户空间已满。此时操作系统内存管理模块把进程 A 先对换到磁盘上，剥夺它所占有的内存分给进程 B 使用。进程 A 和进程 B 就这样并发执行，两者最终都能执行完毕。如果内存资源不允许被剥夺，那就只能先执行进程 A，A 执行完毕后，再执行进程 B，这仍然是串行执行。

注意：由于可剥夺性资源允许被其他进程剥夺，所以竞争可剥夺性资源不可能出现死锁。

（2）不可剥夺资源

当系统把这类资源分配给某进程后，不能强行收回，只能在进程使用完后自行释放，然后其他进程才能使用。这类资源众多，例如打印机、刻录机、CD-ROM 驱动器等。

不可剥夺资源的不可剥夺属性是由资源本身的特点决定的。例如打印机，一个进程获得打印机后，打印了部分内容。如果此时发生了进程切换，另一进程获得 CPU，它在执行过程中也要求使用打印机。当前打印机确实空闲，若分配给该进程使用，最终打印出的结果是混乱的，用户不能接受。

又例如，一个进程正通过刻录机刻录光盘，刻录期间其他进程对刻录机提出使用申请，系统如把刻录机分给另一进程，那么前一进程所刻光盘就变成废盘。刻录机在某进程使用完前，绝不允许和其他进程交替使用。

系统中所配置的非剥夺性资源数量往往不能满足多个并发进程的需要，从而产生资源竞争，如分配不当则会产生死锁。

死锁既可以发生在不可剥夺的硬件资源上，如图 5.2 所示例子中的打印机和 CD-ROM 驱动器；也可以发生在不可剥夺的软件资源上，如记录锁、信号量、消息、I/O 缓冲区中的信息等。例如某数据库系统中，一个进程对记录 R 加锁，另一个进程对记录 S 加锁，然后两个进程都试图将对方记录加锁，结果出现死锁。

第 3 章讲解的生产者-消费者问题中，如将生产者进程和消费者进程各自代码中的两个 P 操作颠倒，都先执行 P(mutex) 操作，那么就存在发生死锁的风险。一个生产者进程获得了 CPU 的使用权，恰巧当前系统缓冲区已满。该生产者进程执行 P(empty) 时，由于缓冲区已满，它在信号量 empty 上阻塞，等待消费者进程消费完产品后激活它。但该生产者进程阻塞前已经对信号量 mutex 进行了 P 操作,P 当前值为 0。当消费者进程获得 CPU 使用权时,其也首先执行 P(mutex),但由于 P 的当前值为 0,所以把 P 的值减 1 后也阻塞,等待生产者退出缓冲区时激活它。后续的生产者进程和消费者进程也都要先对信号量 mutex 进行 P 操作,所以也都阻塞。生产者进程和消费者进程彼此等待对方激活,但这永远不会发生,形成了死锁。所以,对信号量操作不当也会引起死锁。

消息也是一种能造成死锁的资源,如用户使用不当,就会出现死锁。例如某系统中有 3 个进程 P_1、P_2 和 P_3,它们之间需要传递消息 S_1、S_2、S_3,即:进程 P_1 发送消息 S_1 给进程 P_2,进程 P_2 发送消息 S_2 给进程 P_3,进程 P_3 发送消息 S_3 给进程 P_1。

如果每个进程都要发送消息和接收消息成功后才能向前推进,则可能有如下情况。

P_1:send(S_1),receive(S_3);

P_2:send(S_2),receive(S_1);

P_3:send(S_3),receive(S_2);

此时,P_1、P_2、P_3 均能顺利发送并得到所需的信息。

但是,如果各个进程都先接收消息后才发送消息,即:

P_1:receive(S_3),send(S_1);

P_2:receive(S_1),send(S_2);

P_3:receive(S_2),send(S_3);

在这种情况下,P_1、P_2、P_3 永远都不能接收到所需要的信息,出现死锁。

2. 推进顺序不当

并发执行的诸进程在运行中存在异步性,彼此间相对执行速度不定,存在着多种推进顺序。并发进程间推进顺序不当时会引起死锁。

不可剥夺资源少未必一定产生死锁。死锁在一种很巧合的推进顺序中才会发生。在不能增加不可剥夺资源数量的前提下,我们要采取各种措施,尽量避免产生死锁的不合理推进顺序出现。

为了揭示进程推进顺序对死锁的影响,重新分析一下图 5.2 所示的例子。为了更具普遍性,把打印机和 CD-ROM 驱动器分别用不可剥夺资源 A 和不可剥夺资源 B 代替。图 5.3 给出了进程 P 和 Q 竞争资源 A 和 B 的进展情况,两个进程都独占使用 A、B 资源一段时间。

进程 P	进程 Q
⋮	⋮
申请资源 A	申请资源 B
⋮	⋮
申请资源 B	申请资源 A
⋮	⋮
释放资源 A	释放资源 B
⋮	⋮
释放资源 B	释放资源 A
⋮	⋮

图 5.3　两个并发执行进程活动图

为了更好地描述进程 P 和进程 Q 的推进顺序,图 5.4 给出了两者的推进顺序示意图。

横轴表示进程 P 的执行进展,纵轴表示进程 Q 的执行进展。从原点出发的不同路径分别表示两个进程以不同的速度向前推进。在单 CPU 系统中,某一时刻只能有一个进程处于执行态,所以图中的路径线都是垂直或水平的。垂直线表示进程 Q 获得 CPU 执行,而进程 P 处于就绪态或阻塞态;水平线表示进程 P 获得 CPU 执行,进程 Q 处于就绪态或阻塞态。

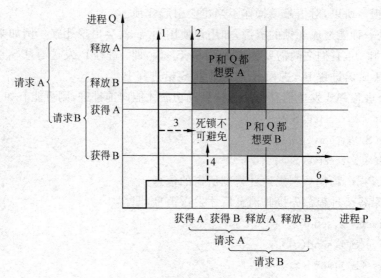

图 5.4　进程 P 和 Q 的推进顺序示意图

图 5.4 中给出了 6 种不同的执行路径,表示 6 中不同的进程间推进顺序。

(1) 进程 Q 申请并获得资源 B 和资源 A,执行结束后释放资源 B 和资源 A。然后,进程 P 被调度执行,它可以获得所需的资源 A 和资源 B。进程 Q 和进程 P 均顺利执行完毕。

(2) 进程 Q 申请并获得资源 B 和资源 A,此时进程发生切换,进程 P 被调度执行。进程 P 申请资源 A,而此时资源 A 已分配给进程 Q,进程 P 只能阻塞。然后,进程 Q 再次被调度执行,执行结束后释放资源 B 和资源 A。这时,进程 P 变为就绪态被调度程序调度,系统能满足 P 所需的 A、B 资源,执行完毕。

(3) 进程 Q 先执行,申请并获得资源 B。此时进程发生切换,进程 P 被调度执行,它申请并获得了资源 A。此时,无论进程 Q 还是进程 P 谁被调度选中执行,都会出现阻塞。进程 Q 因申请资源 A 不能获得而阻塞,进程 P 因申请资源 B 不能获得也阻塞。两个进程互相等待对方释放资源,陷入死锁。

(4) 进程 P 先执行,申请并获得资源 A。此时进程发生切换,进程 Q 被调度执行,它申请并获得资源 B。此时,与路径③类似,无论进程 Q 还是进程 P 谁被调度选中执行,都会出现阻塞,两进程陷入死锁。

(5) 进程 P 先被调度,申请并获得资源 A 和资源 B。此时进程发生切换,进程 Q 被调度执行;进程 Q 申请资源 B 而资源 B 已分配给进程 P,进程 Q 阻塞。进程 P 被再次调度执行,它使用完资源 A 和资源 B 后释放。这时,进程 Q 变为就绪态被调度程序调度,系统能满足 Q 所需的所有资源,执行完毕。

(6) 进程 P 申请并获得资源 A 和资源 B,执行结束后释放资源 A 和资源 B。然后,进程 Q 被调度执行,它可以获得所需的资源 B 和资源 A。进程 P 和进程 Q 均顺利执行完毕。

细心的读者会发现,进程 P 和进程 Q 只有在很巧合的情况下才会出现死锁。多数情况下,二者不形成死锁。上例的 6 种推进顺序中,只有(3)和(4)两种推进顺序发生死锁。

在不能增加系统中不可剥夺资源数量的前提下,应力争并发执行进程按照合理的顺序推进,这就可避免死锁的发生。但这在实现中存在较大困难,多个并发进程间的推进顺序数量巨大,多种多样,很难一一进行考察,排除所有产生死锁的推进顺序。

由以上分析,我们得出以下两个结论。

(1)用户编写应用程序时或操作系统进行资源分配时应采取相应措施,避免导致死锁发生的进程间的推进顺序出现。

为避免死锁现象的产生,用户在编写应用程序时,除了考虑如何实现某种功能外,还要考虑避免死锁发生。如上例中,进程 P 不是同时申请两个资源,改成先申请资源 A,使用完后立即释放 A,再申请资源 B,使用完后释放 B。进程 Q 不用做任何修改。这样不管两个进程以何种顺序推进,都不会出现死锁。当然这无形当中增加了应用程序编写者的编程负担。

从另一个角度看,应用程序编写者编程时不考虑死锁问题,而是交由操作系统处理。操作系统在进行资源分配前进行分析,如不产生死锁则分配,产生死锁则不响应进程的资源请求。这样也能有效地避免死锁发生,但这增加了操作系统的开发难度和运行开销。

(2)死锁是在特定的推进顺序中才会出现,具有一定的隐蔽性。

有的死锁隐藏的很深,只在很巧合的情况下,导致死锁的推进顺序才会发生。发生死锁的可能性远低于不发生死锁的可能性。应用程序编写者或操作系统设计者往往需要花费大量精力去测试程序或系统,才能发现死锁并解决它。

实际工程中,软件工程师们通常综合权衡死锁发生的频度和可能造成的后果。如果死锁平均每 5 年发生一次,而由硬件故障、程序漏洞等所造成的系统瘫痪频度远远高于 5 年一次,那么就没有必要为避免死锁而付出巨额的系统代价。UNIX 和 Windows 等商用系统都采用这种做法。而计算机用户也宁愿容忍偶然性故障带来的损失,而不愿系统经常性地进行死锁处理而大量牺牲系统性能。

5.2 死锁的必要条件

死锁发生必须具备一定的条件。Coffman 首先提出死锁发生的 4 个必要条件,故又称为 Coffman 条件。

由于这 4 个条件是必要条件,一旦死锁出现,这 4 个条件都必然成立。因此,只要有一个必要条件被系统或用户破坏掉、不再出现,则死锁也一定不会发生。

死锁产生的 4 个必要条件如下。

(1)互斥条件。在某段时间内,系统某资源只能由一个进程占用,如果此时还有其他进程对该资源发出请求,只能阻塞等待,直到占有该资源的进程用完释放,其他进程才能占有该资源。例如:打印机、CD-ROM、扫描仪等不可剥夺性资源。这个条件是由资源本身的不可剥夺属性决定的。

(2)请求和保持条件。进程已经拥有了至少一个资源,之后又提出新的资源请求,但新请求资源此时已被其他进程占有,该进程因而阻塞。阻塞期间,进程对已获得的资源保持不放。参与死锁的进程中至少有两个进程占有资源,并申请其他资源。

（3）不剥夺条件。进程已获得的资源在未使用完之前不能被系统或其他进程剥夺,只有在使用完毕后由进程自己释放。

由此条件我们可知,可剥夺资源均不会造成死锁。但是,并不是所有资源都是可剥夺的,有相当一部分资源是不可剥夺的。

（4）环路等待条件。系统中存在一个进程等待序列$\{p_1, p_2, \cdots, p_n\}$,其中,$p_1$ 等待 p_2 所占有的某个资源,p_2 等待 p_3 所占有的某个资源,……,p_n 等待 p_1 所占有的某个资源,从而形成一条进程循环等待环。环路中的进程必处于死锁状态。

环路等待条件隐含着前 3 个条件,即只有前 3 个条件成立,第 4 个条件才会成立。

注意:环路等待条件只是死锁产生的必要条件,而不是等价定义。

死锁一旦产生则死锁进程间必存在循环等待环,但存在循环等待环不一定产生死锁。这点希望读者引起注意。例如:某系统中有两个 R_1 资源和一个 R_2 资源。假设系统中有 3 个进程并发执行,存在一个环路,进程 p_1 等待 p_2 所占有资源 R_1,进程 p_2 等待 p_1 所占有资源 R_2,此时进程 p_3 占有另一个 R_1 资源,显然进程 p_1 和进程 p_2 已陷入死锁。但是,如果进程 p_3 以后的执行过程中没有提出新的关于 R_1 或 R_2 的请求,且顺利执行完毕,释放其占有的资源 R_1 给进程 p_1,则 p_1 和 p_2 形成的循环等待环将被打破,死锁解除。

5.3 死锁的处理

5.3.1 死锁的处理方法

死锁普遍存在于并发执行进程间,处理死锁的方法有很多种。最简单的处理方法是鸵鸟算法(Ostrich Algorithm),对死锁现象视而不见,不予理睬。这虽然不是一个积极的方法,但是它却是目前通用操作系统中采用最多的方法。实际系统中,防止死锁的代价很高,往往比系统重启 100 次的代价还高。这也是 Windows、UNIX、Linux 等现代操作系统都没有采取死锁防止措施的原因。

如果涉及死锁处理的是高可靠性系统或实时控制系统,鸵鸟算法则不宜采用。这些系统的设计者们要采取各种措施预防和避免死锁,一旦出现死锁,系统要能解除死锁。

按照死锁处理的时机划分,可把死锁的处理方法分成 4 类。

（1）预防死锁

预防死锁是在系统运行之前就采取相应措施,确定不会发生死锁的资源分配算法,消除发生死锁的任何可能性。预防死锁是处理死锁的静态策略,它虽比较保守、资源利用率低,但因简单明了并且安全可靠,现仍被广泛采用。

清除死锁发生的必要条件可预防死锁。破坏 4 个必要条件中的一个或几个,死锁则无法产生。预防死锁的代价往往是降低系统资源的利用率和减少系统吞吐量。

（2）避免死锁

避免死锁是为了克服预防死锁的不足而提出的动态策略。

死锁避免与死锁防止策略不同,它不对进程申请资源施加任何限制,而是对进程提出的每一次资源请求进行动态检查。依据检查结果决定是否分配资源,确保该资源请求批准后系统不会进入死锁状态或潜在死锁状态。对于会使系统进入死锁状态或潜在死锁状态的资源请求,系统拒绝资源分配。

避免死锁虽好,但也存在两个缺点:一是对每个进程申请资源命令的分析计算较为复杂,系统开销较大;二是在进程执行前,很难精确掌握每个进程所需的最大资源数,而该数值恰是考察资源分配可行性的重要参数之一。

请读者注意死锁避免和死锁预防的区别。死锁预防的限制条件比较严格,实现起来较为简单,但往往降低系统效率;死锁避免的限制条件相对宽松,资源分配后需要通过算法来判断是否存在出现死锁的可能,实现起来较为复杂。

(3) 检测死锁

检测死锁即确定死锁现象,准确识别出陷入死锁的进程和资源。确定死锁发生较为复杂,尤其是系统中并发进程数较多时,很难做出精确的判断。有时检查死锁的进程自己也会陷入死锁,系统此时自然无法准确地检测死锁。

死锁检测不延长进程初始化时间,允许对死锁进行现场处理。其缺点是通过剥夺解除死锁,会给系统或用户造成一定的损失。

(4) 解除死锁

确定死锁发生后,系统可通过相关措施解除死锁。常用方法是抢占某个进程占有的资源、撤销或挂起一些进程,力争以较低的系统代价解除死锁。在实际执行中,由于并发进程推进顺序的多样性,系统很难做到有效地解除死锁。

5.3.2　资源分配图

资源分配图(Resource Allocation Graph)是描述死锁问题的常用工具,在很多问题的求解中都有应用。

资源分配图是一个有向图,该图由结对组成:$G = (V, E)$。式中 V 是顶点集,E 是边集。

定点集 V 由 P 和 R 两部分构成,$P = \{P_1, P_2, \cdots, P_n\}$ 为系统中的进程集合,$R = \{r_1, r_2, \cdots, r_m\}$ 为系统中所有资源类型的集合。边集 E 也由两类有向边组成,从进程 P_i 到资源 r_j 的有向边记做 $P_i \rightarrow r_j$,代表进程 P_i 提出申请一个单位的 r_j 资源;从资源 r_j 到进程 P_i 的有向边记做 $r_j \rightarrow P_i$,代表一个单位的 r_j 资源已经分配给了进程 P_i。形如 $P_i \rightarrow r_j$ 的边被称作申请边;形如 $r_j \rightarrow P_i$ 的边被称作分配边。

一个进程通常用一个圆圈表示,圈内为进程的名字。一个资源类通常用一个方框表示,方框内的圆点表示系统中本类资源的个数。

当进程 P_i 申请资源 r_j 中的一个资源实例时,在资源分配图中增加一条申请边。当该申请可满足时,该申请边立即被改为一条分配边。当进程释放该资源实例时,该分配边被去掉。

下边我们举例说明如何使用资源分配图。某资源分配图如图 5.5 所示。

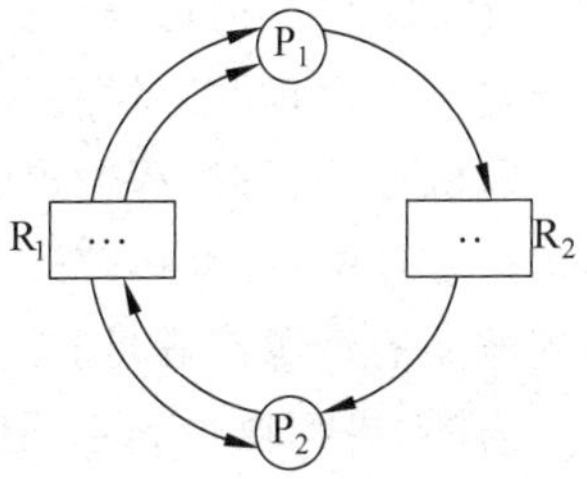

由图 5.5 可知,系统中有两个进程 P_1 和 P_2,两个资源类 R_1 和 R_2。通过对有向边的分析可知,进程 P_1 获得了 2 个 R_1 类资源实例,申请一个 R_2 类资源实例。进程 P_2 获得了一个 R_1 类资源实例和一个 R_2 类资源实例,申请一个 R_1 类资源实例。

图 5.5　资源分配图示例

根据死锁的定义我们可知,如果资源分配图中没有环路,系统就不会陷入死锁状态;如存在环路,系统极有可能出现死锁。但环路并不是充分条件,还需进一步的考察环路中的各个进程是否还能继续向前推进,如果不能则可断定系统出现了死锁。

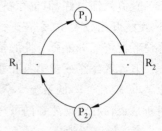

例如,图 5.5 中虽出现了环路,但两个进程 P_1 和 P_2 仍能正常结束,不会产生死锁。而图 5.6 所示的资源分配图中也出现了环路,通过进一步考察发现,进程 P_1 和 P_2 已不能再向前推进,出现死锁。

图 5.6　资源分配图示例

5.4　死锁的静态预防

死锁预防是保证系统不进入死锁状态的静态策略,它的基本思想是采取一定的措施破坏 4 个死锁必要条件中的一个或几个,从而预防死锁的发生。

5.4.1　破坏互斥条件

如果允许系统中的所有资源都能共享使用,即破坏死锁的"互斥"使用条件,系统将不会发生死锁。但是,临界资源本身的性质决定其不能共享使用,否则无法保证正确性。打印机就是一个典型代表,如进程能共享使用打印机,则打印出的结果没有任何意义。系统不但不能破坏"互斥"条件,还要采取各种办法保证独占资源的互斥使用。

在实际系统中,可采用时分或空分虚拟技术把必须互斥使用的、不可剥夺的独占设备改造成为可被多个进程共享的虚拟设备,预防死锁的发生。例如采用 SPOOLing 技术把打印机改造成虚拟打印机,任何一个想要打印的进程将打印内容先发送到可共享的"输入井"(磁盘的一个固定区域)中,发送完毕后,该进程即认为打印完毕,而真正的打印输出需等到打印机空闲时才进行。

5.4.2　破坏请求和保持条件

破坏这个条件的办法很简单,可采用预分配资源方法。进程运行前,系统一次性地分配其运行所需的所有资源,而不是随着进程的推进而陆续分配。由于进程运行前一次性地获得了所需的所有资源,该进程可顺利执行完毕,不会发生死锁。

这种方法虽简单、易行且安全,但是系统资源浪费严重,进程执行明显延迟。例如:某进程在开始时从 CD-ROM 驱动器中读入初始数据,然后进行长达数小时的计算,最后几分钟通过打印机把运算结果输出。采用预分配策略后,系统开始就把 CD-ROM 驱动器和打印机分配给该进程。这样一来,进程读入数据时,打印机空闲;进程计算时,CD-ROM 驱动器和打印机都闲置;进程输出时,CD-ROM 驱动器闲置,极大地浪费了系统资源。此外,在进程执行前分配资源时,若进程所需资源中只有某个资源没满足,该进程就不能执行,一直要等到所需的资源都满足时才能执行。一般情况下,进程所缺的某些资源在进程开始时并不是必需的,进程执行到必须使用该资源时,该资源此时可能已空闲可用。预分配资源策略极大地延迟了进程运行,降低了系统的并发程度。

预分配资源方法在实现上还有一个很大的缺陷,即系统无法在进程执行前精确估计其所需的全部资源。因为进程是一个动态的概念,具有不确定性,即使是同一个程序,在不同的执行过程中所需要的资源也可能不同。对进程所需资源估计少了,仍会存在死锁的危险;估计多了,会造成资源浪费、进程运行延迟。

破坏"请求和保持"条件的另一种方法是系统在进程执行前并不把其所需的所有资源分配给它,而是边执行边申请资源。但同时规定:进程在申请新资源失败后,需要释放已经占用的所有资源。这样一来,因资源申请不成功而阻塞的进程就不再占有任何资源,死锁自然消除。此办法虽能消除死锁,但也有很大的局限性。进程使用的资源中,有的资源即使没用完也能在使用一段时间后释放,但临界资源在使用一段时间后不能随意释放。如刻录机,某进程在刻录过程中需要访问某台 I/O 设备,假如系统此时不能满足它的要求,于是该进程把还没使用完的刻录机资源释放后阻塞。这样一来,该进程所做的刻录工作前功尽弃,被刻录的光盘成为废盘。

5.4.3　破坏不剥夺条件

破坏"不剥夺"条件就是采用可剥夺式的资源分配方法,即允许对系统资源进行抢占。在 CPU 和内存的使用上就是采用这种分配方法。一个进程可以将 CPU 或内存空间从另一个进程抢占过来,从而避免了因 CPU 和内存空间的竞争而造成死锁。例如:当占用 CPU 的进程执行完一个时间片或者出现一个更高优先级的就绪进程时,操作系统内核执行调度程序,剥夺当前执行进程的 CPU,重新分配 CPU。在内存空间使用中,如果某个进程需要分配一块新内存,而系统分给该进程的用户内存空间中已无内存可用,操作系统内核往往通过交换技术,在该进程的用户内存空间中选取部分内容交换到磁盘上,用空闲出来的内存空间满足用户的内存需求。

破坏"不剥夺"条件存在以下主要缺点:

① 系统代价较大。在剥夺用户资源时,要保存进程的上下文现场,在进程重新获得资源时,要恢复进程上下文现场,系统开销较大,程序执行延迟。

② 临界资源不可以剥夺。如果强行剥夺,会产生不良后果。

5.4.4　破坏环路等待条件

环路等待出现的根本原因是并发执行进程请求资源的顺序是随机的。假如有两个进程,一个进程先申请资源 A 再申请资源 B,另一个进程先申请资源 B 再申请资源 A。这两个进程随机推进时,就可能产生死锁。如果系统事先把全部资源按类型进行线性排队,并对每类资源赋予不同的序号,然后按序进行分配,规定进程不能连续两次申请同类资源。这样一来,进程在申请、占用资源时就不会形成资源申请环路,也就不会发生环路等待。

假如系统规定进程必须按照资源编号递增顺序申请资源,即一个进程最初可以申请任何类型资源(如 r_i)中的一个资源实例,此后该进程还可以申请新资源 r_j 的一个资源实例,当且仅当资源 r_j 的编号大于资源 r_i 的编号,那么系统不会再出现死锁现象。

例如:某系统规定磁带机的整数编号为1,磁盘机的编号为6,打印机的编号为16。按照上述规定,一个进程在执行过程中要使用磁带机和打印机,进程必须先申请磁带机,然后再申请打印机,不能颠倒次序。

一般情况下,系统给资源进行编号时要充分考虑资源的一般使用顺序。例如:输入设备通常在输出设备之前被使用,因此磁盘机的编号通常比打印机的编号小。

如果进程没有按照此规定执行,进程获得资源 r_i 后,想再申请资源编号比 r_i 低的资源 r_k 时,只能有 2 种结果:

① 申请不能被系统满足,进程被阻塞。通常解决的办法是修改程序,在申请资源 r_i 前就先进行资源 r_k 的申请,这样就不违反规定。

② 进程释放已获得的大于 r_k 编号的所有资源,如资源 r_i,这样就可以申请资源 r_k 了。如前面所述,有的资源能够被中途释放,有的资源在没有使用完前不能被中途放弃,否则会造成严重的后果。

采用资源按顺序申请,系统不会产生环路等待,可以用反证法进行证明。假设系统中已经存在一组循环等待的进程 $\{P_0,P_1,\cdots,P_n\}$,其中进程 P_0 等待进程 P_1 的资源,进程 P_1 等待 P_2 的资源,$\cdots$,进程 P_n 等待 P_0 的资源。用 r_i 表示进程 P_i 所拥有的最大编号的资源。

定义一个一一对应的函数 $F:R\rightarrow N$,其中 R 是资源类型的集合,N 是资源编号的整数集合。由于各进程严格按照资源序号由小到大的顺序申请资源,循环等待进程组 $\{P_0,P_1,\cdots,P_n\}$ 中存在:

$$F(r_0)<F(r_1)<F(r_2)<\cdots<F(r_n)<F(r_0)$$

由不等式的传递性可得 $F(r_0)<F(r_0)$,此式显然矛盾。因此,上述假设不成立,表明不会出现循环等待条件。

将系统中所有资源按类型编号、进程按照资源编号递增顺序申请资源的办法消除了死锁产生的必要条件,同时提高了系统资源利用率和系统吞吐量。但此方法也存在着不足,比如,用户在编程时要牢记系统中所有资源的编号,严格按照资源的编号申请资源,增加了用户编程负担。如需要在申请大序号资源后申请小序号资源,必须修改程序先申请小序号资源,然后再申请大序号资源。提前申请小序号资源会导致小序号资源闲置时间过长,降低资源利用率和系统并发程度。

此外,给系统中所有资源合理的编号也非易事。资源编号一旦确定就须相对稳定,这在某种程度上限制了新类型资源的增加。

5.5 死锁的动态避免

死锁的预防是静态策略,对进程申请资源的活动进行严格限制,以此保证死锁不会发生。死锁的动态避免和死锁的静态预防不同,系统对进程申请资源不做任何限制,允许进程动态地申请资源。系统在进行资源分配之前,对进程发出的资源申请进行严格检查,如满足该申请后系统仍能处于安全状态,则分配资源给该进程,否则拒绝此申请。

注意:死锁避免和死锁预防都是在死锁发生之前采取的措施,但两者之间有一定的区别。

死锁预防策略对系统所加的限制条件通常很严格,往往不用考虑资源分配出去之后系统是否安全,该方法降低了系统资源利用率和系统的并发程度;死锁避免对系统所加的限制条件较为宽松,系统代价较小。

5.5.1 系统安全状态

所谓安全状态是指操作系统能够按照某种进程执行序列,如 $<P_1,P_2,\cdots,P_n>$,为进程分配所需资源,使得每个进程都能执行完毕,此时我们称系统处于系统安全状态。进程执行序列$<P_1, P_2, \cdots, P_n>$为当前系统的一个安全序列。如果操作系统无法找到这样一个安全序列,则称当前系统处于不安全状态。

系统安全状态与死锁避免有很大关系。

由安全状态定义可知,处于安全状态的系统不会产生死锁。即使某个进程P_i所需的资源总数超过系统当前可用空闲的资源总数,P_i可以等待其他进程执行完毕后释放资源,系统把释放的资源分配给进程P_i,P_i最终能获得所需的全部资源,从而执行完毕。

处于不安全状态的系统一定会形成死锁吗?

并非所有的不安全状态都会导致死锁状态。但当系统进入不安全状态时,便有了导致死锁状态的可能。如果能保证每次资源分配后,系统都处于安全状态,则不会发生死锁。

图5.7给出了安全状态、不安全状态、死锁状态之间的关系。

图5.7 安全状态、不安全状态、死锁状态关系图

下面举例说明系统安全状态和不安全状态。

假设某系统中只有一类设备,共10台。现有3个进程{P,Q,R}并发执行。在某时刻T_1,3个进程的最大设备需求数、已经占有设备数和还需申请设备数如表5.1所示。

此时,系统已经分配出了8台设备,还有2台设备空闲可用。经过分析,系统在T_1时处于安全状态。具体地说,把剩余的2台空闲设备分配给进程Q,满足它的最大设备需求。进程Q执行完毕后,释放所占有的设备,此时系统中有4台设备空闲可用。然后,把这4台设备全分配给进程P,满足它的最大设备需求。进程P执行完毕后,释放其所占有的所有设备,共计8台。此时系统中有8台设备空闲可用,可把其中的7台设备分配给进程R,满足它的最大设备需求,从而执行完毕。因此,在时刻T_1,系统中存在一个安全序列$<Q,P,R>$,系统此时处于安全状态。

若不按照安全序列分配设备,则系统可能由安全状态转换为不安全状态。在时刻T_2,进程R申请一台设备,系统没有经过安全性判定就满足它了。此时,3个进程的最大设备需求、已经占有设备数和还需申请设备数如表5.2所示。

表5.1 T_1时3个进程设备使用情况

进程	最大设备需求数	已占有设备数	还需设备数
P	8	4	4
Q	4	2	2
R	9	2	7

表5.2 T_2时3个进程设备使用情况

进程	最大设备需求数	已占有设备数	还需设备数
P	8	5	3
Q	4	2	2
R	9	2	7

此时,系统分配出9台设备,仅有1台设备空闲可用。在此情况下,无论系统把该台设备分配给哪个进程都不能满足其最大设备需求,找不到一种能让各进程都执行完毕的进程执行序列。系统在时刻T_2处于不安全状态。所以,系统不能满足进程R申请一台设备的

请求,避免系统进入不安全状态。

5.5.2　银行家算法

1. 银行家算法的基本思想

定义了安全状态后,死锁动态避免的策略就很简单了,就是采取措施防止系统进入不安全状态。银行家算法是一种典型的安全资源分配方法。

银行家算法的基本思想是:在资源分配前,资源分配程序计算资源分配后系统是否处于安全状态,如处于安全状态则把资源分配给申请进程,如处于不安全状态则令申请资源的进程阻塞,不响应其资源申请。

这和现实社会中的银行家很相似。我们用现实生活中的银行贷款实例来类比说明银行家算法的执行过程,请读者在阅读中仔细体会实例中的各个角色都类比计算机系统中的什么事物。

银行家有一笔资金 M 万元,N 个客户需要贷款,他们都和银行签订了贷款协议,每个客户所需的资金不同且都不超过 M 万元,但客户们的贷款总和远远超过 M 万元。协议中规定银行根据自身的情况分期向各个客户发放贷款。客户只有在获得全部贷款后,才能在一定的时间内将全部资金归还给银行家。银行家并不一定批准客户的每次贷款请求,在每次发放贷款时,银行家都要考虑发放该笔贷款是否会造成银行无法正常运转。只有在批准贷款请求不会导致银行资金库存不足时,该贷款请求才被批准。

在此实例中,银行家采用的策略就是死锁的动态避免策略。银行家类似于操作系统中的资源分配程序,M 万元类似于系统中可供分配的空闲资源,每个贷款客户类似于并发执行的进程,贷款金额就是该进程所需的最大资源数。每个进程在执行过程中动态的向系统提出资源请求,只有全部资源请求满足后,才能执行完毕,归还其所占有的全部系统资源。

综上所述,银行家算法的核心理念是把资源分配给那些最容易执行完成的进程,保证系统中各个进程最终都能正常完成。

2. 银行家算法的数据结构

基于银行家的基本思想,可实现面向多类资源分配的动态避免死锁算法。该算法需要使用的数据结构如下:

① 当前可分配的空闲资源向量 Available(1:m)。m 是系统中的资源类型数。
Available[i]表示系统中现有的 i 类资源数量。

② 最大需求矩阵 Max(1:n,1:m)。n 是系统中的并发执行进程数。
Max[i,j]表示进程 i 对 j 类资源的最大需求量。

③ 资源分配矩阵 Allocation(1:n,1:m)。
Allocation[i,j]表示进程 i 已占有的 j 类资源的数量。

④ 需求矩阵 Need(1:n,1:m)。
Need[i,j]表示进程 i 还需申请 j 类资源的数量。

上述 3 个矩阵的关系为:

$$Need[i,j] = Max[i,j] - Allocation[i,j]$$

3. 银行家算法

当进程 P_i 申请资源时,向系统提交一个资源申请向量 $Request_i[j]$,如果 $Request_i[j] =$

k，表示进程 P_i 申请 k 个 j 类资源。

银行家算法按照下述流程进行检查，判断是否把 k 个 j 类资源分配给进程 P_i：

步骤1：如果 $Request_i[j]+Allocation[i,j] \leqslant Max[i,j]$ 成立，转向步骤2；如不成立，则说明进程的 j 类资源申请超过了其最大需求量，报错中断返回。

步骤2：如果 $Request_i[j] \leqslant Available[i,j]$ 成立，转向步骤3；如不成立，则说明系统中现有的 j 类资源不能满足进程 P_i 的资源申请。该请求不能满足，进程 P_i 被阻塞，结束算法返回。

步骤3：系统试探着把资源分配给进程 P_i，并修改下面数据结构中的值：

$$Available[i,j] = Available[i,j] - Request_i[j]$$
$$Allocation[i,j] = Allocation[i,j] + Request_i[j]$$
$$Need[i,j] = Need[i,j] - Request_i[j]$$

步骤4：调用系统安全性检查算法，检查此次资源分配后系统是否处于安全状态。若安全，满足进程 P_i 的资源申请；否则，将本次试探分配作废，恢复原来资源分配状态，不响应进程 P_i 的资源申请，P_i 阻塞等待。

4. 安全状态检查算法

系统安全状态检查算法的流程如下：

步骤1：设置2个向量：

① 工作向量 Work[1:m]：它表示系统可提供给进程继续运行所需的各类资源数目，它含有 m 个元素，表示系统中的资源类型数。在执行安全算法开始时，Work=Available；

② 布尔型向量 Finish[1:n]：它表示系统是否有足够的资源分配给各个进程，使之运行完成。开始时令 Finish[i]=false；当有足够资源分配给进程 P_i 时，置 Finish[i]=true。

步骤2：从进程集合中寻找一个能满足下述条件的进程：

① Finish[i]=false；

② $Need[i,j] \leqslant Work[j]$；

若找到，执行步骤3，找不到，执行步骤4，判定系统是否处于安全状态。

步骤3：当进程 P_i 获得资源后，可顺利执行，直至完成，并释放出分配给它的资源，故应执行：

Work[j]=Work[j]+Allocation[i,j]；

Finish[i]=true；

返回步骤2，寻找安全序列中的下一个进程。

步骤4：如果所有进程的 Finish[i]=true 都满足，说明所有进程都已经出现在安全序列中，表明当前系统处于安全状态；只要 Finish 中有一位为 false，表明当前系统处于不安全状态。

多类资源银行家算法的时间复杂度为 $O(m \times n^2)$，而且需要事先知道进程对各类资源的最大需求量。

5. 银行家算法举例

假设系统中有3类资源 $\{r_1, r_2, r_3\}$ 和3个并发执行进程 $\{P_1, P_2, P_3\}$，其中 r_1 有8个，r_2 有3个，r_3 有6个。在 T_0 时刻各进程分配资源的情况如表5.3所示。

表 5.3　T₀ 时刻各进程的资源分配图

	Allocation			Max			Need			Available		
	r_1	r_2	r_3	r_1	r_2	r_3	r_1	r_2	r_3	r_1	r_2	r_3
P_1	1	0	0	5	3	2	4	3	2			
P_2	4	1	2	7	3	4	3	2	2	2	2	3
P_3	1	0	1	3	0	2	2	0	1			

此时存在一个安全序列 $\{P_3, P_2, P_1\}$ 系统处于安全状态,如表 5.4 所示。

表 5.4　T₀ 时刻的一个安全序列

	Work			Need			Allocation			Work+Allocation			Finish
	r_1	r_2	r_3	r_1	r_2	r_3	r_1	r_2	r_3	r_1	r_2	r_3	
P_3	2	2	3	2	0	1	1	0	1	3	2	4	true
P_2	3	2	4	3	2	2	4	1	2	7	3	6	true
P_1	7	3	6	4	3	2	1	0	0	8	3	6	true

假如在 T₁ 时刻,进程 P_1 提出了请求 Request$_i$=(1,0,1),按照银行家算法进行检查,此请求加上系统已分配给该进程的资源并没有超出进程的最大需求。此时,系统中的空闲资源可满足该进程的需求。假定为它分配所申请的资源,修改系统中的各项数据结构,得到表 5.5 所示的数据表。

表 5.5　T₁ 时刻各进程的资源分配图

	Allocation			Max			Need			Available		
	r_1	r_2	r_3	r_1	r_2	r_3	r_1	r_2	r_3	r_1	r_2	r_3
P_1	2	0	1	5	3	2	3	3	1			
P_2	4	1	2	7	3	4	3	2	2	1	2	2
P_3	1	0	1	3	0	2	2	0	1			

当前 Available 为(1,2,2),它已不能满足任何进程的需要,不能找出一个安全序列,系统进入不安全状态。故不能满足进程 P_1 的资源申请要求,恢复原来的资源分配状态,让进程 P_1 阻塞,待以后时机成熟时再把它转换成就绪态。

银行家算法限制条件少,系统资源利用率高,但其仍然存在着许多缺陷。比如:该算法要求系统在各个进程执行前就精确知道所需的各类资源数,这在实际应用中很难做到;该算法不能处理在运行中新创建进程的资源请求,而这在并发执行系统中是常见的现象;该算法中没有照顾优先级高的进程。

5.6　死锁的检测和解除

死锁的静态预防和动态避免都难以完全实现,且都不利于各进程对系统资源的充分共享。在实际中,死锁现象并不是经常在系统中出现,以至于大多数系统都不进行死锁的预防和避免。解决死锁问题的另一条途径是死锁检测和恢复。这种方法对资源的分配不加任何限制,也不采取死锁避免措施,系统中定时运行一个"死锁检测"程序,判断系统内是否已出现死锁,一旦出现死锁,采取相应措施解除它。

死锁检测和恢复是指系统定时或不定时的运行"死锁检测"程序,判断系统内是否出现死锁,若检测到死锁则采取相应的办法解除死锁,以尽可能小的代价恢复死锁进程的运行。

5.6.1 等待图检测死锁

如果系统中所有类型的资源都只有一个,死锁检测可采用资源分配图的变形——等待图(Wait-for Graph)来进行,该方法简单、快捷。在4.3节已经介绍过资源分配图,在资源分配图中去掉资源类的结点并合并相应的有向边,即可得到对应的等待图。在等待图中,进程 P_i 到进程 P_j 的边意味着进程 P_i 正在等待进程 P_j 释放自己所需的资源。等待图中存在一条边 $P_i \rightarrow P_j$,当且仅当相应的资源分配图在某资源结点 r_q 上包括两条边 $P_i \rightarrow r_q$ 和 $r_q \rightarrow P_j$。资源分配图和对应的等待图如图5.8所示。

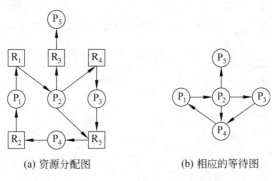

(a) 资源分配图   (b) 相应的等待图

图 5.8　资源分配图和与之等价的等待图示例

由等待图定义可知,死锁检测算法只要检测出等待图中存在环路,就意味着系统中存在死锁。为检测死锁,系统必须建立资源等待图并适时进行更新,还要定期调用相关算法搜索图中是否存在环路。寻找环路的算法时间复杂度一般为 $O(n^2)$,n 表示等待图中进程结点数。

5.6.2 多体资源类死锁检测算法

系统中每类资源的资源实例是多个时,可采用下面介绍的死锁检测算法进行检测。该算法由 Shoshani 和 Coffman 提出,采用了和银行家算法类似的数据结构。

算法中采用的数据结构:

(1) 当前可分配的空闲资源向量 Available(1:m)。m 是系统中的资源类型数。

Available[i]表示系统中现有的 i 类资源数量。

(2) 资源分配矩阵 Allocation(1:n,1:m)。

Allocation[i,j]表示进程 i 已占有的 j 类资源的数量。

(3) 需求矩阵 Request(1:n,1:m)。

Request[i,j]表示进程 i 还需申请 j 类资源的数量。

死锁检测算法如下:

步骤 1,令 Work 和 Finish 分别表示长度为 m 和 n 的向量,初始化 Work＝Available;对于所有 i＝1,…,n,如果 Allocation[i]≠0,则 Finish[i]＝false,否则 Finish[i]＝true。

步骤 2,寻找一个下标 i,它满足条件:Finish[i]＝false 且 Request[i]≤Work,如果找不到这样的 i,则转向步骤 4。

步骤 3,Work＝Work＋Allocation[i];Finish[i]＝true;转向步骤 2。

步骤 4,如果存在 i,1≤i≤n,Finish[i]＝false,则系统处于死锁状态。若 Finish[i]＝false,则进程 P_i 处于死锁环中。

在上面的算法中,如果一个进程所申请的资源能够满足,就假定该进程能得到所需资源,向前推进,直至结束,释放所占有的全部资源。接着查找是否有另外的进程也满足这种条件。如果某进程在以后还要不断申请资源,则它还可能会被检测出死锁。

设系统中有 3 个资源类{r_1,r_2,r_3}和 5 个并发执行进程{P_1,P_2,P_3,P_4,P_5},其中 r_1 有 7 个,r_2 有 3 个,r_3 有 6 个。在 T_0 时刻各进程分配资源和申请情况如表 5.6 所示。

此时,系统不处于死锁状态,运行上述死锁检测算法可以得到一个进程序列＜ P_1,P_3,P_2,P_4,P_5＞,对于所有的 i 都有 Finish[i]＝true。

假定,进程 P_3 现在申请一个单位的 r_3 资源,则系统资源分配情况如表 5.7 所示。

表 5.6　5 个并发执行进程的资源分配图

	Allocation			Request			Available		
	r_1	r_2	r_3	r_1	r_2	r_3	r_1	r_2	r_3
P_1	0	1	0	0	0	0			
P_2	2	0	0	2	0	2			
P_3	3	0	3	0	0	0	0	1	0
P_4	2	1	1	1	0	0			
P_5	0	0	2	0	0	2			

表 5.7　满足进程 P_2 申请后的资源分配图

	Allocation			Request		
	r_1	r_2	r_3	r_1	r_2	r_3
P_1	0	1	0	0	0	0
P_2	2	0	0	2	0	2
P_3	3	0	3	0	0	1
P_4	2	1	1	1	0	0
P_5	0	0	2	0	0	2

此时,系统处于死锁状态,参与死锁的进程集合为{P_2,P_3,P_4,P_5}。

系统何时进行死锁检测呢?这取决于死锁出现的频度和当死锁出现时影响进程数量等因素。若死锁经常出现,检测算法应经常被调用。一种常用的方法是当进程申请资源不能满足就进行检测。死锁检测过于频繁,系统开销大;如检测时间间隔过长,卷入死锁的进程又会增多,使得系统资源及 CPU 利用率大为下降,一个折中的办法就是定期检测,如每一小时检测一次,或在 CPU 的利用率低于 40% 时检测。

5.6.3　死锁解除方法

当死锁发生并被检测出来后,必须采取相应措施解除死锁。一种可能的方法是通知系统管理员进行人工干预,另一种方法是操作系统自动解除死锁并在适当时机恢复相应进程运行。具体来说,主要有以下 3 种方式。

(1) 剥夺资源方法。为了解开死锁循环等待链,可以通过剥夺循环等待链中部分进程的资源来实现,也可通过从其他进程中剥夺足够的相应资源给死锁的进程以解除其死锁状态。强行剥夺进程资源给系统和用户都会带来不小的损失。

能否做到剥夺资源,且在不影响原进程执行的情况下返回,取决于资源的属性。一般来说,实现起来很困难,甚至不大可能。

此外,剥夺资源时要考虑从哪些进程剥夺哪些资源。常采用的原则是哪个进程拥有比较容易收回的资源,就选哪个进程。考查因素包括该进程占有多少资源,以及已运行多少时间等。

(2) 进程退回方法。如果系统设计人员以及系统操作员了解到死锁可能发生,他们就可以周期地对进程检查点进行检查。进程检查点是进程映像、资源状态的一个完整保存。当死锁发生后,从一个较早的检查点上开始,系统使进程退回到此检查点上继续运行,在检查点后所做的工作都丢失。例如,检查点后的输出操作必须作废,因为它们还会被重新输出。实质是将死锁进程复位到一个更早的状态,那时它还没有取得所需的资源,接着把这个资源分配给一个死锁进程,从而实现死锁的解除。现代操作系统中大多采用此机制来处理产生的死锁。

(3) 撤销进程方法。解除死锁的最直接也是最简单的方法是撤销一个或若干个进程。

一种方法是逐一撤销参与死锁的进程,直到死锁消失。该方法开销很大,系统撤销一个进程后,死锁检测算法必须检测系统中是否还有死锁现象。此外按什么原则撤销进程也是必须要详加考虑的。选择撤销进程的原则通常有以下 5 种。

① 选择使用处理器时间最短的进程;

② 选择输出工作量最少的进程;

③ 选择具有最多剩余时间的进程;

④ 选择分得资源最少的进程;

⑤ 选择具有最小优先级的进程。

另一种方法是选择死锁等待链以外的进程撤销,释放其占有的资源给死锁链中的进程。在使用这种方法时,选择一个要被撤销的进程要特别小心,它应该正好持有环中某些进程所需的资源。例如:某系统中有 A、B 两类资源,有两个进程已陷入死锁。一个进程占有 A 资源,申请 B 资源;另一个进程占有 B 资源,申请 A 资源。我们要撤销的进程要拥有 A 资源或 B 资源,被撤销后释放资源,打破死锁进程形成的循环等待链。

第三种方法是撤销所有卷入死锁的进程。该方法代价巨大,有些进程可能已经运行很长时间了,撤销后其中间结果均消失。

目前,还没有一个能彻底解决死锁问题的完全处理方法,所有的处理方法都有其长处和短处。

5.6.4 鸵鸟算法

据说鸵鸟看到危险动物时就把头埋在沙砾中,装作看不到。当人们对某一件事情没有一个很好的解决方法时,或者解决问题的方法代价太大而得不偿失时,人们就借鉴鸵鸟的办法,忽略问题的存在。在死锁问题上,鸵鸟算法就是不对死锁采取任何处理方法。著名的UNIX、Linux 和 Windows 操作系统在分析了死锁发生的频率、系统因各种原因崩溃的频率、死锁的严重程度以及解决死锁问题的代价之后都不同程度上采用了鸵鸟算法。

当然,采用鸵鸟算法的代价就是用户必须忍受死锁带来的诸多不便。但实际上,经过大量统计,死锁发生的概率是很小的,只有在极偶然的情况下才会出现死锁。试想如果死锁每两年发生一次,而系统每月都会因硬件故障、编译器出错或者操作系统出错等原因崩溃多次,操作系统设计者就不会以大量牺牲系统效率为代价去防止出现频率很低的死锁。因此,鸵鸟算法也是操作系统设计者处理死锁问题的一种不错选择。

5.7 线程死锁

在支持多线程的操作系统中.除了会发生进程之间的死锁外,还会发生线程之间的死锁。由于不同的线程可以属于同一进程,也可属于不同的进程。因此,与进程死锁比较,线程死锁分为属于同一进程的线程死锁和属于不同进程的线程死锁。

(1) 同一进程的线程死锁。线程的同步工具有互斥锁。由于同一进程的线程共享该进程资源,为了实现线程对进程内变量的同步访问,可以采用互斥锁。

假如 L_1 和 L_2 为两个互斥锁,进程内的一个线程先获得 L_1,然后申请获得 L_2,同一进程内的另一线程先获得 L_2,再申请获得 L_1。这样一来,同一进程内的两个线程陷入死锁。

(2) 不同进程的线程死锁。如果在进程 P_1 内存在一组线程{P_{11},P_{12},…,P_{1m}},在进程 P_2 内存在一组线程{P_{21},P_{22},…,P_{2n}}。同一时间段内,进程 P_1 内的线程获得资源 R_1,进程 P_2 内的线程获得资源 R_2。之后,进程 P_1 内的某个线程 P_{1i} 请求资源 R_2,由于不能满足而进入阻塞状态;进程 P_2 内的某个线程 P_{2j} 请求资源 R_1,由于不能满足也进入阻塞状态。线程 P_{1i} 和线程 P_{2j} 相互等待对方释放资源,这时出现了不同进程线程间的死锁。

当将进程看作为单线程进程时,死锁进程的解决方法同样适用于同一进程的线程死锁和不同进程的线程死锁。

习 题 5

一、选择题

1. 操作系统中,死锁出现指的是(　　)。

    A. 计算机系统发生重大故障

    B. 资源数目远远小于进程数

    C. 若干进程因竞争资源而无限等待其他进程释放已占有的资源

    D. 进程同时申请的资源数超过资源总数

2. 产生死锁的根本原因是(　　)和进程推进顺序非法。

A. 资源分配不当　B. 系统资源不足　C. 作业调度不当　D. 进程调度不当

3. 死锁现象并不是计算机系统独有的,例如,除(　　)之外,下列3种案例都是死锁的体现。

A. 跨江大桥塞车,因为大修,桥上只有一个车道供通行

B. 桥被台风吹垮了,高速公路大堵车

C. 两列相向行驶的列车在单轨铁路上迎面相遇

D. 两位木匠订地板,一位只握一把榔头,而另一位没有榔头,却有钉子

4. 不让死锁发生的策略有多种,死锁避免属于(　　)。

A. 静态　　　　　B. 动态　　　　　C. 预防　　　　　D. 控制

5. 资源按序分配策略可以破坏(　　)条件。

A. 互斥使用资源　　　　　　B. 占有且等待资源

C. 非抢夺资源　　　　　　　D. 环路等待资源

6. 死锁的4个必要条件中,无法破坏的是(　　)。

A. 循环等待资源　　　　　　B. 互斥使用资源

C. 占有且等待资源　　　　　D. 非抢占分配资源

7. 死锁的避免是根据(　　)采取措施实现的。

A. 配置足够的系统资源　　　B. 使进程的推荐顺序合理

C. 破坏死锁的4个必要条件之一　　D. 防止系统进入不安全状态

8. 为进程一次性分配其所需的资源是一种(　　)方法,它能使系统不发生死锁。

A. 死锁预防　　　B. 死锁检测　　　C. 死锁避免　　　D. 死锁解除

9. 如果系统的资源分配图(　　),则系统出现了死锁状态。

A. 出现了环路　　　　　　　B. 没有环路

C. 每种资源只有一个,并出现了环路　　D. 每个进程结点至少有一条请求边

10. 某计算机系统中有8台打印机,由K个进程竞争使用,每个进程最多需要3台打印机。该系统可能会发生死锁的最小值是(　　)。[2009年全国统考真题]

A. 2　　　　　　　B. 3　　　　　　　C. 4　　　　　　　D. 5

11. 下列关于银行家算法的叙述中,正确的是(　　)。[2013年全国统考真题]

A. 银行家算法可以预防死锁

B. 当系统处于安全状态时,系统中一定无死锁进程

C. 当系统处于不安全状态时,系统中一定会出现死锁进程

D. 银行家算法破坏了产生死锁的必要条件中的"请求和保持"条件

12. 采用资源剥夺法可以解除死锁,还可以采用(　　)方法解除死锁。

A. 执行并行操作　　　　　　B. 撤销进程

C. 拒绝分配资源　　　　　　D. 修改信号量

13. 假设5个进程 P_0、P_1、P_2、P_3、P_4 共享3类资源 R_1、R_2、R_3,这些资源总数分别为18、6、22。T_0 时刻的资源分配情况如下表所示,此时存在的一个安全序列是(　　)。[2012年统考真题]

进程	已分配资源			资源最大需求		
	R_1	R_2	R_3	R_1	R_2	R_3
P_0	3	2	3	5	5	10
P_1	4	0	3	5	3	6
P_2	4	0	5	4	0	11
P_3	2	0	4	4	2	5
P_4	3	1	4	4	2	4

    A. P_0,P_2,P_4,P_1,P_3 B. P_1,P_0,P_3,P_4,P_2

    C. P_2,P_1,P_0,P_3,P_4 D. P_3,P_4,P_2,P_1,P_0

14. 在某系统中有 4 个并发进程,都需要同类资源 5 个,问该系统不会发生死锁的最少资源数是( )个。

    A. 20   B. 9   C. 17   D. 12

二、综合题

1. 产生死锁的必要条件是什么?解决死锁问题常用哪几种措施?

2. 考虑某个系统如下表所示时刻的状态。[2013 年统考真题]

	Allocation				Max				Available			
	A	B	C	D	A	B	C	D	A	B	C	D
P_0	0	0	1	2	0	0	1	2	1	5	2	0
P_1	1	0	0	0	1	7	5	0				
P_2	1	3	5	4	2	3	5	6				
P_3	0	0	1	4	0	6	5	6				

    使用银行家算法回答下面的问题:

    (1) Need 矩阵是怎样的?

    (2) 系统是否处于安全状态?如安全,请给出一个安全序列。

    (3) 如果从进程 P_1 发来一个请求(0,4,2,0),这个请求能否立刻被满足?如安全,请给出一个安全序列。

3. 一台计算机有 8 台磁带机。它们由 N 个进程竞争使用,每个进程可能需要 3 台磁带机。请问 N 为多少时,系统没有死锁危险,并说明原因。

4. 有三个进程 P1、P2 和 P3 并发工作。进程 P1 需用资源 S3 和 S1;进程 P2 需用资源 S1 和 S2;进程 P3 需用资源 S2 和 S3。若对资源分配不加限制,是否会发生死锁?为什么?怎样才能保证进程正确工作?

5. 设系统仅有一类数量为 M 的独占型资源,系统中 N 个进程竞争该类资源,其中各进程对该类资源的最大需求为 W。当 M,N,W 分别取下列值时,试判断下列哪些情形会发生死锁?为什么?

(1) M＝2；N＝2,W＝2；

(2) M＝3；N＝2,W＝2；

(3) M＝3；N＝2,W＝3；

(4) M＝5；N＝3,W＝2；

(5) M＝6；N＝3,W＝3；

6. 按序分配是防止死锁的一种策略。什么是按序分配？为什么按序分配可以防止死锁？

7. 假定某计算机系统有 R_1 和 R_2 两类可再使用的资源（其中 R_1 有两个单位，R_2 有一个单位），它们被进程 P_1 和 P_2 所共享，且已知两个进程均以下列顺序使用两类资源：申请 R_1 →申请 R_2 →申请 R_1 →申请 R_1 →申请 R_2 →申请 R_1；试求出系统运行过程中可能到达的死锁点，并画出死锁点的资源分配图。

第6章 内存管理

操作系统的内存管理又被称为存储管理。内存又称主存,它是计算机系统中仅次于CPU的另一个宝贵资源。内存的主要职责是存放程序、数据以及操作结果。任何程序只有装入内存后才能被处理机读取并执行,管理好内存是操作系统的重要任务之一。

近年来,内存的容量一直在增长,但正如帕金森定律所说:"内存有多大,程序就会有多大"。甚至有时候,单个程序都比系统全部内存容量还要大。内存在计算机发展历史中一直保持一种存储容量不充足的状态,尤其在引入多道程序技术后,内存中需同时存放并发执行的多个进程,更加造成内存紧张。如何高效管理内存空间,以及如何对并发执行的进程进行共享和保护,这些都直接影响内存的利用率,甚至关系到整个系统的性能和效率。

在学习本章时,读者要牢牢把握住两个字:放、找。这两个字高度概括了本章的知识。

"放"即内存分配,指如何在内存中合理存放多个并发执行进程,也即内存的各种管理方案,它是本章的主要内容。内存管理方案主要分两大类:连续存储管理方案和离散存储管理方案。

"找"即地址变换,指进程在执行时,操作系统如何把程序中的逻辑地址转换为内存存储单元的物理地址,及如何通过地址重定位在准确地找到进程所需代码和数据,保证进程正确运行。

【本章学习目标】

- 程序从编译、链接到被装入内存执行的过程。
- 逻辑地址和物理地址。
- 几种基本的连续分配方案,理解内部碎片和外部碎片。
- 基本分页管理的地址变换过程及页表的作用。
- 快表和多级页表的作用和原理。
- 基本分段管理的逻辑地址结构、段表结构、地址变换过程。
- 分页和分段管理的区别和联系。
- 基本段页式管理方案的地址变换过程。

6.1 内存管理概述

6.1.1 存储器的层次结构

目前,计算机系统均采用层次结构的存储系统,以便在容量、速度和价格等因素中取得平衡点,获得较好的性能价格比。计算机系统中的存储器可以分为寄存器、高速缓冲存储器、内存储器、磁盘缓冲存储器、固定磁盘、可移动存储介质等6层,如图6.1所示。

在图6.1中,由下向上,存储介质的访问速度变快、容量变小、价格变高。其中,寄存器、高速缓冲存储器、内存储器和磁盘缓冲存储器均属于操作系统存储管理的范畴。掉电后,它们存储的信息将不再存在。固定磁盘和可移动存储介质属于设备管理的范畴,它们存储的信息将被长期保存。其中磁盘缓冲存储器并不是一种实际存在的存储介质,它是依托于固定磁盘,提供对内存存储空间的扩充。

处理器能直接存取内存中的指令和数据,不能直接访问磁盘和可移动存储介质,它必须在输入/输出控制系统的管理下,才能够使磁盘和可移动存储介质与内存之间相互传送信息。

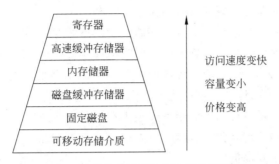

图 6.1　计算机存储系统层次划分示意图

内存又称主存,它里边存放有处理器执行时所需要的代码和数据。内存由大量的字节阵列或字阵列组成,每个字节或字都有自己的地址。内存地址又称为物理地址,它从最低开始到最高上界,按序编号,是一个一维线性存储空间。进程访问内存中的信息时,必须知道信息的物理地址。

由于处理器在执行指令时,处理指令的时间远远大于内存访问的时间,为了平滑两者之间的速度差异,计算机系统中引入寄存器和高速缓冲存储器来加快指令的执行。

寄存器是访问速度最快、最昂贵的存储器,但它容量小,一般以字节为单位。为了加速内存访问的速度,一个计算机系统可能包含几十个甚至上百个寄存器。高速缓存的容量要远远大于寄存器的容量,其访问速度要快于内存访问速度。有了高速缓存后,当读取内存中的某进程信息时,进程的信息同时被复制到高速缓存中。当 CPU 再次访问该进程信息时,首先检查它是否在高速缓存。如果在,可直接从高速缓存中读取使用,减少一次内存访问。大量实验表明,信息被再次用到的概率很高,利用高速缓存可大幅度提高程序执行速度。

程序在执行和处理数据时,存在着时间局部性和空间局部性。因此,程序执行时可只先调入程序的一部分进入内存,待需要时再逐步调入其他部分进入内存。为了让内存容纳更多的进程,计算机系统往往在磁盘上建立磁盘缓存区以扩充内存存储空间。进程可装入磁盘缓存中,操作系统自动实现内存和磁盘缓存之间的信息的换入换出,从而向用户提供一个比实际内存容量大得多的虚拟内存空间。

6.1.2　内存管理功能

操作系统须占用内存的一部分存储空间来存放自身的程序、数据、管理信息以及与硬件接口信息等,一般称这部分内存空间为系统区。系统区外的其余内存空间存放用户程序和数据,称为用户区。内存管理主要是对用户区进行管理,它通常包括以下 4 项功能。

1. 内存分配和回收
内存管理模块需要记录内存的使用情况,为每道申请内存的进程分配内存空间,使它们

"各得其所"。在实现内存分配时,操作系统采用静态分配和动态分配两种方式。进程执行结束后,操作系统回收系统或用户程序释放的内存空间,提高内存的利用率。

2. 地址变换

地址变换是将用户程序地址空间中的逻辑地址转换为内存空间中与之对应的物理地址,该功能需要在系统硬件的支持下完成。通常有两种地址变换方式:静态重定位和动态重定位。

在多道程序系统中存在着数目众多的大小无法预知的进程并发执行,程序设计者在设计程序时无法预知程序实际运行时的内存存储位置。当然,操作系统的 BIOS 程序、系统引导程序在内存中的物理地址是事先确定的。但应用程序每次运行时所占用的内存位置可能都不一样,即使是同一次运行中,应用程序的位置也可能不断发生改变。因此,当程序装入内存之前,程序在外存中的地址与程序将装入内存的物理地址之间很难具有必然联系。操作系统的内存管理部分要具有计算应用程序在内存中的物理地址的功能。这样一来,程序员设计程序时,不必考虑内存的物理地址,只需使用从 0 开始编址的逻辑地址即可,极大地减轻了程序设计人员的编程负担。

3. 内存保护

操作系统引入多道程序设计技术后,在内存中同时存在操作系统和多道用户进程,操作系统和各个用户进程在内存中有各自独立的存储区域。操作系统的内存管理模块要提供内存保护措施,确保各进程在自己的内存空间内运行,彼此互不干扰;不允许用户进程访问操作系统的程序和数据;不允许用户进程转移到非共享的其他用户进程中去执行。常见的保护措施有以下 3 种。

(1)上、下界存储保护。系统为每个进程设置一对上、下界寄存器,分别用来存放当前运行进程在内存空间的上、下界地址,用它们来限制用户进程的活动范围。上、下界存储保护是一种既简单又常用的硬件保护法。

(2)保护键法。系统为每一个被保护的内存块分配一个单独的保护键,其作用相当于一把"锁"。进入系统的每个作业也被赋予一个访问权限保护键,它相当于一把"钥匙"。访问时访问权限保护键和存储块保护键一致时访问才合法,否则访问非法。保护键法是一种常用的软件保护法。

(3)界限寄存器与 CPU 的用户态或核心态工作方式相结合的保护方式。它是一种常用的软件和硬件相结合的保护法。

4. 内存扩充

内存访问速度快,但容量较小。为了在系统中运行更多、更大的进程,降低系统的开销,提高系统性价比,现代操作系统都具备了内存扩充功能。

内存扩充并不是从物理上扩大内存容量,而是借助虚拟存储技术,将部分外存存储空间虚拟为内存空间,从逻辑上扩充内存容量,使用户能感觉到一个容量相当于外存、速度接近于内存、价格十分便宜的虚拟存储系统,以便让更多的用户进程并发运行。操作系统一般借助请求调入功能和置换功能来实现内存扩充,这部分内容将在下一章中详细介绍。

6.1.3 内存管理目标

在学习内存管理方案前,首先了解一下操作系统内存管理的主要目标,这有助于我们理解和分析操作系统内存管理的设计思想和具体实施策略。常见的内存管理目标包括以下几项。

（1）内存结构细节对于用户和用户程序要透明。对采用高级程序设计语言和汇编语言编写的程序，要将源程序和目标程序进行分离，源程序独立于内存物理地址。在多道程序系统中，用户在用户程序装入内存前并不知道程序装入到内存的具体位置。内存管理通过采用静态地址重定位或动态地址重定位方式将用户程序中的逻辑地址转换为与之对应的内存物理地址，用户在编程时不必关心程序的物理地址。

（2）提高内存利用率，解决大程序和小内存之间的矛盾。通过对内存存储空间采取不同的管理方式，尽量降低内存管理中的碎片问题，提高内存利用率。内存管理通常利用虚拟存储技术解决大程序和小内存之间的矛盾。

（3）为用户程序完成程序装入。编译程序产生可执行程序时，在可执行目标程序中生成地址重定位所需的信息，如程序长度、数据区长度等。操作系统在装入程序时，根据可执行目标程序中的这些信息为其分配内存空间。

（4）解决内存读/写速度与 CPU 速度不匹配问题。为了解决内存读/写速度与 CPU 速度不匹配问题，多数操作系统利用高速缓存(Cache)平滑速度差异。

（5）实现内存保护和共享。内存保护是确保内存中并发执行的各个进程在所分配的存储区内运行，互不干扰，通常由软硬件结合方式实现。内存共享是解决并发进程间如何共享同一内存中程序和数据的问题，不同内存管理方案的内存共享方法也不同。

6.2　程序的链接和装入

在多道程序环境中运行程序，必须先为其创建进程，将其程序和数据装入内存。用户编写的源程序转换为可在内存中执行的程序，一般经过编译、链接和装入三个过程，如图 6.2 所示。

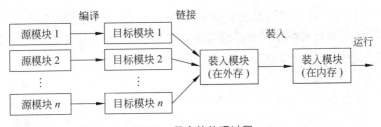

图 6.2　程序的处理过程

首先是编译过程，由编译程序将用户源程序编译成若干个目标模块；然后是链接过程，由链接程序将编译后形成的一组目标模块，以及它们所需要的库函数链接在一起，形成一个装入模块；最后是装入过程，由装入程序将装入模块装入到内存，创建进程，之后该进程便可运行。

6.2.1　几个基本概念

为了更好地帮助读者理解程序的处理过程，在介绍程序装入和链接之前先介绍几个基本概念。

1. 逻辑地址与逻辑地址空间

用户在程序中使用的与程序段偏移相关的地址称做逻辑地址。在用汇编语言或高级语言编写的程序中，系统通常用符号名对程序的数据和子程序进行访问。程序中各种符号名集合的空间称作程序名字空间。经汇编或编译程序处理后，源程序中的各种符号名转换成由机器指令和数据组成的目标程序，符号名地址被逻辑地址替换。目标程序中的逻辑地址集合称作程序逻辑地址空间，又称作程序相对地址空间。

编译时，程序地址空间中的各个逻辑地址空间均以 0 作为参考地址，其他地址以 0 为起始地址进行线性编址，故逻辑地址都是连续的。

注意：进程的每个程序段的逻辑地址是连续的，从 0 开始编址；不同进程可以有相同的逻辑地址，但这些相同的逻辑地址必须映射到内存的不同位置。

2. 物理地址与物理地址空间

进程在内存空间中的实际存储单元的地址称做物理地址或绝对地址。内存空间是指物理内存中全部存储单元所限定的空间。内存空间是一维线性空间，长度为 n 的内存空间的编址顺序为 $0, 1, 2, \cdots, n-1$。

程序的物理地址的总和构成程序的物理地址空间，又称绝对地址空间。CPU 在执行用户程序或系统程序时，直接使用物理地址存取内存空间中的指令和数据。

逻辑地址空间的大小由源程序决定，物理地址空间的大小由系统硬件配置决定。一个程序只有从逻辑地址空间装入到物理地址空间后才能运行，如图 6.3 所示。

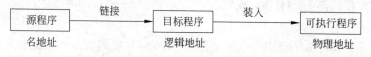

图 6.3　程序的地址变换过程

3. 地址重定位

当一个程序装入到与其逻辑地址空间不一致的绝对地址空间中时，为了保证程序地正确运行，必须把指令和数据的逻辑地址转换为物理地址，这项工作称为地址重定位。地址重定位通常有静态地址重定位和动态地址重定位两种方式。

（1）静态地址重定位

在程序装入时，由程序装入程序（装配程序）实现地址转换，将程序中的所有逻辑地址都加上目标代码在主存内的起始地址，形成物理地址。这种方式要求地址变换在程序执行前一次性完成。静态重定位容易实现，无须增加硬件地址变换机构。但它要求操作系统为程序分配连续的内存区域，如果内存中没有连续的、符合长度要求的空闲内存区域，则不能给该进程分配内存。而且，程序在执行期间不能在内存中移动，不能再申请新的内存空间，这给程序和数据的共享造成困难。

（2）动态地址重定位

程序执行过程中，CPU 在执行指令时才实现逻辑地址到物理地址地转换。在多道程序系统中，内存空间常常被多个进程共享，程序员事先不可能知道程序执行时在内存中的物理位置，且必须允许进程在执行期间因对换或空闲区拼接而移动，这都需要程序动态重定位的支持。

动态重定位可将程序分配到不连续的内存区域中,也可只装入部分代码即运行。采用动态重定位后,进程运行时可根据需求动态地申请分配新内存,便于实现程序段的共享,可向用户提供一个比实际主存大得多的地址空间。

动态重定位与内存的管理方案紧密相关,通常利用基址寄存器的内容加上变址寄存器中的内容计算出逻辑地址对应的物理地址,这需要借助一定的硬件地址转换机构才能实现。

6.2.2 程序的链接

程序的链接指把由汇编或编译后得到的一组目标模块以及它们所需的库函数装配成一个完整模块。图 6.4(a)中给出了经过编译后得到的 3 个目标模块 A、B、C,它们的长度分别为 L、M 和 N。在模块 A 中,有一条语句 CALL B 调用模块 B。而模块 B 中又有一条语句 CALL C 调用模块 C,B 和 C 都属于外部调用符号。

将若干个目标模块链接装配成一个模块时,需要解决以下两个问题。

① 对逻辑地址进行修改。在由编译程序所产生的所有目标模块中,使用的都是逻辑地址,起始地址都为 0,每个模块中的其他地址都是相对于本模块起始地址的。将所有目标模块合并为一个模块时,需将逻辑地址修改为相对于第一个模块首地址的相对地址。如图 6.4(b)所示,模块 A、B、C 装配成一个模块,其中模块 A 的相对地址空间不变,模块 B 的相对地址空间由 0~M−1 变为 L~L+M−1,模块 C 的相对地址空间由 0~N−1 变为 L+M~L+M+N−1。

② 变换外部调用符号。每个模块中所用的外部调用符号也都需要变换为逻辑地址。如图 6.4 (b)所示,将外部调用符号 CALL B 改为 JMP "L",CALL C 改为 JMP "L+M",其中的 L、L+M 均为逻辑地址。

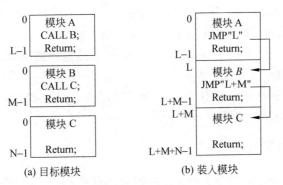

图 6.4 程序链接示意图

程序链接根据链接时机的不同分为 3 种。

(1) 静态链接。静态链接方式是在程序装入前,先将各目标模块及它们所需的库函数链接成一个完整的装配模块(即可执行文件),以后不再拆开,运行时可直接将它装入内存。目标模块中逻辑地址的修改按照图 6.4 进行修改。

静态链接方式的优点是简单,易于实现。

静态链接的缺点主要有以下两点。

① 不易于程序的修改和更新。当一个模块修改之后,需要重新链接,形成新的目标

模块。

② 不能实现共享。当几个应用程序共享一个目标模块时,在每个应用程序中都必须包含该目标模块的拷贝,因而无法实现共享。

(2) 装入时动态链接。装入时动态链接指将目标模块在装入内存时,边装入边链接。其目标模块中相对地址的修改也按照图 6.4 进行。

其优点是可以将装入模块加载到内存的任何地方;可将一个目标模块链接到几个应用模块,便于实现对目标模块的共享;便于程序的修改和更新。

其缺点是装入模块的结构是静态的。程序的整个执行期间,装入模块是不能更改的,且每次运行时装入的模块都必须是相同的。

(3) 运行时动态链接。在许多情况下,进程每次执行时运行的模块是不同的,某些目标模块在程序的某次执行中可能不被执行。例如错误处理模块,如果程序在整个运行过程中,不出现任何错误,便不会用到该模块。

运行时动态链接是指将一些目标模块的链接放在程序执行的过程中,只有当进程需要该目标模块时,才对它进行链接,不需要时不链接。运行时动态链接方式具备装入时动态链接方式的优点,同时节省了大量内存空间。

动态链接的优点如下。

① 共享。动态链接库(DLL)是包含函数和数据的模块,它可供多个进程共享,由调用模块在运行时加载。加载时,DLL 被映射到调用进程的地址空间。动态链接库节省内存,减少了文件交换。

② 部分装入。一个程序可以将多种操作分散在不同的 DLL 中实现,而只将当前操作需要的 DLL 装入内存。

③ 便于局部代码修改。便于代码升级和代码重用。只要函数的接口参数(输入和输出)不变,则修改函数及其 DLL 后,无须对可执行文件重新编译或链接。

④ 便于移植。进程执行时可根据使用环境调用不同的 DLL,以适应多种运行环境和提供不同功能。如:用户应用程序不必针对不同的显卡而进行修改源代码,只需在运行时加载不同显卡厂商提供的 DLL 文件即可。

动态链接方式也存在着各种不足,如增加了程序执行时的链接开销;程序由多个文件组成,增加了程序管理的复杂度等。

6.2.3 程序的装入

程序的装入指给程序的指令和数据分配物理内存空间,也常被称为加载。一个程序要运行必须得先装入内存,这个过程需要将指令和数据的逻辑地址转换为物理地址,也即需要进行地址变换。根据地址变换发生时机,装入方式也分为 3 种,分别为绝对装入方式、可重定位装入方式和动态运行时装入。

下面以单目标模块的装入为例,分别介绍这 3 种装入方式。

1. 绝对装入方式

编译程序如果可以知道程序驻留在内存的物理位置,编译程序将产生使用绝对地址的目标代码。绝对装入程序按照装入模块中的物理地址将目标模块装入内存。因程序中使用的是物理地址,程序模块在装入内存时不需要对程序和数据的地址进行地址变换,如图 6.5

所示。

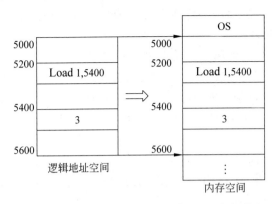

图 6.5　采用绝对装入方式时程序装入内存的情况

程序中的物理地址可在编译或汇编时由编译程序给出,也可由程序员直接赋予。这要求程序员必须熟悉内存的使用情况,且一旦程序或数据被修改,必须修改程序中使用的所有物理地址。此方式装入过程简单,编译速度快,但该方式过于依赖系统硬件,只适用于单道程序系统,不适合多道程序并发执行系统。

2. 可重定位装入方式

在多道程序环境下,由于编译程序不能预知所编译的目标模块驻留在内存的物理位置,目标模块中的地址不能使用物理地址,需采用逻辑地址。此时,不能再用绝对装入方式,而应该用可重定位装入方式把程序目标模块装入内存。

可重定位装入方式是根据当前内存的使用情况,将目标模块加载到内存的适当位置。如图 6.6 所示,一用户程序中逻辑地址为 200 的指令为"Load 1,400",表示将逻辑地址为 400 的数值 3 读入到寄存器 1 中。如将此程序装入内存中 5000 号单元开始的连续空间中,装入时进行地址转换工作,即将所有的逻辑地址均加上 5000,包括程序指令"Load 1,400"中要访问的逻辑地址 400。逻辑地址 400 加上 5000 后变为 5400,则指令变为"Load 1,5400"。经可重定位装入方式装入后,5400 号单元中存放的就是真正要访问的数值 3。如逻辑地址 400 不进行地址重定位,仍然从 400 号内存单元读数据至寄存器 1,则会导致读取数据出错。

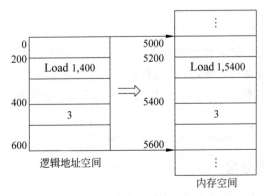

图 6.6　采用可重定位装入方式时程序装入内存的情况

可重定位装入方式的优点是不需硬件支持,可装入多道程序。缺点是一个程序通常需要占用连续的内存空间,程序装入内存后不能移动且不易实现共享。

3. 动态运行时装入方式

可重定位装入方式虽然可用于多道程序系统,但进程执行期间如果在内存中发生移动,该进程的所有物理地址都发生改变,必须修改全部物理地址,否则进程将无法正确执行。所以,采用可重定位方式把程序装入内存后,该程序对应的进程在内存中一般不再移动。

动态运行时装入方式是在 CPU 执行访问指令时,才将要访问的程序或数据的逻辑地址转换为物理地址。

实际应用中,进程在内存中的位置可能经常要改变。例如,在具有对换功能的系统中,一个进程可能被多次换出、换入,并且每次换入后的位置通常是不同的。这种情况下,应该采用动态运行时装入方式。

动态运行时装入方式的优点是操作系统可将一个程序离散地存放在内存空间。在程序的整个执行期间,允许程序在内存中改变位置。这种加载方式有利于提高内存利用率,也为实现虚拟存储器提供了基础。动态运行时装入方式的缺点是需要硬件支持,操作系统实现较为复杂。

6.3 连续分配方式

连续分配方式是指为用户进程分配地址连续的内存空间的内存管理方式。该方式曾广泛地应用于 20 世纪 60—70 年代的早期操作系统中。连续分配方式是内存分配(即"放"字)中的一种主要方式,其通常分为:单一连续分配、固定分区分配、可变分区分配、动态可重定位分区分配等。

6.3.1 单一连续分配

单一连续分配方式是最简单的一种存储管理方式,只适用于单用户、单任务的操作系统。在此方式中,内存管理模块把内存分为两个地址连续的区域:系统区和用户区。系统区仅提供给操作系统使用;用户区是指除系统区之外的全部内存空间,提供给用户作业使用,一次只允许一个作业进入内存。作业往往只占用户区的一部分,其余部分浪费掉了,内存利用率较低。

单一连续分配存储管理方式要提供存储保护机制,保证用户进程不访问系统区。最直接的办法是在硬件上设置"界地址寄存器"。系统将所谓的"界地址"(用户区与系统区的分界线地址)装入界地址寄存器中,进程执行时,系统检查每条指令的访问地址是否超越界地址。若没超越,进程正常进行读/写;否则说明用户进程访问的是系统区,操作系统将产生中断,拒绝访问。

单一连续分配方式的主要缺点是不支持多道程序运行环境,不能有效地利用系统资源。

6.3.2 固定分区分配

固定分区分配方式是在单一连续分配存储管理方式的基础上发展起来的,是一种最简单的可运行多道程序的存储管理方式。其基本思想是把内存划分成若干个大小固定的存储区域,每个存储区域称为一个分区,每个分区中装入一道作业。除操作系统占用一个分区外,其余分区为多个用户共享,如图 6.7 所示。在系统运行期间,分区数目、分区大小都不变,因此固定式分区也被称为静态分区。

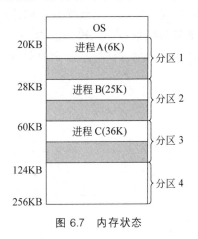

图 6.7　内存状态

1. 划分分区的方法

可用下述两种方法将内存的用户空间划分为若干个大小固定的分区。

(1) 分区大小相等,即所有内存分区大小相等。其缺点是当分区太大时,会造成内存空间浪费;当分区太小时,会造成大作业无法运行。它主要适用于一台计算机控制多个相同对象的场合。

(2) 分区大小不等,即所有内存分区大小不等。可以把内存划分成多个较小分区、适量中等分区及少量大分区,以适应不同作业的需求。

2. 内存分配与回收

为了便于实现固定分区分配,通常将分区按其空间大小进行排序,并为之建立一张分区使用表,简称分区表。其表项包括每个分区的起始地址、大小及状态(是否已分配),图 6.7 所示的内存分区表如表 6.1 所示。

表 6.1　分区表

区号	分区长度	起始地址	状态	区号	分区长度	起始地址	状态
1	8KB	20KB	已分配	3	64KB	60KB	已分配
2	32KB	28KB	已分配	4	132KB	124KB	未分配

当一用户作业要求装入时,先由内存分配程序检索该表,从中找出一个状态为"未分配"且能满足用户作业大小要求的分区,分配给该作业,然后将该表项中的状态置为"已分配";若未找到大小满足要求的分区,则拒绝为该用户作业分配内存。固定分区分配流程图如图 6.8 所示。一个作业的大小一般不会刚好等于某个分区的大小。因此,作业往往只占所得分区的一部分,其余部分空闲,我们把分区内空闲但不能使用的内存空间称为块内碎片。

固定分区的回收很简单,只需将分区表中回收分区的分区状态置为"未分配"即可。

3. 地址变换

固定分区存储管理的地址变换可采用静态重定位方式。装入程序在装入过程中进行地址变换,同时检查其绝对地址是否落在指定分区中。若落入,则可把程序装入,否则不能装入,把其分得的内存区域归还系统。

固定分区存储管理的地址转换也可采用动态重定位方式。系统可设置一对地址寄存器,即上限/下限寄存器,当一个进程执行时,操作系统就从分区表中取其相应的起始地址和长度,换算后存入上限/下限寄存器;硬件地址转换机构根据下限寄存器中保存的基地址与逻辑地址相加得到绝对地址;硬件地址转换机构也可利用上限/下限寄存器中保存的相应地址实现存储保护。

固定分区分配的优点是实现简单、要求的硬件支持少,可用于多道程序系统最简单的存储分配。其缺点是必须预先估计程序所要占用的空间,且在运行时不能改变大小,这实现起来较为困难;内存分区总数固定限制了并发程序的道数;不能实现多进程共享一个主存区域;易产生块内碎片,造成内存空间使用上的浪费等。

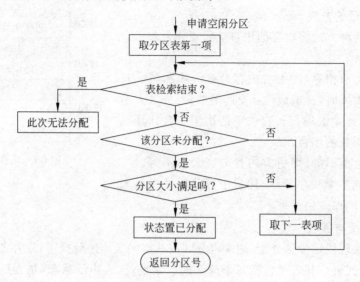

图 6.8   固定分区分配算法

6.3.3   可变分区分配

1. 可变分区分配的原理

固定分区分配方式内存利用率不高,使用不灵活,所以出现了可变分区分配方式。可变分区分配又称为动态分区分配,它按照作业对内存空间的实际需求量来划分内存的分区,分区的划分时间、大小、位置都是动态变化的,不是固定的。

采用该分配方式,系统可根据用户的实际需要动态的分配内存空间,即系统在作业装入内存之前并不建立分区,当要装入一个作业时,从可用的空闲存储空间内,划分出一个大小刚好等于用户作业大小的存储区并分配给它。

可变分区分配中,在系统启动时除了操作系统中常驻内存部分占用的分区之外,只有一个大的空闲分区。随着分配和回收操作的不断进行,在内存中将会产生空闲区和分配区交错出现的现象。其中较小的、不可再利用的空闲区离散地分布在内存的各个地方,形成了块外碎片。采用可变分区分配时内存分配示例如图 6.9 所示。

可变分区分配的优点是提高了内存利用率,避免了块内碎片。其缺点是出现了块外碎片,内存分配和回收算法与固定分区相比较为复杂,系统开销大。

2. 可变分区分配中的数据结构

为了方便内存空间的分配与回收,可变分区分配方式中设置了用于记录内存空闲分区使用情况的相应数据结构。该数据结构通常采用以下两种组织方式。

(1) 空闲分区表。系统设置一张空闲分区表,记录内存中每个空闲分区的序号、大小和起始地址,每个空闲分区在空闲分区表中占一个表目,如表 6.2 所示。

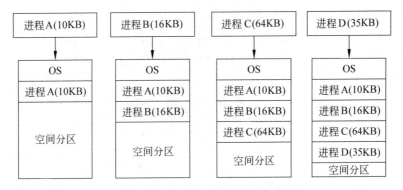

图 6.9　可变分区分配时内存分配示例图

表 6.2　空闲分区表

序号	分区大小	起始地址	序号	分区大小	起始地址
1	8KB	30KB	3	104KB	80KB
2	12KB	45KB	4	32KB	224KB

（2）空闲分区链。为了实现对空闲分区的分配和链接,在每个空闲分区的起始单元中存储两个值,一个是空闲分区的大小,另一个是指向下一空闲分区的指针。链首指针由系统记录,空闲分区链把所有空闲分区排列成一个链表,如图 6.10 所示。

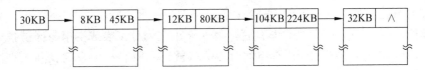

图 6.10　空闲分区链示例图

3. 可变分区的分配与回收

（1）可变分区的分配。当把一个作业装入内存时,系统从空闲分区表或空闲分区链中找出合适的空闲区进行分配。分配后,系统及时更新空闲分区表或空闲分区链。以空闲分区表为例,空闲分区分配流程如图 6.11 所示。

（2）可变分区分配算法。系统接纳用户作业后,必须从空闲分区表或空闲分区链中按照一定的分配算法分配空闲分区给用户作业,常用的空闲分区分配算法有以下四种。

① 首次适应（First Fit）算法。将空闲分区表或空闲分区链按起始地址递增的顺序排列,分配时从表（链）头开始查询,直到找到大小满足的第一个分区为止。

这种分配算法的特点是优先分配低地址空闲分区,从而在高地址空间中能保留较大的空闲分区,有利于大作业的装入。但由于查找总是从表（链）首开始,当前面的空闲区被分割的很小且很多时,其能满足分配要求的可能性也就越小,查找空闲分区次数也就越多,分配效率下降。

② 循环首次适应（Next Fit）算法。为了解决首次适应算法的缺点,提出了由首次适应算法演变而来的循环首次适应算法。给进程分配内存空间时,不再是每次都从表（链）首开始查找,而是从上次找到的空闲分区的下一个空闲分区开始查找,直至找到一个能满足要求

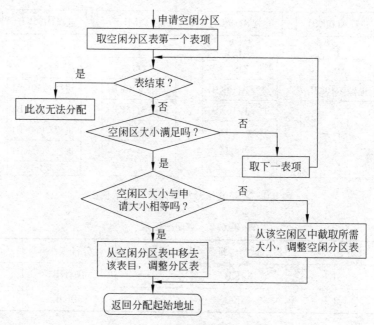

图 6.11 可变分区分配流程图

的空闲分区为止。因此,需设置一个起始查询指针,用于指示下一次开始查找的空闲分区。

这种分配方式的优点是内存中的空闲分区分布较均匀,减少了查找空闲分区的系统开销,其缺点是缺乏大的空闲分区供大进程使用。

③ 最佳适应(Best Fit)算法。最佳适应算法要求空闲分区表或空闲分区链按分区大小递增的顺序排列,在给进程分配内存空间时,从表(链)头开始查询,直到找到大小满足的第一个分区为止。此方法找到的空闲分区的大小最接近进程申请分区的大小。

这种算法的特点是平均只要查找一半表(链)便能找到合适的空闲块;分配后所剩余的空闲块很小,难以再利用;回收时需要在整个链表上搜索地址相邻的空闲区,较为复杂。

注意:首次适应算法是按照空闲分区的起始地址递增排序,最佳适应算法是按照空闲分区的长度递增排序。

④ 最差适应(worst fit)算法。最差适应算法与最佳适应算法正好相反,其空闲分区表或空闲分区链按分区大小递减的顺序排列。在给进程分配内存空间时,最前面的最大的空闲区就是先找到的分区。因此,如果第一个分区无法满足进程的内存需求,则内存分配失败,进程的内存请求不能响应。

最差适应算法特点是将所有空闲区中最大的一个分区分配,再把剩余空间变成一个新的小一些的空闲区,减少了剩余空间成为外碎片的可能;分配时只需查找一次就可以;但会造成过早用掉大的空闲区,剩余的分区长度会越来越小,无法运行大程序;回收较为复杂。

例:某一时刻,系统中有 J_1、J_2、J_3、J_4 4 道作业,其长度分别是 15KB、10KB、12KB、10KB。图 6.12 所示的是 4 道作业在内存中的分配情况,系统的空闲区表和已分区表。

J_5 和 J_6 两个新作业的长度分别为 4KB 和 12KB,按照首次适应算法、最佳适应算法和最差适应算法分别为这两个作业进行内存分配,其结果如下所述。

① 最先适应算法。空闲区表按照地址递增组织,分配作业 J_5 和 J_6 后的内存状态、系统

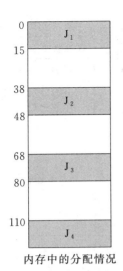

空闲区表

起始地址	长度
15KB	23KB
48KB	20KB
80KB	30KB

已分区表

起始地址	长度	作业名称
0KB	15KB	J$_1$
38KB	10KB	J$_2$
68KB	12KB	J$_3$
110KB	10KB	J$_4$

内存中的分配情况

图 6.12　4 道作业内存分配情况及相关表格

空闲区表和已分区表如图 6.13 所示。

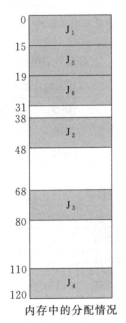

已分区表

起始地址	长度	状态
0KB	15KB	J$_1$
38KB	10KB	J$_2$
68KB	12KB	J$_3$
110KB	10KB	J$_4$
15KB	4KB	J$_5$
19KB	12KB	J$_6$

分配后的空闲区表

起始地址	长度
31KB	7KB
48KB	20KB
80KB	30KB

内存中的分配情况

图 6.13　最先适应算法分配后的内存分配情况及相关表格

②　最佳适应算法。空闲区表按照大小递增组织,分配作业 J$_5$ 和 J$_6$ 后的内存状态、系统空闲区表和已分区表如图 6.14 所示。

③　最差适应算法。空闲区表按照大小递减组织,分配作业 J$_5$ 和 J$_6$ 后的内存状态、系统空闲表和已分区表如图 6.15 所示。

(3) 可变分区的回收与拼接。当某一个进程执行完成并释放所占分区时,系统应进行回收,此时会出现以下 4 种情况。

①　若回收区只与上空闲区相邻接,即其低地址部分邻接一空闲区。此时将回收区与上

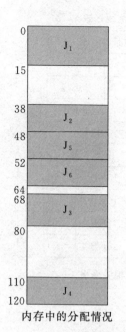

分配前空闲区表

起始地址	长度
48KB	20KB
15KB	23KB
80KB	30KB

分配后空闲区表

起始地址	长度
64KB	4KB
15KB	23KB
80KB	30KB

已分区表

起始地址	长度	作业名称
0KB	15KB	J_1
38KB	10KB	J_2
68KB	12KB	J_3
110KB	10KB	J_4
48KB	4KB	J_5
52KB	12KB	J_6

内存中的分配情况

图 6.14　最佳适应算法分配后的内存分配情况及相关表格

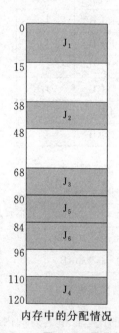

分配前空闲区表

起始地址	长度
80KB	30KB
15KB	23KB
48KB	20KB

分配后空闲区表

起始地址	长度
15KB	23KB
48KB	20KB
96KB	14KB

已分区表

起始地址	长度	作业名称
0KB	15KB	J_1
38KB	10KB	J_2
68KB	12KB	J_3
110KB	10KB	J_4
80KB	4KB	J_5
84KB	12KB	J_6

内存中的分配情况

图 6.15　最差适应算法分配后的内存分配情况及相关表格

空闲区合并,不必为回收区分配新表项,只需修改上空闲区的大小为二者之和即可,如图 6.16(a)所示。

② 若回收区只与下空闲区相邻接,即其高地址部分邻接一空闲区。此时将回收区与下空闲区合并,不必为回收区分配新表项,只需修改下空闲区的起始地址为回收区的起始地

址、大小为二者之和,如图 6.16(b)所示。

③ 若回收区与任何空闲区均不相邻接,即其高、低地址部分都不邻接一个空闲区。此时则需要为回收区建立一个新的表项,填写回收区的大小和起始地址,并将其插入空闲分区表(链)中相应的位置,如图 6.16(c)所示。

④ 若回收区与上、下空闲区均邻接,即其高、低地址部分均邻接一个空闲区。此时 3 个邻接的空闲区合并,即将下空闲区表项在空闲区表中删除,修改上空闲区表项中的长度为三者之和即可,如图 6.16(d)所示。

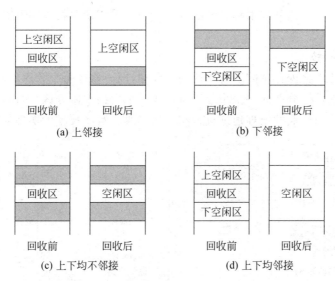

图 6.16　动态分区内存回收时情况

(4) 地址变换和分区保护。

① 地址变换。对可变分区可采用动态重定位装入方式,程序和数据的地址转换由硬件完成。硬件中设置两个专门控制寄存器:基址寄存器和限长寄存器。基址寄存器存放分给作业使用的分区的起始地址,限长寄存器存放作业占用的分区的长度。当作业占用 CPU 运行时,操作系统把该区的起始地址和长度存入基址寄存器和限长寄存器。作业执行时,硬件根据基址寄存器进行地址转换。

② 分区保护。

- 基址/限长保护法。系统需设置一对基址/限长寄存器,当进程被调度执行时,从该进程的 PCB 中把进程在内存的起始地址送入基址寄存器,分区长度送入限长寄存器。在进程执行过程中,CPU 每次访问内存前,都要自动将内存访问地址减去基址寄存器中的值,再与限长寄存器中的值进行比较。若超出限长,则产生地址越界中断。

- 保护键法。系统为每个分区设置一个保护键,它相当于一把锁。同时,为每个进程也设置一个相应的保护键,它相当于一把钥匙,存放在其程序状态字中。进程与其占用分区的保护键一一对应,但不一定相同。当执行进程要访问某个内存地址时,先要将该进程的保护键与分区的保护键进行比较,若不一致,则产生保护中断,不允许进程访问该内存地址。

6.3.4　动态可重定位分区分配

有些情况下,内存空间有若干个小的空闲分区,但每个分区都不能满足待装入程序的内存要求,可它们容量之和却大于程序的申请量。由于这些空闲分区不相邻接,故无法把该程序装入内存执行,造成内存利用率下降。

最简单的解决办法是定时或在给进程分配内存时把内存中的所有碎片合并成为一个大的空闲分区。实现的方法是移动某些已分配区的内容,使所有进程的分区紧挨在一起,而把空闲分区留在另一端。这种技术称为紧凑(或拼接)。采用紧凑技术的可变分区法称为动态可重定位分区法。

1. 紧凑(拼接)技术

紧凑(拼接)技术将内存中的所有作业进行移动,同时修改每个程序的起始地址,使空闲区全都相邻接。这样把分散的多个小分区拼接成一个大的空闲分区,大作业可装入该分区。紧凑之后要对被移动作业的物理地址进行相应的修改。紧凑技术的实现如图 6.17 所示。

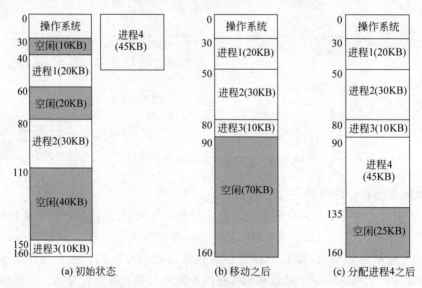

图 6.17　动态可重定位紧凑技术示意图

对于进行紧凑发生的时机,通常有两种方案。

(1)进程结束、释放所占用的分区时进行。这种方案总能保持连续的一个大空闲分区,但频繁紧凑,系统开销大。

(2)给进程分配空闲分区时进行。只有当各个空闲区都不能满足该进程的需求时才进行紧凑。这种方式紧凑次数少,但空闲区的管理较前种方案复杂。

紧凑技术虽然可以解决碎片问题,提高内存利用率,但也增加了系统开销,需要花费大量处理机时间,故应尽量减少紧凑的次数。

2. 动态重地位的实现过程

在动态可重定位分区中,加载程序时采用动态运行时装入方式,作业装入内存后的所有地址仍是逻辑地址,将逻辑地址转换为物理地址的工作推迟到程序指令执行时进行。系统中增设一个重定位寄存器,用它来存放程序或数据在内存中的起始地址。程序执行时,真正访问的物理地址是逻辑地址与重定位寄存器中的地址相加而形成的,图6.18给出了动态重定位的过程。

图6.18中所示进程逻辑地址长度为4500,其中地址为1024的指令为"Load 1,4096",即将逻辑地址为4096单元中数据3取到1号寄存器中。将逻辑地址与重定位寄存器中的地址相加,所得结果就是真正要访问的内存地址,即4096+8000=12096。

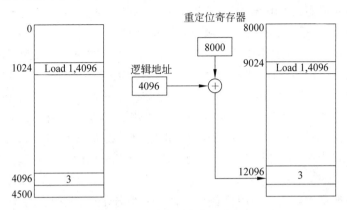

图6.18　动态重定位示意图

3. 动态可重定位分区分配的优缺点

优点是可以消除小碎片,提高内存利用率和系统并发执行程度。缺点是紧凑过程需要花费大量时间;进程存储区内可能有从不使用的信息,但不能淘汰;进程之间很难实现信息共享。

6.4　基本分页存储管理方式

分区管理方式存在着严重的碎片问题,这导致内存利用率低。虽然通过紧凑技术可以解决碎片问题,但系统代价较高。进程的连续存放,使其大小受分区大小的限制,大进程很难执行。并发进程之间不能实现信息共享,降低了系统资源利用率。分析所有这些问题产生的根本原因就是作业要求在内存中连续存放。当内存中无足够大的连续空闲区域时,作业无法装入或只能先移动部分作业出内存后才能装入。

能否把作业的连续逻辑地址空间分散存放到若干个不连续的内存区域中呢? 如果可行,如何保证作业地正确执行呢? 如果能分散存储,既可充分利用内存空间又可减少紧凑操作所带来的大量系统开销。此外,分散存储还有利于使用虚拟存储技术,实现在较小内存空间里运行较大的作业。

基于上述思想,人们提出了存储空间的离散分配方式。把作业划分成若干个较小的存储单位,将这些存储单位离散化地装入到不连续的内存分区中。离散分配方式是内存分配(即"放"字)中的另一种主要方式。

根据作业划分情况,离散分配方式分为分页存储管理方式和分段存储管理方式。根据作业运行前是否将作业全部装入内存(即是否引入了虚拟存储管理机制),又可细分为基本分页(段)存储管理方式和请求分页(段)存储管理方式。基本分页(段)存储管理方式要求作业在内存中不一定连续,但要求在作业执行前把作业一次性全部装入内存。请求分页(段)

存储管理方式不要求作业在执行前一次性装入,只需部分装入即可执行。

6.4.1 基本概念

1. 页面

分页存储管理是将一个进程的逻辑地址空间分成大小相等的若干片,这样的片被称为页或页面。程序的页面从 0 开始编号,称为页号。一般情况下,进程长度不会刚好是页面大小的整数倍,进程的最后一页往往装不满,会形成页内碎片。

页式存储管理中,页面大小应适中。若页面太小,虽可减小页内碎片,提高内存利用率,但会使每个进程占用较多页面,进程的页表过长,增加内存存放页表的开销。反之,若页面太大,虽可减小页表长度,但会增大页内碎片。系统一般采用的页面大小在 512B～8KB 之间。为了便于实现动态地址变换,页面大小通常采用 2 的整数次幂。例如:Intel Pentium 设定的页面大小为 4KB～4MB,IBM AS/400 设定的页面大小为 512B,DEC Alpha 设定的页面大小为 8KB,Ultra SPARC 设定的页面大小为 4KB～4MB。

2. 物理块

页式存储管理将物理内存空间按页面大小划分为若干个存储块,每个存储块称为物理块,也称为页框或块。内存的所有物理块从 0 开始编号,称为块号。每个物理块内也从 0 开始依次编址,称为块内地址。

注意:页式管理方案中,页和物理块的大小相等,消除了外碎片,但每个进程的最后一页通常存在内碎片。页式管理中的块号是唯一的,每个物理块都有一个唯一的块号。由于每个物理块大小相等,因此可由块号直接求得物理块的起始地址。

在装入程序时,内存以物理块为单位进行分配,进程页面在内存中可以占据地址不连续的物理块,从而实现内存的离散化分配。

3. 地址结构

采用页式管理时,用户程序中的逻辑地址仍然是连续的、一维的。用户在编制程序时,只需使用连续的逻辑地址,而不必考虑如何去分页。在运行程序时,系统自动将逻辑地址分为页号和页内地址两部分。地址的高位部分为页号,低位部分为页内地址(又称为页内偏移地址)。例如:一个具有 32 位地址、页面大小为 4K 的逻辑地址结构如图 6.19 所示。

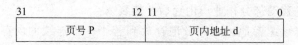

图 6.19　分页存储管理的逻辑地址结构图

分页存储管理方式中进程的逻辑地址分为页号 P 和页内地址 d 两部分。在图 6.19 中,逻辑地址长度为 32 位。其中,页内偏移为 12 位,则页大小为 $2^{12}B=4KB$;页号为 20 位,故一个进程最多可包含 2^{20} 页,页编号为 $0～(2^{20}-1)$。进程逻辑地址空间如超出 $(2^{20}-1)$ 页,则不能在此分页存储管理方式下运行。

若进程的一个逻辑地址为 A,系统规定页面大小为 L,则该逻辑地址的页号 P 和页内地址 d 可按下述公示求得:

$$P=INT\left[\frac{A}{L}\right]$$

$$d = [A] \, MOD \, L$$

其中 INT 是整除函数,MOD 是取余函数。逻辑地址被分成页号和页内地址是由硬件地址分页结构自动完成的,用户在编程时只需使用逻辑地址,无须考虑逻辑地址所对应的页号和页内地址。

注意:页内地址 d 的长度决定了页的大小。采用分页存储管理方案后,进程逻辑地址空间的大小并没有发生改变。分页存储管理中的地址空间仍是一维的,程序员编程时无须考虑页号,系统会自动把用户在程序中使用的一维逻辑地址划分为页号和页内地址两部分。

4. 页表

分页管理方式虽允许将进程的各个页离散地存储在内存中的不同物理块中,但进程运行时,系统应能在内存中准确地找到各个物理块。为此,系统需记录进程逻辑页与内存物理块之间的对应关系,这往往通过操作系统为每个进程建立的页面映像表来实现,页面映像表常简称为“页表”。

进程的每个页面对应于页表中一个页表项。页表项中记录了该页面对应的内存物理块号。进程执行时,通过查找页表即可找到每个页面在位置。可见,页表的作用是实现从页号到物理块号的映射。页表访问频繁,常存放在内存中。

图 6.20 给出了一个用户进程的页表示意图。

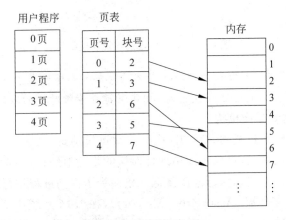

图 6.20　页表示意图

6.4.2　基本分页管理的地址变换机构

1. 地址变换机构

分页存储管理方式中的地址转换需要页表寄存器(PTR)的支持。系统中设置一个页表寄存器,其中存放页表的内存始址和页表长度。进程未处于执行态时,页表始址和页表长度存放在本进程的 PCB 中。当调度程序调度到某进程时,才将该进程的这两个数据装入页表寄存器中。

逻辑地址到物理地址的地址变换过程是:系统自动将该逻辑地址分为页号和页内地址两部分;然后是越界判断,即将页号和页表寄存器中页表长度进行比较,如果页号大于页表长度,则产生越界中断;否则通过下述公式计算该表项在页表中的位置,无须进行顺序查找:

页表寄存器中的页表起始地址+页号×页表项长度

得到页表项的位置后,从中读出该页对应的物理块号;将物理块号和逻辑地址中的页内地址拼接得到物理地址,在把它装入到地址寄存器中。

物理地址计算公式为:

$$物理地址＝物理块号×块长＋块内地址$$

分页系统的地址变换机构如图 6.21 所示。

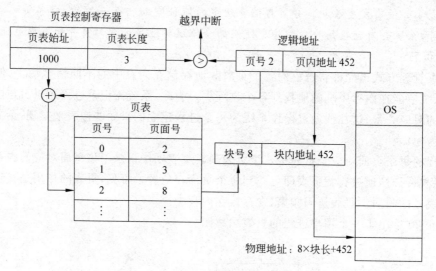

图 6.21　页式管理的地址变换机构

注意:在页式管理中,页面和物理块大小相等,块内地址即是页内地址。因此,分页管理方式地址变换的实质就是通过查找页表,找到逻辑页号所对应的物理块号。

2. 具有快表的地址变换机构

从分页存储地址转换过程可以看出,执行一次逻辑地址的读/写操作需要两次访问内存。一次访问内存中的页表,以确定逻辑地址对应的物理地址;另一次是根据物理地址进行读/写操作。显然,这使得进程执行速度降低一倍。为了提高进程执行速度,引入了快表。

快表又称为联想寄存器(Associative Memory),在 IBM 系统中成为 TLB(Translation Lookaside Buffer),它是一个具有并行查询能力的特殊高速缓冲寄存器,用于存放当前作业近期访问的页表项。快表比主存更为昂贵,所以只能把一部分页表项放入快表,一般只存储16~256 个页表项。快表的格式如图 6.22 所示。

页号	块号	访问位	状态位
1	10	0	1
…	…	…	…

图 6.22　快表格式示意图

其中,访问位指示该页最近是否被访问过,通常"0"表示没有被访问,"1"表示访问过;状态位指示该寄存器是否被占用,通常"0"表示空闲,"1"表示占用。

具有快表的地址变换过程是:系统先将逻辑地址中的页号与快表中的所有页表项进行比较,若访问的页号在快表命中,则立即读出其对应的物理块号,并与页内地址拼接形成物理地址,然后按此物理地址访问内存。这种情况下,只需访问一次内存即可。当被访问的页号不在快表内(即没命中)时,只能在页表中找到其对应的物理块号形成物理地址。同时将该页表项存入快表的一个存储单元中(所花费的时间可忽略不计),更新快表。若快表此时已满,置换其中访问位为"0"的一个页表项。实际中,查找快表和查找页表是同时进行的,一旦在快表中找到要查找的页号,立即停止页表的查找。快表命中率越高,访问时间就越短。具有快表的地址变换过程如图 6.23 所示。

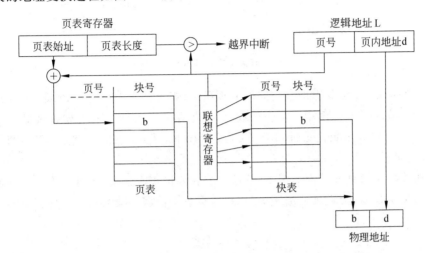

图 6.23 具有快表的地址变换过程

为了保证快表中的内容为现正运行程序的页表内容,在进程开始执行时,由恢复现场进程把快表的所有状态位清"0";进程切换时,恢复获得执行进程的快表内容。

快表的存取速度比内存快,但造价高,故容量不能太大。因快表存储空间有限,不能将进程的所有页表项放入其中,所以不能保证每次查询都能在快表中找到所需页号对应的物理块号。如果找到了,称之为命中。一般快表的命中率可达 90% 以上,这样,分页带来的速度损失就可降低到 10% 以下。快表的有效性基于著名的程序局部性管理,在下一章中将有详细的介绍。采用快表和页表相结合的方式,可有效提高系统动态地址变换的速度,是一种常见的选择。

6.4.3 多级页表

现代计算机系统一般都支持非常大的逻辑地址空间($2^{32} \sim 2^{64}$)。在这样的环境下,一个进程的页表本身就变得非常大,而且页表需占用连续的内存空间,这给内存管理造成了极大负担。

例如,对于一个具有 32 位逻辑地址空间的分页系统,如规定页面大小为 2KB 即 2^{11}B,则每个进程页表中的页表项最多可达 $2^{(32-11)} = 2^{21} = 2\mathrm{M}$ 个。假设每个页表项占用 1 个字节,每个进程的页表最多可占用 $2\mathrm{M} \times 1 = 2\mathrm{MB}$ 的内存空间,而且要求地址连续。因此,内存很难满足多个并发进程的页表存储要求。

为了解决这个问题,内存管理对页表也采用分页存储的方式进行存储,出现了两级页表或多级页表。

(1) 两级页表。将进程的整个页表按物理块的大小进行分页存储,分成若干个存放页表的页面即页表页面,页表页面可离散地存入不连续的物理块中,不要求连续的内存空间。为了能在内存中找到每个页表页面对应的物理块,为页表再建立一张页表,称之为外层页表,其页表项中记录了页表页面的物理块号。两级页表的逻辑地址结构划分为3个部分,如图6.24所示。

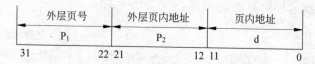

图 6.24　两级页表的逻辑地址结构图

例如一个具有 32 位逻辑地址空间的分页系统,规定页面大小为 4KB 即 2^{12}B,每个页表项占用 4 个字节。每页可存储的页表项数目为 $2^{12}/4=2^{10}=1$K。在逻辑地址结构中可以用 $0\sim11$ 位(共 12 位)表示页内地址;$12\sim21$ 位(共 10 位)表示外层页内地址,$22\sim31$ 位(共 10 位)表示外层页号。

上例所述的两级页表结构如图 6.25 所示。在两级页表情况下,外层页号和外层页内地址的位数都少了很多,两级页表都明显缩短了,页表不再需要很大的连续内存空间。

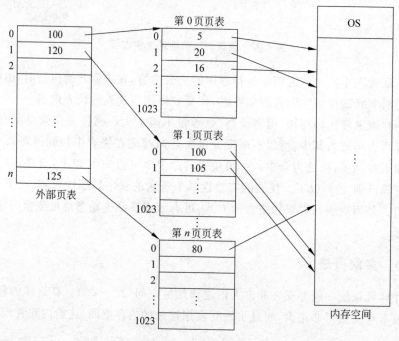

图 6.25　两级页表结构

为了实现两级页表的地址变换,系统中需设置一个外层页表寄存器来存放当前执行进程的外层页表起始地址。地址变换时,利用逻辑地址中的外层页号作为外层页表的索引,找到指定页表页面的物理块号,之后在页表页面中找到与逻辑页对应的物理块号,用该物理块号和页内地址即可形成物理地址,地址变换过程如图 6.26 所示。

从图 6.26 中可知,采用两级页表的地址转换中,一次存储访问操作需要访问 3 次内存,

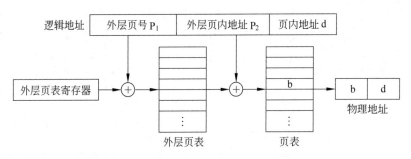

图 6.26 具有两级页表的地址变换机构图

第 1 次访问外层页表,第 2 次访问页表,第 3 次访问存放指令或数据的内存单元,降低了程序执行速度。

(2) 多级页表。对于 32 位逻辑地址空间的计算机,采用两级页表结构是合适的。对于 64 位逻辑地址空间的计算机,如仍然采用两级页表结构,则会使页表的大小变得不可接受。参考上述解决办法,将外层页表再进行分页,继续增加页表的级数来减少页表的大小,直到每一级的页表大小适中,这导致了多级页表结构的出现。Sun 公司的 Solaris 操作系统基于 SPARC 处理器,该处理器支持三级页表结构,32 位的 Motorola 68030 处理器支持 4 级页表结构。

多级页表解决了大页表连续存储问题,但是增加了访问内存的次数,使得程序和数据的访问时间进一步增大。在多级页表体系中可采用多级快表机制,缩短逻辑地址的访问时间。

6.4.4 页面的共享与保护

在分页存储管理系统中,各个进程都有自己的物理存储空间。它所访问的每一个逻辑地址都被硬件支持的地址转换机构转换成自身物理存储空间中的物理地址。因此,进程的一切活动被限制在自己的物理存储空间内。

系统中有许多程序和数据可供多个进程共享,如编辑程序、编译程序、解释程序、公共子程序等。为了实现共享,各个进程必须将这些共享程序和数据纳入到自己的物理地址空间。为此,系统中引入了可重入技术。

1. 可重入技术

可重入代码又称为纯代码(Pure Code),它是一种不允许任何进程对其修改的代码。事实上,大多数代码在执行时都可能发生改变。为了保证可重入代码不被修改,每个进程中都配以局部数据区,把进程执行中改变的代码拷贝到该数据区。这样一来,进程只需对该数据区(属于该进程私有)中的内容进行修改,无须改变共享代码,此时共享代码成为可重入码。

2. 共享的实现

进程的逻辑地址空间通常由多个页面组成,其中既包括自己的代码和数据页面,也包括操作系统或者其他进程的共享页面。

页面共享指的是一个页面同时供多个进程使用,如图 6.27 所示。各共享进程对系统提供的共享页面可能具有不同的访问方式。例如,对于"共享程序"页面,通常只允许共享进程执行,不允许写入;而对于"共享数据"页面,可能既允许一部分进程读,也允许一部分进程写入。这就带来了一个必须高度重视的问题,即用户访问权限问题。

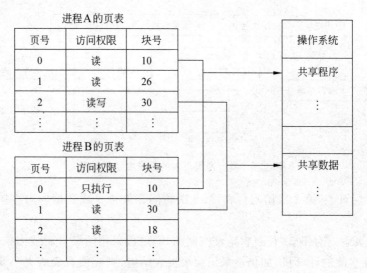

图 6.27　进程共享示例

为了实现对共享页面的安全访问,系统在进程的页表中增加一些控制位,用于说明各个页面的访问控制信息。比如,一个页面是否可读、可写或可执行,以及某个页面是属于系统的,还是属于用户的。系统对不具有访问权限的进程停止其访问共享页面,并产生访问中断。

3. 页的保护

分页存储管理系统可以为内存提供两种保护方式。一种是地址越界保护,通过比较地址变换机构中的页表长度和所要访问的逻辑地址中的页号来完成。另一种是通过页表中的访问控制信息来实现对内存页面访问提供保护。如果用户本次操作与存取控制字段允许的操作不相符,则系统产生保护性中断,终止用户的本次操作。

6.4.5　基本分页存储管理优缺点

基本分页存储管理方式的主要优点如下。
(1) 内存利用率高。
(2) 一个进程不必连续存放、没有外碎片。
(3) 每个进程平均拥有半页的内碎片。
(4) 便于改变进程占用内存空间的大小。
基本分页存储管理方式的主要缺点如下。
(1) 采用动态地址映射进行地址变换,增加了进程执行开销,降低了进程执行速度。
(2) 页表要占用一定的内存空间,系统建立和管理页表也需要一定的系统开销。
(3) 每个进程的最后一页一般装不满,存在页内碎片。
(4) 如果共享内容跨页存放,则不易于实现共享。
(5) 进程需要全部装入内存,增加了内存的存储压力。

6.5 基本分段存储管理方式

如果说促使存储管理方式从分区方式发展到分页方式的主要原因是提高内存空间利用率,那么引入分段存储管理方式的主要原因是为了满足用户编程和使用上的需要,以前介绍的存储管理方式难以满足这些要求。

6.5.1 分段存储管理的引入

就用户而言,页式存储管理将进程逻辑地址空间按页划分显得极不自然。用户通常是以逻辑段为单位进行编程的,如主程序段、子程序段、数据段、堆栈段等,段是进程信息的逻辑单位,具有完整的意义。用户在编程时能感觉到段的存在,而感觉不到页的存在。

分页系统中,页是存放信息的物理单位,其本身没有完整意义,不便于实现信息共享。而用户编程时使用的段更便于实现信息共享。

在多道程序环境下,操作系统必须采取一定的保护措施,防止进程对其他进程在内存中的数据进行有意或无意的破坏。信息保护和信息共享类似,以段为单位进行信息保护更易于实现。

动态链接技术中也要求以段为管理单位,分段存储管理更便于实现动态链接。

6.5.2 基本分段管理的地址结构

1. 分段

在分段存储管理方式中,作业的地址空间按照用户编程时划分的段被分为若干部分。每个段定义了一组逻辑信息,有自己的段名。为了方便操作,通常用一个从 0 开始编号的段号来代替段名。进程各段在内存中可以不连续存放,但每段要求在内存中连续存放。内存中各段的长度由用户程序中的段长决定,因此进程的各段长度不等。

注意:*分段管理方式中,段的长度不等;分页管理方式中,所有页的长度相等。*

2. 地址结构

由于进程的地址空间分成多个段,因此段式管理方式中,用户使用的逻辑地址是二维的,由段号(段名)和段内地址(段内偏移量)所组成,如图 6.28 所示。

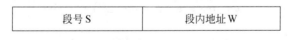

段号 S	段内地址 W

图 6.28　分段存储的地址结构图

注意:*在分页式存储管理中,逻辑地址划分为页号和页内地址,这是由操作系统完成的,用户感觉不到。分段式存储管理中,段号和段内地址必须由用户提供,在高级语言中,这个工作常由编译程序完成。*

3. 段表

在采用分段存储管理的系统中,为使进程正常运行,系统为每个进程建立了一张把逻辑段映射成段在物理内存中起始地址的段映射表,简称段表。每个段在段表中占有一个表项,记录了该段在内存中的起始地址(又称为"基址")和段的长度,如图 6.29 所示。段表的作用是实现从段号到物理地址的地址映射和指定段长的作用。段表由于经常访问,一般常驻内存。

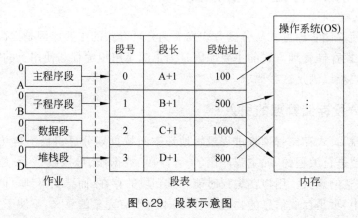

图 6.29　段表示意图

6.5.3　基本分段管理的地址变换机构

系统设置一个段表寄存器,用于存放段表在的内存始址和段表长度。分段管理中的地址变换过程与分页管理中的地址变换过程非常类似,如图 6.30 所示。

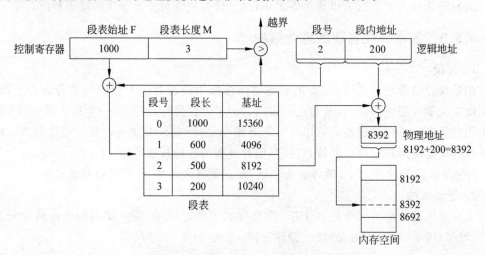

图 6.30　基本分段管理的地址变换过程

基本分段管理中逻辑地址到内存物理地址的地址变换过程为:首先,将逻辑地址中的段号与段表长度进行比较,如果段号>段表长度,则产生越界中断;否则,由段表寄存器中的段表起始地址和段号,计算出该段对应段表项的地址。

段表项地址=段表起始地址+段号×段表表项长度

然后,检查段内偏移量是否超过该段的段长,若超过,发出越界中断信号;否则将该段的基址与段内偏移量相加,得到要访问的物理地址。物理地址计算公式为:

物理地址=段始址+段内地址

从上述地址转换过程可以看出,与分页类似,执行一次逻辑地址访问要访问两次内存。一次是访问段表,以确定所取数据或指令的物理地址;另一次是根据得到的物理地址访问内存单元。同分页管理一样,系统利用快表机构来减少段表的访问次数,提高进程执行速度。由于段的长度一般大于页的长度,一个进程的段表往往比页表小,段表项在快表中的可能性更大,快表的命中率更高,能比分页管理更快地实现地址变换。

6.5.4 分段共享与保护

1. 分段共享

在可变分区存储管理中,每个进程只占用一个分区,不允许各进程有公共区域。当各进程都要用某个例行程序时,只好在各自的区域内各放一个副本。这无疑增加了内存冗余,降低了内存使用效率。

在分段存储管理中,每个进程由按逻辑意义划分的几个段组成,易于实现信息共享和保护。段的共享可通过不同进程段表中的段表项指向同一个段基址来实现的,如图 6.31 所示。并发进程间共享的例行程序可放在一个段中,只要让进程的共享部分有相同的段始址即可。采用分段方式实现信息共享比分页方式相对容易得多。

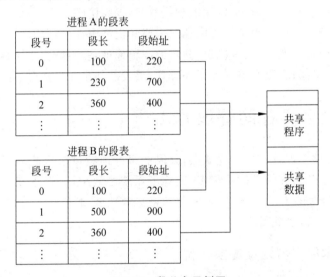

图 6.31　段共享示例图

2. 分段保护

在多道程序环境中,为了保证段的共享,以及进程的顺利执行,必须对段进行保护,如规定某共享段只能读,不能写,进程向该区域写入信息时将遭到系统拒绝并产生中断。

由于每个段都是独立的逻辑单位,因此易于实现存储保护。分段保护主要有以下两种方法。

(1) 地址越界保护法。执行访问内存指令时,系统首先将逻辑地址中的段号与段表长度进行比较,若段号超过段表长度,则产生地址越界中断;然后再将段长与逻辑地址中的段内地址进行比较,若段内地址超过段长,则也产生地址越界中断,从而保证了各进程只能访问自己的内存空间。

(2) 存取方式控制保护法。存取方式控制保护法需要对段表进行扩充,通过增加"存取控制项"来实现对段的保护。在存取控制项中,规定了对该段的访问方式。进程每次对段的访问都要与该段的存取控制项进行核对,只有符合规定的访问才允许进行,否则产生中断。

6.5.5　基本分段存储管理优缺点

基本分段存储管理的优点是没有内碎片,外碎片可以通过紧凑技术来消除;便于改变进程占用空间的大小;便于对具有完整逻辑功能的信息段进行共享和保护;便于实现动态链接。其主要缺点是存在大量的外碎片;进程的各段需要全部装入内存才能运行。

6.5.6　分页和分段的主要区别

分段管理和分页管理都采用离散分配方式,且地址变换都需要硬件支持,但两者也存在着诸多不同。

段是信息的逻辑单位,每一段在逻辑上是一组相对完整的信息集合,对用户是可见的;段的大小不固定,它由进程完成的功能决定;分段的逻辑地址是二维的,各个模块在链接时可以每个段组织成一个地址空间;分段无内碎片有外碎片;段可以充分实现共享和保护;通常段比页大,因而段表比页表短,可以缩短查找时间,提高访问速度。

页是信息的物理单位,是为了管理内存的方便和提高内存的利用率而划分的,对用户是透明的;页的大小固定不变,由系统决定;分页的逻辑地址是一维的,各个模块在链接时必须组织成同一个地址空间;分页有内碎片无外碎片;页式的共享和保护受到限制。

6.6　基本段页式存储管理方式

分段和分页存储管理方式各有优缺点,分段能很好地满足用户的需要,易于实现共享、保护及动态链接,但其内存管理碎片很多,影响了系统的效率;分页管理中,内存划分规整,易于管理,但不利于实现共享。于是,人们想到将二者结合,取长补短,这样就形成了一种新的存储管理方式——段页式管理。

6.6.1　基本原理与地址变换机构

1. 基本原理

段页式存储管理是分段和分页管理的结合,其基本思想是:每个进程仍按逻辑分成若干段,每段不是按单一的连续整体存放到内存中,而是把每个段再分成等长的若干个页,段中的页可存放在不连续的内存块中,段不必占据连续的内存空间。

这种方式下,对于用户来说,进程是分段管理的,但物理内存空间仍然是分页管理的。因此系统要将用户眼中的段式存储管理转换成物理内存所需的页式存储管理,这个转换工作可由段表和页表共同来实现。图 6.32 给出了一个进程的地址空间结构。该进程有主程序、子程序段 1、子程序段 2 和数据段 4 个段,页面大小规定为 4 KB。

2. 逻辑地址、页表与段表

在段页式管理方式中,用户逻辑地址空间是二维的,其地址结构由段号、段内页号及页内地址三部分所组成,如图 6.33 所示。

在段页式系统中,每个进程需有一个段表,段表中的段表项记录各逻辑段所对应页表的页表始址和页表长度。段表负责把逻辑段变换成段所对应页表的起始地址。由于每个分段

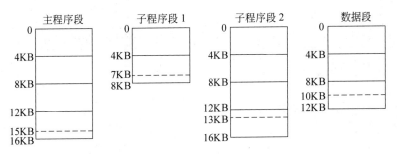

图 6.32　段页式存储中的作业地址空间

段号 S	段内地址 W	
	段内页号 P	页内地址 D

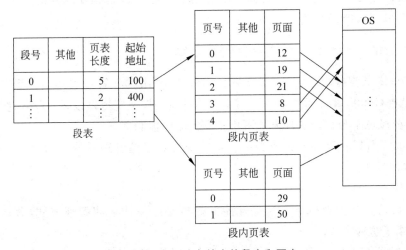

图 6.33　段页式存储的地址结构

又被分成若干个固定大小的页面，系统还须为每个段建立了一张页表，用于把段中的虚页变换成内存中的物理块，同时页表中还需记录每一段包含的页数，如图 6.34 所示。

图 6.34　段页式存储中的段表和页表

3. 基本段页式管理的地址变换机构

为了便于实现地址变换，系统中通常配置一个段表寄存器，用于存放段表始址和段表长度。段页式存储管理中由逻辑地址到物理地址的地址变换过程是：首先利用段号，将它与段表长度进行比较，若段号＞段表长度，表示越界；否则未越界，于是再利用段表始址和段号来求出该段所对应的段表项在段表中的位置，从中得到该段的页表始址；然后利用逻辑地址中的段内页号和页表始址来获得对应页表项在页表中的位置，从中读出该页所在的物理块号；最后再利用块号和页内地址来构成物理地址，如图 6.35 所示。

注意：在段页式管理方案中，进程的每一段平均就有半页碎片。而在基本页式管理方案中，平均每个进程有半页碎片。由于每个进程往往都有多个段，所以段页式管理方案比页式管理方案具有更多的页内碎片。

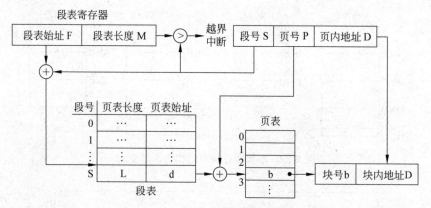

图 6.35　段页式系统的地址变换过程

由上述步骤可知,在段页式系统中,为了访问内存单元中的一条指令或数据,须访问三次内存。第一次访问是访问内存中的段表,从中取得页表始址;第二次访问是访问内存中的页表,从中取出该页所在的物理块号,并将该块号与页内地址一起形成指令或数据的物理地址;第三次访问才是真正从第二次访问所得的物理地址中,读取指令或数据。同样可以采用快表等措施,减少对内存的访问次数。

6.6.2　Intel 80386 段页式存储管理机制

Intel 80386 既支持段式管理,又支持页式管理,采用哪种管理方案属于操作系统的职责,80386 从硬件上提供管理机制。Intel 80386 可向操作系统提供以下 4 种存储管理方式。

(1) 不分段也不分页。这种方式可用于高性能的控制器。

(2) 分页不分段。这种方式成为一个单纯的页式存储管理系统,操作系统 UNIX/386 就采用了这种方式。

(3) 分段不分页。

(4) 段页式存储管理机制。这是性能最好最好的一种存储管理方式,著名操作系统 OS/2 就采用了这种方式。

下边我们详细介绍一下 Intel 80386 段页式存储器管理机制中的地址变换过程。

Intel 80386 中的分段机制先把逻辑地址转换成线性地址,然后用分页机制把线性地址转换为物理地址。

逻辑地址都由一个段地址和偏移量组成,它程序中对存储器地址的一种表示方法,逻辑地址由两部分组成:段地址和段内偏移地址。当分页机制被禁止使用时,线性地址就成了物理地址了。在把一个逻辑地址转换成相应的线性地址过程中,分段机制在把逻辑地址主要进行了以下操作,如图 6.36 所示。

(1) 检查段选择其中的段选择符,确定段描述符保存在哪一个描述符表中(GDT 还是 LDT 中)。

(2) 段选择符的索引字段乘以 8,计算段描述符在描述符表(GDT 或者 LDT,由上一步决定)中的相对地址。描述符表的首地址保存在 GDTR 控制寄存器或者 LDTR 控制寄存器中。

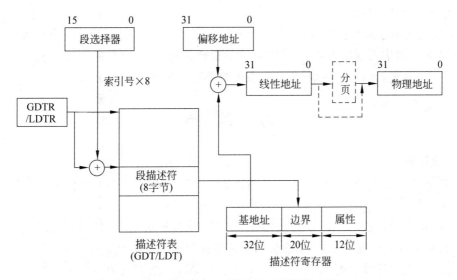

图 6.36 逻辑地址到线性地址的转换过程

（3）段描述中的基地址（base）字段的值就是段基地址，加上逻辑地址中的偏移地址，就得到了线性地址。

线性地址再经过分页机制的处理，得到最终的物理地址。

分页机制可将一个线性地址转换成相应的物理地址。图 6.37 给出了采用两级页表时，分页机制把线性地址转换成物理地址的变换过程。在这个过程中，分页机制主要执行了以下操作。

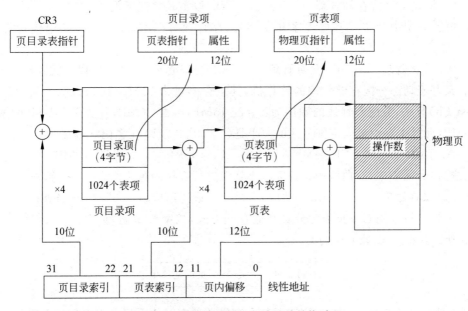

图 6.37 线性地址到物理地址的转换过程

（1）页目录基地址寄存器 CR3 提供页目录的页框地址（即页目录基地址），以页目录基地址为开始，加上线性地址中的页目录索引的值，在页目录表中找到页目录项，从页目录项中可得到页表的基地址值。

（2）以页表的基地址值开始，加上线性地址中的页表索引的值，在页表中查找到相应的页表项，从页表项中得到物理页指针（即页框的物理首地址）。页框的物理地址加上线性地址中的页内偏移量，就得到了线性地址在页框内的物理地址。

习 题 6

一、选择题

1. 要保证一个程序在主存中被改变了存放位置后仍然能正确执行，则对主存空间应采用（　　）。

    A. 静态重定位　　　B. 动态重定位　　　C. 动态分配　　　D. 静态分配

2. 在以下存储管理方案中，不适合用于多道程序设计系统的是（　　）。

    A. 单用户连续分配　　　　　　　　　B. 固定式分区分配

    C. 可变式分区分配　　　　　　　　　D. 页式存储管理

3. 在可变式分区分配方案中，某一作业完成后，系统收回其主存空间，并与相邻空闲区合并，为此需要修改空闲区表，造成空闲区数减 1 的情况是（　　）。

    A. 无上邻空闲区，也无下邻空闲区　　　B. 有上邻空闲区，但无下邻空闲区

    C. 有下邻空闲区，但无上邻空闲区　　　D. 有上邻空闲区，也有下邻空闲区

4. 不会产生内部碎片的存储管理是（　　）。

    A. 分页式存储管理　　　　　　　　　B. 分段式存储管理

    C. 固定分区式存储管理　　　　　　　D. 段页式存储管理

5. 操作系统中为实现多道程序并发，对内存管理可以有多种方式，其中代价最小的是（　　）。

    A. 分区管理　　　B. 分页管理　　　C. 分段管理　　　D. 段页式管理

6. 某基于动态分区存储管理的计算机，其主存容量为 55MB（初始为空），采用最佳适配（Best Fit）算法，分配和释放的顺序为：分配 15MB，分配 30MB，释放 15MB，分配 8MB，分配 6MB，此时主存中最大空闲分区的大小是（　　）。[2010 年全国统考真题]

    A. 7MB　　　　B. 9MB　　　　C. 10MB　　　　D. 15MB

7. 空白分区表中，空白区按其长度由小到大进行查找的算法称为（　　）算法。

    A. 最佳适应　　　B. 最差适应　　　C. 最先适应　　　D. 先进先出

8. 某计算机采用二级页表的分页存储管理方式，按字节编制，页大小为 2^{10} 字节，页表项大小为 2 字节，逻辑地址结构为

页目录号	页号	页内偏移量

逻辑地址空间大小为 2^{16} 页，则表示整个逻辑地址空间的页目录表中包含表项的个数至少是（　　）。

    A. 64　　　　　B. 128　　　　　C. 256　　　　　D. 512

9. 一个分段存储管理系统中，地址长度为 32 位，其中段号占 8 位，则最大段长

是(   )。

    A. 2^8 字节   B. 2^{16} 字节   C. 2^{24} 字节   D. 2^{32} 字节

10. (   )存储管理方式提供一维地址结构。

    A. 分段   B. 分页   C. 分段和段页式   D. 以上都不对

11. 采用段页式存储管理时,一个程序如何分段是在(   )决定的。

    A. 分配主存时   B. 用户编程时   C. 装作业时   D. 程序执行时

12. 在一页式管理系统中,页表内容如下表所示:若页的大小为 4KB,则地址转换机构将逻辑地址 0 转换成的物理地址为(   )。

    A. 8192   B. 4096   C. 2048   D. 1024

页号	块号
0	2
1	1
3	3
4	7

13. 当系统发生抖动(Transhing)时,可以采取的有效措施是(   )。[2011 年全国统考真题]

Ⅰ. 撤销部分进程

Ⅱ. 增大磁盘交换区的容量

Ⅲ. 提高用户进程的优先级

    A. 仅Ⅰ   B. 仅Ⅱ   C. 仅Ⅲ   D. 仅Ⅰ、Ⅱ

14. 采用分页或分段管理后,提供给用户的物理地址空间(   )。

    A. 分页支持更大的物理空间   B. 分段支持更大的物理空间

    C. 不能确定   D. 一样大

15. 快表在计算机系统中是用于(   )的。

    A. 存储文件系统   B. 与主存交换信息

    C. 地址变换   D. 存储通道程序

二、综合题

1. 存储器管理的对象是什么?

2. 内存管理具有哪些功能?

3. 简述动态重定位和静态重定位的区别。

4. 在动态分区存储管理中,当某一个进程执行完成释放所占分区时,系统应如何回收?

5. 某操作系统采用动态分区分配存储管理方法,用户区为 512KB 且始址为 0,用空闲分区表管理空闲分区。若分配时采用分配空闲区低地址部分的方案,且初始时用户区的 512KB 空间空闲,对下述申请序列:申请 300KB,申请 100KB,释放 300KB,申请 150KB,申请 30KB,申请 40KB,申请 60KB,释放 30KB。回答下列问题:

(1) 采用首次适应算法,空闲分区中有哪些空块(给出始址、大小)?

(2) 采用最佳适应算法,空闲分区中有哪些空块(给出始址、大小)?

(3) 采用最差适应算法,空闲分区中有哪些空块(给出始址、大小)?

(4) 如再申请 100KB,针对(1)、(2)和(3)各有什么结果?

6. 某分页存储管理系统中用户空间共有 32 个页面,每页 1KB,主存 16KB。试问:

(1) 逻辑地址的有效位是多少?

(2) 物理地址需要多少位?

(3) 假定某用户进程只有 4 页,其第 0,1,2,3 页分别分配的物理块号为 5,10,4,7,试将虚地址 0A5C、053C 和 103C 变为物理地址。

7. 有一页式系统,其页表存放在主存中:

(1) 如果对主存的一次存取需要 1.5μm,试问实现一次页面访问的存取时间是多少?

(2) 如果系统中增加了快表,平均命中率为 85%,当页表项在快表中时,其查找时间忽略为 0,试问此时的存取时间为多少?

8. 某系统采用页式存储管理策略,拥有逻辑空间 32 页,每页 2KB,拥有物理空间 1MB。

(1) 写出逻辑地址的格式。

(2) 进程的页表有多少项?

(3) 如果物理空间减少一半,则页表中页表项数怎样改变?

9. 具有两级页表的页式存储管理与段页式存储管理有何差别?

10. 对于下表所示的段表,请将逻辑地址[0,137],[1,4000],[2,3600],[5,230]转换成物理地址。

段号	内存地址	段长
0	50KB	10KB
1	60KB	3KB
2	70KB	5KB
3	120KB	8KB
4	150KB	4KB

11. 在段式存储管理中,段的长度可否大于内存的长度?在段页式存储管理中呢?

12. 在页式存储管理中,页的划分对用户是否可见?在段式存储管理中、段的划分对用户是否可见?在段页式存储管理中,段的划分对用户是否可见?段内页的划分对用户是否可见?

13. 请比较段式存储管理与页式存储管理的优点和缺点。

第 7 章　虚拟存储管理

随着用户程序功能的增强,其长度也不断增加,执行时所需内存空间越来越大,有时很容易突破物理内存的大小,导致进程无法运行。引入多道程序设计技术后,操作系统允许内存中同时存放多道进程,这更加大了进程对内存的需求。为了执行比内存容量大的程序和提高系统并发执行程度,现代操作系统中多采用虚拟存储技术。虚拟存储技术通过统一管理主、辅存空间,从逻辑上扩充主存容量,给用户造成一种系统内具有巨大主存空间供用户使用的"假象"。

本章内容可精炼为 8 个字"部分装入,部分对换"。"部分装入"是指只把运行进程在最近一段时间里活跃的那一部分内容放入主存,这部分内容往往只占整个程序数据的一小部分,这增加了内存中能同时存放的进程数。"部分对换"是指选择部分进程(或进程的某些部分)暂时从主存移到作为虚拟存储器的辅存,以腾出主存空间供其他进程(或进程的某些部分)使用。无论是覆盖技术还是交换技术都是基于这 8 个字。

本章先介绍虚拟存储器概念,然后讲解覆盖与交换技术,最后介绍常见的虚拟存储器管理方案:请求分页管理、请求分段管理和请求段页式管理。

【本章学习目标】

- 虚拟存储器概念。
- 覆盖和交换技术。
- 请求分页存储管理的逻辑地址结构、段表结构、地址变换过程、缺页中断。
- 请求分页系统的页面置换算法。
- 请求分段存储管理的逻辑地址结构、段表结构、地址变换过程、缺段中断。
- 请求段页式存储管理的地址变换过程。

7.1　覆盖与交换技术

第 6 章介绍的内存管理对进程大小有严格限制。当进程要求运行时,系统将进程的全部信息一次性装入内存,并一直驻留内存直至进程运行结束。当进程大于内存可用空间时,该进程则无法运行。这些管理方案不仅限制了在计算机系统上开发较大程序的可能,也限制了系统中进程的并发执行程度。覆盖与交换是解决内存紧张的两种存储管理技术,它们对内存进行了逻辑上的扩充。

7.1.1　覆盖技术

内存是十分宝贵的资源,且经常出现内存不够用的情况。为了解决这一矛盾,人们通过对进程执行过程的分析,提出了覆盖技术。

一个进程由若干个功能上相互独立的程序段组成。进程执行时,往往只用到其中的几段。基于这个事实,我们可以让那些不同时执行的程序段共用同一个内存区,从而降低进程的内存需求量。

覆盖技术是指在程序运行过程中,把同一存储区在不同时刻分配给不同程序段或数据段,它是实现存储区共享的一种内存分配技术。可相互覆盖的程序段叫覆盖段,可进行覆盖操作的内存区域叫做覆盖区。覆盖段不能超过已有内存空间大小,每个覆盖段分先后顺序进入系统分配的内存空间,后进入内存空间的段将先进入内存空间的段覆盖。采用覆盖技术后,系统可运行比物理内存空间大的进程。

覆盖技术通常与单一连续区分配、固定分区分配和动态分区分配等存储管理技术相结合使用。每一个用户程序都被分为若干程序段,一部分是经常要用的基本部分,作为常驻程序;其余部分不经常使用,可令它们在需要时再装入内存。通常,系统将进程常驻部分放在内存中的固定区,其余部分放在内存中的覆盖区。

例如,某进程的程序段由 A、B、C、D、E、F、G 共 7 个程序段组成,它们之间的调用关系如图 7.1 (a)所示。

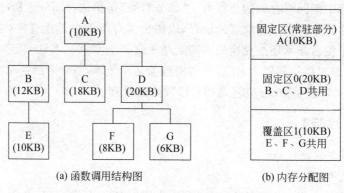

(a) 函数调用结构图 (b) 内存分配图

图 7.1 覆盖技术示例

程序段 A 调用程序段 B、C 和 D,程序段 B 调用程序段 E,程序段 D 调用程序段 F 和 G。可以看出,A 是常驻程序,程序段 B、C、D 互不调用,所以它们可共享同一内存区,共享内存区的长度由它们中的最大段决定。同理、程序段 E、F、G 可共享另一内存区。从图 7.1(b)中可以看出,程序 B、C、D 中的最大长度为 20KB,E、F、G 中的最大长度为 10KB。采用覆盖技术,该进程所需的内存空间总量为 10KB+20KB+10KB=40KB。如不采用覆盖技术,该进程所需容量是所有程序段的和,共计 84KB。

覆盖技术要求操作员对作业有全面的了解,以便为系统提供一个清晰的覆盖结构。由于覆盖的划分依据主要来自各程序段之间的调用关系,因此,一个进程究竟划分为多少段,其中哪些程序段可以共享同一块存储区,只有程序设计人员最清楚。如果操作员不是程序员,那么覆盖技术就难以实现。对于一个规模较大或比较复杂的程序来说,用户难以分析和建立它的覆盖结构。因此,覆盖技术主要应用于系统程序,很少应用于用户程序。

通过以上分析我们可以看出,覆盖技术是将解决内存不足的问题交给了程序员,程序员必须自己指明哪些段是覆盖段,这给程序员编程带来了额外负担。

7.1.2　交换技术

在多道程序环境下,内存中的某些进程由于种种原因阻塞,暂时不能运行。但它们却占用了大量的内存空间,甚至有时可能出现内存中所有进程都被阻塞而迫使 CPU 空闲等待的极端情况。与此同时,外存上的后备作业队列中却又有许多作业等待执行,苦于没有可用内存空间而无法实现。显然这是对内存资源的一种浪费,造成系统吞吐量下降。为了解决这一问题,系统又增设了交换(也称对换)功能。

交换技术是系统根据需要把内存中暂时不能运行的进程或暂时不用的部分程序和数据移到外存,以便腾出足够的内存空间,把外存中已具备运行条件的进程或部分程序和数据换入,使其运行。交换是提高内存利用率的一种有效措施,它打破了一个程序一旦进入主存便一直运行到结束的限制。处理机三级调度中的中级调度就是采用交换技术。

为了实现交换技术,系统必须能实现两方面的功能:对换空间的管理、进程的换出与换入。

1. 对换空间的管理

在具有对换功能的操作系统中,通常把外存分为文件区和对换区。前者用于存放文件,后者用于存放从内存换出的进程。由于文件都是较长久地驻留在外存上,故对文件区管理的目标是提高文件存储空间的利用率。为此,系统对文件区一般采取离散分配方式。进程在对换区中驻留的时间是短暂的,频繁进行对换操作,故对对换空间管理的主要目标是提高进程的对换速度。为此,对换区通常采取连续分配方式,较少考虑对换区的碎片问题。对换区通常作为磁盘的一整块,独立于文件系统。

为了能对对换区中的空闲盘块进行管理,系统应配置相应的数据结构来记录外存的使用情况。与内存动态分区分配方式中所用数据结构相似,常采用空闲分区表或空闲分区链。空闲分区表中的每个表目中应包含两项,即对换区的首址及其大小,可分别用盘块号和盘块数表示。

2. 进程的换出和换入

每当一进程由于创建子进程而需要更多的内存空间时,如此时系统无足够的空闲内存空间供该进程使用,系统可将某进程暂时换出。其过程是系统首先选择处于阻塞状态且优先级最低的进程作为换出进程,然后启动磁盘,将该进程的程序和数据传送到磁盘的对换区上。若传送过程未出现错误,便可回收该进程所占用的内存空间,并对该进程的进程控制块做相应的修改。

换出的进程最终还要被换入内存。操作系统应定时查看系统内所有进程状态,在系统允许的条件下,从磁盘中找出处于就绪状态且换出时间最久的进程,把它从磁盘换入内存,供调度程序调度执行。

覆盖与交换是解决大作业与小内存矛盾的两种存储器管理技术,它们实质上是对内存进行逻辑扩充。覆盖技术的关键是需要程序员提供正确的覆盖结构,交换技术不要求程序员给出程序段之间的覆盖结构。两者的共同点是仅将当前要执行的进程部分放在主存中,其他部分放在外存上,内外存之间在需要时进行信息交换。

交换技术在使用上要注意以下 4 点。

(1)要有足够大、足够快的备份存储空间,供系统进行交换操作时直接访问。通常使用磁盘作为备份存储空间。

（2）必须确保换出进程处于非运行状态。

（3）内存空间紧张时进行交换，当内存空间不紧张时暂停。

（4）为了提高 CPU 的利用率，系统通常要保证进程的执行时间比进程的交换时间要长。

注意：交换技术主要是在进程之间进行，而覆盖技术用在同一进程中。

覆盖技术主要应用于早期的操作系统中；交换技术被广泛地应用于支持虚拟存储技术的存储器管理中。

7.2 虚拟存储管理

从 20 世纪 70 年代初以后，操作系统中广泛使用虚拟存储技术。现今几乎所有的主流操作系统都采用虚拟存储技术来管理内存。其基本思想是用软硬件技术把内存与外存这两级存储器当成一级存储器来用，给用户提供了一个比内存也比任何应用程序大得多的虚拟存储器。用户编程时几乎不用考虑内存限制，这给用户编程带来极大方便。此外，虚拟存储管理只要求把进程在最近一段时间内的执行部分装入主存，这有利于在主存中同时存放多道进程，提高系统的并发执行程度。

7.2.1 程序局部性原理

1. 程序局部性原理

程序局部性原理是指程序在执行时将呈现出局部性规律，即在一较短的时间内，程序的执行往往集中地访问某一部分内存区域中的指令或数据；相应地，它所访问的存储空间也局限于某个存储区域。

局部性原理表现在下述两个方面。

（1）时间局部性。程序中的某条指令一旦执行，不久以后该指令还可能被再次执行；如果某数据被访问过，则不久以后该数据还可能被再次访问。产生时间局部性的典型原因是由于在程序中存在着大量的循环、子程序调用、频繁访问常用变量及数据结构等现象。

（2）空间局部性。一旦程序访问了某个存储单元，在不久之后，其附近的存储单元也可能被访问，即程序在一段时间内所访问的内存物理地址可能集中在一定的范围之内。典型情况便是程序的顺序执行、访问线性数据结构、访问相邻位置存放的数据或变量等。此外，程序中的分支语句和调用子程序语句只是将程序的访问空间从内存中一处移到另外一处，转移后的执行过程中仍具有空间局部性。

2. 虚拟存储器的引入

常规存储器管理方式要求将进程内容全部装入内存后才能运行；进程装入内存后，便一直驻留在内存中，直至运行结束。这两个特征使得比内存大的进程不能运行，也限制了系统中并发执行进程的数量。前面所介绍的各种存储器管理方式都属于常规存储器管理方式。

由局部性原理我们可知，一个进程执行时，没有必要全部装入内存，只需把进程当前执行所涉及的程序和数据放入内存即可，其余部分可随进程的执行动态装入。这样一来，计算机系统好像为用户提供了一个存储容量比实际内存容量大得多的存储器，给用户造成一种

"错觉"——当前存储器比实际物理存储器要大得多,我们称这个用户感觉到的存储器为虚拟存储器。

虚拟存储器允许用户使用的逻辑地址空间远大于物理内存地址空间。虚拟地址空间的理论容量上由计算机的地址结构决定,但实际容量由物理内存容量与辅存中用于虚存的容量之和决定,即:

虚拟存储器容量＝物理内存容量＋辅存中用于虚存的容量

虚拟存储器的实际容量要小于其理论容量,如图 7.2 所示。

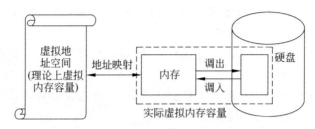

图 7.2　虚拟存储器的组织机构

虚拟存储器实际上是为扩大内存容量而采用的一种管理技巧。引入虚拟内存后,用户可使用的逻辑地址空间为内存和外存的容量之和,运行速度接近于内存,每位的成本接近于外存。

实现虚拟存储管理需解决以下 3 个关键问题。

(1) 系统必须记录哪些信息已在内存中,哪些信息尚未装入内存。

(2) 如果作业要访问的信息不在内存中,系统如何找到这些信息并把它们装入内存。

(3) 在把欲访问的信息装入内存时,发现内存中已无空闲区域时,采取何种措施处理。

由此可见,虚存必须要有辅存的支持,没有辅存,作业的全部信息就没地方保存。内存可看成是辅存中进程全部信息的部分拷贝。此外,要实现虚拟存储,内存管理必须采用不连续的存储管理方案,这样才能实现一个进程分多次调入内存。在下面的讲解中,请读者仔细体会虚拟存储器技术在分页和分段管理方案中是如何应用的。

7.2.2　虚拟存储器及其特征

1. 虚拟存储器的定义

虚拟存储器是指具有请求调入功能和置换功能的、能从逻辑上对内存容量加以扩充的一种存储器系统。

虚拟存储器是一种假想存储器,而不是物理存在的存储器。它允许用户程序以逻辑地址来寻址,不必考虑物理上可获得的实际内存大小。这种将物理空间和逻辑空间分开编址但又统一管理和使用的技术给用户编程提供了极大的方便。

虚拟存储器的基本思想是:应用程序在运行之前仅将那些当前要运行的少数页面或段先装入内存便可运行,其余部分放在磁盘上。程序在运行时,如果它所要访问的页(段)已调入内存,便可继续执行下去;但如果程序所要访问的页(段)尚未调入内存(称为缺页或缺段),此时程序应利用操作系统提供的请求调页(段)功能,将它们调入内存,以使进程能继续执行下去。如果此时内存已满,无法再装入新的页(段),则还须再利用页(段)的置换功能,将内存中暂时不用的页(段)调至磁盘上,在腾出足够内存空间后,将要访问的页(段)调入内存,使程序继续执行。

虚拟存储技术的原理与交换技术类似,它们间的区别在于:交换技术是以进程为单位进行交换的;而虚拟存储技术是以页或段为单位进行交换的。虚拟存储技术是存储管理方式与交换技术相结合的产物,按照结合方式可以划分为请求分页存储管理、请求分段存储管理和请求段页式存储管理3种形式。

2. 虚拟存储器的特征

(1)多次性。一个作业被分成多次调入内存运行。多次性是虚拟存储器最重要的特征,与常规存储器管理的一次性相对应。

(2)对换性。系统允许作业在运行过程中进行换进、换出操作。换进和换出操作能有效地提高内存利用率。

(3)虚拟性。虚拟性是指从逻辑上扩充内存容量,并非实际存在。用户感觉到的很大的虚拟存储容量实际上是一种"假象"。

7.3 请求分页存储管理方式

请求分页存储管理又称为请求调页存储管理,它建立在基本分页基础之上,为了支持虚拟存储功能而增加了请求调页功能和页面置换功能。

当进程因访问不在内存的页面引发缺页中断时,由操作系统根据进程的中断请求把所缺页面装入内存。由请求调入策略装入的页一定会被进程访问,再加之比较容易实现,故在目前的虚拟存储器中,大多采用此策略。请求分页已成为目前最为常用的一种虚拟存储技术。

请求分页管理技术需要得到系统硬件和软件两方面的支持才能实现,下面逐一进行介绍。

7.3.1 请求分页中的硬件支持

硬件上除了支持请求分页存储管理的内存和外存外,还应有相应的页表和地址变换机构,以及出现缺页时的中断响应机制等。

1. 页表

在请求分页系统中所用的主要数据结构仍是页表,其基本作用是将用户地址空间中的逻辑地址变换为内存空间中的物理地址。请求分页存储系统中,进程只有一部分页面进入内存。因此,页表要记录哪些页面在内存中,哪些不在内存中。如不在内存中,页表还要记录页面的外存位置,以便当某个需要运行的页不在内存时,系统能够立即找到它,并将它换入内存。

请求分页存储管理的页表结构如图7.3所示。

页号	物理块号	状态位P	访问字段A	修改位M	外存地址D
⋮	⋮	⋮	⋮	⋮	⋮

图7.3 请求分页管理的页表结构

（1）状态位 P：用于指示该页是否已调入内存，供程序访问时参考。如果不在内存，则产生缺页中断。

（2）访问字段 A：用于记录本页在一段时间内被访问的次数，或记录本页最近已有多长时间未被访问，供页面置换算法选择换出页面时参考。

（3）修改位 M：表示该页在调入内存后是否被修改过，供选择换出页面时参考。当页面被修改过时，操作系统将设置该位。一般来讲，内存中的所有页面在外存中都有副本，但修改后的页面，外存中没有副本。当产生页面置换时，操作系统尽量不淘汰修改过的页面。因为，修改过的页面淘汰时，必须要回写磁盘，替换掉原来的副本，而没有修改过的页面淘汰时不用回写磁盘，只需用新页面覆盖即可。

（4）外存地址 D：用于指出该页在外存上的地址，通常是物理块号，供换入页面时使用。

2. 请求分页管理的地址变换机构

请求分页系统中的地址变换机构以基本分页系统的地址变换机构为基础，增加了实现虚拟存储器的某些功能。当系统调度某个进程时，将其页表首地址装入 CPU 中的页表寄存器中。执行指令时，先将指令中逻辑地址的高端部分（即页号）与页表长度进行比较，判断其是否越界。越界则产生中断，若没越界则由页号和页表首地址检索页表，看该页是否在内存。若已在内存，按基本分页管理的地址变换方法直接生成物理地址，并修改页表中相应的访问标志和修改标志。如果该页不在内存，则产生缺页中断信号，通过中断处理过程将所缺的页从硬盘装入内存。请求分页管理的地址变换机构如图 7.4 所示。

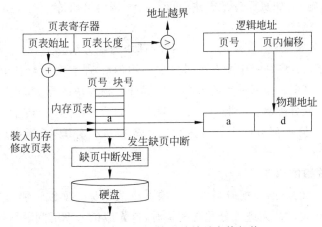

图 7.4　请求分页管理的地址变换机构

3. 缺页中断机构

缺页中断与一般的中断不同，它不是在一条指令执行完成后产生的，而是在指令执行期间产生。当 CPU 希望访问一个不在内存的页时，需要通过磁盘 I/O 将其调入内存。期间，该进程的执行将被中断，放到阻塞队列中，由缺页中断来完成缺页处理。此时，指令计数器的值尚未来得及增加就被压入堆栈，压入的断点是本次被中断的指令地址，而不是下一条指令的地址。然后，系统通过缺页中断程序将缺页装入内存，中断处理结束。当缺页的进程恢复运行时，进程还要重新执行产生缺页中断的指令。在缺页存储管理方式中，一条指令的执行也可能会产生多次中断。

图 7.5 给出了当访问的页不在内存中时，请求分页内存管理方案如何把所缺页面从虚

存调入主存的流程。

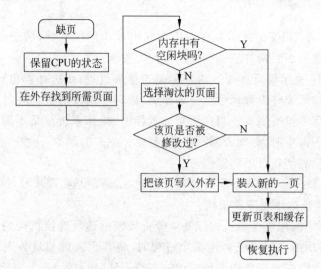

图 7.5　请求分页管理缺页中断处理流程图

7.3.2　请求分页中的软件支持

请求分页存储管理系统的软件支持主要体现在缺页中断的处理过程和为了降低缺页率而采取的一系列措施,诸如页面分配方法、页面调入、调出策略等。

1. 物理块分配算法

在采用固定分配策略时,常采用以下 3 种物理块分配方法。

① 平均分配算法:将系统中所有可供分配的物理块,平均分配给各个进程。

② 按比例分配算法:根据进程的大小按比例分配物理块的算法。

③ 考虑优先权的分配算法:把内存中可供分配的所有物理块分成两部分:一部分按比例地分配给各进程;另一部分则根据各进程的优先权进行分配,适当增加高优先权进程的份额。

2. 最小物理块数的确定

请求分页系统中的页面分配应当以减少缺页率为目标。实践证明,进程占用的存储容量越小,缺页率就越大。在为进程分配物理块时,首先应该考虑的问题是保证进程正常运行所需的最少物理块数(称为最小物理块数)。若系统为某进程所分配的物理块数少于此值时,进程将无法运行,这主要取决于系统中的指令格式和寻址方式。

3. 对换区管理

在虚拟存储系统中,将外存分为文件区和对换区。文件区存放用户文件;对换区存放换入换出的页面或段。为了提高换入换出的速度,对换区常采用连续分配方式。

如果被淘汰的页面或段在执行期间没有被修改过,则不必回写外存,因为外存的可执行文件中存有它的磁盘正本;如果被淘汰页面已被修改过,则将其回写到外存的对换区中。在对换区驻留的页面或段因进程请求而被再次调入内存时,要释放其占用的对换区空间。

7.3.3 页面置换算法

当进程产生缺页中断时,若内存已无空闲空间时,为保证该进程能正常运行,系统必须依据一定的算法从内存中选择某页程序或数据送磁盘的交换区中,所采用的算法称之为页面置换算法(Page-Replacement Algorithms)。页面置换算法的好坏直接影响系统的整体性能。

由于下列因素,使得页面置换算法设计比较困难。

(1) 分给每个进程的物理块数。

(2) 页面置换时,是否仅限于产生缺页中断的进程。

为了衡量一个置换算法的优劣,先介绍几个概念。

假定进程 Pi 共有 m 页,系统分配给它的物理块数为 n,这里 m>n。开始时,内存没有装入任何信息。假设进程 Pi 在运行中成功访问的次数为 S,不成功的访问次数为 F(即产生缺页中断的次数),作业执行过程中总的访问次数为 A。

$A=S+F$;置换次数 $R=F-n$;缺页率 $f=F/A$;命中率 $s=S/A$;置换率 $r=R/A$。

影响缺页率 f 的因素有内存物理块数、页面大小、页面置换算法和程序特性。其中页面置换算法的选择非常重要。一个好的页面置换算法应使内存和外存间信息交换次数尽量少。最简单且不追求效率的置换算法是随机算法,其需要置换的页面通过随机数来确定。但随机算法的执行效果不高,经常出现把将要访问页面置换到外存的现象,该算法一般不被采用。下面介绍几种比较典型的、应用较为广泛的页面置换算法。

1. 最佳(Optimal,OPT)置换算法

最佳置换算法是一种理想化的页面置换算法。其所选择的被淘汰页面将是以后永不使用的,或是在将来很长时间内不再被访问的页面。

采用最佳置换算法,通常可保证获得最低的缺页率。但实际当中,系统往往无法判定一个进程在内存的若干页面中,哪一个页面是未来最长时间内不再被访问的。因此,该算法是无法实现的,但可以用它去评价其他算法的优劣。

2. 先进先出(FIFO)置换算法

这种算法的出发点是先装入内存者先被置换。其总是先淘汰那些驻留在内存时间最长的页面。该算法实现简单,可采用一个先进先出的队列实现,不需要硬件的支持。

3. 最近最久未使用(LRU)置换算法

最近最久未使用的页面置换算法是根据页面调入内存后的使用情况进行决策的。由于无法预测各页面将来的使用情况,只能利用"最近的过去"作为"最近的将来"的近似。LRU置换算法是选择最近最久未使用的页面予以淘汰。

注意:最佳置换算法是"向后看(将来)"选择淘汰页面,LRU 则是"向前看(过去)"选择淘汰页面。

LRU算法的实现,需要硬件的支持,可采用以下方法来实现:

(1) 计时法。系统为内存中的每个页面设置一个计时器,用来记录该页面自上次被访问以来所经历的时间。当访问某个页面时,该页面的计时器从 0 开始计时;淘汰页面时,选择计时器中值最大的页面淘汰。

(2) 移位寄存器法。系统为内存中的每个页面设置一个移位寄存器,初值设为 0。当进程访问某页时,将该页对应寄存器的最高位置为1,然后每隔一段时间(如50ms)将寄存器值右移一位,最高位补0。最近最久未使用的页面即是最小数值的寄存器所对应的页面,当发生缺页中断时,淘汰该页面。

(3) 堆栈法。系统设置一个特殊的堆栈用来存放内存中每个页面的页号。每当访问一页时就调整一次,使栈顶始终是最新被访问页面的页号,栈底是最近最久未使用的页号。当发生缺页中段时,总是淘汰栈底页号对应的页面。

4. 简单时钟(Clock)置换算法

因 LRU 置换算法需要硬件的支持,故对其简化,得到 Clock 置换算法。当采用 Clock 算法即 LRU 的近似算法时,只需为每页设置一位访问位,再将内存中的所有页面都通过链接指针链接成一个循环队列。当某页被访问时,其访问位被置1,而不考虑此页被访问了几次。置换算法在选择一页淘汰时,只需检查页的访问位 A。如果是0,就选择该页换出;若为1,则将它置0,暂不换出,而给该页第二次驻留内存的机会,再按照 FIFO 算法检查下一个页面。当检查到队列中的最后一个页面时,若其访问位仍为1,则再返回到队首去检查第一个页面。由于该算法是循环地检查各页面的使用情况,故称为 Clock 算法。但因该算法只有一位访问位,只能用它表示该页是否已经使用过,而置换时是将未使用过的页面换出去,故又把该算法称为最近未用算法 NRU(Not Recently Used),它是 LRU 和 FIFO 的折中。

下边我们举一个典型例子,分别采用以上4种页面置换算法进行置换。

某系统为一进程分配4个物理块,块号分别是0,1,2,3,依次存放的进程页面号为6、4、3、1。4个物理块组织成环状,当前指针指向第2号块,如图7.6(a)所示。若进程要访问第5页,该页没在内存物理块中存放,需要进行页面置换。由于第2号块的访问位 A=1,不能置换。将其 A 置为0,指针前进到第3号块。依次处理,直到第0号块时,才找到第一个 A=0 的页面进行置换。置换后,第0号块内存放5号页,指针指向第1号块,如图7.6(b)所示。

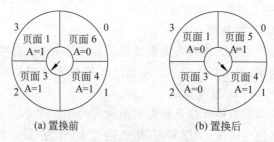

(a) 置换前　　　　　　　　　　(b) 置换后

图 7.6　Clock 算法示例

5. 改进型时钟置换算法

在改进型 Clock 算法中,除须考虑页面的使用情况外,还须再增加一个页面修改因素,即置换代价。其在选择页面换出时,既要是未使用过的页面(访问位用 A 表示),又要是未被修改过的页面(修改位用 M 表示)。把同时满足这两个条件的页面作为首选淘汰的页面,这种算法称为改进型 Clock 置换算法。

在淘汰一个页面时,淘汰修改过的页面比淘汰未被修改过的页面开销要大。因为如淘汰页面被修改过,必须将它重新写回磁盘;如淘汰的是未被修改过的页面,就不需要写盘操作。所以,采用将页表中的"访问位"和"修改位"结合起来使用可以改进时钟页面置换算法。"访问位"和"修改位"一共有 4 种组合情况。

① 最近没有被访问,没有被修改(A＝0,M＝0);

② 最近被访问,没有被修改(A＝1,M＝0);

③ 最近没有被访问,但被修改(A＝0,M＝1);

④ 最近被访问,也被修改过(A＝1,M＝1)。

于是,改进的时钟算法如下执行。

第 1 步:选择最佳淘汰页面。从指针当前位置开始,扫描循环队列。扫描过程中不改变"访问位",把遇到的第一个 A＝0,M＝0 的页面作为淘汰页面。

第 2 步:如果第 1 步失败,指针回到了起始位置,开始查找 A＝0 且 M＝1 的页面,把遇到的第一个这样的页面作为淘汰页面,在扫描过程中需要把指针扫过页面的"访问位"A 置 0。

第 3 步:如果第 2 步失败,指针再次回到了起始位置。由于此时所有页面的"访问位"A 均已为 0,再转向第 1 步操作,必要时再做第 2 步操作,这样一定可以挑出一个可淘汰的页面。

改进型时钟置换算法的主要优点是没有被修改过的页面会被优先选出来,淘汰这种页面时不必回写磁盘,从而节省访问时间。但查找一个淘汰页面可能会经过多轮扫描,算法的实现开销较大。

6. 页面置换算法举例

例如:某进程在一段时间内的页面访问串为:1,2,3,4,2,6,2,1,2,3,7,6,3,2,1,2,3,6。假定系统共分配给该进程 4 个物理块,当发生页面置换时,分别用 Optimal 置换算法、FIFO 置换算法、LRU 置换算法和 Clock 置换算法进行页面置换,计算各种置换算法中出现多少次缺页中断、多少次置换,缺页率和置换率各为多少。

假设给定的物理块初始为空,首次访问时会发生缺页中断,但不发生页面置换,所以:

$$置换次数＝缺页次数－物理块数$$

(1) Optimal 置换算法。第一个置换发生在时刻 6,因为页 4 是以后永不使用的,故淘汰页 4;第二个置换发生在时刻 11,因为页 1 是在将来最长时间内不再被访问的页面,淘汰页 1;第三个置换发生在时刻 15,因为页 7 是以后永不使用的,淘汰页 7。

该进程运行时缺页情况如表 7.1 所示。

表 7.1　Optimal 置换算法的进程运行情况图

时刻	1	2	3	4	5	6	7	8	9	10	11	12	13	14	15	16	17	18
引用串	1	2	3	4	2	6	2	1	2	3	7	6	3	2	1	2	3	6
物理块	1	1	1	1	1	1	1	1	1	1	7	7	7	7	1	1	1	1
		2	2	2	2	2	2	2	2	2	2	2	2	2	2	2	2	2
			3	3	3	3	3	3	3	3	3	3	3	3	3	3	3	3
				4	4	6	6	6	6	6	6	6	6	6	6	6	6	6
缺页标记	+	+	+	+		+					+				+			

缺页次数为：7 次；置换次数为：3 次；缺页率为：（7/18）×100％＝38.9％；置换率为：（3/18）×100％＝16.7％。

（2）FIFO 置换算法。第 1 个置换发生在时刻 6，因为页 1 是最先进入的页面，淘汰页 1；第 2 个置换发生在时刻 8，因为页 2 是最先进入的页面，淘汰页 2；第 3 个置换发生在时刻 9，因为页 3 是最先进入的页面，淘汰页 3；第 4 个置换发生在时刻 10，因为页 4 是最先进入的页面，淘汰页 4；以后依次类推。该进程运行时缺页情况如下表 7.2 所示。

表 7.2　FIFO 置换算法的进程运行情况图

时刻	1	2	3	4	5	6	7	8	9	10	11	12	13	14	15	16	17	18
引用串	1	2	3	4	2	6	2	1	2	3	7	6	3	2	1	2	3	6
物理块	1	1	1	1	1	6	6	6	6	6	7	7	7	7	7	7	3	3
		2	2	2	2	2	2	1	1	1	1	6	6	6	6	6	6	6
			3	3	3	3	3	3	2	2	2	2	2	2	1	1	1	1
				4	4	4	4	4	4	3	3	3	3	3	3	2	2	2
缺页标记	+	+	+	+		+		+	+	+	+	+			+	+	+	

缺页次数为：13 次；置换次数为：9 次；缺页率为：（13/18）×100％＝72.2％；置换率为：（9/18）×100％＝50％。

（3）LRU 置换算法。第 1 个置换发生在时刻 6，因为页 1 是最近最久未使用的页面，淘汰页 1；第 2 个置换发生在时刻 8，因为页 3 是最近最久未使用的页面，淘汰页 3；第 3 个置换发生在时刻 10，因为页 4 是最近最久未使用的页面，淘汰页 4；以后依次类推。该进程运行时缺页情况如下表 7.3 所示。

表 7.3　LRU 置换算法的进程运行情况图

时刻	1	2	3	4	5	6	7	8	9	10	11	12	13	14	15	16	17	18
引用串	1	2	3	4	2	6	2	1	2	3	7	6	3	2	1	2	3	6
物理块	1	1	1	1	1	6	6	6	6	6	7	7	7	7	1	1	1	1
		2	2	2	2	2	2	2	2	2	2	2	2	2	2	2	2	2
			3	3	3	3	3	1	1	1	1	6	6	6	6	6	6	6
				4	4	4	4	4	3	3	3	3	3	3	3	3	3	3
缺页标记	+	+	+	+		+		+		+	+	+			+			

采用堆栈法时，该进程运行时缺页情况如表 7.4 所示。

表 7.4　堆栈法的进程运行情况图

时刻	1	2	3	4	5	6	7	8	9	10	11	12	13	14	15	16	17	18
引用串	1	2	3	4	2	6	2	1	2	3	7	6	3	2	1	2	3	6

				4	2	6	2	1	2	3	7	6	3	2	1	2	3	6
			3	3	4	2	6	2	1	2	3	7	6	3	2	1	2	3
物理块		2	2	2	3	4	4	6	6	1	2	3	7	6	3	3	1	2
	1	1	1	1	1	3	3	4	4	6	1	2	2	7	6	6	6	1
缺页标记	+	+	+	+		+		+		+	+	+			+			

缺页次数为:10 次;置换次数为:6 次;缺页率为:(10/18)×100%=55.6%;置换率为:(6/18)×100%=33.3%。

(4) Clock 置换算法。第一个置换发生在时刻 6,前一时刻指针在页面 1 处,四个物理块的访问位 A 都为 1,循环一周,将所有访问位置 0,指针回到页面 1 处,置换页面 1,之后指针下移到页面 2 处。第二个置换发生在时刻 8,前一时刻指针在页面 2 处,但是页面 2 之前刚访问过,所以访问位为 1,指针下移,到了访问位为 0 的页面 3,置换页面 3,之后指针下移到页面 4;依次类推。该进程运行时缺页情况如下表 7.5 所示。

表 7.5 **Clock 置换算法的进程运行情况图**

时刻	1	2	3	4	5	6	7	8	9	10	11	12	13	14	15	16	17	18
引用串	1	2	3	4	2	6	2	1	2	3	7	6	3	2	1	2	3	6
	1	1	1	1	1	6	6	6	6	6	7	7	7	7	7	7	3	3
物理块		2	2	2	2	2	2	2	2	2	6	6	6	6	6	6	6	6
			3	3	3	3	3	1	1	1	1	1	1	2	2	2	2	2
				4	4	4	4	4	4	3	3	3	3	3	1	1	1	1
缺页标记	+	+	+	+		+		+		+	+	+		+	+		+	

缺页次数为:12 次;置换次数为:8 次;缺页率为:(12/18)×100%=66.7%;置换率为:(8/18)×100%=44.4%。

7.3.4 页面调度性能

1. 抖动(或称颠簸)

若选用的页面置换算法不合适,可能会出现这种现象:刚被淘汰的页面又马上被调回内存,调回内存不久后又被淘汰出去,如此频繁进行,这种现象称为抖动(或称颠簸)。它使得系统中页面调度非常频繁,以致 CPU 大部分时间都花费在内存和外存之间的调入调出上。

引起抖动的原因通常与分配给进程的物理块数太少以及页面置换算法有关。解决抖动现象最根本、最有效的方法是控制系统中并发执行的进程道数,使得每个进程都能有足够多的内存空间使用,这通常需借助基于程序局部性原理的驻留集和工作集模型来实现。

2. 驻留集

所谓驻留集是指进程在内存中的页面集合,驻留集尺寸是进程驻留在内存中的页面数量。系统为了建立驻留集应采用一定的页面调入策略。

(1) 调页策略

为了将进程运行时所缺页面调入内存,可采取策略如下。

① 请求调页策略是指当进程在运行中发生缺页时,就立即提出请求,由系统将缺页调入内存。目前的虚拟存储器中,大多采用此策略。但这种策略在调页时系统开销较大,比如需频繁启动磁盘 I/O 操作。

② 预调页策略是一种主动的缺页调入策略,将那些预计在不久的将来会被访问的程序或数据所在的页面,预先调入内存。由于预测的准确性很难保证,如预测失误则造成更大系统开销,所以这种策略主要用于进程的首次调入。

(2) 驻留集的管理策略

① 内存分配策略

在请求分页系统中,可采取两种内存分配策略:固定分配策略和可变分配策略。

- 固定分配策略。在创建进程时,根据进程类型或程序员的要求,系统为每个进程在内存中分配一定数目的物理块,分配给进程的物理块数至少要能保证进程能正常运行,且在进程运行期间不再改变。采用这种分配策略,当产生缺页中断时,只能淘汰该进程中的一页,即使内存中还有空闲物理块,也不能分配给该进程。该策略缺少灵活性,效率不高。

- 可变分配策略。为每个进程分配一定数目的物理块。在进程运行中,当发现缺页时,可在内存中再找一个空闲块分配给该进程,即进程分得的物理块数可动态地改变。这种分配策略性能较好,应用在许多操作系统中。

② 页面置换策略。在进行置换时,也可采取两种策略:全局置换和局部置换。

- 全局置换。全局置换是指当进程在运行中发现缺页,且此时内存空间已满时,由操作系统从内存中按照某种页面置换算法选择一页调出内存,该页可以是内存中任一进程的页。

- 局部置换。局部置换指当进程产生缺页中断时,只能从该进程在内存的物理块中选择一页换出,分配给该进程的物理块数始终保持不变。

③ 页面置换策略通常要和内存分配策略配合使用,于是可组合成以下 3 种策略。

- 固定分配局部置换策略。这是一种静态分配策略。此策略为每个进程分配一固定页数的内存空间,在整个运行期间都不再改变。如果进程在运行中发现缺页,则只能从该进程在内存的固定页面中选出一页换出,然后再调入另一页,保证分配给该进程的内存空间不变。这种策略的好处是各进程的缺页局限在各自的空间内,不会干扰其他进程。

- 可变分配全局置换。系统为每个进程分配一定数目的物理块,而 OS 本身也保持一个空闲物理块队列。当某进程发现缺页时,由系统从空闲物理块队列中,取出一物理块分配给该进程,并将欲调入的缺页装入其中。当空闲物理块队列中的物理块用完时,OS 才能从内存中选择任一进程的一页调出,该页可能是系统中任一进程的页。这种策略可能使进程因缺页而相互干扰。

- 可变分配局部置换。系统为每个进程分配一定数目的内存空间;但当某进程发生缺页时,只允许从该进程在内存的页面中选出一页换出,而不影响其他进程的运行。

如果进程在运行的过程中频繁地发生缺页中断,则系统再为其分配若干个物理块,直到进程的缺页率降低到适当的程度为止。这种策略比较灵活,其关键是如何确定驻留集尺寸。

3. 工作集

为了解决抖动现象,基于局部性原理,提出了工作集概念。任何程序在局部性地放入内存时,都有一个临界值要求。当分配的物理块数小于这个临界值时,内存和外存之间的交换频率将会急剧增加,而内存分配大于这个临界值时,再增加分配的物理块并不能显著地减少交换次数。这个内存要求的临界值即为工作集。

工作集是指在某一时刻 t,进程最近 n 次内被访问的页面集合,数字 n 称为工作集窗口,即工作集的大小。如果整个工作集都在内存中,在进入下一个运行阶段之前进程的运行不会引起很多页面故障。如果内存太小无法容纳整个工作集,进程运行将引起大量的页面故障并且速度十分缓慢。

工作集模型的原理是:操作系统可以跟踪监视各个进程的工作集,其实主要是监视各个工作集的大小。若有空闲的物理块,则可以再调用一个进程到内存来增加多道程序的道数;若工作集的大小总和增加超过了所有可用物理块的数量总和,那么操作系统可以选择内存中的一个进程对换到磁盘中去,以减少内存中的进程数量,来防止抖动的发生。

7.3.5 影响缺页率因素

在请求分页存储管理方案中,进程在执行时,必然会产生缺页中断现象。但如果其出现过于频繁,则会影响系统的整体性能。下边我们分析一下影响缺页率的 4 个主要因素。

(1) 分配给作业的物理块数。进程的缺页率与进程所占物理块数成反比。分配给进程的物理内存块数太少是导致抖动现象发生的最主要的原因。实验分析表明:对所有的进程来说,要使其有效地工作,它在内存中的页面数不应少于它的总页面数的一半。

(2) 页面置换算法。好的页面置换算法会维持一个较低的缺页率。若页面置换算法不好,会造成缺页率很高,使系统出现抖动现象,它将严重影响系统的效率,甚至可能导致系统全面崩溃。

(3) 页面大小的选择。理论上讲,缺页中断率与页面尺寸成反比,但页面尺寸却不能一味地求大。页面大小一般在 0.5~4KB 之间,它是个实验统计值。

页面过大时,页表较小,其占内存空间少,查找页表速度快,缺页中断次数少,但页面置换时间长,页内碎片较大,内存浪费严重。

(4) 用户程序的编制方法。进程的缺页率与进程的局部化(包括时间局部化和空间局部化)程度成反比。如果用户程序编制方法不合适,可能导致程序运行的时空复杂度高,程序局部性原理体现的不明显,则会导致缺页次数增多。

7.3.6 Belady 现象

直观上,分配给进程的物理块越多,进程执行时发生的缺页次数就越小。但是在某些情况下,当分配的物理块多反而导致缺页次数更大,这种奇怪的现象称为 Belady 异常现象或FIFO 置换算法的异常现象。这主要是因为 FIFO 置换算法没有考虑进程局部性原理,频繁地把最先调入内存的、以后仍经常访问的页面置换出内存,导致缺页次数上升。

例如考虑下面的页访问串：4、3、2、1、4、3、5、4、3、2、1、5。采用 FIFO 页面置换算法，分别分配 3 个和 4 个物理块时，各会出现多少次缺页中断？

解：分配 3 个物理块时，该进程运行时缺页情况如表 7.6 所示。

表 7.6　分配 3 个物理块的进程运行情况图

时刻	1	2	3	4	5	6	7	8	9	10	11	12
引用串	4	3	2	1	4	3	5	4	3	2	1	5
物理块	4	4	4	1	1	1	5	5	5	5	5	5
		3	3	3	4	4	4	4	4	2	2	2
			2	2	2	3	3	3	3	3	1	1
缺页标记	+	+	+	+	+	+	+			+	+	

产生缺页中断的次数为 9 次。

分配 4 个物理块时，该进程运行时缺页情况如下表 7.7 所示。

表 7.7　分配 4 个物理块的进程运行情况图

时刻	1	2	3	4	5	6	7	8	9	10	11	12
引用串	4	3	2	1	4	3	5	4	3	2	1	5
物理块	4	4	4	4	4	4	5	5	5	5	1	1
		3	3	3	3	3	3	4	4	4	4	5
			2	2	2	2	2	2	3	3	3	3
				1	1	1	1	1	1	2	2	2
缺页标记	+	+	+	+			+	+	+	+	+	+

产生缺页中断的次数为 10 次。

对页面引用串 4，3，2，1，4，3，5，4，3，2，1，5。在内存中分配了 3 个物理块时发生了 9 次缺页中断，而当分配了 4 个物理块时发生了 10 次缺页中断。这种异常现象只会在 FIFO 算法里可能出现，不会在其他算法里出现。

FIFO 算法是基于队列实现的，会出现 Belady 异常现象。理论上可证明，堆栈类算法不可能出现 Belady 现象。LRU 算法是一种堆栈类算法，该算法不会出现 Belady 异常现象。

7.3.7　请求分页存储管理优缺点

请求页式存储管理的优点如下。

（1）主存利用率比较高。平均每个用户作业只浪费一半的页空间，内存规范易于管理。

（2）对磁盘管理比较容易。因为页的大小一般取磁盘物理块大小的整数倍。

（3）地址映射和变换的速度比较快。在把用户程序装入到主存储器的过程中，只要建立用户程序的虚页号与主存储器的实页号之间的对应关系即可，不必使用整个主存的地址长度，也不必考虑每页的长度等。

请求页式存储管理的缺点如下。

（1）程序的模块化性能不好。强制用户程序按照固定大小的页面来划分,完全忽略了程序段的存在。因此,请求分页存储器中一页通常不能表示一个完整的程序段功能。一页可能只是一个程序段中的一部分,也可能在一页中包含了两个程序段的部分内容。

（2）页表过长。虚拟存储器中的每一页在页表中都要占一个页表项。假设有一个页式虚拟存储器,它的虚拟存储空间大小为 4GB,每一页的大小为 1KB,则每个进程的页表中最多可含有 4M 个页表项。如果每个页表项占用 4 个字节,每个进程页表最大可达 16MB,占用内存空间较大。

7.4 请求分段存储管理方式

7.4.1 基本概念

请求分段存储管理方式是在基本分段存储管理方式的基础上发展起来的。它的思想是:为了让内存能够运行大型程序,系统将用户程序的所有段先放在外存中,用户程序执行时,系统再逐步从外存中调入所需的段进入内存。程序运行中需要调用某个段时,可通过缺段中断处理程序完成。其置换算法比请求分页系统要复杂一些,因为段的大小不固定,淘汰时选择的段可能不止一个。为了实现请求分段系统,需要系统软硬件的支持。

请求分段中的硬件支持与请求分页中的硬件支持类似。

1. 段表机制

在段表项中,除了段名(号)、段长、段的内存基址外,还增加了以下几项,如图 7.7 所示。

段号	内存基址	段长	存取权限	存在位 P	外存始址 D	修改位 M	增补位 C	访问字段 A

图 7.7 请求分段的段表项

（1）存取权限:用于标识本分段的存取属性是只执行 E、只读 R、还是可写 W。

（2）存在位 P:指示本段是否已调入内存,供程序访问时参考。

（3）外存始址 D:指示本段在外存中的起始地址,即起始盘块号,供调入时参考。

（4）修改位 M:用于表示该页在进入内存后是否已被修改过,供置换页面时参考。

（5）增补位 C:用于表示本段在运行过程中是否做过动态增长,是请求分段式管理中所特有的字段。

（6）访问字段 A:用于记录该段被访问的频繁程度,其含义与请求分页的相应字段相同。

2. 请求段式管理的地址变换机构

请求分段系统中的地址变换机构是在基本分段系统地址变换机构的基础上形成的。由于被访问的段并非全在内存,在地址变换时,若发现所访问的段不在内存,必须先将所缺的段调入内存,并修改段表,然后才能再利用段表进行地址变换。为此,在地址变换机构中又增加了某些功能,如缺段中断的请求及处理等。请求段式管理中的逻辑地址仍有由段号和段内偏移地址组成。

请求分段的地址变换过程如图 7.8 所示。

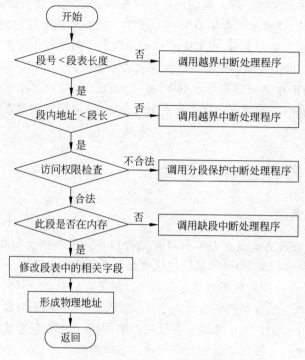

图 7.8　请求分段管理的地址变换过程

3. 缺段中断机构

在请求分段系统中,当运行进程所要访问的段尚未调入内存时,便由缺段中断机构产生一缺段中断信号,由缺段中断处理程序将所需的段调入内存。由于段不是定长的,读入段时可能需要紧凑或在淘汰时可能需要选择几个内存段以形成一个大小合适的空闲区来存放调入段,这使得缺段中断的处理要比对缺页中断复杂。

请求分段管理中的缺段中断处理过程如图 7.9 所示。

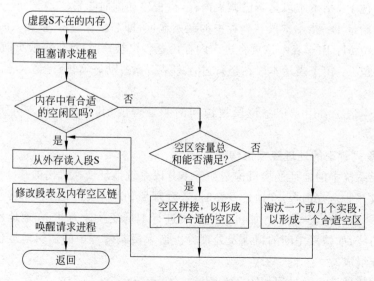

图 7.9　请求分段管理的缺段中断处理过程

4. 段的共享和保护

（1）段的共享。在多道环境下，常常有许多子程序和应用程序是被多用户所使用的。最好的办法是在内存中只保留一个副本，供多个用户共享使用。

段共享时，用户可以使用不相同的段名来共享同一个段。进程将共享段填写到自己的段表中，并置以适当的读/写控制权，就可以做到共享一个逻辑上完整的内存段信息。

由于系统中有许多的共享段，而每一个共享段都可能被多个进程共享。因此系统需要对共享段进行统一的管理，可设一张共享段表，每一个共享段都在表中占据一个表项，如图7.10所示。

段名	段长	存在位	共享计数	内存基址	外存始址
共享该段的进程登记表					
状态	进程名	进程号	段号	存取权限	
…	…	…	…	…	
…	…	…	…	…	

图7.10　共享段表示意图

其中存在位表示该共享段是否已被调入内存，共享计数用来统计当前有多少个进程共享该段。系统可以为不同的进程使用该段设置不同的权限，以防止进程越权操作。

当进程请求的共享段未在内存时，由缺段中断将其调入内存，系统同时为该段建立相应的共享段表项，共享计数设初值为1，将进程填写到共享段表项中，再将共享段填写到进程的段表中。若该共享段已在内存，只要将其共享计数加1，再修改相应的表项即可。进程不再共享此段时，工作相反。

（2）段的保护。在引入多道程序并发技术的操作系统中，各个进程段同时存在于内存中，必须采用一定的保护措施，才能保证各个段不互相影响。

段保护的常见措施有如下两种。

（1）地址越界保护法。该方法利用段表寄存器中的段表长度及段表中的段长信息实现段保护。首先将逻辑地址空间的段号与段表长度进行比较；其次还要检查段内地址是否等于或大于段长。从而保证了每个进程只能访问自己的地址空间。

（2）存取方式控制保护法。该方法利用段表项中的"存取控制"字段实现段保护，存取控制字段规定了对该段的访问方式。通常的访问方式有：只读；只执行（即只允许进程调用该段去执行，但不准读/写该段）；读/写（即允许进程对该段进行读/写访问）。

对于共享段，操作系统要对不同进程设置不同的存取权限，做到既要保证信息的安全，又要满足共享进程的运行需求。

7.4.2　请求分段存储管理优缺点

请求段式存储管理的主要优点如下。

（1）程序的模块化性能好。由于各个程序段在功能上是相互独立的，因此，一个段的修改和增删等不会影响其他段，这可以缩短程序编制和调试的时间。

（2）便于实现信息保护。一般情况下，一个段是否需要保护是依据该段的功能来决定的。操作系统只要在段表中设置一个信息保护字段，就能根据需要方便地对该段实施保护。

（3）便于实现信息的共享。被共享的段只需在主存中装入一次即可，同时将该段填入到共享该段的进程的段表中。对于进程来讲，共享段与普通段在使用上没有本质差别。

（4）程序的动态链接和调度比较容易实现。

请求段式存储管理的主要缺点如下。

（1）地址变换花费的时间较长。地址变换过程中，段长和段基址都要被使用，地址变换的系统开销较大。

（2）内存利用率比较低。由于每个段的长度不同，一个段通常要求装在一个连续的内存空间中，段在内存中不断地调入调出，有些段在执行过程中还要动态增长，从而使得内存中有很多碎片。系统可以采用一些好的内存分配算法来减少碎片的数量，但这无疑增加了系统开销。

7.5　请求段页式存储管理方式

将请求分段和请求分页存储管理技术结合起来，就形成了请求段页式存储管理方式。请求段页式存储方式一方面具有请求段式的优点，例如，程序员可模块化编写程序，程序段的共享和保护都比较方便等；另一方面也具有请求分页存储的优点，例如，主存储器的利用率高等；同时还具备了虚拟存储器的特征。

请求段页式存储系统与基本段页式存储管理系统对内存的管理是相同的，它不是把段看成一个单一的整体，而是将其划分为若干个页面进行离散存储，系统只需将一个段的当前页面调入内存即可，以后随时需要随时通过缺页中断装入。请求段页式管理的地址结构和段表结构与基本段页式存储方式相同，其页表的设置与请求分页存储管理方式中的页表设置一样。

1. 地址变换和缺页中断

处理器中需设置段表控制寄存器来存放段表起始地址和段表长度，其含义与分段机制相同。从用户的角度看，逻辑地址是二维的，即由段号和段内地址组成，但内存管理系统将段内地址再次分解为页号和页内偏移量。段页式管理的地址变换过程如图 7.11 所示。

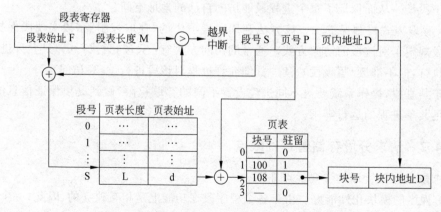

图 7.11　请求段页式地址变换过程

地址变换过程中，当系统发现所要访问的页不在内存时，产生缺页中断处理并将相应的页面调入内存。其缺页中断机构与请求分页的缺页中断机构相同。

2. 置换算法

请求段页式存储管理系统中的页面置换算法可采用请求分页存储管理系统中的页面置换算法,如先进先出、最近未使用、时钟算法等。

虽然请求段页式存储方式兼具虚拟分段和虚拟分页的优点,但也有不足之处,功能的增强导致其实现变得复杂,需要更多的硬件支持,系统开销增大。

7.6 存储管理方案总结

在本节中,我们把第 6 章和本章中介绍的几种存储管理方案进行了总结,如表 7.8 所示。希望读者仔细分析该表,通过该表对所学知识进行对比,深刻掌握各种存储管理方案的特点。

表 7.8 几种存储方式总结

方式\功能	单一连续分配	分区		分页		分段		段页式	
		固定	可变	基本	请求	基本	请求	基本	请求
分配方式	连续	连续		离散		离散		离散	
地址维数	一维	一维		一维		二维		二维	
适用环境	单道	多道		多道		多道		多道	
信息共享	不能	不能		可以,但限制多		可以		可以	
内存扩充	交换	交换		交换	虚拟存储器	交换	虚拟存储器	交换	虚拟存储器
内存分配单位	内存中整个用户分区	分区		页		段		页	
运行条件	一次性全部装入内存	一次性全部装入内存		全部装入内存	部分装入内存	全部装入内存	部分装入内存	全部装入内存	部分装入内存
地址重定位	静态	静态	动态	静态	动态	静态	动态	静态	动态
硬件支持	保护用寄存器	保护用寄存器,重定位机构		地址变换和保护机构	同左,增加中断机构	地址变换和保护机构	同左,增加中断机构	地址变换机构,保护机构	同左,增加中断机构

7.7 Linux 存储管理概述

Linux 存储管理是内核中最复杂的部分之一,它涉及很多与 CPU 体系结构相关的细节。但 Linux 存储管理所用技术和本章所学的基本理论联系密切,可以帮助读者深入地理解所学理论知识。

7.7.1 Linux 虚拟内存管理

1. Linux 的虚拟存储空间

Linux 是一个多用户、多任务操作系统,在它运行时,多个进程共享系统内存,所有进程要求的内存容量远远大于实际物理内存的容量，为此采用虚拟存储技术，使用部分对换、部分装入方法，页面置换采用了 LRU 算法。

　　Linux 运行在 Intel X86 体系结构下时，虚拟地址选用 32 个二进制位表示，它为每个进程提供了 2^{32}B＝4GB 的虚拟内存空间，各个并发进程的虚拟内存彼此独立，互不干扰。

　　进程虚拟内存空间的划分在系统初始化时由"全局描述符表"（GDT）确定，它在"/acrh/i386/kernel/head.s"文件中定义。在进程的 4GB 虚拟线性空间中，0 到 3GB 为用户和内核共同访问空间，称为"用户空间"；剩余的 3～4GB 之间的 1GB 空间由内核独享，用户态进程无法访问，称为"系统空间"。操作系统内核的代码和数据等被映射到虚拟内存的内核区域，进程的代码和数据被映射到虚拟内存的用户区域。

　　Intel x86 架构的 CPU 一共设有 0～3 这 4 个特权级，0 级最高，3 级最低。硬件上在执行每条指令时都会对指令所具有的特权级做相应的检查。其中，0 级是访问操作系统内核、处理 IO 操作、内存管理及其他关键操作；1 级系统调用处理程序；2 级库过程；3 级用户程序。实际中，Linux 操作系统只用 0 级（虚拟内存内核区的访问权限）和 3 级（虚拟内存用户区的访问权限）两种，把 1 级和 2 级归到 0 级中。所有进程内核空间均相同，共享相同的地址映射机构；每个进程拥有自己的 3GB 虚拟用户空间，4G 虚拟内存空间的划分如图 7.12所示。内核虚拟空间 3GB～3GB＋8MB 映射到物理内存 0～8MB，对应内核启动和设备内存映射等。

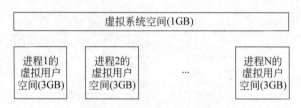

图 7.12　Linux 中 4G 虚拟内存空间的划分

2. 分页机制与 MMU

　　Linux 的内存管理采用页式管理，使用多级页表，动态地址转换机构与主存、辅存共同实现虚拟内存。每个用户进程拥有 4GB 虚拟地址空间，进程在运行过程中可以动态浮动和扩展，为用户提供了透明的、灵活有效的内存使用方法。这正是进程被分配一个逻辑地址空间的原因之一。即使每个进程有相同的逻辑地址，通过分页机制，相应进程的物理地址也都是不同的，因此它们在物理地址上不会彼此重叠。

　　MMU 是存储器管理单元的缩写，它是用来管理虚拟内存系统的器件。MMU 通常被集成在 CPU 中，它本身有少量存储空间存放从虚拟地址到物理地址的匹配表，此表称作TLB（转换后备缓冲区）。所有数据请求都送往 MMU，由 MMU 决定数据是存在 RAM 内还是存在大容量外存设备内（即虚拟内存中）。如果数据不在物理内存中，MMU 将产生请页中断（即缺页中断）。

　　从内核的角度来说，逻辑地址和物理地址都被划分成固定大小的页面。每个合法的逻辑页面恰好处于一个物理页面中，方便 MMU 的地址转换。当地址转换无法完成时，比如，由于给定的逻辑地址不合法或者由于逻辑页面没有对应的物理页面的时候，MMU 产生中断，向核心发出信号。Linux 核心可以处理这种页面错误（Page Fault）问题。

MMU 也负责增强内存保护功能。当一个应用程序试图在它的内存中对一个已表明是只读的页面进行操作时,MMU 会中断错误,通知内核。在没有 MMU 的情况下,内核不能够防止一个进程非法存取其他进程的内存空间。

每个进程都有一个自己的页目录与页表,其中页目录的基础地址是关键,通过它才能查到逻辑地址所对应的物理地址。

基于分页的操作系统在分配内存时分给进程所需的页数,其对应物理内存的帧号同时装入该 MMU 的页表。同时页表上有一个标记为,指明该页是属于哪个进程的。甚至可以定义该页对于某个进程的读/写权限。非法的读/写操作会产生硬件陷阱(或内存保护冲突)。

分页是基于查找表的,而在内存中存储页表本身就带来了内存消耗和查找速度问题。于是,MMU 有少量存储空间用作 TLB,用来存放最近频繁使用的页表项。

3. Linux 的地址映射

用户进程执行时,Linux 内存管理程序通过地址映射机制把用户程序的逻辑地址映射到内存物理地址。如果用户进程的虚地址没有在物理内存中时,就发出请页要求。此时,如果内存中有足够空间放置请求页面,就请求 Linux 采用内存分配程序分配内存,把正在使用的物理页记录在页缓存中。如果没有足够的内存可供分配,就调用 Linux 中的交换机制程序,把部分页面置换到外存中,腾出一部分物理内存。另外在地址映射中要通过 TLB 来寻找物理页。页面交换机制中也要用到交换缓存,并且把物理页内容交换出内存后也要及时修改页面相关内容,从而保证正确的地址映射。图 7.13 给出了虚拟内存实现机制间的关系。

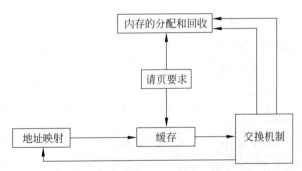

图 7.13　Linux 虚拟内存实现机制间的关系

Linux 把进程虚拟内存的用户区分成代码段、数据段、堆栈以及进程运行的环境变量、参数传递区等。进程的用户地址空间主要由 mm_struct 结构和 vm_area_struct 结构来描述。每一个进程都用一个 mm_struct 结构体对进程整个用户空间进行描述,其主要域如表 7.9 所示。

vm_area_structs 结构对用户空间中各个虚拟内存区进行描述,每个虚拟内存区(即代码段、数据段、堆栈等)用一个 vm_area_struct 结构体进行描述,vm_area_struct 结构体之间通过双链表进行链接。vm_area_struct 结构体定义在"/include/linux/mm.h"中,其主要域如表 7.10 所示。

表 7.9　mm_struct 结构体主要域说明

域　　名	说　　明
mm_users	引用计数器,用来统计使用该数据结构的用户数
pgd	页目录的基地址。当调度器调用一个进程执行时,就将这个地址转化为物理地址,并存放到 CR3
map_count	进程的用户空间中虚存区的个数
mmap_cache	最后使用的内存区
start_code, end_start	进程的代码段的起始地址和终止地址
start_data, end_data	进程的数据段的起始地址和终止地址
start_brk, brk	堆的起始地址和终止地址
start_stack	栈的起始地址
art_start, arg_end	命令行参数的起始地址和终止地址
env_start, env_end	环境变量的起始地址和终止地址
task_size	进程的虚存空间的大小
mmap	由 vm_area_struct 结构形成的链表
mm_rb	由 vm_area_struct 形成的红黑树

表 7.10　vm_area_struct 结构体主要域说明

域　　名	说　　明
vm_mm	指向虚存区所在的 mm_struct 结构的指针
vm_start, vm_end	虚存区的起始地址和终止地址
vm+next	构成线性链表的指针,按虚存区基址从大到小排列
vm_page_prot	虚存区的保护权限
vm_flags	虚存区的标志
vm_rb	红黑树上该 vm_are_struct 结构的结点
vm_ops	对虚存区进行操作的函数。给出了可以对虚存区中的页所做的操作

　　进程的 mm_struct 结构体首地址在该进程的任务结构体 task_struct 成员项 mm 中。mm_struct 结构中的 mmap 字段指向 vm_area_struct 双链表。图 7.14 给出了 Linux 进程虚拟地址空间的示意图。用户使用 current->mm->mmap 就可以获得 vm_area_struct 双链表的头指针,进而可以获得指向该 vm_area_struct 双链表的下一个结点的指针,最终可访问到该进程所有的虚拟内存区。

　　Linux 虚拟内存采用动态地址映射方式,即进程的地址空间和存储空间的对应关系是在程序的执行过程中实现的。进程使用的是虚拟地址,因此它对每个地址的访问都需要通过 MMU(Memory Management Unit,内存管理单元)把虚拟地址转化为内存的物理地址。动态地址映射是 Linux 可以实现进程在主存中的动态重定位、虚存段的动态扩展和移动,也为虚存的实现提供了基础。当 Linux 中的进程映射执行时,需要调入可执行映射的内容。

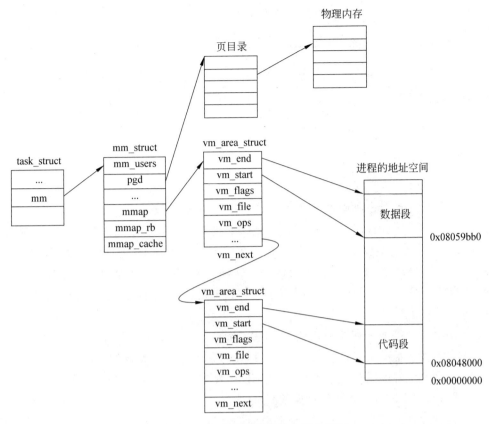

图 7.14 Linux 进程虚拟地址空间示意图

但并不需要把这些数据直接调入物理内存,只需要把这些数据放入到该进程的虚拟内存区。只有当在执行需要这些数据时才真正调入内存。这种进程的映像和进程虚拟进程空间的连接成为内存映射。当需要将进程映像调入进程的虚拟内存空间时,需要申请一段合适的虚拟内存空间,在这种情况下需要用到 mmap 系统调用来获得所需要的内存空间。

在逻辑地址和物理地址之间互相转换的工作是 CPU 的内存管理单元 MMU(Memory Management Unit),它是 CPU 中用来管理虚拟存储器、物理存储器的控制线路,同时也负责虚拟地址映射为物理地址,以及提供硬件机制的内存访问授权完成的。Linux 内核负责告诉 MMU 如何把逻辑页面映射到工作物理页面。通常内核需要维护每个进程的逻辑地址和物理地址对照表,在切换进程时,更新 MMU 的对照表信息。而 MMU 在进程提出内存请求时会自动完成实际地址转换工作。

32 位的计算机(如 Intel 的 x86)采用两级地址映射机制。系统中进程的线性地址被分为 3 个部分:页目录项、页号和偏移量。Linux 把虚拟地址(线性地址)映射到物理地址的整个过程如下。图 7.15 给出了 32 位 i386 体系结构下的地址转换过程。

(1) 从页目录基址寄存器中取得页目录基址。

(2) 以页目录项为索引,在页目录中找到某个页表的基址。

(3) 以页表项为索引,在页表中找到相应的物理块号。

(4) 物理块号加上偏移量(块内地址)得到对应的物理地址。

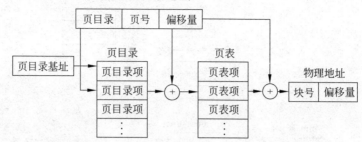

图 7.15　32 位 i386 体系下的 Linux 地址转换过程

Linux 为了保证对多种硬件平台的支持,Linux 内核的设计不但要考虑 32 位 CPU,还要考虑 64 位 CPU。因此,Linux 内核的地址映射机制被设计成 3 层,在图 7.15 的基础上,在页目录和页号之间增设了一层中间目录。在 Linux 源代码中,页目录称为 PGD,中间目录称为 PMD,页号称为 PT,三者皆为数组。这样一来,系统中进程的线性地址(即逻辑地址)被分为 4 个部分:页目录项、中间目录、页号和偏移量,各占若干位。具体的映射过程如下。

(1) 从页目录基址寄存器中找到 PGD 基地址。

(2) 以线性地址的最高位段为下标,在 PGD 中找到指向 PMD 的指针。

(3) 以线性地址的次位段为下标,在 PMD 中找到指向 PT 的指针。

(4) 同理,在 PT 中找到执行页面的指针。

(5) 线性地址的最后位段,为在此页中的偏移量,与执行页面的首地址相加,最终得到该线性地址对应的内存物理地址。

页表中的每一行记录称为页表项。页表项中不仅保存了一个页面地址,还有一些标志位信息,这些标志位信息有以下 7 种。

(1) 存在位。为 1 表示当前页面在内存中,否则不在内存。

(2) 读/写保护位。为 1 表示可读、可写,否则为只读。

(3) 页标识。为 1 表示页面是用户页面,否则为内核页面。

(4) 高速缓存位。为 1 表示关闭页面高速缓存,否则为不关闭。

(5) 访问位。为 1 表示页面最近被访问过,否则没有被访问过。

(6) 修改位。为 1 表示页面自上次清除后被修改过,否则为没有修改过。

(7) 跟踪位。该标志位用来跟踪当前页面。

7.7.2　Linux 物理内存管理

Linux 虚拟内存的实现需要多种机制的支持,这其中包括物理内存的分配和回收机制。Linux 采用页(页框)作为物理内存管理的基本单位。在 Intel X86 系统中,页面大小通常为 4KB。内核中使用页描述符来跟踪管理物理内存,每个物理页面都用一个页描述符表示。页描述符用 struct page 的结构描述,所有物理页面的描述符,组织在 mem_map 的数组中,mem_map 数组中的元素与物理内存的页面一一按序对应。page 结构则是对物理页面进行描述的一个数据结构。

Linux 中的内存管理机制主要包括以下 3 个方面。

（1）伙伴算法。负责大块连续物理内存的分配和释放，以物理页为基本单位，可以避免有效外部碎片。

（2）slab 分配器：负责小块物理内存的分配，把小块内存看作对象，利用"存储池"缓存这些对象，避免频繁创建与销毁对象所带来的系统额外负担。

（3）per-CPU 页框缓存。内核经常请求和释放的单个页框。根据这个特点，Linux 中的 per-CPU 页框缓存包含预先分配的页框，这样可以更好地满足本地 CPU 发出的单一页框请求。

下边介绍一下伙伴算法和 Slab 分配器。

1. 伙伴算法原理及其分配内存过程

Linux 物理内存分配和回收的基本单位是物理页（又称页框）。Linux 内存分配采用著名的伙伴（Bubby）算法，以便将外存上连续的页面映射到内存连续的块中，提高读/写的效率。同时，伙伴算法也较好地解决了碎片问题。

Linux 的伙伴算法把所有的空闲页框分为 MAX_ORDER＋1（该宏默认大小为 11 ）个块链表，每个链表中的一个块含有 2 的幂次个页框。例如，第 0 组中每个块的大小都为 2^0（一个页框），第 1 组中每个块的大小都为 2^1（2 个页框），以此类推。每组中同样大小的块形成一个链表，链表指针放在空闲表（free_area）中，如图 7.16 所示。每个块的第一个页框的物理地址是该块大小的整数倍。如大小为 8 个页框的块，其起始地址是 16×2^{12} 的倍数。在伙伴算法中，大小相同、物理地址连续的两个块被称为伙伴。

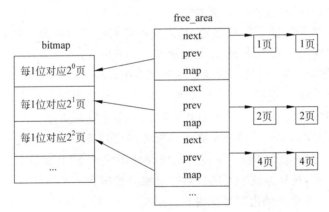

图 7.16　free_area 管理物理内存图

伙伴算法的分配思想是：首先在大小满足要求的块链表中查找是否有空闲块，若有则直接分配，否则在更大的块中查找。其逆过程就是块的释放，此时会把满足伙伴关系的块合并。例如要求分配一个大小为 64 个页框的物理块，伙伴算法就先在大小为 64 个页框的块链中查找。如果有空闲块，就直接分配；如果没有则查找下一个更大的块，即在 128 个页框组成的块链中查找一个空闲块。如果存在这样的空闲块，内核就把这个块分为两等份，一份分配出去，另一份插入到大小为 64 个页框的链表中。如果在大小为 128 个页框块链表中没有找到空闲块，就继续找更大的块链，即大小 256 个页框的块链。如果存在这样的空闲块，内核就从 256 个页框的块中分出 64 个页框满足用户进程需求，然后从剩余的 192 页框中取出 128 个页框组成一个块,插入块大小为 128 个页框的链表中。然后把剩余的 64 个页框插入块大小为 64 个页框的链表中。如果在最大块的链表中都没有找到空闲块,伙伴算法就放弃分配,并发出错误信号。上述过程的逆过程就是内存块的回收过程。回收过程中,当进程释放一块空闲块时,伙伴算法先判断一下其伙伴块是否为空。如果不为空,只需将释放的空闲块简单地插入空闲链表 free_area 即可;如果为空,则需要在空闲表 free_area 中找到伙伴关系并删除其伙伴,然后再判别合并后的空闲块的伙伴是否为空闲块,依次重复,直到归并所得的空闲块的伙伴不是空闲块时再插入空闲表的相应链表中。无论是分配还是回收过程,伙伴算法总是将一块内存一分为二或合二为一,就像伙伴一样。

Linux 把每个结点处的物理内存分为 3 个 Zone,每个 Zone 由一个自己的伙伴系统来管理内存块的分配和回收。

(1) ZONE_DMA。一般小于 16MB,包含可以用来执行 DMA 操作的内存。

(2) ZONE_NORMAL。大小范围在 16~896MB,包含可以正常映射到虚拟地址的内存区域。

(3) ZONE_HIGHMEM。大于 896MB,仅是页 cache 和用户进程使用,包含永久映射到内核地址空间的内存区域。

2. Slab 分配器

为了满足内核对小内存块管理的需要,Linux 采用了一种被称为 Slab 分配器的技术。

Slab 分配器主要针对一些经常分配并释放的内核的数据结构(对象),如 task_struct、inode 等。这些对象的大小一般比较小,如果直接采用伙伴系统来进行分配和释放,不仅会造成大量的内存碎片,而且处理速度也太慢。

Slab 分配器是基于对象进行管理的,相同类型的对象归为一类(如 task_struct 就是一类),每当要申请这样一个对象,Slab 分配器就从一个 Slab 列表中分配一个这样大小的单元(缓存)出去;而当要释放时,将其重新保存在该列表中,而不是直接返回给伙伴系统,从而避免了内碎片。Slab 分配器并不丢弃已分配的对象,而是释放并把它们保存在内存中。当以后又要请求新的对象时,就可以从内存直接获取而不用重复初始化。

Slab 用高速缓存(kmem_cache)来描述不同的内存对象。Slab 分配器为每种使用的内核对象建立了单独的高速缓冲区。每种高速缓冲区由多个 Slab 组成,每个 Slab 就是一组连续的物理内存页框,被划分成了固定数目的对象。根据对象大小的不同,缺省情况下一个 Slab 最多可以由 1024 个物理内存页框构成。但实际中,处于地址对齐等原因,Slab 中分配给对象的内存可能大于用户要求的对象实际大小,会造成一定的内存浪费。

图 7.17 给出了 Slab 结构的高层组织结构。在最高层是 cache_chain,这是一个 Slab 高速缓存的链接列表,系统可以用它来查找最适合所需要分配大小的缓存区。cache_chain 的每个元素都是一个 kmem_cache 结构的引用。一个 kmem_cache 中的内存区被划分为多个 Slab,每个 Slab 由一个或多个连续的页框组成。这些页框中既包含已分配的对象,也包含空闲的对象,所有 object 大小都相同。

为了有效地管理,根据已分配对象的数目,每个 Slab 可以动态地处于下面 3 种缓冲区相应的队列中:

(1) slabs_full 队列。完全分配的 Slab,表示此时该 Slab 中没有空闲对象。

(2) slabs_partial 队列。部分分配的 Slab,表示此时该 Slab 中既有已分配的对象,也有

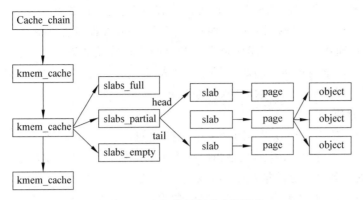

图 7.17   Slab 分配器的主要结构

空闲对象。

（3）slabs_empty 队列。空闲 Slab,表示此时该 Slab 中全是空闲对象。

NUMA(Non Uniform Memory Access) 系统中,每个结点都会拥有这 3 种 Slab 队列。Slab 分配器优先从 partial 队列里的 Slab 中分配对象。当 Slab 的最后一个已分配对象被释放时,该 Slab 从 partial 队列转移到 empty 队列;当 Slab 的最后一个空闲对象被分配时,该 Slab 从 partial 队列转移到 full 队列里。缓冲区中空闲对象总数不足时,则分配更多的 Slab。但是如果空闲对象比较富余,empty 队列的部分 Slab 将被定期回收。slabs_empty 列表中的 Slab 是进行回收的主要备选对象。正是通过此过程,Slab 所使用的内存才被返回给操作系统,供其他用户进程使用。

Slab 列表中的每个 Slab 都是一个连续的内存块(从 buddy 申请的一个或多个连续页),它们被划分成一个个对象,这些对象是分配和释放的基本元素。在 Slab 扩展时或把 Slab 占用的内存块释放到 buddy 系统时,Slab 是最小分配单位。由于对象是从 Slab 中进行分配和释放的,因此单个 Slab 可以在 Slab 列表之间进行移动。例如,当一个 Slab 中的所有对象都被使用完时,就从 slabs_partial 列表中移动到 slabs_full 列表中。当一个 Slab 完全被分配并且有对象被释放后,就从 slabs_full 列表中移动到 slabs_partial 列表中。当所有对象都被释放之后,就从 slabs_partial 列表移动到 slabs_empty 列表中。

由于 Slab 按照对象的大小进行了分组,在分配的时候不会产生大的碎片,除了少量 Slab 的管理外没有过多的空间浪费,并且支持硬件缓存对齐来提高 TLB 的性能。

7.7.3   页面缓存与 Swap 交换空间

1. 页面缓存

页面缓存(File Cache)是以物理页为单位对磁盘文件进行缓存的。对于 Linux 以及多数的类 UNIX 系统,系统一般不会让空闲内存块空闲,而是用页面缓存。当某页被从磁盘读到物理内存中时,就缓存在页面缓存中。只有接收到新的内存申请时,需要分配这些用作页面缓存的内存时,系统才会清理这些页面缓存。所以,一般看 Linux 的空闲内存总是很少,其实他们正在为加速访问文件系统做贡献。

页面缓存基于内存管理系统,同时又要和文件系统打交道,是两者之间的一个重要纽带。应用层对文件的访问一般有两种方法,一种是通过系统调用 mmap( )创建直接访问的虚拟地址空间;另一种是利用系统调用 read()/write()进行寻址访问。

一个文件通过 mmap()映射到虚拟内存空间后,那么进程对文件的访问就相当于直接对内存的访问,从而提高了读/写操作效率。对这个内存区域的第一次访问时,页表还没有建立,必然会生成一个内存访问的缺页错误。当缺页错误产生时,内核函数 do_page_fault()被调用,用来处理页面错误,包括调入所缺页面。

2. Swap 交换空间

为了减轻内存压力,Linux 采用了 Swap 交换空间(交换分区)。Linux 中 Swap 类似于 windows 操作系统中的虚拟内存,就是当内存不足的时候,把一部分硬盘空间虚拟成内存使用。从而解决内存容量不足的情况。Linux 通常将交换空间设置为一个单独的分区,一般要求地址连续,且必须是本地硬盘。交换空间的大小,在安装 Linux 系统时,就已经由用户指定。

Swap 空间的作用可简单描述为:当系统的物理内存不够用的时候,就需要将物理内存中的一部分空间释放出来,以供当前运行的程序使用。那些被释放的空间可能来自一些很长时间没有什么操作的程序,这些被释放的空间被临时保存到外存的 Swap 空间中。等到那些程序要运行时,再从 Swap 空间中恢复保存的数据到物理内存中。

需要注意的一点是,并不是所有从物理内存中交换出来的数据都会被放到 Swap 中,有相当一部分数据被直接交换到文件系统。例如,有的程序会打开一些文件,对文件进行读/写(其实每个程序都至少要打开一个文件,那就是运行程序本身),当需要将这些程序的内存空间交换出去时,就没有必要将文件部分的数据放到 Swap 空间中了,而可以直接将其放到文件里去。如果是读文件操作,那么内存数据被直接释放,不需要交换出来,因为下次需要时,可直接从文件系统恢复;如果是写文件,只需要将变化的数据保存到文件中,以便恢复。但是那些用 malloc 和 new 函数生成的对象的数据则不同,它们需要 Swap 空间,因为它们在文件系统中没有相应的"储备"文件,因此被称作"匿名"(Anonymous)内存数据。这类数据还包括堆栈中的一些状态和变量数据等。所以说,Swap 空间是"匿名"数据的交换空间。

习 题 7

一、选择题

1. 存储管理方案中,(　　)可采用覆盖技术。
   A. 单一连续区存储管理　　　　　　　B. 可变分区存储管理
   C. 段式存储管理　　　　　　　　　　D. 段页式存储管理

2. 在存储管理中,采用覆盖和交换技术的目的是(　　)。
   A. 提高 CPU 效率　　　　　　　　　B. 节省主存空间
   C. 物理上扩充主存容量　　　　　　　D. 实现内存共享

3. 使用(　　)方法可以实现虚存。
   A. 分区靠拢　　　B. 覆盖、交换　　　C. 联想寄存器　　　D. 段靠拢

4. 为使虚存系统有效地发挥其预期的作用,所运行的程序应具有的特性是(　　)。
   A. 该程序不应含有过多的 I/O 操作
   B. 该程序的大小不应该超过实际的内存容量

C. 该程序应具有较好的局部性(Locality)

D. 该程序的指令相关不要太多

5. 以下存储管理技术中,支持虚拟存储器的技术是(　　)。

    A. 请求分页技术　　　　　　　　B. 可重定位分区法

    C. 动态分区法　　　　　　　　　　D. 对换技术

6. 当系统发生抖动(Trashing)时,可以采取的有效措施是(　　)。〔2011 年全国统考真题〕

Ⅰ. 撤销部分进程

Ⅱ. 增大磁盘交换区的容量

Ⅲ. 提高用户进程的优先级

    A. 仅Ⅰ　　　　　　B. 仅Ⅱ　　　　　　C. 仅Ⅲ　　　　　　D. 仅Ⅰ、Ⅱ

7. 作业在执行中发生了缺页中断,经操作系统处理后,应让其执行(　　)指令。

    A. 被中断的前一条　　　　　　　B. 被中断的那一条

    C. 被中断的后一条　　　　　　　D. 启动时第一条

8. 页式虚拟存储管理的主要特点是(　　)。

    A. 不要求将作业装入到主存的连续区域

    B. 不要求将作业同时全部装入到主存的连续区域

    C. 不要求进行缺页中断处理

    D. 不要求进行页面置换

9. 在虚拟页式存储管理方案中,下面(　　)完成将页面调入内存的工作。

    A. 缺页中断处理　　　　　　　　B. 页面淘汰过程

    C. 工作集模型应用　　　　　　　D. 紧缩技术利用

10. 下述(　　)页面淘汰算法会产生 Belady 现象。

    A. 先进先出　　　B. 最佳　　　C. 最不经常使用　　　D. 最近最少使用

11. 某虚拟存储器系统采用页式内存管理,使用 LRU 页面替换算法,考虑下面的页面访问地址流(每次访问在一个时间单位中完成):1,8,1,7,8,2,7,2,1,8,3,8,2,1,3,1,7,1,3,7。假定内存容量为 4 个页面,开始时是空的,则页面失效次数是(　　)。

    A. 4　　　　　　B. 5　　　　　　C. 6　　　　　　D. 7

12. 下列关于虚拟存储的叙述中,正确的是(　　)。〔2012 年全国统考真题〕

    A. 虚拟存储只能基于连续分配技术

    B. 虚拟存储只能基于非连续分配技术

    C. 虚拟存储容量只受外存容量的限制

    D. 虚拟存储容量只受内存容量的限制

13. 若用户进程访问内存时产生缺页,则下列选项中,操作系统可能执行的操作是(　　)。〔2013 年全国统考真题〕

Ⅰ. 处理越界错误

Ⅱ. 置换页面

Ⅲ. 分配内存

    A. 仅Ⅰ、Ⅱ　　　　B. 仅Ⅱ、Ⅲ　　　　C. 仅Ⅰ、Ⅲ　　　　D. Ⅰ、Ⅱ和Ⅲ

14. 虚拟存储器的最大容量取决于( )。

    A. 内外存容量之和   B. 计算机的地址结构

    C. 是任意的   D. 作业的地址空间

15. 一个页式虚拟存储系统,其并发进程固定为 4 个,最近测试了它的 CPU 利用率和用于页面交换的利用率,假设得到的结果为下列选项,( )说明系统需要增加进程并发数。

    Ⅰ. CPU 利用率 13%,磁盘利用率 97%

    Ⅱ. CPU 利用率 97%,磁盘利用率 3%

    Ⅲ. CPU 利用率 13%,磁盘利用率 3%

    A. Ⅰ   B. Ⅱ   C. Ⅲ   D. Ⅰ、Ⅲ

16. 下列说法正确的有( )。

    Ⅰ. 先进先出(FIFO)页面置换会产生 Belady 现象

    Ⅱ. 最近最少使用(LRU)页面置换算法会产生 Belady 现象

    Ⅲ. 在进程运行时,若它的工作集页面都在虚拟存储器内,则能够使该进程有效地运行,否则会出现频繁的页面调入/调出现象

    Ⅳ. 在进程运行时,若它的工作集页面都在主存储器内,则能够使该进程有效地运行,否则会出现频繁的页面调入/调出现象

    A. Ⅰ、Ⅲ   B. Ⅰ、Ⅳ   C. Ⅱ、Ⅲ   D. Ⅱ、Ⅳ

二、综合题

1. 什么是覆盖?什么是交换?

2. 交换扩充了内存,因此交换也实现了虚拟存储器,对吗?请说明理由。

3. 什么是虚拟存储器?其特征是什么?

4. 一个程序 P 的用户空间为 16KB,存储管理采用请求式分页系统,每个页面大小为 2KB,存在以下的页表:

页框号	有效位
12	1
3	1
0	1
0	0
25	1
15	1
0	0
8	1

其中,有效位=1 表示页面在内存;0 表示页面不在内存。

请将虚地址 0X2C27,0X1D71,0X4000 转换为物理地址。

5. 一台计算机上的一条指令执行平均需要 k 纳秒,其上的某个操作系统处理一次页故障需要 n 纳秒,如果计算机上的程序执行平均 m 条指令发生一次缺页,请问实际的指令执

行时间为多少?

6. 考虑下面的页访问串:

$$1,2,3,4,2,1,5,6,2,1,2,3,7,6,3,2,1,2,3,6$$

假定分配 4 个物理块,所给定的物理块初始均为空,应用下面的页面替换算法,各会出现多少次缺页中断,并说明什么时候发生?

(1) LRU; (2) FIFO; (3) Optimal。

7. 在一采用局部置换策略的请求分页系统中,分配给某作业的内存块数为 4。其中存放的四个页面的情况如下:

物理块	虚页号	装入时间	最后访问	访问位	修改位
0	2	60	157	0	1
1	1	160	161	1	0
2	0	26	158	0	0
3	3	20	163	1	1

所有值为十进制,进程运行从时刻 0 开始。请问,若采用下列算法,将选择哪一页进行置换?

(1) FIFO 算法; (2) LRU 算法; (3) 改进的 Clock 算法。

8. 什么是抖动现象?什么是 Belady 现象?

9. 假如一个程序的段表如下所示,其中存在位为 1 表示段在内存,存取控制字段中 W 表示可写,R 表示可读,E 表示可执行。对下面的指令,在执行时会产生什么样的结果?

段号	存在位	内存始址	段长	存取控制	其他信息
0	0	500	100	W	
1	1	1000	30	R	
2	1	3000	200	E	
3	1	8000	80	R	
4	0	5000	40	R	

(1) store R1,[0,70]; (2) store R1,[1,20]; (3) load R1,[3,20]; (4) load R1,[3,100]; (5) jmp [2,100]

10. 设作业的虚拟地址为 24 位,其中高 8 位为段号,低 16 位为段内相对地址。试问:

(1) 一个作业最多可以有多少段?

(2) 每段的最达长度为多少字节?

(3) 某段式存储管理采用如下段表,试计算[0,430]、[1,50]、[2,30]、[3,70]的主存地址。其中方括号内的前一元素为段号,后一元素为段内地址。当无法进行地址变换时,应说明产生何种中断。

段号	段长	主存起始地址	是否在主存
0	600	2100	是

段号	段长	主存起始地址	是否在主存
1	40	2800	是
2	100	—	否
3	80	4000	是

11. 考虑一个请求分页系统,测得的利用率如下:CPU——20%,磁盘——99.7%,其他 I/O 设备——5%。下述那种办法能改善 CPU 的利用率,为什么?

(1) 用更快的 CPU;

(2) 用更大的磁盘;

(3) 增加多道程序的道数;

(4) 减少多道程序的道数;

(5) 用更快的其他 I/O 设备

12. 已知系统为 32 位实地址,采用 48 位虚拟地址,页面大小 4KB,页表项大小为 8 个字节,每段最大为 4G。

(1) 假设系统使用请求页式管理,则要采用多少级页表,页内偏移多少位?

(2) 假设系统采用一级页表,联想寄存器 TLB 命中率为 98%,TLB 访问时间 10ns,内存访问时间为 100ns,并假设当 TLB 访问失败时才开始访问内存,问平均页面访问时间是多少?

(3) 如果是二级页表,页面平均访问时间是多少?

(4) 上题中,如果要满足访问时间<=120ns,那么命中率需要至少多少?

(5) 若系统采用段页式存储,则每用户最多可以有多少个段?段内采用几级页面?

13. 有一矩阵 int A[100,100]以行优先进行存储。计算机采用虚拟存储系统,物理内存共有 3 页,其中一页用来存放程序,其余 2 页用来存放数据。假设程序已在内存中占一页,其余 2 页空闲。若每页可存放 200 个整数,程序 1 和程序 2 执行过程中各会发生多少次缺页中断?试问:若每页只能存放 100 个整数呢?以上说明什么问题?

程序 1:

```
for(i=0;i<100;i++)
  for(j=0;j<100;j++)
    A[i,j]=0;
```

程序 2:

```
for(j=0;j<100;j++)
  for(i=0;i<100;i++)
    A[i,j]=0;
```

第 8 章　I/O 设备管理

本章所指 I/O 设备是计算机系统中除 CPU 和内存以外的所有其他设备,它包括外部 I/O 设备以及相关的支持设备,如接口线路、设备控制器、通道等。I/O 设备的多样性和差异性使得 I/O 设备管理模块成为操作系统中最庞杂、最琐碎的部分,控制并管理好所有 I/O 设备、协调好多个进程对 I/O 设备的争用是操作系统的基本功能之一。

设备管理的主要任务是控制设备和 CPU 之间进行 I/O 操作,满足用户 I/O 请求。I/O 设备管理模块要尽可能地提高 CPU 和设备之间、设备和设备之间的并行性以及 I/O 设备的利用率,从而使包括 I/O 设备的系统资源获得最佳使用效率。此外,设备管理模块还应该为用户提供一个统一的、透明的、独立的、易于扩展的 I/O 设备使用接口,并且这种接口在可能条件下应对所有设备是相同的,方便用户使用 I/O 设备。

基于上述目的,本章从设备分类出发,对 I/O 设备和 CPU 之间的数据传送控制方式、中断和缓冲技术、设备分配原则和算法、I/O 控制过程、设备驱动程序执行过程等进行了介绍。本章最后概要介绍了 Linux 中是如何进行 I/O 设备管理的。

【本章学习目标】

- I/O 设备的分类。
- 4 种 I/O 控制方式,重点掌握 DMA 方式和通道方式。
- I/O 软件系统。
- 设备的分配、回收和出错处理。
- SPOOLing 技术的概念、目的以及实现过程。
- 引入缓冲的目的及其原理。
- 磁盘访问时间的计算。
- 常用磁盘调度算法的使用。
- I/O 控制的实现过程。

8.1　I/O 设备管理概述

8.1.1　I/O 设备的分类

计算机系统中的 I/O 设备种类繁多、差异巨大,工作方式各不相同。为了对日益繁多的外设进行有效的管理,人们按照不同的观点,从不同角度对 I/O 设备进行了分类,依据每类设备的特征分别进行管理。下面给出 4 种常见 I/O 设备分类方法。

1. 按隶属关系分类

(1) 系统设备。系统设备指操作系统生成时已登记在计算机系统中的标准设备,如键盘、鼠标、磁盘等。系统对这类设备配置有设备驱动程序和管理程序,用户程序只需调用操作系统提供的命令或子程序即可使用。

（2）用户设备。用户设备指操作系统生成时未登记在计算机系统中的非标准设备。通常这类设备及其驱动程序是由用户提供的，用户必须用某种方式把这类设备移交给系统进行统一管理，如绘图仪、打印机、扫描仪等。

2. 按共享属性分类

（1）独占设备。独占设备指在一段时间内只允许一个用户（进程）使用的设备。对多个并发进程而言，各进程应互斥地使用这类设备。系统一旦把这类设备分配给某进程后，便由该进程独占，直至其用完并释放，如打印机等。

注意：独占设备的不合理分配可能会引起进程间死锁。

（2）共享设备。共享设备指在一段时间内允许多个进程同时访问的设备。当然，在单CPU系统中，该类设备在每个时间点上仍是被交替使用。共享设备必须是可寻址、可随机访问的设备，如磁带、磁盘等。共享设备可获得良好的设备利用率。

（3）虚拟设备。虚拟设备指通过虚拟技术将一台物理设备变换为多台逻辑设备，供多个用户进程同时使用。这种经过虚拟技术得到的设备常被称为虚拟设备。虚拟设备并非物理地变成了共享设备，而是用户使用它们时"感觉"是共享设备，不再像独占设备，其属于可共享设备。

3. 按使用特性分类

（1）存储设备（或文件设备）。存储设备指计算机用来存储信息的设备，如磁盘、磁带、闪存等。

（2）I/O设备。I/O设备包括输入设备和输出设备2大类。输入设备是将信息从外部输入计算机系统，如鼠标、键盘、扫描仪、数码相机等；输出设备是将计算机处理或加工好的信息输出到外部，如打印机、显示器、绘图仪等。

4. 按信息交换单位分类

（1）块设备。块设备以数据块为单位进行组织和交换数据，故称块设备。它属于有结构设备，典型代表是磁盘。在磁盘I/O操作中，即使读或写一个字节，也要把该字节所在的数据块全部进行读入或写入。块设备传输速率较高，可寻址。

（2）字符设备。字符设备以字符为单位组织和交换数据，故称字符设备，它属于无结构设备。字符设备的种类繁多，如鼠标、交互式终端、打印机等。字符设备的基本特征是：传输速率较低；不可寻址（即不能指定输入时的源地址及输出时的目的地址）。字符设备在I/O操作时，常采用中断方式进行驱动。字符设备传输速率较低，不可寻址。

Linux中将I/O设备分为块设备、字符设备和网络设备3种，其目的是便于控制不同I/O设备的驱动程序和其他软件成分，将抽象的控制部分留给文件系统处理，把与设备直接相关的部分由设备驱动程序解决。

I/O设备的分类并不是绝对的。例如，键盘通常认为是输入设备，实际上它也接收系统的输出信息，只不过比较少而且用户不可见，所以我们认为它属于输入设备。

8.1.2　I/O设备的差异性

I/O设备种类繁多，特性上存在巨大差异，即使是同一种类I/O设备，如果生产厂商不同，其技术标准也不同。其中，最明显的且用户最能感觉到的一个差异就是传输数据速度的差异。表 8.1 中给出了一些常见 I/O 设备的数据传输速率。

I/O 设备传输数据速率的巨大差异性给操作系统的设计提出了很大挑战。操作系统必须要合理处理这些差异,提高各类设备的使用效率,同时要尽量屏蔽这些差异,给用户提供一个统一的使用接口。

表 8.1　I/O 设备数据传输速率

I/O 设备	每秒数据传输速率	I/O 设备	每秒数据传输速率
键盘	10B	火线	50MB
鼠标	100KB	千兆级以太网	125MB
激光打印机	100KB	PCI 总线	528MB
扫描仪	400KB	Sun 千兆平面 XB 线路板	20GB
USB	1.5MB		

8.1.3　I/O 设备管理的任务和功能

I/O 设备管理是操作系统中最具多样性和复杂性的部分,其主要任务如下。

(1) 为并发执行的多个进程分配 I/O 设备,完成数据传输任务。

(2) 控制 I/O 设备的数据传输。

(3) 为用户提供一个友好的透明接口,把用户和设备硬件特性分开。用户在编制应用程序时不必涉及具体设备,系统按用户要求控制设备工作。另外,这个接口还要为新增加的 I/O 设备提供一个与系统核心相连接的入口,以方便用户开发新的设备管理程序。

(4) 提高设备和设备之间、CPU 和设备之间的并行执行程度,以期使系统资源获得最佳使用效率。

为了完成上述主要任务,I/O 设备管理程序一般要提供下述功能。

(1) 设备分配功能。按照设备类型和相应的分配算法把设备和其他有关的硬件分配给请求该设备的并发进程,并把未分配到所请求设备的进程放入阻塞队列等待。设备分配功能是设备管理的基本任务。

(2) 设备独立性。设备独立性又称为设备无关性,是指应用程序独立于具体使用的物理设备,它可以提高设备分配的灵活性和设备的利用率。为了提高操作系统的可适应性和可扩展性,现代操作系统毫无例外地实现了设备独立性。

为了提高应用软件对运行平台的适应能力,便于实现应用软件 I/O 重定向,大多数现代操作系统均引入了逻辑设备这个概念。所谓逻辑设备是一类物理设备上的抽象,它与实际的物理设备并没有固定的联系。用户在编写程序时,使用逻辑设备而不是实际设备名,用户所要求的输入/输出操作与具体物理设备无关。进程运行时,操作系统的设备管理程序将应用程序中对逻辑设备的引用转换为对其物理设备的引用。即使物理设备更换了,用户应用程序也无须更改,设备独立性可以提高用户程序的可适应性。

操作系统实现设备独立性的方法包括设置设备独立性软件、配置逻辑设备表以及实现逻辑设备到物理设备的映射。

（3）提供与进程管理系统的接口，实现设备驱动。当进程要求设备资源时，该接口将进程的 I/O 请求传送给相关设备的设备驱动程序。同时，设备驱动程序还将设备发来的有关信号传送给上层软件，例如设备是否出现异常、I/O 操作是否完成等。

（4）实现设备和设备、设备和 CPU 等之间的并行操作。这往往需要相应的硬件支持，系统中不仅需要控制状态寄存器、数据缓冲寄存器等的 I/O 控制器，对于不同的 I/O 控制方式，还需具有 DMA（directed memory access）、通道等硬件。设备分配模块根据进程要求给进程分配设备、控制器和 DMA（或通道）等硬件之后，DMA 或通道能自动完成设备和内存之间的数据传送工作，无须 CPU 直接控制。此时，CPU 可去执行其他进程，与 I/O 设备并行工作。

（5）进行 I/O 缓冲区管理。一般来说，CPU 的执行速度和内存访问速度都比较高，I/O 设备的数据传输速度与之相比要低得多。为了平滑 CPU、内存和 I/O 设备之间的数据传输速度差异，系统中一般在内存中开辟若干区域作为用户进程与 I/O 设备间数据传输的缓冲区。I/O 设备管理模块负责缓冲区分配、释放及相关管理工作。

下面，首先介绍 I/O 系统及各种 I/O 控制方式，然后介绍 I/O 软件、设备分配与回收、缓冲区管理、磁盘存储器管理，最后概要介绍 Linux 中的设备管理。

8.2 I/O 系统

8.2.1 I/O 系统结构

在不同规模的计算机系统中，计算机系统对 I/O 设备的控制方式也不同。通常可以将 I/O 系统的结构分成微机型 I/O 系统和主机型 I/O 系统两大类。

1. 主机型 I/O 系统结构

主机型 I/O 系统中配置的 I/O 设备较多，如果所有 I/O 设备的控制器都通过一条总线与 CPU 通信，则会导致总线和 CPU 的负担过重。为此，主机型 I/O 系统通常不采用单总线结构，而是增加了 I/O 通道，使其对各类 I/O 设备控制器进行控制，减轻 CPU 负担。

主机型的组织结构主要包括 4 个部分：主机、通道、设备控制单元和 I/O 设备，如图 8.1 所示。

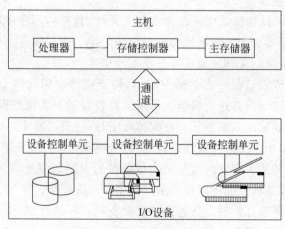

图 8.1 主机型系统组织结构

在具有通道的计算机系统中,存储器、通道、控制器和设备之间采用4级连接,3级控制,如图8.2所示。其中,一个存储器可以连接若干个通道,一个通道可以连接若干个控制器,一个控制器可以连接若干个I/O设备,每个I/O设备均有通道到达存储器。CPU执行I/O指令对通道实施控制,通道执行通道命令对控制器实施控制,控制器发出设备控制信号对设备实施控制,设备执行相应的I/O操作完成用户的I/O请求。

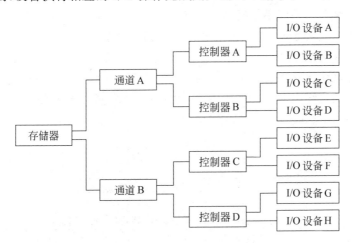

图 8.2　单通道主机型 I/O 系统

由于通道价格昂贵,计算机系统中通道的数目远比设备少。这样一来,因通道数目不足而产生一种"瓶颈"现象,影响整个系统的处理能力。例如,图8.2中的设备A到达存储器的通路是通道A→控制器A→设备A。若通道A或控制器A忙或出现了故障,而其他通道和控制器此时都正常且空闲,但设备A仍然不能与存储器交换信息。为了使设备能得到充分利用,在通道、控制器和设备的连接上,采用了多通路配置方案,如图8.3所示,这样可以解决"瓶颈"问题,提高系统的可靠性。

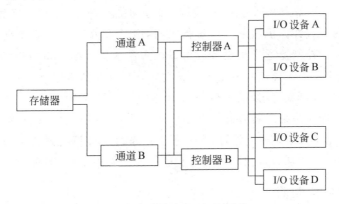

图 8.3　多通路主机型 I/O 系统

从图8.3可以看出,I/O设备A、B、C、D均有4条通路到达存储器。例如,设备A到达存储器的有4条通路可供选择,其中一条阻塞,可选择其他通路进行I/O操作。这4条通路是:

通道A→控制器A→设备A;

通道 A→控制器 B→设备 A；

通道 B→控制器 A→设备 A；

通道 B→控制器 B→设备 A。

在多通路 I/O 系统中，不会因某一通道或某一控制器被占用而阻塞存储器和 I/O 设备之间的数据传输。仅当两个通道或两个控制器都被占用时，才阻塞存储器和 I/O 设备交换信息。采用多通路 I/O 系统不仅提高了设备利用率，还提高了系统可靠性，例如在上例中，若通道 A 出现故障，系统仍然可以使用通道 B 来访问设备。

2. 微型机 I/O 系统结构

微型机 I/O 系统多采用总线 I/O 系统结构，如图 8.4 所示。从图中可以看出，CPU 和存储器直接连接到总线上，各种 I/O 设备通过相应控制器连接到总线上。总线的性能是用总线的时钟频率、带宽和相应的总线传输速率等指标来衡量的。

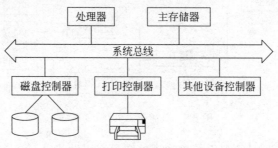

图 8.4　微型机 I/O 系统结构

I/O 控制器是操作系统软件和硬件设备之间的接口，它接收 CPU 的命令，控制 I/O 设备操作，实现主存和 I/O 设备之间的数据传输，把 CPU 从繁杂的设备控制操作中解放出来。I/O 控制器是一个可编址设备，一个控制器能连接多台同类型 I/O 设备，它应能对各个设备进行区分。

一般来讲，I/O 设备由两部分组成：机械部分和电子部分。为了达到设计的模块性和通用性，一般将两者分开。机械部分指设备本身，电子部分指 I/O 部件或 I/O 控制器。在个人计算机中，I/O 控制器通常被设计成可以插入主板扩展槽的印刷线路板。之所以区分 I/O 控制器和 I/O 设备本身是因为操作系统大多与 I/O 控制器打交道，而非设备本身。

如果没有 I/O 控制器，复杂的 I/O 操作必须由操作系统程序员自己编写程序来解决，而引入控制器后，操作系统只需通过传递几个简单的参数就可以对控制器进行操作和初始化。这样做既简化了操作系统的设计，提高了操作系统对计算机系统中的各类控制器和设备的兼容性，也把 CPU 从直接控制慢速的 I/O 操作中解脱出来，提高了 CPU 的使用效率。

8.2.2　设备控制器

输入/输出设备的电子部分通常称为设备控制器，输入/输出设备通过设备控制器进入计算机系统，操作系统通过设备控制器管理设备。I/O 设备通常并不直接与 CPU 进行通信，而是与设备控制器通信，操作系统一般是把指令直接发到设备控制器中。随着计算机外部设备的发展，现在的设备控制器可以做得很复杂，具有强大的功能，可控制多台设备与内存交换数据，如 SCSI(Small Computer System Interface，小型计算机系统接口)设备控制器可以控制 SCSI 总线上的不同设备并行地与内存交换数据。

1. 设备控制器功能

设备控制器是 CPU 和设备之间的一个接口,它接收从 CPU 发来的命令,控制 I/O 设备操作,实现主存和设备之间的数据传输操作,从而把 CPU 从慢速的设备控制操作中解脱出来。

设备控制器主要有以下功能。

(1) 接收和识别主机或通道发来的控制命令。例如:磁盘控制器能接收读、写、查找、搜索等各种命令。当控制器接收一条命令后,CPU 转去完成其他进程,而控制器独立的完成命令所规定的操作。当命令完成后或出现异常情况,控制器产生中断,CPU 执行相应的中断处理程序。

(2) 实现数据交换。包括设备和控制器之间的数据传输;通过数据总线或通道,控制器和主存之间的数据传输。为了提高数据传输效率,控制器内部通常设置一个或多个数据缓冲寄存器,传送数据时先送入缓冲寄存器,然后送到相应设备或主机。

(3) 记录设备和控制器的当前状态并提供给处理机使用,随时让处理机了解设备的状态。为此,在控制器中应设置一个状态寄存器,用其中的每一位来反映设备的某一种状态。

(4) 实现处理机和设备之间的通信控制,能进行设备地址识别。为了识别系统中的每一个设备,系统通常为每个设备设置一个地址,设备控制器必须能够识别该地址所对应的设备。因此,设备控制器应配置地址译码器用于地址识别。

2. 设备控制器的基本结构

为了实现设备控制器的功能,设备控制器必须具备的基本结构如图 8.5 所示。

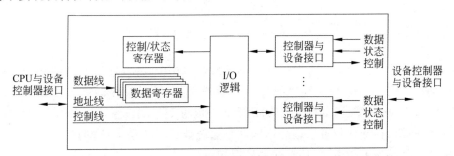

图 8.5 设备控制器的基本结构

(1) 与处理机接口。该接口用于传送处理机发来的 I/O 指令。其中有 3 类信号线:数据线、地址线和控制线。数据线通常与数据寄存器和控制/状态寄存器相连接。控制器的任务是把 CPU 送来的字节流转换成相应的比特流传递给设备,或者把从设备来的比特流转换成字节流送给 CPU。数据寄存器用于暂存 CPU 和设备之间的输入或输出数据流。控制/状态寄存器用于存放从 CPU 送来的控制信息或由设备产生的状态信息。控制寄存器主要用来选择外部设备的某个功能,如是否双工通信方式、激活奇偶校验等。状态寄存器主要记载当前设备所处的状态,如当前命令是否完成,设备是否出错等。

(2) 与设备的接口。一个设备控制器可以连接一台或多台设备,而一个接口只能连接一台设备。因此,设备控制器中就具有一个或多个设备接口。每个设备接口主要传递 3 种信号:数据信号、控制信号和状态信号。

（3）I/O 逻辑。I/O 逻辑用于对设备操作进行控制。它用于对 I/O 的控制，通过一组控制线与 CPU 交互。CPU 利用该逻辑向控制器发送 I/O 命令，I/O 逻辑对从控制线上接收到的命令进行译码。当 CPU 要启动一个 I/O 设备时，它将启动命令送给控制器。同时，通过地址线将 I/O 设备地址送给 I/O 逻辑进行地址译码，再根据译出的命令对选择的设备进行控制。

3. I/O 端口

在 I/O 设备的连接和运行过程中，I/O 设备要不断地与 CPU 交换信息。一般情况下，这些交换信息在系统中有 3 种存放方式。

（1）独立 I/O 端口控制。计算机系统中每增加一种 I/O 设备，系统中就要为其建立一系列的支持机制，其中包括对设备访问端口进行设计和编址（通常是 8 位或 16 位整数）。这些编址将提供给用户，用户程序通过特定的端口访问命令对这些端口进行访问，这种方式称为独立 I/O 端口控制方式。在这种控制方式下，内存和 I/O 地址空间相对独立，如图 8.6 (a)所示。

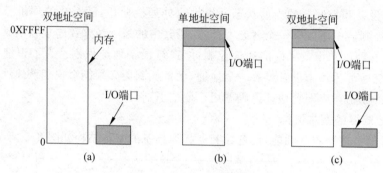

图 8.6　I/O 端口访问的管理方式

（2）内存映射 I/O 端口。将 I/O 端口编址放在内存中，将对内存的访问和 I/O 端口的访问统一进行管理。即将 I/O 端口的各个功能寄存器、控制寄存器统一看作系统内存单元，把它们和内存统一编址，如图 8.6(b)所示。一般将 I/O 端口编址放在内存的顶端，访问时由操作系统按内存地址位置来区分访问的是系统数据区还是 I/O 端口。这种方式中，处理器不需要增加特殊的指令，仅用普通的访存指令就可实现对 I/O 端口的访问。

（3）混合 I/O 端口。混合 I/O 端口方式如图 8.6(c)所示，是将前两种方式混合在一起的方式。在系统中设有独立的 I/O 端口，同时建立内存映射 I/O 端口。具体实现时可将设备的 I/O 端口设计成独立的，而用内存映射空间来存放与设备进行交换的缓存数据。

上述 3 种方式的基本工作过程是：①CPU 把所需数据地址（内存或 I/O 端口号）放在地址总线上；②在控制总线上插入读信号，表明数据来自 I/O 空间还是内存空间；③由相应的对象（I/O 设备或内存）对请求做出响应。

8.2.3　I/O 控制方式

这里所说的 I/O 控制方式指的是 CPU 何时以及如何去驱动 I/O 设备、如何控制 I/O 设备与主机之间进行数据传输。I/O 控制在计算机处理中具有重要的地位。

按照 I/O 控制器功能的强弱，以及和 CPU 之间联系方式的不同，I/O 设备的控制方式可分为 4 种,它们之间的主要区别在于 I/O 过程中的 CPU 干预程度。在 I/O 控制方式的整个发展过程中,始终贯穿着这样一个宗旨,即尽量减少 CPU 对 I/O 控制的干预,把 CPU 从繁杂的 I/O 控制事物中解脱出来,以便更多地去完成数据处理任务。

1. 查询等待控制方式

查询等待控制方式是用户进程通过 CPU 主动地、周期性地访问 I/O 控制器中的相关寄存器,发出或读取控制信息,实现对 I/O 设备的控制。

在查询等待控制方式中,一个必不可少的硬件设备是 I/O 控制器,但并不要求 I/O 控制器具有中断功能。

CPU 在执行用户程序的过程中,每当要和外部设备传递数据时,首先发出启动设备的命令,然后进入反复查询等待状态。直到设备状态准备好,CPU 才在内存和 I/O 控制器之间传递一次数据。查询等待控制方式中,I/O 数据传输并不中断 CPU 的当前处理过程。

为了支持操作系统设备驱动程序控制设备 I/O,I/O 控制器内有一些用来与 CPU 通信的寄存器。在某些计算机上,这些寄存器占用主存物理地址空间的一部分,常称为主存映像 I/O。例如,多数 RISC 计算机就采用该方案。有些计算机使用专用的 I/O 地址,每个 I/O 控制器中的寄存器对应地址空间的一部分。操作系统通过向控制器的寄存器写命令来执行 I/O 功能。例如,IBM PC 的软盘控制器可以接收 15 条命令,包括读、写、格式化、重新校准等。其中许多命令带有参数,这些参数也要装入控制器的寄存器中。当控制器接收到一条命令后,完成指定的 I/O 操作。

如系统采用查询等待控制方式控制 I/O 设备,设备 I/O 操作期间,CPU 不停地反复查询相关控制器状态,了解 I/O 操作是否完成。例如对于输入设备,每当要有数据输入时,设备就把数据存入设备控制器的数据寄存器中。进程执行中,用户程序循环测试控制器中控制/状态寄存器的忙/闲标志位。如果该位是 1,说明目前没有数据输入,CPU 等到循环的下一次再次查询;如果该位为 0,说明目前已有数据输入,CPU 就把数据寄存器中的数据取到主机并把另一状态位设置为 1,进而通知设备接收下一数据的输入。对于输出设备也有类似的过程。输出设备控制器的状态寄存器中,有的状态位用于表示设备是否空闲,有的状态位用于表示是否有数据已送入控制器的数据寄存器里等待输出。CPU 周期性地查询该设备控制器的特定状态位,只有当确认设备空闲时才把数据送往控制器的数据寄存器,并通知设备进行输出。

查询等待控制方式流程参见图 8.7,其中图 8.7(a)为 CPU 的工作情况,图 8.7(b)为外设的工作情况。

查询等待控制方式的优点是实现简单,易于理解。一旦 CPU 启动 I/O 设备,便不断查询 I/O 的执行情况,终止了原程序的执行。在硬件支持方面,只需要使用一般功能的 I/O 控制器。但是它所传递的数据量很少(取决于控制器内数据缓冲寄存器的容量),如果需要传递较多数据则需要反复执行上述过程。无论 I/O 设备状态如何,CPU 都要反复地去查询、测试、等待,直到状态允许时才执行一次数据传输。在整个过程中,CPU 经常处于“空转”(即循环测试、等待外设)而不能转去执行其他进程,特别是考虑到外设工作速度远远低于 CPU,这使得 CPU 绝大部分时间都处于等待 I/O 设备完成数据 I/O 的循环测试中,造成 CPU 的极大浪费。此外,CPU 和外设不能并行工作,外设(或其他硬件)如果出现故障,由于没有中断机制,CPU 无法知道。

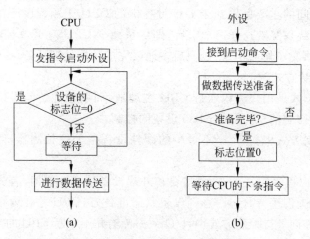

图 8.7 查询等待控制方式处理流程图

2. 中断控制方式

与查询等待控制方式不同的是,中断控制方式的主动方由 CPU 变为 I/O 设备控制器。CPU 不再一遍遍地查询外部设备状态,而是由 I/O 设备控制器在需要的时候通过中断请求 CPU 处理。中断技术引入后,I/O 设备有了反映其状态的能力,仅当操作正常或异常结束时才中断 CPU 的执行。中断控制方式实现了 CPU 和 I/O 设备之间的一定程度的并行操作,而在查询等待控制方式中,CPU 和 I/O 设备之间完全是串行的。

CPU 在执行用户程序的过程中,当要传递数据时,首先发出启动设备及允许中断的命令,然后该进程进入阻塞状态,系统可调度其他某个就绪进程占有 CPU 并执行。当相应设备的 I/O 控制器准备好后(输入时数据缓冲寄存器已装满数据,输出时数据缓冲寄存器中的数据已被送走)就发出一个中断请求,CPU 接到请求之后,在一个适当的时机(通常是在当前指令做完之后)暂时中止当前正在执行的进程,并在堆栈中保留其现场信息以便将来返回。之后,根据中断信号的来源(是哪个设备)转而去执行一段相应的中断处理程序,进行主机与外部设备控制器之间的数据传递。处理完毕后,再恢复断点信息,继续执行原先被中断的进程。

中断控制方式流程示意图参见图 8.8。其中图 8.8(a)为 CPU 的工作情况,图 8.8(b)为外设的工作情况。

从图 8.8 中可以看出:CPU 发出启动设备指令后,并没有像查询等待控制方式那样循环测试控制器中控制/状态寄存器的忙/闲标志位。相反,CPU 被进程调度程序分配给其他进程。当外设将数据送到控制器的数据寄存器后,控制器发出中断信号。CPU 接到中断信号后进行中断处理。外设在接到启动命令后,将外设数据送到控制器的数据寄存器中,当寄存器满时向控制器发出中断信号。

在 I/O 设备输入每个数据的过程中无须 CPU 干预,因而可使 CPU 与 I/O 设备并行工作。仅当输完一个数据时,才需 CPU 花费极短的时间去做些中断处理。可见,这样可使 CPU 和 I/O 设备都处于忙碌状态,从而提高了整个系统的资源利用率及吞吐量。

在硬件支持方面,中断控制方式要求 I/O 控制器支持中断机制。I/O 控制器通过中断向 CPU 发出请求。以奔腾系列处理器为例,它向 I/O 设备提供了 15 条可用中断。

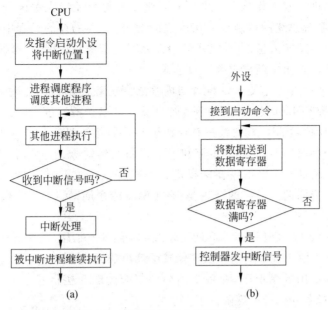

图 8.8　中断控制方式处理流程图

中断控制方式的优点：

① CPU 不必循环测试、等待外设，仅仅是在接到中断请求时才去处理一下 I/O 操作的有关问题，与循环测试方式相比，CPU 的利用率较高。

② 支持 CPU 与 I/O 设备并行工作。

③ 能及时响应和处理外部设备或其他硬件的故障。

中断控制方式每次在内存和 I/O 控制器之间传递的数据量很少，这一点与查询等待控制方式相同。一个进程要完成一批数据的传递需要进行多次中断。当外部设备数量较多或 I/O 速度较高时会造成频繁中断，这使的 CPU 效率降低甚至出现失误。

3. DMA 控制方式

DMA 即直接存储器存取，它的基本思想是在外设和内存之间开辟直接的数据交换通道。中断是以字（节）为单位进行 I/O 的，而 DMA 控制方式中数据传输的基本单位是数据块，比中断控制方式更为高效。在 DMA 控制方式中，主存和 I/O 设备之间有一条数据通路。传送过程中，DMA 控制器具有较强的功能，控制主存和 I/O 设备之间直接传送数据，不需要 CPU 干预。

DMA 控制方式流程如图 8.9 所示。

在这种控制方式下，CPU 的工作也与中断控制方式中的工作有所不同，主要区别如下。

（1）传递数据时，CPU 不但要发出启动设备及允许中断的命令，而且要把 I/O 操作需要传递的字节数目和相关内存区域（准备存放输入数据或已经放好输出数据的区域）的起始地址发送到 DMA 控制器中的相关寄存器中。

（2）发出 I/O 请求的进程进入阻塞状态，CPU 被迫

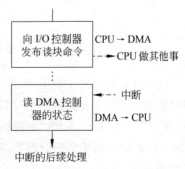

图 8.9　DMA 控制方式的流程

停止一切有关系统总线的工作(CPU 此时可去执行其他与总线无关的工作),相应设备的 DMA 控制器接管系统总线的控制权。在将数据读出、写入主存的过程中,DMA 部件需要控制总线直接与内存交换信息,自动完成与内存之间的多次数据传递,直到指定字数的数据全部传完,才向 CPU 发出中断请求并释放总线。

DMA 控制方式的好处是使 I/O 设备与内存之间有较高的数据传输速率,而且大大减少了 CPU 中断次数和 I/O 设备启动次数,加快了 I/O 操作的速度。若出现 CPU 和 DMA 同时经过总线访问内存,CPU 把总线占有权让给 DMA,这种现象常称为"周期窃用"。窃取的时间一般为一个存取周期,专用于主存和 I/O 设备间传输数据。此时,正在 CPU 上执行的进程并不产生中断,CPU 也不需要保存进程的执行上下文而转去执行其他进程。CPU 只需要暂停一个总线周期。最终的结果是,在 DMA 传送期间,CPU 的执行速度会相对慢一些。

例如:在一个 32 位 100MHz 的单总线计算机系统中(每 10ns 一个周期),磁盘控制器使用 DMA 方式以每秒 40MB 的速率从存储器中读出数据或者向存储器写入数据。假设计算机在没有被周期窃用的情况下,在每个循环周期中读取并执行一个 32 位的指令。这样做,磁盘控制器使指令的执行速度降低了多少?

CPU 的总线数据传输速率=总线时钟频率×总线宽度/8,本题中 100MHz×(32/8)= 400MBps,磁盘控制器利用总线的数据传输速率为:40MBps。故每 9 次 CPU 总线周期后,磁盘控制器窃用 1 个总线周期,CPU 指令执行速度下降了 10%。

在硬件支持方面,DMA 控制器不仅要有中断机构,还需要专门用途的寄存器。简单 DMA 控制器的组成如图 8.10 所示。

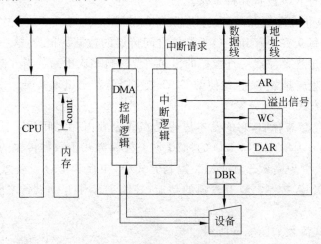

图 8.10　简单 DMA 控制器的组成

图 8.10 中,AR 为内存地址寄存器,存放数据块在内存的首地址,有计数功能;WC 为字计数器,存放传送数据的总字数 count,每传送一个字,count 减 1;DAR 为设备地址寄存器,用于存放设备号;DBR 为数据缓冲寄存器,暂时存放主存和设备之间交换的数据字。DMA 控制逻辑用于负责管理 DMA 的传送过程,由控制电路、时序电路和命令状态寄存器等组成。

DMA 的数据传送过程分为预处理、数据传送和后处理 3 个阶段:

（1）预处理阶段主要工作包括：指明数据传送方向是输入还是输出；设备地址送到 DMA 控制器的设备地址寄存器 DAR 中；主存首地址送到 DMA 控制器的主存地址计数器 AR 中；传送数据字数送到 DMA 控制器的字计数器 WC 中；然后启动 I/O 设备工作。

（2）数据传送阶段主要工作包括：主存地址送至总线；数据送至 I/O 设备（或主存）；主存地址加 1；传送字节数减 1，直到数据块传送结束为止。

（3）后处理阶段主要工作包括：校验送入主存的数据是否正确、测试传送过程中是否出错，错则转诊断程序，决定是否继续使用 DMA 传送其他数据块等。

4．通道方式

当主机配置的外设很多时，仅有设备控制器显然已经不能有效地减轻 CPU 的 I/O 控制负担，于是在 CPU 和设备控制器之间又增设了通道。

通道控制方式是 DMA 控制方式的发展，也是一种以内存为中心，实现设备与内存直接交换数据的控制方式，它把 CPU 从繁杂的 I/O 任务中进一步减少了 CPU 在 I/O 操作中的干预。通道控制方式把 CPU 以一个数据块为单位的读/写干预，简化为以一组数据块为单位的读/写干预，能够快速地实现大量的、复杂的数据传输工作。通道方式实现了 CPU、通道和 I/O 设备三者的并行操作，从而能更有效地提高系统资源利用率。

与 DMA 方式相比，通道的功能更加强大。通道是专用 I/O 处理机，不但可以实现外部设备和内存之间直接传递数据，而且通道部件通过执行自己的通道指令来进行 I/O 控制。通道与中央处理器并行工作，CPU 的 I/O 操作负担进一步减轻，CPU 只需发送一个启动通道的指令即可。通道方式下，I/O 设备和 CPU 能并行操作、通道和通道之间并行操作、各通道上的外围设备也并行操作，达到了提高系统效率的目的。

在通道的协助下，CPU 只需要简单地发出一个启动通道、执行通道程序的指令即可。主机仅与高速的通道直接通信，不需要考虑设备的具体控制，不需要考虑如何完成数据传送，大大减轻了主机的负担。在采用通道的计算机中，一般有两种总线，一种是存储器总线，一种是通道总线。

通道控制体系结构如图 8.11 所示。

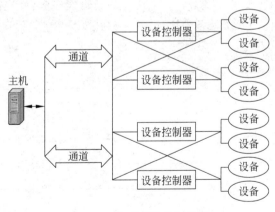

图 8.11　通道的位置与作用

（1）通道的工作原理

通道拥有自己的控制运算部件和指令集。通道的运算控制部件包含若干寄存器，诸如存放下一条指令地址的通道地址字寄存器、存放当前指令内容的通道命令字寄存器、存放通道各种状态信息的通道状态字寄存器等。通道的指令系统中只包含 I/O 指令,可分别执行读、写、转移等 I/O 操作。用户可为这些指令编写好通道程序,存放在内存中,供通道执行。一般情况下,通道没有自己的单独内存,而是和主机共用内存。随着通道控制器的发展,部分通道已具备自己的专用存储器。

每当用户程序要进行 I/O 操作时,CPU 就把相应通道程序在内存中的第一条指令地址放入通道的通道地址字寄存器中,设置要使用的设备号和操作类型等参数,执行启动该通道的指令,使通道开始执行指定的通道程序。

此后,通道与 CPU 并行工作,通道通过执行相应的通道程序,对 I/O 控制器进行控制,独立管理所属设备完成指定的输入/输出操作,一次又一次地与内存之间传递数据,而不再依赖于 CPU 进行控制。CPU 此时可去做其他的工作,它与输入/输出设备并行工作的程度比起其他几种 I/O 控制方式都要高。换句话说,通道分担了 CPU 的一部分 I/O 控制工作。当通道执行完了输入/输出操作以后,向 CPU 发出一个中断请求,CPU 响应中断后,通过执行相应的中断处理程序来获得通道的工作情况信息,并向提出 I/O 请求的用户进程报告。

(2) 通道的控制结构

从图 8.2 可以看出,通道的具体连接结构是通道—控制器—设备 3 个层次。一个通道可能连接着若干个控制器,一个控制器也可能连接着若干台设备。为了提高整个系统的可靠性,可以在通道和控制器之间采用交叉连接,而有的设备也可同时接到多个控制器上,这样可提高设备的并行程度。当进程需要使用某台设备时,可从与它连接的几个控制器或几个通道中选择空闲的连接路径,不会出现由于一个控制器或通道处于忙状态而让设备空闲等待的情况。

(3) 通道的分类

通道是用于控制外围设备的,但由于外设种类繁多,各自的速率相差很大,因而使得通道也有多种类型。按照通道与所连接设备之间的信息交换方式分类,通道可分为如下 3 类。

① 字节多路通道。字节多路通道以字节为单位交换信息,主要用于连接软盘输入/输出机、纸带输入/输出机等低中速设备。一个这样的通道连接多台设备,以分时轮转的方式执行多个通道程序,轮流与各个设备交换且每次交换一个字节。字节多路通道工作原理如图 8.12 所示。

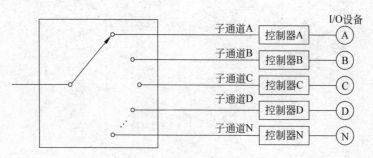

图 8.12　字节多路通道

在图 8.12 中,通道以字节为单位交叉地工作,在一台 I/O 设备上输出一个字节后,立即转去为另一台设备传送一个字节。依次在各个 I/O 设备上进行输入/输出操作。在 IBM360 系统中,字节多路通道可连接 256 台不同的 I/O 设备。

由于字节多路通道轮流的为各台 I/O 设备服务,故各个 I/O 设备的传输速率都不会太高。

② 选择通道。选择通道成批地交换信息,主要用于连接磁盘、磁带等高速设备。选择通道虽然也与多台设备相连,但一段时间内只能控制其中一个设备,执行一个通道程序,直到其完成 I/O 操作,然后再选择与通道相连接的另一设备进行 I/O 操作。

选择通路虽然能够承受高速的 I/O 操作,但如果 I/O 期间间隔慢速的操作,通道只能空等。例如,磁盘读/写时传输速率快,适合采用选择通道进行控制。但是磁盘读/写前,磁臂移动定位的时间很长,此时通道只能空等,降低了通道的利用率。

③ 数组多路通道。在选择通道的基础上,数组多路通道在控制多台 I/O 设备的通道程序中引进多道程序设计技术。这样一来,通道就不必等一台设备的操作完成后再转向另一设备,同一通道所连接的多台设备可以并行工作,如图 8.13 所示。数组多路通道能很好地解决选择通路控制磁盘操作时存在的问题。对于连接在数组多路通道上的若干台磁盘机,可以依次启动它们同时进行移动磁臂定位。之后,按次序进行磁盘传输,避免了移动磁臂操作过长地占用通道。数组多路通道实质是用硬件实现了通道程序的并发执行。

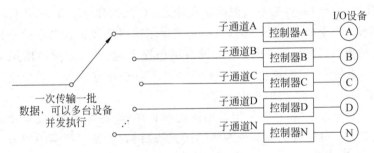

图 8.13　数组多路通道

通道一般用在大型计算机系统中,CPU 按"中断—响应"方式控制通道,通道再去驱动设备。在小型计算机和微机中,通常不配备通道,CPU 按"中断—响应"的方式控制设备控制器,并在适当时机执行设备驱动程序,进行数据传输。

通道不仅可以传送数据,更重要的它还可以完成对设备的控制,例如控制磁带反绕、磁盘引臂移动、打印纸换页等机械性动作。

(4) 通道与一般处理器的主要区别

通道虽然有自己的指令,但和一般处理器相比较,其指令较为单一,只能执行与 I/O 操作有关的指令。通道程序一般只是为了 I/O 操作而设计。通道和一般处理器的另一个较大区别是没有自己的内存空间,往往是和一般处理器共用系统内存空间,

在以上介绍的 4 种 I/O 控制方式中,除了查询等待控制方式外,其他 3 种 I/O 控制方式都采用中断技术。相比之下,中断控制方式的中断次数最频繁,DMA 控制方式的中断次数较少,通道控制方式的中断次数最少。DMA 控制方式和通道控制方式都是在 I/O 设备和内存之间直接传递数据,不过前者是由 DMA 控制器来控制,而后者是由通道来控制。

8.3 I/O 软件

I/O 系统功能需要通过 I/O 硬件和 I/O 设备管理软件的配合才能完成。I/O 设备管理软件的设计水平决定了 I/O 系统的管理效率。I/O 设备管理软件结构的基本思想是层次化,即把设备管理软件按功能组织成为一系列层次。低层软件与硬件相关,它把 I/O 设备的细节与较高层次的软件隔离开来,从而实现上层的设备无关性;最高层软件则向应用程序提供一个统一、规范和方便的 I/O 设备接口。层次划分 I/O 软件有利于实现设备无关性,在具体的操作系统中,各层软件之间的界限确定依赖于操作系统的具体实现目标。

8.3.1 I/O 软件的设计目标

I/O 软件的总体设计目标是:高效率和通用性。在改善 I/O 设备效率中,最应关注的是提高磁盘 I/O 效率。通用性指采用统一、标准的方法来管理系统中的所有 I/O 设备。

I/O 软件设计时主要考虑以下 4 个问题:

(1)独立性。设计 I/O 软件的一个最关键目标是独立性。除了直接与设备打交道的底层软件之外,其他部分的软件都不应依赖于硬件。I/O 软件独立于设备,可以提高设备管理软件的设计效率。当 I/O 设备更新时,没有必要重新编写涉及设备管理的全部程序。在实际的一些操作系统中,只要安装了相应的设备驱动程序,就可以方便地使用 I/O 设备。例如,在 Windows 系统中,系统可以自动为新安装的 I/O 设备寻找和安装相应的设备驱动程序,从而实现了 I/O 设备的即插即用。

I/O 软件一般分为 4 层,它们分别是中断处理程序、设备驱动程序、与设备无关的系统软件和用户级软件。分层时的细节处理依赖于系统目标,并没有严格的划分。只要有利于独立性这一目标,操作系统设计者可在结构上作出不同的安排。

(2)统一命名。操作系统要负责对 I/O 设备进行管理。其中一项重要的工作就是给 I/O 设备命名。统一命名是指在系统中采取预先设计的、统一的逻辑名称,对各类设备进行命名,并且应用在与设备有关的全部软件模块中。对设备统一命名与设备独立性密切相关,不同系统有不同的命名原则。通常给 I/O 设备命名的做法是用一序列字符串或一整数来标识一个 I/O 设备,称之为逻辑设备名。操作系统中,用户采用逻辑设备名使用 I/O 设备。统一命名不依赖于具体设备,即在一个逻辑设备名下,其对应的物理设备可能发生变化,但用户并不知晓。如在 UNIX 系统中,软盘、硬盘和其他所有块设备都能安装在文件系统层次中的任意位置,用户不必知道哪个名字对应于哪台设备。例如,一个软盘可以安装到目录\usr\ast\backup 下,所以复制一个文件到目录\usr\aet\backup\Monday 中,实际是将文件复制到软盘上。

(3)出错处理。I/O 设备工作中,出错经常出现,是在所难免的。I/O 软件应尽可能在接近硬件的底层中对设备出错进行处理。这样一来,底层软件能解决的设备错误不让高层软件感知,只有底层软件解决不了的错误才通知高层软件进行解决。

(4)同步(阻塞)—异步(中断驱动)传输。外设在进行数据传输时,有的要求同步传输,有的要求异步传输。对于同步传输要求,可以通过阻塞原语等方法,把要求同步的进程阻塞,等待数据传送完毕;对于异步传输要求,可以通过中断机制加以实现。

8.3.2 I/O 软件层次

I/O 软件的结构一般可分为 4 层,从低到高是:中断处理程序、设备驱动程序、设备无关 I/O 层和用户级 I/O 层。如图 8.14 所示。其中,用户级 I/O 层是提供给用户进程使用 I/O 设备进行 I/O 操作的接口,它运行在用户态。设备无关软件、设备驱动程序及中断处理程序在核心态运行,属于操作系统内核程序。

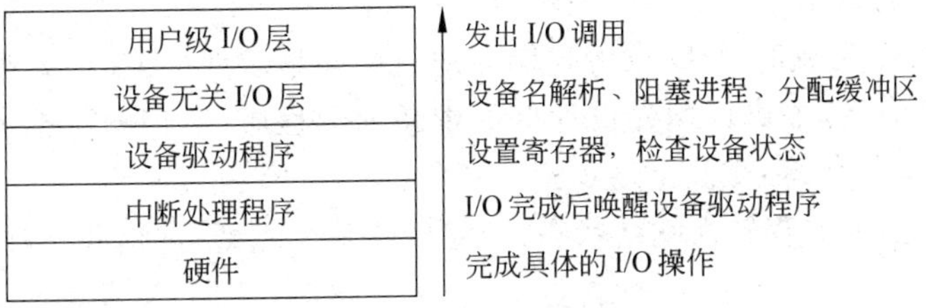

用户级 I/O 层	发出 I/O 调用
设备无关 I/O 层	设备名解析、阻塞进程、分配缓冲区
设备驱动程序	设置寄存器,检查设备状态
中断处理程序	I/O 完成后唤醒设备驱动程序
硬件	完成具体的 I/O 操作

图 8.14 I/O 软件层次图

在 CPU 接收了 I/O 中断信号后,中断处理程序被 CPU 调用,对数据传送工作进行相应处理;设备驱动程序与硬件直接相关,具体实现系统发出的设备操作指令;设备无关 I/O 层的程序实现 I/O 管理的大部分功能,诸如与设备驱动器的接口、设备命名、设备保护、设备分配和释放,同时为设备管理和传送数据提供必需的存储空间;用户级 I/O 层的程序向用户提供友好、清晰、统一的 I/O 接口。

下面逐一介绍各层 I/O 软件。

1. 中断处理程序

中断处理程序是设备管理软件中的一个重要组成部分。下面先分析中断处理程序的工作原理,然后讨论中断技术在设备管理中的作用。

(1) 中断

中断是指计算机在执行期间,系统内发生非正常或非预期的急需处理事件,使得 CPU 暂时中断正在执行的进程,而转去执行相应的事件处理程序,处理完毕后返回中断处继续执行原进程或者调度新进程执行。狭义上讲,中断指外部中断。外部中断包括 I/O 设备发出的 I/O 中断、其他外部信号中断(例如用户按下 Esc 键)、各种定时器引起的时钟中断、调试程序中设置断点引起的调试中断等。

(2) 硬中断与软中断

通过硬件产生的中断请求,称为硬中断。软中断是相对于硬中断而言的概念,来源于 UNIX 系统。软中断是通信进程之间通过模拟硬中断而实现的一种通信方式。

在中断源发出软中断信号后,如果接收进程正处于执行态,它将立即转去执行该软中断信号所对应的中断处理程序或完成软中断信号所对应的功能。

(3) 设备管理与中断方式

高速 CPU 和低速 I/O 设备之间的速度差异是设备管理必须要解决的一个重要问题。为了提高系统整体效率,减少 CPU 等待时间,通常采用中断方式控制 I/O 设备与内存、I/O 设备与 CPU 之间的数据传送。

在硬件结构上,中断方式要求 CPU 与 I/O 设备控制器之间有相应的中断请求线路,且在 I/O 设备控制器的控制状态寄存器中有相应的中断允许位。

中断控制方式下,CPU 与 I/O 设备之间数据传输的一般步骤如下:

① 某进程需要数据时,发出启动 I/O 设备指令。同时,该指令还通知 I/O 设备控制器中的中断允许位置位,以便在需要时中断程序可被调用执行。

② 进程发出启动设备指令之后,一种方式是该进程放弃 CPU,阻塞自己,等待相关 I/O 操作完成。此时,进程调度程序会调度其他就绪进程使用 CPU。另一种方式是该进程继续运行(如果能够运行的话),直至 I/O 中断信号到来。

③ 当 I/O 操作完成时,I/O 设备控制器通过中断请求线向 CPU 发出中断请求信号。CPU 收到信号之后,转去执行预先设计好的中断处理程序,对传输数据进行相应的处理。如果进程需要的数据较多,重复上述步骤。

④ 得到数据后的进程转入就绪状态,在随后的某个时刻,进程调度程序选中该进程继续执行。

当 CPU 发出启动设备和允许中断指令之后,CPU 被调度程序分配给其他进程。此时系统还可启动其他 I/O 设备工作,从而实现 I/O 设备与 I/O 设备之间及 I/O 设备和 CPU 之间的并行操作,提高了 CPU 和 I/O 设备的利用率。

但中断方式也存在一些问题。首先,现代计算机系统通常配置有各种各样的 I/O 设备,如果这些 I/O 设备都通过中断方式并行操作,将导致 CPU 无法响应急剧增加的中断而出现数据丢失现象。其次,如果 I/O 控制器的数据缓冲区较小,缓冲区装满数据之后即发生中断,增加了数据传送过程中发生中断的机会,这需花费大量的 CPU 处理时间,CPU 的负担较大。

2. 设备驱动程序

设备驱动程序又称设备处理程序,是指驱动物理设备和 DMA 控制器或 I/O 控制等直接进行 I/O 操作的子程序集合。设备驱动程序的主要任务是把用户提交的逻辑 I/O 请求转化为物理 I/O 操作的启动和执行,如将设备名转化为端口地址、逻辑记录转化为物理记录、逻辑操作转化为物理操作等,并将由设备控制器发送来的信号传递给上层软件。设备驱动程序是 I/O 进程与设备控制器之间的通信程序,它包括了所有与设备相关的代码,由于它常以进程形式存在,所以也简称为设备驱动进程。

操作系统内核通过设备驱动程序与 I/O 设备进行交互,设备驱动程序是 I/O 设备与内核之间的唯一接口,只有设备驱动程序才知道具体设备的工作细节。例如,只有硬盘驱动程序知道磁盘控制器有多少个寄存器及其各自功能,知道磁盘正确操作所需的全部参数,包括扇区、磁道、盘面、磁头、磁头臂移动、磁头定位时间等。

(1) 设备驱动程序功能

设备驱动程序主要具有以下 6 个功能。

① 将接收到的抽象要求转换为具体要求。

一般情况下,每个设备控制器中都有若干寄存器,它们分别用于暂存命令、数据和参数等。用户及上层软件对设备控制器的具体情况毫无了解,只能向它们发出抽象的要求(命令),且又无法传送给设备控制器。因此,系统首先要将这些抽象要求转换为具体要求,如将抽象要求中的盘块号转换为磁盘的盘面号、磁道号及扇区。这一转换工作只能由设备驱动程序来完成,因为只有驱动程序同时了解抽象要求和设备控制器中的寄存器情况,知道命令、数据和参数应分别送往哪个寄存器。

② 检查用户 I/O 请求的合法性,了解 I/O 设备的状态,传递 I/O 操作的有关参数。

任何输入设备都只能完成一组特定功能,如向该设备发出其不支持的 I/O 请求,则认为这次 I/O 请求非法,如用户试图请求从打印机输入数据,系统显然应予以拒绝。此外,还有些设备,例如磁盘和终端,它们虽然既可读又可写,但若以只读方式打开它们时,用户的写请求必然被拒绝。

系统要启动某个设备进行 I/O 操作,其前提条件是该设备要处于空闲状态。因此,在启动设备前,系统要从设备控制器的状态寄存器中读出设备状态。如为了向某设备写入数据,此时应先检查该设备的状态是否处于接收就绪,只有在它处于接收就绪状态时,才能启动其设备控制器,否则只能阻塞等待。

许多设备特别是块设备,除必须向其控制器发出启动命令外,还需传送必要的参数。如在启动磁盘进行读/写操作之前,应先将本次要传送的字节数、数据应到达的内存始址送入控制器的相应寄存器中。有些设备具有多种工作方式,典型情况是利用 RS-232 接口进行异步通信,使用该接口时,应先按通信规程设定下述参数:波特率、奇偶校验方式、停止位数目及数据字节长度等。

③ 发出 I/O 命令,启动分配到的 I/O 设备,完成指定的 I/O 操作。

在完成上述各项准备工作后,驱动程序向控制器中的命令寄存器传送相应的控制命令。对于字符设备,若发出的是写命令,驱动程序将把一个数据传送给控制器;若发出的是读命令,驱动程序将等待接收数据,并通过从状态寄存器读入状态字的方法确定数据是否到达。收到程序发出的 I/O 命令后,I/O 设备在设备控制器的控制下进行工作。通常,I/O 操作需要完成的工作较多且速度较慢,需要一段时间。驱动程序进程此时把自己阻塞起来,让出CPU 使用权,直至设备发出的 I/O 中断到来时才被唤醒。

④ 及时响应由控制器或通道发来的中断请求,并根据中断请求的类型(正常、异常结束的中断或其他类型中断)调用相应的中断处理程序进行处理。

⑤ 对于设置通道的计算机系统,设备驱动程序还应能根据用户的 I/O 请求,自动构造通道程序,通道通过执行通道程序来完成相关的 I/O 操作。

⑥ I/O 操作的出错处理一般也由设备驱动程序来实现。I/O 操作出现错误时,驱动程序应知道如何做(例如重试、忽略还是放弃)。例如,由于磁盘块受损而不能再读这样一类错误,驱动程序将设法重读一定次数。若仍有错误,则放弃读并通知设备无关 I/O 软件。

(2) 设备驱动程序特点

设备驱动程序与一般应用程序和系统程序相比,存在着明显差异。

① 驱动程序的主要职责是完成请求 I/O 操作进程与设备控制器之间的通信。它将进程的 I/O 请求传送给设备控制器,并把设备控制器中所记录的设备状态、I/O 操作完成情况反映给请求 I/O 操作的进程。

② 驱动程序与 I/O 设备特性联系密切。不同类型的设备需配置不同的驱动程序,即使是同一类型设备,由于生产厂家不同也需分别为它们配置不同的驱动程序。

③ 驱动程序与系统采用的 I/O 控制方式紧密相关。常用的 I/O 控制方式是中断驱动和 DMA 方式。

④ 驱动程序与硬件特性紧密相关,其中一部分程序须用汇编语言书写。目前部分驱动

程序的基本部分已经实现固化,存放在只读存储器 ROM 中,系统启动时自动执行。

3. 设备无关 I/O 软件

设备驱动程序是一个与硬件(或设备)紧密相关的软件,为了实现设备独立性,就必须在设备驱动程序之上设置一层与设备无关的 I/O 软件。设备无关 I/O 软件又称为设备独立性软件,其基本任务是实现所有设备都需要的常用 I/O 功能,并向用户级 I/O 软件提供统一的调用接口。

I/O 软件中只有一部分设备专用,大部分软件是与设备无关。设备驱动程序与设备无关 I/O 软件之间的界限依赖于具体系统的实现过程。图 8.15 给出了设备无关的软件层通常实现的功能。

由图 8.15 可知,设备无关 I/O 软件层的功能主要有以下6 个方面。

(1)设备命令。设备无关程序负责将设备名映射到相应的设备驱动程序。

设备命名
设备保护
提供与设备无关的块尺寸
缓冲技术
块设备的存储分配
独占设备的分配与释放
报告错误信息
与设备驱动程序的统一接口

图 8.15　设备无关 I/O 软件层的基本功能

如何给设备命名是操作系统中的一个重要课题。设备无关 I/O 软件负责把用户使用的设备符号名映射成正确的设备驱动。例如在 UNIX 系统中,像\dev\tty01 这样的设备符号名唯一地指明了一个为特别文件设置的索引结点,该索引结点中包含了主设备号和次设备号,主设备号用来分配正确的终端设备驱动,次设备号作为参数用来确定设备驱动要读/写哪一台终端。

(2)设备保护。操作系统应向各个用户赋予不同的设备访问权限,以实现对设备的保护。

与设备命名机制密切相关的是设备保护机制,设备保护防止无权使用设备的用户使用设备。在某些操作系统中,如 MS-DOS,没有保护机制,任何进程都可以做它想做的事情。但在大、中型计算机上运行的操作系统中,用户进程对 I/O 设备的直接访问是被完全禁止的。例如 UNIX 系统使用比较灵活的保护机制,通常用"rwx"位对 I/O 设备文件进行保护,系统管理员可方便地为每个设备设置存取权限。

(3)提供一个独立于设备的块。设备无关软件屏蔽了不同设备使用的数据块大小不同的特点,向用户软件提供了更易于操作的、统一的逻辑块。

各种 I/O 设备中有着不同的存储设备,其空间大小、读取速度和传输速率等各不相同。比如,当前台常用硬盘的存储空间有上百甚至上千个"GB";在使用闪存的掌上电脑和数码相机这类设备中,存储容量一般在若干个"GB";目前高性能的打印机都自带有缓冲存储器,它们可能是一个硬盘,可能是随机存储芯片,也可能是闪存。这些存储器的空间大小、读取速度和传输速率各不相同。为了方便用户使用,设备无关 I/O 软件要屏蔽 I/O 设备存储空间的差异,向高层软件提供大小统一的逻辑块尺寸。这样一来,高层软件只与等长的逻辑数据块打交道,不考虑物理设备空间和数据块大小。

(4)对独占设备的分配和回收。对独占设备进行使用时,必须考虑其是否空闲,类似于对临界资源的使用管理。

磁盘、磁鼓这类存储器既有很大的存储容量,其定位操作的时间又很短,可为多个用户进程共享,这类设备在逻辑上可看成是若干个独占设备。某些需要人工干预的设备,例如将一盘磁带放到磁带机上,而且有些设备要求较长的预备操作时间,如磁带定位操作。显然,欲使若干用户共享这些设备是困难的。对这类设备可采用独占分配方式,即一个设备由一个用户独占使用,直到该用户使用完后释放,其他用户才能使用。

(5)缓冲管理。虽然中断、DMA 和通道控制方式使得系统中的设备和设备、CPU 和设备之间可并行工作,但 I/O 设备和 CPU 的处理速度不匹配的矛盾客观存在。为此,系统可采用设立缓冲区的方法进行解决。块设备和字符设备都需要缓冲。对块设备而言,硬件一般一次读/写一个完整的数据块,但用户进程按任意单位处理数据。倘若用户进程写了半块数据后,暂时不再写数据,这时操作系统一般先将数据保存在内部缓冲区,等到用户进程写完整块数据或用户进程运行完时才将缓冲区的数据写入磁盘。对字符设备而言,当用户进程把数据输入系统的速度快于系统输出数据速度时,须设置缓冲。采用缓冲后,系统可把用户的输入数据先存放缓冲区中,等待处理,系统处理后要输出的数据也可先写到缓冲区,等待输出设备空闲时输出。

(6)差错管理。由于在 I/O 操作中的绝大多数错误都与设备有关,因此主要由设备驱动程序来处理,而与设备无关软件只处理那些设备驱动程序无法处理的错误。当 I/O 操作出现错误、设备驱动程序处理解决不了时,设备无关 I/O 软件接收设备的报告,将错误信息报告给 I/O 操作调用者。

4. 用户级 I/O 软件

用户级 I/O 软件是 I/O 系统软件的最上层软件,负责与用户和设备无关的 I/O 软件通信。它面向程序员,当接收到用户的 I/O 指令后,把具体的请求发送到设备无关的 I/O 软件,进行进一步的处理。

大部分 I/O 软件存在于操作系统中,但用户程序中仍有部分与 I/O 操作有关的 I/O 系统调用。这些 I/O 系统调用由库过程实现,它们是设备管理 I/O 系统的组成部分。例如一个用 C 语言编写的程序可含有如下的系统调用:

```
count=write(fd,buffer,nbytes);
```

程序运行期间,该程序将与库过程 write 连接在一起,形成统一的二进制程序代码。

这些库过程所做的工作主要是把系统调用参数放在合适位置,由其他的 I/O 过程去实现真正的 I/O 操作。标准的 I/O 库包含了许多涉及 I/O 的过程,它们可作为用户程序的一部分运行。

当然,并非所有的用户层 I/O 软件都由库过程组成,SPOOLing 系统则是另一种重要的处理方法。SPOOLing 系统是多道程序设计系统中处理独占设备的一种方法,在后面将会具体介绍。

8.3.3 I/O 中断的执行流程

操作系统中的 I/O 操作大多是基于中断驱动的。当一个进程请求 I/O 操作时,向系统发出 I/O 中断请求。中断被系统响应后,由中断处理进程进行相应的处理。I/O 中断的整个过程大致分为 5 个阶段。

(1)唤醒被阻塞的驱动程序进程。

(2)保存发出 I/O 请求进程的现场。

(3) 分析中断原因,转入中断处理程序。

(4) 调用设备驱动进程,进行中断处理。

(5) 恢复被中断进程现场。

I/O 中断的处理流程如图 8.16 所示,下面分别加以介绍。

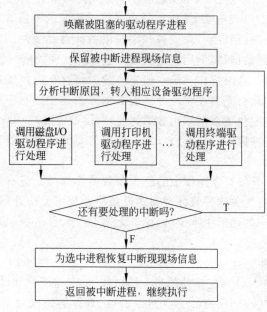

图 8.16　I/O 中断处理流程图

1. 唤醒被阻塞的驱动程序进程

当系统响应用户的 I/O 中断请求后,首先唤醒处于阻塞状态的驱动程序进程,使之处于就绪状态,为控制设备 I/O 操作做好准备。

2. 保存发出 I/O 请求进程的现场

为了保证用户进程在中断处理完成后返回断点继续执行,系统要把进程中断时的现场信息保存起来。当 I/O 中断发生时,硬件将程序状态字和程序计数器中的内容自动保存在中断栈中。此外,还要保存各通用寄存器的内容。因通用寄存器是公用的,中断处理程序也可使用它们,如不保存,通用寄存器中的内容可被中断处理程序修改。这样一来,中断进程即使能按断点返回,也不能正确执行。

保存进程现场信息的工作由软件和硬件共同完成,且在中断处理程序开始执行时就可进行。

3. 分析中断原因,转入中断处理程序

I/O 中断处理中的一个主要工作就是根据中断源确定引起本次中断的 I/O 设备,然后转入相应的中断处理程序进行处理。在实际系统中,存在多种保存中断源的方法。在一些系统中,系统先把中断源信息记录在程序状态字和相关的专用区中,当发生 I/O 中断时,系统通过读取程序状态字就可知道发生中断的设备。而在另一些系统中,在进入中断处理程序后才用指令把中断寄存器的值作为中断字读到某个寄存器或专用内存单元中保存。也有一些系统直接根据中断请求转入不同的中断处理程序。

4. 调用设备驱动进程,进行中断处理

I/O 中断处理程序根据中断原因调用相应的设备驱动进程,完成指定 I/O 操作。在设备驱动进程工作期间,它要不断处理来自设备的中断。

一般情况下,来自设备的中断包括数据传输结束中断,传输错误中断和设备故障中断等。结束中断的处理是把设备控制器和通道控制块中的状态位设置成"空闲",然后,查看请求队列是否为空。如果为空,则设备驱动进程阻塞自己,等待用户新的 I/O 请求;如果队列不空,则处理队列中的下一个请求。传输错误中断向系统报告传输中出现的错误或者请求相应进程重复运行。故障中断向系统报告 I/O 操作故障,由系统做进一步处理。

5. 恢复被中断进程现场

当 I/O 中断处理完成后,便可将保存在中断栈中的被中断进程的现场信息取出,装入相应的寄存器中,其中包括该进程的下一次要执行的指令地址、处理机状态字以及各通用寄存器的内容。

8.4 设备分配与回收

计算机系统中的资源数目相对于多个并发执行进程而言是有限的,每一个进程不能随时都得到其所需资源。为使系统有条不紊工作,充分提高资源利用率,需要解决好设备的分配与回收。在多道程序环境下,设备分配的任务就是按照预定的策略为申请设备的进程分配合适的设备、控制器和通道。在设备分配过程中,既要考虑设备的独立性问题,还不能因为物理设备的更换而影响用户程序的正常运行,同时又要考虑系统的安全性问题,即设备分配不能导致死锁现象出现。当进程提出使用外部设备时,应由设备管理程序统一进行分配。

8.4.1 设备管理中的数据结构

操作系统中的设备管理通常要借助一些数据结构来完成,在这些数据结构中记录了相应设备或控制器的状态及对设备或控制器进行控制所需的信息。这些数据结构通常包括系统设备表、设备控制表、控制器控制表和通道控制表等。

1. 设备控制表(Device Control Table,DCT)

每个设备一张,用于描述设备特性和状态,反映设备的特性、设备和控制器的连接情况。DCT 的主要内容包括:

① 设备标识:用来区别不同设备的编号。

② 设备类型:反映设备特性,如块设备或字符设备。

③ 设备配置:I/O 地址等。

④ 设备状态:设备处于工作状态还是空闲状态。假设"忙"为"1",则"闲"为"0"。

⑤ 等待队列指针:等待使用该设备的进程队列的地址。凡因请求本设备而未得到满足的进程,其 PCB 按一定策略排成一个队列,称其为设备请求队列。等待队列指针指向队首 PCB,有的系统还设置了队尾指针。

⑥ 与设备连接的控制器表指针:该指针指向与该设备连接的控制器的控制表。在具有多条通路的情况下,一个设备可与多个控制器相连,此时在 DCT 中应设置多个控制器表

指针。

⑦ 重复执行次数：指出设备出现故障时，重复传送次数。外部设备在传送数据时，若发生信息传送错误，系统并不立即认为传送失败，而是允许它重新传送。只要在规定的重复次数或时间内恢复正常传送，则仍认为传送成功，否则才认为传送失败。

不同的操作系统具有不同的设备配置和处理方法，故 DCT 中的内容也有所不同。例如，有的 DCT 中还有设备 I/O 总线地址或设备号，这个地址既可以与内存统一编址，也可以独立编址。

2. 控制器控制表（COntroller Control Table，COCT）

每个设备控制器一张，用于描述 I/O 控制器的配置和状态。如 DMA 控制器所占用的中断号、DMA 数据通道的分配等。

3. 通道控制表（CHannel Control Table，CHCT）

每个通道一张，用于描述通道工作状态。CHCT 包括通道标识符、通道忙/闲标识、等待获得该通道的进程等待队列的队首指针等。

4. 系统设备表（System Device Table，SDT）

这是系统范围的数据结构，系统中只设一张，其中记录了系统中全部设备的情况，包括所有设备的状态及其设备控制表的入口。

SDT 的主要组成包括：

① 设备控制表指针：指向相应设备的设备控制表。

② 设备使用进程标识：正在使用该设备的进程标识。

③ 部分 DCT 信息：为引用方便而保存的部分 DCT 信息，如设备标识、设备类型等。

设备管理数据结构之间的关系如图 8.17 所示。

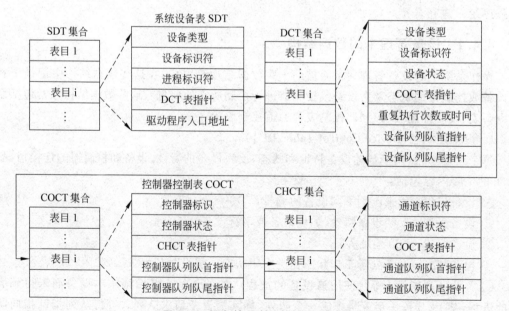

图 8.17　设备管理中的数据结构关系

8.4.2 设备分配与回收

1. 设备分配原则

设备分配原则由设备特性、用户要求和系统配置情况决定。设备分配的总原则是既要充分发挥设备的使用效率，又要尽可能让设备处于工作状态，同时要避免因为不合理的分配方法造成进程死锁，此外还要尽量做到把用户程序和具体物理设备隔离开来，即用户程序面对的是逻辑设备，而分配程序在系统把逻辑设备转换成物理设备之后，再进行分配。

设备分配方式分为静态分配和动态分配两种。静态分配是指系统在用户进程执行之前一次性将其所需的全部设备分配给它，直到该进程被撤销时，才一起收回设备。该方式破坏了死锁产生的必要条件，不会出现死锁，但设备利用率较低。对独占设备，操作系统一般采用静态分配方式。

动态分配是在进程执行过程中根据执行需要进行分配。当进程需要设备时，通过调用命令向系统提出设备请求，由系统按照事先规定的策略给进程分配所需要的设备、控制器和通道。一旦使用完成，立即释放。动态分配有利于设备利用率的提高，但如果分配算法使用不当，则有可能造成进程死锁。系统对共享设备一般采用动态分配方式。

2. 设备分配算法

设备分配算法是指按照一定分配方法将设备分配给进程。设备的分配算法与进程的调度算法有些相似之处，但设备分配算法相对简单些。

设备分配一般多采用以下两种算法：

(1) 先来先服务分配算法

当有多个进程对同一设备提出 I/O 请求，或者是在同一设备上进行多次 I/O 操作时，系统按照进程对该设备提出请求的先后顺序，将这些请求进程排成一个设备请求队列，其队首指针记录在被请求设备的设备控制表。当设备空闲时，设备分配程序总是把设备首先分配给队首进程。

(2) 优先级算法

这种算法的设备 I/O 请求队列按请求 I/O 操作的进程优先级高低排列。高优先级进程排在设备队列前面，低优先级进程排在后面。当有一个新进程要加入设备请求队列中时，并不是简单地把它挂在队尾，而是根据进程的优先级插在适当的位置。这能保证在设备空闲时，系统能从 I/O 请求队列的队首取下一个具有最高优先级的进程，将设备分配给它。

3. 设备分配过程

设备分配过程相对比较复杂，需要完成设备的分配、设备控制器的分配和通道的分配。

设备分配过程一般分为如下两步。

(1) 提出请求。进程向操作系统提出设备分配请求。

(2) 分配设备和控制器。操作系统根据提出请求中的逻辑设备名，从系统设备表中查找设备标识和设备控制表地址指针。系统通过设备控制表地址指针找到设备控制表，查找设备控制表得到设备状态信息。如果设备状态为闲，则分配设备，并修改设备控制表信息，将状态信息改为忙。如果设备状态为忙，则系统返回查找系统设备表，查找同类型的另一台设备。如果有，则得到该设备的设备控制表地址指针。如果所申请设备的状态为忙，且没有相同类的设备可供使用，则阻塞发出该请求的进程。

如果系统中有通道设备,分配程序还要找到与该设备控制器相连接的通道。再根据通道的状态,将该通道分配给用户进程。只有在设备、设备控制器和通道三者都分配成功时,用户进程的设备请求才算分配完成。

4. 设备回收过程

当一个进程使用完设备后,则需释放所分配的设备,称为设备的回收。回收是分配的逆过程,进程释放设备后,请求操作系统修改与设备有关的各种表格,主要是修改状态信息,使之变为可用状态标识。而对于独占设备除具体释放设备外,此时设备控制表中的设备等待队列中有等待者,则选择一个唤醒之;对于共享设备只需将设备释放即可。

5. 设备分配的安全性

设备分配的安全性指设备分配中应保证不发生死锁现象。设备分配时,必须考虑设备的固有属性。由于大多数 I/O 设备都是独占型设备,而且现在大多数操作系统为了提高 I/O 设备的利用率,都采用动态分配方式进行设备分配,即根据进程的运行需要分配设备。如果操作系统的设备分配方法不当,就会出现第 5 章所讲的死锁现象。因此,操作系统的设备分配模块在分配设备前往往进行安全性检测。

8.4.3 SPOOLing 系统

虚拟性是操作系统重要特征之一。如果说可以通过多道程序设计技术将一台物理 CPU 虚拟为多台逻辑 CPU,从而允许多个用户共享一台主机,那么通过 SPOOLing 技术便可将一台物理 I/O 设备虚拟为多台逻辑对应物,允许多个用户共享一台物理 I/O 设备。

虚拟设备是利用共享型设备实现的数量较多、速度较快的独占性设备,它可解决独占设备利用率不高的问题。虚拟设备技术对于侧重进行数据交换的、对实时性和交互性要求不高的设备是非常合适的。SPOOLing 系统是虚拟设备中最典型的代表,是在共享设备上虚拟独占设备,将独占设备改造成共享设备,从而提高了设备利用率和系统的效率。

1. SPOOLing 系统的引入

早期的计算机系统,为了缓和高速 CPU 与低速 I/O 设备间的矛盾,系统中引入了脱机输入/输出技术。该技术是利用专门的外围控制机,将低速 I/O 设备上的数据传送到高速磁盘上;或者相反。

由于现代计算机有较强的并行操作能力,并且引入了多道程序技术后,处理器在执行计算的同时也可进行联机外围设备操作,故只需使用一台计算机就可完成上述三台计算机实现的功能。在多道程序系统中,可利用其中的一个进程模拟脱机输入时的外围控制机功能,把低速 I/O 设备上的数据传送到高速磁盘上;再用另一个进程模拟脱机输出时外围控制机的功能,把数据从磁盘传送到低速输出设备上。这样,便可在主机的直接控制下,实现脱机输入/输出功能。此时,外围操作与 CPU 对数据的处理同时进行,把这种在联机情况下实现的同时外围操作称为 SPOOLing(Simultaneaus Perinfernal Operating On-Line),或称为假脱机操作。

2. SPOOLing 系统的组成

由上所述得知,SPOOLing 技术是对脱机输入/输出系统的模拟。SPOOLing 系统必须建立在具有多道程序功能的操作系统上,而且还应有高速外存(如磁盘)的支持。SPOOLing 系统主要由以下 3 部分构成。

① 输入井和输出井。它们是在磁盘上开辟的两个存储空间,输入井用来模拟脱机输入时的磁盘设备,暂存 I/O 设备的输入数据;输出井用来模拟脱机输出时的磁盘,暂存用户程序的输出数据。

② 输入缓冲区和输出缓冲区。为了缓和 CPU 和磁盘之间速度不匹配的矛盾,在内存中开辟两个缓冲区:输入缓冲区和输出缓冲区。输入缓冲区用于暂存由输入设备送来的数据,以后再传送到输入井;输出缓冲区用于暂存从输出井送来的数据,以后再传送给输出设备。

③ 输入进程 SP_i 和输出进程 SP_o。这里利用两个进程来模拟脱机 I/O 时的外围控制机。其中,进程 SP_i 模拟脱机输入时的外围控制机,将用户要求的数据从输入设备通过输入缓冲区送到输入井,当 CPU 需要数据时,直接从输入井读到内存;进程 SP_o 模拟脱机输出时的外围控制机,把用户要输出的数据,先从内存送到输出井,待输出设备空闲时,再将输出井中的数据经过输出缓冲区送到输出设备上。图 8.18 给出了 SPOOLing 系统的组成。

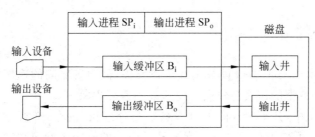

图 8.18　SPOOLing 系统组成

3. 共享打印机

打印机是经常要用到的输出设备,属于独占设备。利用 SPOOLing 技术可将之改造为可供多个用户共享的设备,既提高设备利用率也方便了用户。共享打印机技术已被广泛地用于多用户系统和局域网络中。当用户进程请求打印输出时,SPOOLing 系统同意为它打印输出,但并不真正立即把打印机分配给该用户进程,而是为它做两件事:一是由输出进程在输出井中为之申请一个空闲磁盘块区,并将要打印的数据送入其中;二是输出进程再为用户进程申请一张空白的用户请求打印表,并将用户的打印要求填入其中,再将该表挂到请求打印队列上。如果还有进程要求打印输出,系统仍可接收请求,也同样为该进程完成上述两个任务。

如果打印机空闲,输出进程将从请求打印队列的队首取出一张请求打印表,根据表中的要求将要打印的数据,从输出井传送到内存缓冲区,再由打印机进行打印。打印结束后,输出进程再查看请求打印队列中是否还有等待打印的请求表。若有,取出队列中的队首请求表,根据要求进行打印,如此往复,直至打印队列为空,输出进程才将自己阻塞起来。直到再有新的打印请求时,输出进程才被唤醒。

SPOOLing 技术不仅可以用于打印机,还可用于其他场合。例如,在网络上传输文件常使用网络守护进程,用户发送网络文件前先将其放在一个特定目录下。放在特定目录下后,用户进程就认为该网络文件传输完毕,可执行下一条指令。实际发送由网络守护进程将其取出并发送出去。

4. SPOOLing 系统的特点

① 提高了 I/O 的速度。在 SPOOLing 系统中,对数据所进行的 I/O 操作已从对低速 I/O 设备进行 I/O 操作演变为直接从高速的输入井中获得输入数据,输出数据是直接写到高速输出井中,如同脱机输入/输出一样,提高了 I/O 速度,缓和了 CPU 与低速 I/O 设备之间速度不匹配的矛盾。

② 独占设备改造为共享设备。因为在 SPOOLing 系统中,实际上并没有为任何进程分配设备,而只是在输入井或输出井中为进程分配一个存储区和建立一张 I/O 请求表。这解决了独占设备必须互斥使用的问题,将独占设备改造为可共享的设备,提高了设备的利用率和系统效率。

③ 实现了虚拟设备功能。SPOOLing 系统可将独占设备变换为若干台可共享的逻辑设备。宏观上看,多个进程在同时使用一台独占设备,每个进程用户认为自己独占一台设备。但是,这些设备只是用户感觉到的逻辑设备。

8.5 缓冲管理

随着计算机技术的发展,I/O 设备也在迅速发展,但两者之间的速度差异仍然很大,这样就出现 CPU 处理数据的速度与外设 I/O 速度不匹配现象。

在现代操作系统中,几乎所有的 I/O 设备在与处理机(内存)交换数据时,都使用了缓冲区。缓冲就是为了平滑通信双方的速度差异而引入的一个中间层次,缓冲的速度比通信双方中较慢的一方快,与较快的一方更匹配。设备管理中要提高 I/O 设备的传输速度和利用率,在很大程度上都需要借助于缓冲技术来实现。现代操作系统中普遍采用了缓冲技术。

缓冲管理的主要功能是组织好这些缓冲区,并提供获得和释放缓冲区的手段。

8.5.1 缓冲的引入

在设备管理中,引入缓冲的主要原因可归结为以下 3 点。

(1) 改善 CPU 与外围设备之间速度不匹配的矛盾。为了改善 CPU 与外围设备之间速度不匹配的矛盾,以及协调逻辑记录大小与物理记录大小不一致的问题,系统通常设置缓冲区。缓冲技术实现基本思想如下:当一个进程执行写操作输出数据时,先向系统申请一个内存缓冲区,然后,将数据高速送到缓冲区。若为顺序写请求,则不断把数据填到缓冲区,直到它被装满为止。此后,进程可以继续它的计算,同时,系统将缓冲区内容写到 I/O 设备上。

当一个进程执行读操作输入数据时,也先向系统申请一个内存缓冲区,系统将一个物理记录的内容读到缓冲区域中,然后根据进程要求,把当前需要的逻辑记录从缓冲区中选出并传送给进程。用于上述目的的专用内存区域称为 I/O 缓冲区。如果不使用缓冲区,则高速 CPU 必须等待低速 I/O 设备完成输入/输出操作,使得 CPU 的利用率不高。

(2) 降低 CPU 的中断频率,放宽对 CPU 中断响应时间的限制。在远程通信系统中,如果从远程终端发来的数据仅用一位缓冲来接收,则对于速率为 9.6KB/s 的数据通信来说,就意味着 CPU 中断频率也为 9.6KB/s,即每 $100\mu s$ 就要中断一次,否则缓冲区内的数据将被冲掉。如果设置一个 8 位的缓冲寄存器,则可使得 CPU 中断频率降低为原来的 1/8。

（3）提高 CPU 和 I/O 设备的并行性。在操作系统中引入了缓冲区后，在输出数据时，只有在系统还来不及腾空缓冲区而进程又要写数据时，它才需要等待；在输入数据时，仅当缓冲区空而进程又要从中读取数据时，它才被迫等待。其他时间可以实现 CPU 和 I/O 设备间、I/O 设备和 I/O 设备间并行工作，提高了整个系统的吞吐量和 I/O 设备的利用率。

注意：缓冲技术的实现主要是设置合适的缓冲区，缓冲区有硬缓冲和软缓冲之分。

设备自身带的缓冲常称为硬缓冲，由操作系统管理的在内存中的缓冲称为软缓冲。例如，某些早期的针式打印机就提供了 128KB 的缓冲区。后来随着存储器成本的下降，现在的激光打印机一般可以提供 2MB、4MB、8MB 甚至更多的缓冲区，一些较好的硬盘机中至少配置 2MB 的缓冲区，有些服务器的硬盘控制器甚至可以提供 64MB、128MB 的硬缓冲区。软件实现的缓冲区由内存提供，是内存空间的一部分。软缓冲区主要是为了弥补硬缓冲区的不足，因为并非所有 I/O 设备都拥有或者拥有足够多的硬件缓冲区。由于硬件缓冲区不需要操作系统的控制和管理，因此，没有特别说明，操作系统中所介绍的缓冲区都是指软缓冲区。

在操作系统管理下，常常开辟出许多软缓冲为各种设备服务。缓冲区的个数可根据数据 I/O 的速率和数据加工处理速率之间的差异情况来确定。常用的缓冲技术有：单缓冲、双缓冲、循环缓冲和缓冲池。

8.5.2 单缓冲

单缓冲（Single Buffer）是操作系统提供的一种最简单的缓冲技术。每当一个用户进程发出一个 I/O 请求时，操作系统在内存的系统区中开设一个缓冲区，为 I/O 操作服务。图 8.19 即利用单缓冲进行数据输入时的工作示意图。

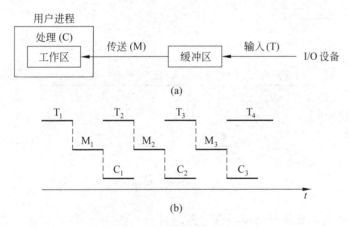

图 8.19　单缓冲工作示意图

在块设备输入时，单缓冲工作机制如下：先从磁盘把一块数据传送到缓冲区，假设所花费的时间为 T；接着操作系统把缓冲区数据送到用户进程的工作区，假设所花费时间为 M，由于这时缓冲区已空，操作系统可预读下一数据块。由程序局部性原理可知，大多数进程将会使用邻接的下一个数据块。然后，用户进程对这块数据进行计算，耗时记为 C。系统对每一整块数据的处理时间约为 $\max(C, T) + M$，数据传送到缓冲区的过程和用户程序处理数据的过程并行进行，且 M 常远小于 C 或 T。如果不采用缓冲，数据直接从磁盘输入到用户

265

区,每批数据处理时间为 T+C+M。对于块设备输出,单缓冲机制工作方式类似,先把数据从用户区复制到系统缓冲区,用户进程可以继续请求输出,直到缓冲区填满后,才启动 I/O 写到磁盘上。由此可见,单缓冲加快了数据 I/O 操作,减少了 CPU 等待 I/O 操作的时间。

对于字符设备输入,缓冲区用于暂存用户输入的一行数据。输入期间,用户进程被挂起等待一行数据输入完毕,当输入完毕用户从缓冲区中取走数据后,才能向缓冲区中输入下一行数据。在输出时,用户进程将第一行数据送入缓冲区后,继续执行。但如果在数据没有输出完毕、腾空缓冲区之前,又有第二行数据要求输出,用户进程则应等待。

单缓冲只能缓解输入设备、输出设备速度差异造成的矛盾,不能解决 I/O 设备之间的并行问题。如果希望 I/O 设备的输入和输出操作同时并行工作,须引入双缓冲。

8.5.3 双缓冲

为了实现输入和输出并行工作,进一步加快 I/O 操作速度和提高设备利用率,需要引入双缓冲(Double Buffer)工作方式。双缓冲如图 8.20 所示,在设备输入数据时,首先填满第一个缓冲区,操作系统可从第一个缓冲区把数据送到用户进程区,用户进程便可对数据进行加工计算;与此同时,输入设备填充第二个缓冲区。当第一个缓冲区空闲后,输入设备再次向第一个缓冲区输入。操作系统可把第二个缓冲区的数据传送到用户进程区,用户进程开始加工第二个缓冲区送来的数据。两个缓冲区交替使用,使 CPU 和 I/O 设备、设备和设备的并行性进一步提高,仅当两个缓冲区都为空,进程还要提取数据时,该进程才被迫等待。

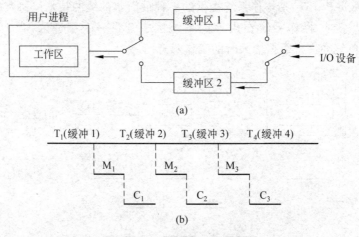

图 8.20　双缓冲工作示意图

后一个数据的传送操作可与前一个数据的传送操作并行,例如采用双缓冲进行读卡并打印操作:第一张卡片读入缓冲区 1,在打印缓冲区 1 数据的同时,又把第二张卡片读入缓冲区 2。缓冲区 1 打印完时,缓冲区 2 也刚好输入完毕,让读卡机和打印机交换缓冲。这样一来,输入和输出处于并行工作状态。

传输和处理一块数据的时间,如果 C<T,即输入操作比计算操作慢,这是由于 M 远小于 T,故在将磁盘上的一块数据传送到一个缓冲区期间,计算机已完成了将另一个缓冲区中的数据传送到用户区并对这块数据进行计算的工作,所以此种情况下的数据传输时间为 T,可保证块设备连续工作。

如果 C>T,计算操作比输入操作慢,每当上一块数据计算完毕后,仍需把一个缓冲区中的数据传送到用户区,花费时间为 M,再对这块数据进行计算,花费时间为 C。所以,此种情况下,处理一块数据需要的时间为 C+M。

综合以上两种情况,采用双缓冲后,系统处理一个数据块的时间为 max(T,M+C)。如果传送操作所花费的时间 T 太小而被忽略不计,那么单缓冲区和双缓冲区所花费的时间基本持平。双缓冲区方案比较适合于存入速度与取出速度相匹配的场合。

双缓冲提高了 I/O 操作的效率,但也增加了系统复杂性。在实际中,很少采用双缓冲技术,这是因为随着 I/O 设备的增多,双缓冲已经很难满足要求,多采用多缓冲机制。

为了加深对单缓冲和双缓冲的理解,我们分析一个习题。

某文件占 10 个磁盘块,现要把该文件磁盘块逐个读入主存缓冲区,并送用户区进行分析,假设一个缓冲区与一个磁盘块大小相同。系统把一个磁盘块读入缓冲区的时间为 $100\mu s$,将缓冲区的数据送到用户区的时间为 $50\mu s$,CPU 对一块数据进行分析的时间为 $50\mu s$。在单缓冲区和双缓冲区结构下,读入并分析完该文件的时间各是多少?

图 8.21(a)为单缓冲情况下,读取文件的时间分布图;图 8.21(b)为双缓冲情况下,读取文件的时间分布图。

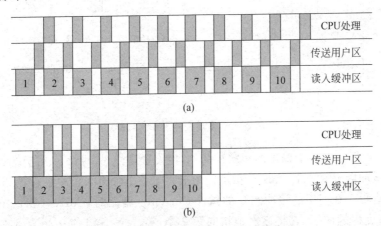

图 8.21 单/双缓冲区的读取文件时间分布图

图中每个标号的格子的长度为 $100\mu s$,没有标号的格子长度为 $50\mu s$。

单缓冲:当上一个磁盘块从缓冲区读入用户区完成时,下一个磁盘块才能开始读入,将读入缓冲区和传送用户区作为一个单元,共有 10 个这样的单元,所需时间为 $150\times10\mu s=1500\mu s$,加上最后一个磁盘块的 CPU 处理时间 $50\mu s$,共需时间为 $1550\mu s$。

双缓冲:读入第一个缓冲区之后可以立即开始读入第二个缓冲区,读完第二个缓冲区之后,第一个缓冲区已经把数据传送到用户区,第一个缓冲区空闲,可以立即开始继续将数据读入第一个缓冲区中。因此,不存在等待磁盘块从缓冲区读入用户区的问题,全部数据传输到缓冲区的时间为 $100\times10\mu s=1000\mu s$,再加上将最后一个缓冲区的数据传输到用户区并由 CPU 处理完的时间为 $50+50=100\mu s$,共需时间为 $1100\mu s$。

8.5.4 循环缓冲

采用双缓冲虽然提高了 I/O 设备的并行工作程度,减少了进程调度开销,但在输入设备、输出设备和处理数据速度不匹配的情况下仍不十分理想。举例来说,如果设备输入的速度高于进程处理这些数据的速度,则两个缓冲区很快就被填满,使得进程等待;有时由于进程处理这些数据速度高于输入的速度,则两个缓冲区中的数据很快被取空,也使得进程等待。另外,在现代计算机系统中的外围设备较多,双缓冲也很难匹配设备和 CPU 的处理速度。可见,仅有两个缓冲区已经不能满足系统要求。为改善上述情形,获得较高的并行度,常常采用多缓冲组成的循环缓冲(Circular Buffer)。

1. 循环缓冲的组成

(1) 多个缓冲区。操作系统从空闲主存区域中分配一组缓冲区组成循环缓冲,每个缓冲区的大小相等,可以等于物理记录的大小,且有一个链接指针指向下一个缓冲区,最后一个缓冲区的指针指向第一个缓冲区。与前两种缓冲相同的是,循环缓冲也是仅适用于某种特定的 I/O 进程和计算进程,因而也是专用缓冲。作为输出的缓冲区可分成 3 种类型:用于存放输出数据的空缓冲区 R、已装满输出数据的缓冲区 G 以及计算进程正在使用的当前工作缓冲区 C,如图 8.22 所示。

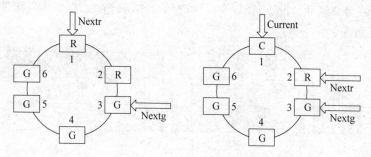

图 8.22　循环缓冲工作示意图

(2) 多个指针。以用于输出的多缓冲为例,应设置这样 3 个指针:用于指示计算进程下一个可用空缓冲区 R 的指针 Nextr、指示输出进程下一个可用的缓冲区 G 的指针 Nextg、以及指示计算进程正在使用的缓冲区 C 的指针 Current。开始时,Current 指向第一个空缓冲区,随着计算进程的使用,它将逐次地指向第 2 个、第 3 个、第 4 个……直到最后一个空缓冲区。

2. 循环缓冲的使用

计算进程和输出进程可利用下述两个过程来使用循环缓冲区。

(1) Getbuf 过程。当计算进程要向空缓冲区中输入数据时,调用 Getbuf 过程,该过程将由指针 Nextr 所指示的空缓冲区提供给计算进程使用,并且把它改为当前工作缓冲区,令Current 指针指向该缓冲区的第一个单元,同时,将指针 Nextr 移向下一个 R 缓冲区。同理,当输出进程要使用缓冲区中的数据输出时,调用 Getbuf 过程,该过程将由指针 Nextg 所指示的缓冲区提供给输出进程使用,同时移动指针 Nextg 指向下一个 G 缓冲区。

(2) Releasebuf 过程。当计算进程把 C 缓冲区的数据提取完毕时,便调用 Releasebuf过程释放 C 缓冲区,同时把 C 缓冲区改为 R 缓冲区。同理,当输入进程把缓冲区装满时,也调用 Releasebuf 过程释放 R 缓冲区,同时把 R 缓冲区改为 G 缓冲区。

3. 进程同步

使用输出循环缓冲,可使输出进程和计算进程并行执行。相应地,指针 Nextr 和指针

Nextg 将不断沿着顺时针方向移动,这样就可能出现下面两种情况。

（1）指针 Nextg 追赶上指针 Nextr。这就意味着输出进程输出数据的速度大于计算进程生成数据的速度,已把输出数据缓冲区全部输出,再无输出数据缓冲区可用。此时,输出进程阻塞,直到计算进程向某个空缓冲区中存入数据,使之成为输出数据缓冲区 G,并调用 Releasebuf 过程将它释放时,才将输出进程唤醒。这种情况称为系统受计算限制。

（2）指针 Nextr 追赶上指针 Nextg。这就意味着输出进程输出数据的速度低于计算进程生成数据的速度,已把全部可用的空缓冲区装满,再无空缓冲区可用。此时,计算进程阻塞,直到输出进程取出一个缓冲区中的数据去输出,使之成为空缓冲区,并调用 Releasebuf 过程将它释放时,才将计算进程唤醒。这种情况称为系统受 I/O 限制。

在 UNIX 系统中,不论是块设备管理,还是字符设备管理,都采用循环缓冲技术,其目的有两个:①尽力提高 CPU 和 I/O 设备的并行工作程度;②力争提高文件系统信息读/写的速度和效率。

8.5.5 缓冲池

上述的缓冲区仅适用于某特定的 I/O 进程和计算进程,因而属于专用缓冲。当系统较大时,将会有许多这样的循环缓冲,这不仅要消耗大量的内存空间,而且其利用率也不高。为了提高缓冲区的利用率,目前广泛采用缓冲池(Buffer Pool),在池中设置了多个可供若干进程共享的缓冲区。

1. 缓冲池的组成

公用缓冲池既可用于输入也可用于输出,其中至少包含三种类型的缓冲区:空闲缓冲区、装满输入数据的缓冲区和装满输出数据的缓冲区。为了管理方便,可将相同类型的缓冲区链成一个队列,这样就形成了以下三个队列。

（1）空缓冲区队列 emq。由空缓冲区所链成的队列,其队首指针 F(emq)和队尾指针 L(emq)分别指向该队列的首、尾缓冲区。

（2）输入缓冲区队列 inq。由装满输入数据的缓冲区所链成的队列,其队首指针 F(inq)和队尾指针 L(inq)分别指向该队列的首、尾缓冲区。

（3）输出缓冲区队列 outq。由装满输出数据的缓冲区所链成的队列,其队首指针 F(outq)和队尾指针 L(outq)分别指向该队列的首、尾缓冲区。

除了上述三个队列之外,还应具有四种工作缓冲区:用于收容输入数据的工作缓冲区(hin)、用于提取输入数据的工作缓冲区(sin)、用于收容输出数据的工作缓冲区(hout)、用于提取输出数据的工作缓冲区(sout)。

缓冲池中的队列是临界资源,多个进程在访问一个队列时,既应互斥,又须同步,所以和数据结构中的普通入队、出队操作不同。

2. 缓冲区的工作方式

缓冲区可以工作在收容输入、提取输入、收容输出、提取输出 4 种工作方式下,如图 8.23 所示。

（1）收容输入。当某台设备输入第一个数据时,可在 emq 队列上摘下一个缓冲区作为收容输入缓冲区 hin,将输入的数据装入。以后再输入的数据可直接写入 hin。当 hin 被填满后就挂在输入队列 inq 末尾。

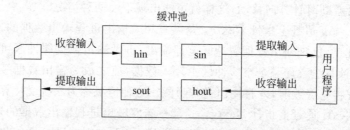

图 8.23 缓冲区的工作方式

(2) 提取输入。当一个需要该设备输入数据的进程提出数据需求时,系统去查看队列 inq,如果 inq 队列为空就令其等待;若不空,就摘下一个装满输入数据的缓冲区作为提取输入缓冲区 sin,将其中的一项数据取出,交给用户程序。以后每次需要数据时,就到 sin 中取,一直到 sin 中的数据被取空,可将 sin 作为空闲缓冲区挂在 emq 队列末尾。

(3) 收容输出。当某个进程需要输出一个数据时,可在 emq 队列上摘下一个空闲缓冲区作为收容输出缓冲区 hout,将输出的数据装入。以后每次要输出的数据填入 hout 中,当 hout 被填满后就挂在输出队列 outq 末尾。

(4) 提取输出。当一台输出设备空闲时,系统可查看队列 outq,如果 outq 队列不为空,就摘下一个装满输出数据的缓冲区作为提取输出缓冲区 sout,将其中的一项数据送输出设备,当输出设备再次空闲时,可继续到 sout 中来取数据,直到 sout 中的数据被取空,可将 sout 作为空闲缓冲区挂入 emq 队列末尾;如果 outq 队列为空就什么也不做。

8.6 磁盘存储器管理

磁盘作为高速、大容量、能随机存取的存储设备在现代计算机系统中不可缺少。它不仅是程序、数据以及其他信息文件最重要的联机存储设备,也是实现虚拟存储器的必需设备。系统运行时,会产生大量磁盘访问请求,设备管理模块通过磁盘调度减少磁盘访问所需的总时间,提高系统整体效率。磁盘 I/O 操作性能的高低和磁盘系统的可靠性直接关系到系统的整体性能,有效地管理磁盘存储器是设备管理中的重要任务之一。

8.6.1 磁盘及其访问

1. 磁盘物理结构与特性

磁盘是一种典型的直接存储设备,它的存取时间几乎不依赖于数据所处的位置。磁盘的存储介质是一个旋转的圆盘,圆盘的两面涂有磁性物质,每面内分成若干条同心圆磁道,磁道之间留有空隙。系统通过磁头在磁道上读取和写入数据。磁头静止不动时,由于磁盘旋转,磁头迅速扫过盘片表面,磁头的线圈感应出盘片磁性的变化,产生的感应电流经放大整形后得到数据。向磁盘写入数据时,磁头的电流改变了盘片表面的磁性方向,将数据记录在磁盘上。磁盘驱动器的结构和磁盘空间的组织如图 8.24 所示。

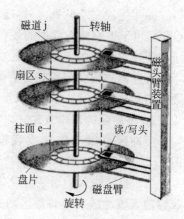

图 8.24 磁盘的结构

2. 磁盘类型

对磁盘可从不同的角度进行分类。最常见的有：将磁盘分成硬盘和软盘、单片盘和磁盘组等。这里主要从磁盘读/写信息的磁头来划分，有固定头磁盘和移动头磁盘。

① 固定头磁盘：在每条磁道上都有一个读/写磁头，所有的磁头都被装在一钢性磁臂中，通过这些磁头可访问所有的磁道，进行并行读/写，可有效提高磁盘的 I/O 速度。这种结构的磁盘主要用于大容量磁盘，且价格比较昂贵。

② 移动头磁盘：每一个盘面仅配有一个磁头，也被装入磁臂中。为能访问该盘面上的所有磁道，该磁头必须能移动以进行寻道。可见，移动磁头仅能以串行方式读/写，致使其 I/O 速度较慢；但由于其结构简单，价格较固定头磁盘便宜，故广泛应用于中小型磁盘设备中。如无特殊说明，本书讨论的磁盘结构都是指移动头磁盘结构。

3. 磁盘数据组织

磁盘设备中可包含一个或多个盘片，每片分两面，每面上分成若干条磁道（典型值为 500～2000 条磁道），磁道之间留有必要的空隙。为使处理简单起见，在每条磁道上存储相同数目的二进制位。显然，内层磁道的密度较外层磁道的密度要高（磁盘密度是指每英寸中所存储的二进制位数）。每条磁道又划分成若干个扇区，其典型值为 10～100 个扇区。每个扇区的大小相当于一个物理盘块，各磁道之间要保留一定的间隙，如图 8.25 所示。

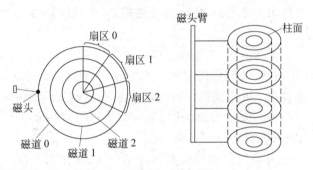

图 8.25　磁盘的数据组织

为了在磁盘上存储数据，必须将磁盘格式化。磁盘的一条磁道含有多个固定大小的扇区。每个扇区包括标识符和数据两个字段。标识字段也称物理地址，由磁道号（柱面号）、磁头号（盘面号）和扇区号三者来表示一个扇区地址。数据字段存放的是数据。

磁盘的容量是由磁盘的磁头数、柱面数、每条磁道的扇区数以及每个扇区的字节数决定的，磁盘容量的计算公式为：

总容量（字节数）＝磁头数×柱面数×每条磁道扇区数×扇区字节数

一般的磁盘中每扇区容量为 512B，假设一个硬盘的磁头数为 16，柱面数为 16383，每条磁道扇区数为 63，则其总容量为 $16×16383×63×512＝8455200768B＝8.06GB$。

4. 磁盘访问时间

对磁盘的访问时间包括以下 3 部分：

（1）寻道时间 T_s：把磁臂（磁头）从当前位置移动到指定磁道上所经历的时间。该时间是启动磁盘的时间 s 与磁头移动 n 条磁道所花费的时间之和，即：$T_s＝m×n+s$ 其中，m 是一常数，与磁盘驱动器的速度有关。

（2）旋转延迟时间 T_r：这是指定扇区移动到磁头下面所经历的时间。平均下来，旋转延迟时间为磁盘旋转半周的时间。对于硬盘，以典型的旋转速度为 5400r/min 为例，则每转需时 11.1ms，平均旋转延迟时间为 5.55ms。

如果用 r 表示磁盘每秒钟的转数，则 $\frac{1}{r}$ 表示每转所需时间，平均旋转延迟时间为 $\frac{1}{2r}$。

（3）传输时间 T_t：这是指把数据从磁盘读出或向磁盘写入数据所经历的时间。T_t 的大小与每次所读/写的字节数 b 和旋转速度有关：

$$T_t = \frac{b}{rN}$$

其中，r 为磁盘每秒钟的转数；N 为一条磁道上的字节数。当一次读/写的字节数相当于半条磁道上的字节数时，T_t 与 T_r 相同。因此，可将访问时间 T_a 表示为：

$$T_a = T_s + \frac{1}{2r} + \frac{b}{rN}$$

通过分析和实验发现，磁盘访问时磁头的寻道时间和盘片的旋转延迟时间相对较长，真正用于数据传输的时间却比较短。根据磁盘的组成特性可知，合理组织磁盘数据的存储位置可以提高磁盘的访问性能。例如，某进程需要读一个 128KB 大小的文件，文件的存储形式可能有两种情况：一种是连续存放；另一种是随机存放。

① 连续存放。文件由 8 个连续磁道（每个磁道 32 个扇区）上的 256 个扇区构成，这时文件的访问时间为：

$$20ms + (8.3ms + 16.7ms) \times 8 = 220ms$$

其中，柱面定位时间为 20ms，旋转延迟时间为 8.3ms，32 扇区数据传送时间为 16.7ms。

② 随机分布。文件由 256 个随机分布的扇区构成，这时文件的访问时间为：

$$(20ms + 8.3ms + 0.5ms) \times 256 = 7373ms$$

其中，一个扇区数据的传送时间为 0.5ms；

从计算结果看，随机分布时的访问时间为连续分布时的 33.5 倍。这说明若无特殊要求，文件在磁盘中连续存放有利于提高文件的访问效率。

8.6.2 磁盘调度算法

磁盘作为存储文件系统的物理基础，它的服务效率、速度和可靠性将成为整个系统性能和可靠性的关键。磁盘访问时间中，磁头的寻道时间占据了大部分时间，盘片的旋转延迟时间相对较长，二者都与传送的字节数无关；而真正用于数据传输的时间与传送的字节数有关且比较短。因此，对磁盘访问时间的优化主要是优化寻道时间。现在假设系统中有很多进程要访问磁盘，如果简单的一个一个进行服务，那么对磁盘中的磁道访问就是一种类似于随机访问的形式。如果能够合理调度，按照一定顺序访问，就能缩短寻道时间，提高整个磁盘系统的运行效率。

在考虑磁盘调度策略时，主要考虑以下 3 个性能指标。

① 磁盘系统的吞吐量大。

② 平均响应时间短。

③ 公平对待各个磁盘 I/O 请求，防止出现"饥饿"现象。

优化磁头寻道时间的常用的磁盘调度算法有：先来先服务、最短寻道优先、扫描算法、循环扫描算法等。

1. 先来先服务 FCFS（First Come，First Served）

FCFS 是一种最简单的调度方案。实际上，这样的调度也相当于没有调度，所有的磁盘访问都是按照到达次序即随机的访问顺序进行的。实际的操作系统可能没有这种方案，但是可以把这种方案当作一个判断的标准。

假设磁盘有 200 个柱面（磁道），表示为 0～199，磁盘调度起始位置为 100。然后磁盘调度部分得到了这样的一个访问串：18、19、8、147、85、177、79、149、112、179、10。采用 FCFS 调度方案，其访问顺序就是上述访问串的顺序。表 8.2 给出了按照 FCFS 算法调度的情况。

在表 8.2 中可以注意到，整个服务过程中，磁头不断地做移臂机械运动。为了便于评价各种磁盘调度算法的优劣，我们选取了平均寻道长度作为衡量标准。平均寻道长度越长，则平均寻道时间越长。

FCFS 算法由于未对寻道进行优化，致使平均寻道长度较长。虽然该算法的效率较低，但公平性是最好的，所有磁盘访问请求按照到达的顺序依次被系统响应。

2. 最短寻道优先 SSTF（Shortest Seek Time First）

SSTF 策略优先选择磁盘 I/O 请求队列中离当前磁头位置最近的请求进行响应，使得每次磁盘 I/O 操作的寻道时间最短，从而使得平均寻道时间有了一定的优化。但是使用这种方案并不能保证整个系统的平均寻道时间最短。

表 8.3 给出了用 SSTF 算法调度时进程请求被调度的次序和每次磁头移动的距离。

表 8.2　FCFS 算法调度示例		表 8.3　SSTF 算法调度示例	
（从 100 号磁道开始）		（从 100 号磁道开始）	
被访问的下一个磁道号	移动距离（磁道数）	被访问的下一个磁道号	移动距离（磁道数）
18	82	112	12
19	1	85	27
8	11	79	6
147	139	19	60
85	62	18	1
177	92	10	8
79	98	8	2
149	70	147	139
112	37	149	2
179	67	177	28
10	169	179	2
平均寻道长度：75.3		平均寻道长度：26.1	

SSTF 算法和 FCFS 算法相比，平均寻道长度明显变短，但结果并不是最优的。

我们不妨把该算法进行一下改进。首先，把磁盘 I/O 请求队列中离当前磁头位置最远的两个磁道号找到，对于本题就是第 8 磁道和第 179 磁道，比较一下哪个离当前磁头所在磁道最近。然后，磁头向距离近的方向移动，按距离从小到大依次响应用户的磁盘 I/O 请求，直到把所有请求执行完。最后,磁头再向另一个方向移动,按距离从小到大依次响应用户的磁盘 I/O 请求,直至最后一个。表 8.4 给出了按此算法调度时,磁盘 I/O 请求的调度次序和每次的磁头移动距离。通过平均寻道长度可以看出,改进后的 SSTF 调度算法比没改进的 SSTF 调度算法减少了平均寻道长度,缩短了寻道时间。

SSTF 算法也存在一定的缺陷,主要体现在公平性上。因为每次都是选择最邻近的磁道访问,中间磁道请求的进程最可能被先满足,而边缘磁道的 I/O 请求被满足的概率很低,甚至会出现某些进程"饥饿"甚至"饿死"现象。

注意:"饥饿"是指某些进程在算法中的优先级过低,每来一个新的进程请求,所需的资源就会被新进程抢占,这样这个老进程就会很久都得不到资源。磁盘调度中的"饥饿"与进程调度中的"饥饿"概念类似,只不过进程调度中,各进程争夺的是 CPU,而磁盘调度中,各进程争夺的是磁盘。

对 SSTF 算法略加修改形成 SCAN 算法,SCAN 算法可有效防止边缘磁道请求进程出现"饥饿"甚至"饿死"现象。

3. 扫描法 SCAN

扫描算法又称为电梯调度算法,它不仅要考虑欲访问的磁道与当前磁道的距离,更要优先考虑的是磁头的当前移动方向。其中心思想是按照一个固定的方向来寻找最近需要访问的磁道,直到在这个方向上不能再前进。然后转向,沿着另一个方向按照最近磁道原则选择下一个需要访问的磁道,如此往复进行。这个算法在一定程度上解决了上面的饥饿问题。假设磁头遍历一遍所有的磁道需要的时间为 T,那么在 2T 时间内,所有磁盘 I/O 请求都能得到响应。在 Linux2.4 中,默认的磁盘调度算法就是电梯调度算法。

根据这个算法,可以看到同样的例子在 SCAN 算法下的调度结果,如表 8.5 所示。假设

表 8.4 改进 SSTF 算法调度示例		表 8.5 SCAN 算法调度示例	
(从 100 号磁道开始)		(从 100 号磁道开始)	
被访问的下一个磁道号	移动距离(磁道数)	被访问的下一个磁道号	移动距离(磁道数)
179	79	85	15
177	2	79	6
149	28	19	60
147	2	18	1
112	35	10	8
85	27	8	2
79	6	112	104
19	60	147	35
18	1	149	2
10	8	177	28
8	2	179	2
平均寻道长度:22.7		平均寻道长度:23.9	

初始磁头位置在 100 磁道,而且当前的遍历方向是磁道号减少的方向。

这个算法的公平性要比 SSTF 好,但是它仍然很不公平。最简单的情况我们可以考虑这样的访问序列:有一个请求要访问离现在磁头位置比较远的磁道,但是后面不断地有请求访问当前磁道和这个请求之间的同一个磁道,那么这个请求仍然会被毫无理由的延迟很长时间。

4. 单向扫描 C-SCAN

单向扫描法也称为循环扫描法,它是 SCAN 算法的一种变形。它在前进到末端或者没有请求时,不是转向选择请求,而是回到开始位置,沿着同样的方向选择进程请求为之服务。这个算法的好处是减小了最大的服务等待时间,因为返回的过程不接收任何请求。因此回程的时间(t)远远小于服务中遍历一遍磁道的时间(T)。在 C-SCAN 算法中,任何一个进程在 T+t 时间内一定可以得到请求的服务。

5. N 步扫描 N-STEP-SCAN

在 SSTF、SCAN 及 CSCAN 几种调度算法中,都可能出现磁臂停留在某处不动的情况,例如,有一个或几个进程对某一磁道有较高的访问频率,即这个(些)进程反复请求对某一磁道的 I/O 操作,从而垄断了整个磁盘设备。我们把这一现象称为"磁臂粘着"(Armstickiness)。在高密度磁盘上容易出现此情况。N 步 SCAN 算法是将磁盘请求队列分成若干个长度为 N 的子队列,磁盘调度将按 FCFS 算法依次处理这些子队列。而每处理一个队列时又是按 SCAN 算法处理,对一个队列处理完后,再处理其他队列。当正在处理某子队列时,如果又出现新的磁盘 I/O 请求,便将新进程请求放入其他队列,这样就可避免出现"粘着"现象。当 N 值取得很大时,会使 N 步扫描法的性能接近于 SCAN 算法的性能;当 N=1 时,N 步 SCAN 算法便蜕化为 FCFS 算法。

现在取一个合适的 N,那么使用这种算法,就可以避免上面的问题。因为一个请求如果遇到了上面的延迟,最多在 N 个请求服务完毕后,这个请求一定可以得到满足。

对于上面的例子,假设 N 为 4,则可以分为 3 个队列(18,19,8,147)、(85,177,79,149)和(112,179,10),调度的结果如表 8.6 所示。

表 8.6 N-STEP-SCAN 算法调度示例

(从 100 号磁道开始)	
被访问的下一个磁道号	移动距离(磁道数)
19	81
18	1
8	10
147	139
149	2
177	28
85	92
79	6

（从 100 号磁道开始）	
被访问的下一个磁道号	移动距离（磁道数）
10	69
112	102
179	67
平均寻道长度：54.3	

最后我们把各种常见的磁盘调度算法的特点进行了总结，如表 8.7 所示。希望读者仔细分析该表，通过该表对所学知识进行对比，深入掌握各种磁盘调度算法的特点。

表 8.7　各种磁盘调度算法总结

	为解决何问题引入	优　　点	缺　　点
FCFS	—	简单，公平	未对寻道进行优化，所以平均寻道时间较长，仅适合磁盘请求较少的场合
SSTF	为了解决 FCFS 平均寻道时间长的问题	比 FCFS 减少了平均寻道时间，有更好的寻道性能	并非最优，而且会导致饥饿现象
SCAN	为了解决 SSTF 的饥饿现象	兼顾较好的寻道性能和防止饥饿想象，被广泛应用于大中小型机器和网络中	存在一个请求刚好被错过而需要等待很久的情形
C-SCAN	为了解决 SCAN 的一个请求可能等待过长时间的缺点	兼顾较好的寻道性能和防止饥饿现象，同时减少了一个请求可能等待过长时间现象	可能出现磁盘停留在某处不动的"磁臂粘着"现象
N-Step-SCAN	为了解决"磁臂粘着"现象	是 FCFS 算法和 SCAN 算法的折中	—

8.6.3　磁盘高速缓冲

1. 磁盘高速缓存的引入

与访问内存的速度相比，磁盘的访问速度要低很多。通常情况下，访问磁盘的时间主要由寻道时间和旋转延迟时间组成。如果硬盘速度为 10MB/s，那么磁盘的寻道时间大约就需要 10ms。而从内存读一个字（32 位）只需要 10ns。

磁盘高速缓存是一组驻留在内存中的逻辑上属于磁盘的物理内存盘块，其大小固定，不受应用程序多少的影响。它利用内存空间来暂存从磁盘中读出的一系列盘块中的信息。高速缓冲中可以放置磁盘中经常要访问的盘块，当进程请求访问磁盘时先在高速缓存中查找，若能找到就无须再访问磁盘，减少了磁盘访问次数，若没找到则将所访问的盘块读到高速缓存中，再从高速缓存中读取。

磁盘高速缓存与磁盘机本身所带的缓存及磁盘控制器所带的缓存相似，但也存在很大的区别。磁盘机及磁盘控制器上的缓存由于成本原因，一般容量较小。

操作系统提供的磁盘高速缓存由于容量较大,使用的范围很广,对于从全局范围来说经常需要访问的重要数据,如文件系统的目录、文件分配表、部分文件等,能进行有效的缓存,发挥的作用更明显。

读磁盘高速缓存中的数据有两种方式。

(1) 直接交付。将用户进程需要的数据直接传送到用户进程区。

(2) 指针交付。将磁盘高速缓存中的数据地址指针传送给用户进程,用户进程通过该指针访问磁盘高速缓存中的数据。

2. 磁盘高速缓存的实现

磁盘高速缓存以链接方式进行组织,与一般的内存空闲块的链接方式相同。请求调入磁盘块到磁盘高速缓存的方法与请求调页相似,也可以利用联想寄存器提高速度。

在没有空闲的磁盘高速缓存情况下,系统从磁盘上将文件读入磁盘高速缓存需要对磁盘高速缓存进行置换,置换方法与页面置换方法相似,常用的有最近最久未使用(LRU)算法、最少使用算法(LFU)等。

采用磁盘高速缓存后需要注意的是回写磁盘的频率。如果太长时间没有将磁盘高速缓存上已经修改过的文件块写回磁盘,则可能导致系统崩溃后文件系统的不一致性,出现安全问题。

3. 缓冲区的提前读与延迟写

下面介绍的一些方法也能有效提高磁盘 I/O 的速度。

(1) 块提前读

用户经常采用顺序方式访问顺序文件的各个盘块上的数据,在读当前盘块时已能知道下次要读出的盘块的地址,因此,可在读当前盘块的同时,提前把下一个盘块数据也读入磁盘缓冲区。这样一来,当下次要读盘块中的那些数据时,由于已经提前把它们读入了缓冲区,便可直接使用数据,而不必再启动磁盘 I/O,从而减少了读数据的时间,也就相当于提高了磁盘 I/O 速度。"提前读"功能已被许多操作系统如 UNIX、OS/2、Windows 等广泛采用。

对于链接文件和索引文件,在磁盘中文件块并非按照顺序放置,块提前读不能改善文件系统性能,相反还可能造成文件系统的性能下降。这是因为如果提前读入磁盘高速缓存中的文件块是最近不需要的,这些文件块占用了磁盘高速缓存空间;删除这些块还会付出时间开销,影响文件系统性能。

块提前读只适合顺序文件,其实现需要跟踪操作系统,判别文件是否为顺序文件。

(2) 块延迟写

如果进程要写的磁盘盘块在内存的高速缓存中有拷贝,那么只写高速缓存中的数据,先不改变磁盘中的数据值,给高速缓存中该块标记上延迟写并挂到空闲缓冲区队列上,只有该空缓冲区被分配出去的时候才写回到磁盘对应盘块。在作为空闲缓冲区被分配出去之前只要有进程要访问这个延迟写的缓冲区对应的磁盘时都不必访问磁盘,只需访问这个缓冲区,而若又有进程要修改这个磁盘块的话只需修改这个缓冲区的数值,这样就算下次该延迟写的缓冲区写回到磁盘也已经节省了一次写磁盘的时间(原本修改两次磁盘块的内容需要写两次磁盘)。

延迟写。在执行写操作时,磁盘缓冲区中的数据本来应该立即写回磁盘,但考虑到该缓冲区中的数据可能会被再次利用,因此,系统并不立即将数据写回磁盘,而将其挂在空闲缓冲区队列末尾。

随着缓冲区的使用,在缓冲区末尾的数据慢慢移动到了缓冲区的首部。此时,如果有进程申请缓冲区,则需要将缓冲区中的数据写回磁盘,并将缓冲区作为空闲缓冲区进行分配。

因此,只要数据在缓冲区队列中,任何需要访问数据的进程可以直接到缓冲区中访问,而不需要到磁盘中访问,减少了磁盘 I/O 的次数,提高了系统性能。

操作系统利用磁盘高速缓存进行数据提前读和延后写操作需要主机的管理,在一定程度上增加了主机的负担。

(3) 优化物理块的分布

通过优化物理块的分布,使同一个文件在磁盘上连续分布,如同属于一条磁道或相邻的磁道上,减少磁头的移动距离,可以有效提高磁盘 I/O 的速度。

对文件盘块位置的优化,应在为文件分配盘块时进行,尽量为文件分配连续的磁盘存储空间。

8.7 I/O 控制

8.7.1 I/O 控制的引入

本章前几节在描述 I/O 控制方式的基础上,讨论了中断、缓冲技术以及进行 I/O 数据传送所必需的设备分配策略与算法。但是关于设备管理还存在一些疑问,比如系统在何时分配设备,在何时申请缓冲,由哪个进程进行中断响应? 另外,尽管 CPU 向设备或通道发出了启动指令,设备的启动以及 I/O 控制器中有关寄存器的值由谁来设置? 这些都是前面章节中没有解决的问题,而这些问题均需由 I/O 控制来解决。

用户进程发出输入/输出请求后,I/O 控制过程包括:系统给用户进程分配设备并启动有关设备进行 I/O 操作,I/O 操作完成之后响应中断,进行善后处理。

8.7.2 I/O 控制的功能

I/O 控制过程首先收集和分析调用 I/O 控制过程的原因:是外设来的中断请求? 还是进程来的 I/O 请求? 然后,根据不同的请求,分别调用不同的程序模块进行处理。

I/O 控制的功能如图 8.26 所示。

下边对图 8.26 中的各子模块功能进行简要说明。

I/O 请求处理是用户进程和设备管理程序接口的一部分,它把用户进程的 I/O 请求变换为设备管理程序所能接收的信息。一般来说,用户的 I/O 请求包括:所申请进行 I/O 操作的逻辑设备名、要求的操作、传送数据的长度和起始地址等。I/O 请求处理模块对用户的 I/O 请求进行处理。它首先将 I/O 请求中的逻辑设备名转换为对应的物理设备名;然后,检查 I/O 请求命令中是否有参数错误;在 I/O 请求命令参数正确时,它把该命令插入指向相应 DCT 的 I/O 请求队列;然后启动设备分配程序。在有通道的系统中,I/O 请求处理模块还将按 I/O 请求命令的要求编制出通道程序。

在设备分配程序为 I/O 请求分配了相应的设备、控制器和通道之后,I/O 控制模块还将启动缓冲管理模块为此次 I/O 传送申请必要的缓冲区,以保证 I/O 传送的顺利完成。缓冲

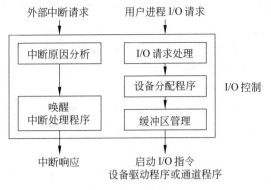

图 8.26　I/O 控制的功能

区的申请也可在设备分配之前进行。例如 UNIX 系统首先请求缓冲区,然后把 I/O 请求命令写到缓冲区中并将该缓冲区挂到设备的 I/O 请求队列上。

分配完缓冲区后,系统启动 I/O 指令,执行设备驱动程序或通道程序,完成用户进程具体的 I/O 操作。

另外,在数据传送结束后,外设发出中断请求,I/O 控制过程将调用中断处理程序并做出中断响应。对于不同的中断,其善后处理也不同。例如处理结束中断时,要释放相应的设备、控制器和通道,并唤醒正在等待该操作完成的进程。另外,还要检查是否还有等待该设备的 I/O 请求命令。如有,则要通知 I/O 控制过程进行下一个 I/O 传送。

8.7.3　I/O 控制的实现

I/O 控制过程在系统中可以按 3 种方式实现。

① 作为请求 I/O 操作的进程的一部分实现。这种情况下,请求 I/O 操作的进程应具有良好的实时性,且系统应能根据中断信号的内容准确地调度到请求所对应 I/O 操作的进程获得处理机,因为在大多数情况下,当一个进程发出 I/O 请求命令之后,都被阻塞睡眠。

② 作为当前进程的一部分实现。作为当前进程的一部分实现时,不要求系统具有高的实时性。但由于当前进程与完成的 I/O 操作无关,所以当前进程不能接收 I/O 请求命令的启动 I/O 操作。不过,当前进程可以在接收到中断信号后,将中断信号转交给 I/O 控制模块处理,因此,如果让请求 I/O 操作的进程调用 I/O 操作控制部分(I/O 请求处理、设备分配、缓冲区分配等),而让当前进程负责调用中断处理部分也是一种可行的 I/O 控制方案。

③ I/O 控制由专门的 I/O 进程完成。在用户进程发出 I/O 请求命令之后,系统调度 I/O 进程执行,控制 I/O 操作。同样,在外部设备发出中断请求之后,I/O 进程也被调度执行以响应中断。I/O 请求处理模块、设备分配模块以及缓冲区管理模块和中断原因分析、中断处理模块和后述的设备驱动程序模块等都是 I/O 进程的一部分。

8.8　Linux 设备管理

8.8.1　Linux 设备管理概述

Linux 沿用了 UNIX 处理设备的基本做法,把设备作为特殊文件来处理。每个设备都对应文件系统中的一个索引结点,都有一个文件名。这样一来,用户使用设备如同使用文件一样,简化了设备的处理过程。

Linux 系统将硬件设备分为字符设备、块设备和网络设备 3 类。设备分类的目的是区分不同的 I/O 设备驱动程序和其他软件部分,便于将抽象的控制部分留给文件系统处理,而与设备直接相关的部分由设备驱动程序解决。

(1) 字符设备。它指那些直接进行读/写的设备,通常以字节为单位进行数据处理且只允许按顺序访问,不经过系统的高速缓存,自己负责管理自己的缓冲区结构。常见的字符设备有:终端、打印机、鼠标、声卡和内存等。

(2) 块设备。它是指仅能以块为单位进行读/写,可以随机访问,任何对块设备的读/写都是通过系统内存的缓冲区进行,仅在必要时才调用块设备驱动程序完成实际的输入/输出。典型的块大小为 $2^n \times 512$ 字节(n 为自然数)。只有块设备才能支持可装卸其他文件系统。常见的块设备有:软盘、硬盘、光盘和其他可移动存储设备等。

(3) 网络设备。网络设备是 Linux 系统中非常特殊的一类设备。任何网络事件都要经过一个网络接口,它指一个能够和其他主机交换数据的设备。网络接口由 Linux 内核中的网络子系统驱动,负责发送和接收数据包。Linux 中访问网络接口的方法是给它们分配一个唯一的名字,但这个名字在文件系统中不存在与之对应的结点项。内核和网络驱动程序间的通信完全不同于内核和字符设备及块设备驱动程序之间的通信。内核调用一套和数据包传输相关的函数来实现与网络驱动程序的通信。关于 Linux 所用的设备可查看文件/proc/devices 的命令来获悉。

Linux 系统中,应用程序可以通过系统调用 open()、read()、write()、close()等,实现对设备操作。所有的设备都有对应的文件名称,通常放在目录/dev 及其子目录下。设备驱动程序是系统内核的一部分,它们为系统内核提供了一个标准的接口。例如:终端设备驱动程序为内核提供一个文件 I/O 接口,供内核调用,SCSI 设备驱动程序为内核提供 SCSI 设备接口,供内核调用等等。

总体上看,Linux 设备管理分为两大部分,一部分是下层的与设备相关的设备驱动层,另一部分是上层的与设备无关的文件系统层。图 8.27 给出了 Linux 设备管理结构示意图。

从图 8.27 中可知,处于应用层的进程可通过文件名与某个打开的文件相联系,在文件系统层按照文件系统的操作规则对该文件进行相应处理。如果用户进程要操作的是磁盘上存储的一般文件,文件系统层完成该文件从文件的逻辑空间映射到设备的逻辑空间,设备驱动层完成磁盘逻辑空间到磁盘物理空间的映射,确定磁盘上的具体位置。如果用户要操作的是特殊的设备文件,无须文件层映射,Linux 系统只需在设备驱动层完成设备逻辑空间到设备物理空间的映射工作,确定设备文件所对应的具体物理设备。最后,由驱动程序驱动底层的物理设备进行读/写操作。

8.8.2 Linux 设备管理中的数据结构

1. 字符设备管理数据结构

在 Linux 中,对字符设备的访问都是使用标准文件系统的系统调用来完成的,如 open、read、write、close 等。

Linux 中,字符设备管理的主要数据结构是 device_struct 结构。每个已经安装并被初

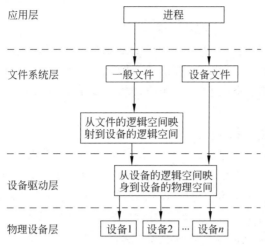

图 8.27　Linux 设备管理结构示意图

始化的设备，Linux 都为其建立一个 device_struct 结构，它的定义如下。

```
struct device_struct{
const char * name;                    /*登记该设备的设备*/
struct file_operations * fops;  /*指向设备驱动程序定义的文件操作表 file_operation,
                                   完成指定的设备操作*/
};
static struct device_struct chrdevs[MAX_CHRDEV]
```

全局数组 chrdevs[ ]的类型为 device_struct 结构，里面的每个元素都是一个 device_struct 结构变量。Linux 系统初始化时，字符设备被初始化，它的设备驱动程序被添加到数组 chrdevs 中，从而将字符设备注册到 Linux 内核中。全局数组 chrdevs[ ]记录了所有字符设备的名称 name 及其对应的设备操作函数接口 fops，数组的下标则对应于设备的主设备号。以后，当访问某台字符设备时，首先在 chrdevs 数组中找到该设备的驱动程序，然后系统将 CPU 控制权转交给设备驱动程序，由设备驱动程序再调用对应的设备操作函数执行。

根据 device_struct 结构，我们就可以知道该字符设备使用的是哪个设备驱动程序、对该设备能够做哪些操作。

2. 块设备管理数据结构

块设备的管理比字符设备的管理要复杂一些。为实现对块设备的管理，Linux 定义的主要数据结构有 blkdevs[]和 blk_dev[]。

```
static struct {
    const char * name;
    struct block_device_operations * bdops;    /*特定于设备的操作集*/
    }blkdevs[MAX_BLKDEV];
struct blk_dev_struct{
request_queue_trequest_queue;                   /*设备请求队列*/
queue_proc * queue;
void * data;
```

```
    };
    struct blk_dev_struct blk_dev[MAX_BLKDEV];
```

blkdevs 是一个结构数组,它里面的每个元素都是一个 device_struct 结构。

blkdevs[ ]通过 register_blkdevs()函数初始化,而 blk_dev[ ]通过 blk_dev_init()函数初始化。blkdevs[ ]记录设备文件名及相应的操作集合,blk_dev[ ]记录各个设备的请求队列。

3. buffer cache 数据结构

块设备是以块为单位传送数据的,设备和内存之间的数据传送必须经过缓冲区。每读入一个数据块时,先在内核中申请一个与之大小相等的、称为 buffer 的 cache,将数据块读入其中,然后再写入应用程序的相应缓冲区。这样一来,进程下一次访问该数据块时就不必再进行磁盘操作,从而提高了 I/O 性能。对数据块的写操作同样要经过 buffer cache,每个 cache 由 buffer_head 结构描述,该结构定义如下。

```
struct buffer_head{
    struct buffer_head  * b_next;          /*用来链接 hash 值相同的 buffer_head*/
    unsigned long  b_blocknr;              /*块号 */
    unsigned short  b_size;                /*块的大小 */
    kdev_t  b_dev;                         /*主设备号*/
    kdev_t  b_rdev;                        /*从设备号*/
    struct buffer_head  * b_thispage;      /*同属一个页面的 buffer 链表*/
    struct buffer_head  * b_reqnex;        /*同一个操作请求的 buffer_head 链表*/
    struct buffer_head  * * b_pprev;       /*用来链接 hash 值相同的 buffer_head*/
    char  * b_data;                        /*buffer 所在的位置*/
    struct  page  * b_page;                /*buffer 所属的页面*/
    wait_queue_head_t  b_wait;             /*进程等待队列*/
    struct inode  * b_inode;               /*该 buffer 所属的 inode 结构*/
};
```

每个 buffer 由设备号和块号唯一确定,并用这两者作为 hash 关键字快速找到 buffer cache 的位置。通常情况下,块的大小为 1KB,而物理页帧的大小为 4KB,所以一个物理页帧可以容纳 4 个 buffer。

4. 设备请求队列

Linux 中把对块设备的操作请求排成一个 request 队列,当块设备空闲时依次分配给队列中的请求。request 队列的数据结构如下。

```
struct request{
    int cmd;                               /*操作行为:读或写*/
    struct buffer_head  * bh;              /*buffer_head 链表头*/
    struct buffer_head  * bhtail;          /*buffer_head 链表尾*/
};
```

当需要对一个块进行操作时,Linux 将相应的 buffer_head 加入设备请求队列。一旦设备驱动程序完成了一个请求,就把 buffer_head 结构从 request 结构中移走,并把 buffer_head 结构标记为已更新,同时将它解锁,这样就可以唤醒等待锁定操作完成的进程。

8.8.3 Linux 的设备文件

Linux 中的每个设备文件除了设备名,还有 3 个属性:即类型、主设备号、次设备号。主设备号通常较短,一般由两三个字母组成,表示设备大类,如 hd 表达 IDE 硬盘,sd 表示 SCSI 硬盘,tty 表示终端,fd 表示软盘,lp 表示并口等。次设备号通常为数字或字母,用来区别具体的设备。例如,/dev/hda、/dev/hdb 分别表示第一 IDE 硬盘控制器连接的主硬盘、从硬盘,/dev/hdc、/dev/hdd 分别表示第二 IDE 硬盘控制器连接的主硬盘、从硬盘;而/dev/hda1、/dev/hda2、/dev/hda3 表示第一 IDE 硬盘控制器主硬盘的第一、第二、第三分区。主设备号相同则使用同一设备驱动程序,次设备号则作为内核调用时的参数传递给设备驱动程序。

设备文件是通过 mknod 系统调用创建的。其原型为:

```
mknod(const char * filename, int mode, dev_t dev)
```

其参数有设备文件名、操作模式、主设备号及次设备号。最后两个参数合并成一个 16 位的 dev_t 无符号短整数,高 8 位用于主设备号,低 8 位用于次设备号。内核中定义了三个宏来处理主、次设备号:MAJOR 和 MINOR 宏可以从 16 位数中提取出主、次设备号,而 MKDEV 宏可以把主、次号合并为一个 16 位数。实际上,dev_t 是专用于应用程序的一个数据类型;在内核中使用 kdev_t 数据类型。

分配给设备号的正式注册信息及/dev 目录索引结点存放在 Documentation/devices.txt 文件中。也可以在 include/linux/major.h 文件中找到所支持的主设备号。

设备文件通常位于/dev 目录下。表 8.8 显示了一些设备文件的属性。注意同一主设备号既可以标识字符设备,也可以标识块设备。

表 8.8 设备文件的例子

设备名	类型	主设备号	次设备号	说　　明
/dev/fd0	块设备	2	0	软盘
/dev/hda	块设备	3	0	第一个 IDE 磁盘
/dev/hda2	块设备	3	2	第一个 IDE 磁盘上的第二个主分区
/dev/hdb	块设备	3	64	第二个 IDE 磁盘
/dev/hdb3	块设备	3	67	第二个 IDE 磁盘上的第三个主分区
/dev/ttyp0	字符设备	3	0	终端
/dev/console	字符设备	5	1	控制台
/dev/lp1	字符设备	6	1	并口打印机
/dev/ttyS0	字符设备	4	64	第一个串口
/dev/rtc	字符设备	10	135	实时时钟
/dev/null	字符设备	1	3	空设备(黑洞)

一个设备文件通常与一个硬件设备(如硬盘,/dev/hda)相关联,或硬件设备的某一物

理或逻辑分区(如磁盘分区,/dev/hda2)相关联。但在某些情况下,设备文件不会和任何实际的硬件关联,而是表示一个虚拟的逻辑设备。例如,/dev/null 就是对应于一个"黑洞"的设备文件:所有写入这个文件的数据都被简单地丢弃,因此,该文件看起来总为空。

就内核所关心的内容而言,设备文件名是无关紧要的。如果你建立了一个名为/tmp/disk 的设备文件,类型为"块",主设备号是 3,次设备号为 0,那么这个设备文件就和表中的/dev/hda 等价。另一方面,对某些应用程序来说,设备文件名可能就很有意义。例如,通信程序可以假设第一个串口和/dev/ttyS0 设备文件关联。

虽然设备文件也在系统的目录树中,但是它们和普通文件以及目录有根本的不同。当进程访问普通文件(即磁盘文件)时,它会通过文件系统访问磁盘分区中的一些数据块;而在进程访问设备文件时,它只要驱动硬件设备就可以了。例如,进程可以访问一个设备文件以从连接到计算机的温度计读取房间的温度。VFS 的责任是为应用程序隐藏设备文件与普通文件之间的差异。

为了做到这点,VFS 改变打开的设备文件的缺省文件操作。因此,可以把对设备文件的任一系统调用转换成对设备相关的函数的调用,而不是对主文件系统相应函数的调用。设备相关的函数对硬件设备进行操作以完成进程所请求的操作。

8.8.4 Linux 的设备驱动程序

CPU 并不是系统中唯一的智能设备,每个物理设备都拥有自己的控制器。键盘、鼠标和串行口由一个高级 I/O 芯片统一管理,IDE 控制器控制 IDE 硬盘而 SCSI 控制器控制 SCSI 硬盘等等。每个硬件控制器都有各自的控制状态寄存器(CSR)并且各不相同。例如 Adaptec 2940 SCSI 控制器的 CSR 与 NCR 810 SCSI 控制器完全不一样。这些寄存器用来启动、停止、初始化设备以及对设备进行诊断。在 Linux 中管理硬件设备控制器的代码并没有放置在每个应用程序中而是由内核统一管理,这些处理和管理硬件控制器的软件就是设备驱动程序。Linux 内核的设备管理是由一组运行在特权级上,驻留在内存以及对底层硬件进行处理的共享库的驱动程序来完成的。

设备管理的一个基本特征是设备处理的抽象性,即所有硬件设备都被看成普通文件,可以通过用操纵普通文件相同的系统调用来打开、关闭、读取和写入设备。系统中每个设备都用一种设备特殊文件来表示,例如系统中第一个 IDE 硬盘被表示成/dev/hda。

那么,Linux 是如何将设备在用户视野中屏蔽起来的呢?

首先当用户进程发出输入/输出时,系统把请求处理的权限放在文件系统,文件系统通过驱动程序提供的接口将任务下放到驱动程序,驱动程序根据需要对设备控制器进行操作,设备控制器再去控制设备本身。

这样通过层层隔离,对用户进程基本上屏蔽了设备的各种特性,使用户的操作简便易行,不必去考虑具体设备的运作,用户进程就像对待文件操作一样去操作设备。

设备控制器对设备本身的控制是电器工程师所关心的事情,操作系统对输入/输出设备的管理只是通过文件系统和驱动程序来完成。也就是说在操作系统中,输入/输出系统所关心的只是驱动程序。

Linux 设备驱动程序的主要功能有:对设备进行初始化;使设备投入运行和退出服务;从设备接收数据并将它们送回内核;将数据从内核送到设备;检测和处理设备出现的错误。

在 Linux 中,设备驱动程序是一组相关函数的集合。它包含设备服务子程序和中断处理程序。设备服务子程序包含了所有与设备相关的代码,每个设备服务子程序只处理一种设备或者紧密相关的设备。其功能就是从与设备无关的软件中接收抽象的命令并执行之。当执行一条请求时,具体操作是根据控制器对驱动程序提供的接口(指的是控制器中的各种寄存器),利用中断机制去调用中断服务子程序配合设备来完成这个请求。设备驱动程序利用结构 file_operations 与文件系统联系起来,即设备的各种操作的入口函数存在 file_operation 中。对于特定的设备来说有一些操作是不必要的,其入口置为 NULL。

Linux 内核中虽存在许多不同的设备驱动程序但它们具有一些共同的特性:

(1)驱动程序属于内核代码。设备驱动程序是内核的一部分,它像内核中其他代码一样运行在内核模式,驱动程序如果出错将会使操作系统受到严重破坏,甚至能使系统崩溃并导致文件系统的破坏和数据丢失。

(2)为内核提供统一的接口。设备驱动程序必须为 Linux 内核或其他子系统提供一个标准的接口。例如终端驱动程序为 Linux 内核提供了一个文件 I/O 接口。

(3)驱动程序的执行是属于内核机制并且使用内核服务。设备驱动可以使用标准的内核服务如内存分配、中断发送和等待队列等等。

(4)动态可加载。多数 Linux 设备驱动程序可以在内核模块发出加载请求时加载,而不再使用时将其卸载。这样内核能有效地利用系统资源。

(5)可配置。Linux 设备驱动程序可以连接到内核中。当内核被编译时,被连入内核的设备驱动程序是可配置的。

根据功能,驱动程序的代码可以分为如下 5 个部分。

(1)驱动程序的注册和注销

(2)设备的打开与释放

(3)设备的读和写操作

(4)设备的控制操作

(5)设备的中断和查询处理

1. Linux 的字符设备驱动程序

我们来看一个最简单的字符设备,即"空设备"/dev/null。大家知道,应用程序在运行的过程中,一般都要通过其预先打开的标准输出通道或标准出错通道在终端显示屏上输出一些信息,但是有时候(特别是在批处理中)不宜在显示屏上显示信息,又不宜将这些信息重定向到一个磁盘文件中,而要求直接使这些信息流入"下水道"而消失,这时候就可以用 /dev/null 来起这个"下水道"的作用,这个设备的主设备号为 1。

如前所述,主设备号为 1 的设备其实不是"设备",而都是与内存有关,或是在内存中(不必通过外设)就可以提供的功能,所以其主设备号标识符为 MEM_MAJOR,其定义于 include/linux/major. h 中:

```
# define MEM_MAJOR        1
```

其 file_operatins 结构为 memory_fops,定义于 dreivers/char/mem. c 中:

```
static struct file_operations memory_fops = {
        open:           memory_open,    /* just a selector for the real open */
```

```
};
```

因为主设备号为 1 的字符设备并不能唯一的确定具体的设备驱动程序,因此需要根据次设备号来进行进一步的区分,所以 memory_fops 还不是最终的 file_operations 结构,还需要由 memory_open()进一步加以确定和设置,其代码在同一文件中:

```
static int memory_open(struct inode * inode, struct file * filp)
{
        switch (MINOR(inode->i_rdev)) {
                case 1:
                        filp->f_op = &mem_fops;
                        break;
                case 2:
                        filp->f_op = &kmem_fops;
                        break;
                case 3:
                        filp->f_op = &null_fops;
                        break;
                        ...
                }
        if (filp->f_op && filp->f_op->open)
                return filp->f_op->open(inode,filp);
        return 0;
}
```

因为/dev/null 的次设备号为 3,所以其 file_operations 结构为 null_fops:

```
static struct file_operations null_fops = {
        llseek:         null_lseek,
        read:           read_null,
        write:          write_null,
};
```

由于这个结构中函数指针 open 为 NULL,因此在打开这个文件时没有任何附加操作。当通过 write()系统调用写这个文件时,相应的驱动函数为 write_null(),其代码为:

```
static ssize_t write_null(struct file * file, const char * buf,
                        size_t count, loff_t * ppos)
{
        return count;
}
```

从中可以看出,这个函数什么也没做,仅仅返回 count,假装要求写入的字节已经写好了,而实际把写的内容丢弃了。

再来看一下读操作又做了些什么,read_null()的代码为:

```
static ssize_t read_null(struct file * file, char * buf,
                        size_t count, loff_t * ppos)
```

```
{
        return 0;
}
```

返回 0 表示从这个文件读了 0 个字节,但是并没有到达(永远也不会到达)文件的末尾。当然,字符设备的驱动程序不会都这么简单,但是总的框架是一样的。

具有相同主设备号和类型的每类设备文件都是由 device_struct 数据结构来描述的,该结构定义于 fs/devices.c:

```
struct device_struct {
        const char * name;
        struct file_operations * fops;
};
```

其中,name 是某类设备的名字,fops 是指向文件操作表的一个指针。所有字符设备文件的 device_struct 描述符都包含在 chrdevs 表中:

```
static struct device_struct chrdevs[MAX_CHRDEV];
```

该表包含有 255 个元素,每个元素对应一个可能的主设备号,其中主设备号 255 为将来的扩展而保留的。表的第一项为空,因为没有一个设备文件的主设备号是 0。

chrdevs 表最初为空。register_chrdev()函数用来向其中的一个表中插入一个新项,而 unregister_chrdev()函数用来从表中删除一个项。我们来看一下 register_chrdev()的具体实现:

```
int register_chrdev(unsigned int major, const char * name, struct file_operations
* fops)
{
        if (major = 0) {
                write_lock(&chrdevs_lock);
                for (major =MAX_CHRDEV-1; major>0; major--) {
                        if (chrdevs[major].fops =NULL) {
                                chrdevs[major].name =name;
                                chrdevs[major].fops =fops;
                                write_unlock(&chrdevs_lock);
                                return major;
                        }
                }
                write_unlock(&chrdevs_lock);
                return -EBUSY;
        }
        if (major >=MAX_CHRDEV)
                return -EINVAL;
        write_lock(&chrdevs_lock);
        if (chrdevs[major].fops && chrdevs[major].fops !=fops) {
                write_unlock(&chrdevs_lock);
                return -EBUSY;
```

```
        }
        chrdevs[major].name =name;
        chrdevs[major].fops =fops;
        write_unlock(&chrdevs_lock);
        return 0;
    }
```

从代码可以看出，如果参数 major 为 0，则由系统自动分配第一个空闲的主设备号，并把设备名和文件操作表的指针置于 chrdevs 表的相应位置。

例如，可以按如下方式把并口打印机驱动程序的相应结构插入到 chrdevs 表中：

```
register_chrdev(6, "lp", &lp_fops);
```

该函数的第一个参数表示主设备号，第二个参数表示设备类名，最后一个参数是指向文件操作表的一个指针。

如果设备驱动程序被静态地加入内核，那么，在系统初始化期间就注册相应的设备文件类。但是，如果设备驱动程序作为模块被动态装入内核，那么，对应的设备文件在装载模块时被注册，在卸载模块时被注销。

字符设备被注册以后，它所提供的接口，即 file_operations 结构在 fs/devices.c 中定义如下：

```
/*
 * Dummy default file-operations: the only thing this does
 * is contain the open that then fills in the correct operations
 * depending on the special file...
 */
static struct file_operations def_chr_fops ={
        open:                 chrdev_open,
};
```

由于字符设备的多样性，因此，这个缺省的 file_operations 仅仅提供了打开操作，具体字符设备文件的 file_operations 由 chrdev_open() 函数决定：

```
    /*
     * Called every time a character special file is opened
     */
    int chrdev_open(struct inode * inode, struct file * filp)
    {
        int ret =-ENODEV;

        filp->f_op=get_chrfops(MAJOR(inode->i_rdev), MINOR(inode->i_rdev));
        if (filp->f_op) {
                ret =0;
                if (filp->f_op->open !=NULL) {
                        lock_kernel();
                        ret =filp->f_op->open(inode,filp);
```

```
                    unlock_kernel();
            }
        }
    return ret;
}
```

首先调用 MAJOR()和 MINOR()宏从索引结点对象的 i_rdev 域中取得设备驱动程序的主设备号和次设备号,然后调用 get_chrfops()函数为具体设备文件安装合适的文件操作。如果文件操作表中定义了 open 方法,就调用它。

注意,最后一次调用的 open()方法就是对实际设备操作,这个函数的工作是设置设备。通常,open()函数执行如下操作。

(1) 如果设备驱动程序被包含在一个内核模块中,那么把引用计数器的值加 1,以便只有把设备文件关闭之后才能卸载这个模块。

(2) 如果设备驱动程序要处理多个同类型的设备,那么,就使用次设备号来选择合适的驱动程序,如果需要,还要使用专门的文件操作表选择驱动程序。

(3) 检查该设备是否真正存在,现在是否正在工作。

(4) 如果必要,向硬件设备发送一个初始化命令序列。

(5) 初始化设备驱动程序的数据结构。

写完了设备驱动程序,下一项任务就是对驱动程序进行编译和装载。在 Linux 里,除了直接修改系统内核的源代码,把设备驱动程序加进内核外,还可以把设备驱动程序作为可加载的模块,由系统管理员动态地加载它,使之成为内核的一部分。也可以由系统管理员把已加载的模块动态地卸载下来。Linux 中,模块可以用 C 语言编写,用 gcc 编译成目标文件(不进行链接,作为 *.o 文件存盘),为此需要在 gcc 命令行里加上-c 的参数。在编译时,还应该在 gcc 的命令行里加上这样的参数:-D__KERNEL__ -DMODULE。由于在不链接时,gcc 只允许一个输入文件,因此一个模块的所有部分都必须在一个文件里实现。

编译好的模块 *.o 放在/lib/modules/xxxx/misc 下(xxxx 表示内核版本),然后用 depmod -a 使此模块成为可加载模块。模块用 insmod 命令加载,用 rmmod 命令来卸载,并可以用 lsmod 命令来查看所有已加载的模块的状态。

编写模块程序的时候,必须提供两个函数,一个是 int init_module(void),供 insmod 在加载此模块的时候自动调用,负责进行设备驱动程序的初始化工作。init_module 返回 0 以表示初始化成功,返回负数表示失败。另一个函数是 void cleanup_module(void),在模块被卸载时调用,负责进行设备驱动程序的清除工作。

在成功地向系统注册了设备驱动程序后(调用 register_chrdev 成功后),就可以用 mknod 命令来把设备映射为一个特别文件,其他程序使用这个设备的时候,只要对此特别文件进行操作就行了。

2. Linux 的块设备驱动程序

对于块设备来说,驱动程序的注册不仅在其初始化的时候进行而且在编译的时候也要进行注册。在初始化时通过 register_blkdev()函数将相应的块设备添加到数组 blkdevs 中,该数组在 fs/block_dev.c 中定义如下:

```
static struct {
```

```
        const char * name;
        struct block_device_operations * bdops;
} blkdevs[MAX_BLKDEV];
```

块设备表的定义与字符设备表的定义有所不同。因为每种具体的块设备都有一套具体的操作,因而各自有一个类似于 file_operations 那样的数据结构,称为 block_device_operations 结构,其定义为:

```
struct block_device_operations {
        int (* open) (struct inode *, struct file *);
        int (* release) (struct inode *, struct file *);
        int (* ioctl) (struct inode *, struct file *, unsigned, unsigned long);
        int (* check_media_change) (kdev_t);
        int (* revalidate) (kdev_t);
        struct module * owner;
};
```

如果说 file_operation 结构是连接虚拟的 VFS 文件的操作与具体文件系统的文件操作之间的枢纽,那么 block_device_operations 就是连接抽象的块设备操作与具体块设备操作之间的枢纽。

具体的块设备是由主设备号唯一确定的,因此,主设备号唯一地确定了一个具体的 block_device_operations 数据结构。register_blkdev()函数的具体实现,其代码在 fs/block_dev.c 中。

驱动程序描述符是一个 blk_dev_struct 类型的数据结构,其定义如下:

```
struct blk_dev_struct {
        /*
         * queue_proc has to be atomic
         */
        request_queue_t     request_queue;
        queue_proc          * queue;
        void                * data;
};
```

在这个结构中,其主体是请求队列 request_queue;此外,还有一个函数指针 queue,当这个指针为非 0 时,就调用这个函数来找到具体设备的请求队列,这是为考虑具有同一主设备号的多种同类设备而设的一个域。这个指针也在设备初始化是就设置好,另一个指针 data 是辅助 queue 函数找到特定设备的请求队列。

所有块设备的描述符都存放在 blk_dev 表中:

```
struct blk_dev_struct blk_dev[MAX_BLKDEV];
```

每个块设备都对应着数组中的一项,可以用主设备号进行检索。每当用户进程对一个块设备发出一个读/写请求时,首先调用块设备所公用的函数 generic_file_read()和 generic_file_write(),如果数据存在缓冲区中或缓冲区还可以存放数据,就同缓冲区进行数据交换。否则,系统会将相应的请求队列结构添加到其对应项的 blk_dev_struct 中。如果在加入请求队列结构的时候该设备没有请求的话,则马上响应该请求,否则将其追加到请求任务队尾按序执行。

所有对块设备的读/写都是调用 generic_file_read()和 generic_file_write() 函数,这两个函数的原型如下:

```
ssize_t generic_file_read(struct file * filp, char * buf, size_t count, loff_t
* ppos)
ssize_t generic_file_write(struct file * file,const char * buf,size_t count, loff_
t * ppos)
```

其参数的含义如下:

filp:和这个设备文件相对应的文件对象的地址。

Buf:用户态地址空间中的缓冲区的地址。generic_file_read()把从块设备中读出的数据写入这个缓冲区;反之,generic_file_write()从这个缓冲区中读取要写入块设备的数据。

Count:要传送的字节数。

ppos:设备文件中的偏移变量的地址;通常,这个参数指向 filp->f_pos,也就是说,指向设备文件的文件指针。

只要进程对设备文件发出读/写操作,高级设备驱动程序就调用这两个函数。例如,superformat 程序通过把块写入/dev/fd0 设备文件来格式化磁盘,相应文件对象的 write 方法就调用 generic_file_write()函数。这两个函数所做的就是对缓冲区进行读/写,如果缓冲区不能满足操作要求则返回负值,否则返回实际读/写的字节数。每个块设备在需要读/写时都调用这两个函数。

习 题 8

一、选择题

1. 下面关于设备属性的论述中,正确的是(   )。

　　A. 字符设备的基本特征是可寻址的,即能指定输入的源地址和输出的目标地址

　　B. 共享设备必须是可寻址的和可随机访问的设备

　　C. 共享设备是指同一时间内允许多个进程同时访问的设备

　　D. 在分配共享设备和独占设备时都可能引起进程死锁

2. 磁盘是可共享的设备,因此每一时刻(   )作业启动它。

　　A. 可以有任意多个　　　　　　　　B. 能限定几个

　　C. 至少能有一个　　　　　　　　　D. 至多能有一个

3. 本地用户通过键盘登录系统时,首先获得键盘输入信息的程序是(   )。[2010 年全国统考真题]

　　A. 命令解释程序　　B. 中断处理程序　　C. 系统调用程序　　D. 用户登录程序

4. DMA 方式是在(   )之间建立一条直接数据通路。

　　A. I/O 设备和主存　　　　　　　　B. 两个 I/O 设备

　　C. I/O 设备和 CPU　　　　　　　　D. CPU 和主存

5. 有关设备管理概念的下列叙述中,(   )是不正确的。

A. 通道是处理输入/输出的软件

B. 所有外围设备的启动工作都由系统统一来做

C. 来自通道的I/O中断时间由设备管理负责处理

D. 编制好的通道程序是存放在主存储器中的

6. 下面有关设备和通道的叙述中,正确的是(　　)。

A. 大多数低速设备都属于共享设备

B. 在具有通道结构的计算机系统中,一个通道只能连接一个控制器,一个控制器也只能连接一个设备

C. 只有引入通道后,CPU计算与I/O操作才能并行执行

D. CPU和通道之间的关系是主从关系,CPU是主设备,通道是从设备

7. 采用SPOOLing技术将磁盘的一部分作为公共缓冲区以代替打印机,用户对打印机的操作实际上是对磁盘的存储操作,用以代替打印机的部分是(　　)。

A. 独占设备　　　B. 共享设备　　　C. 一般物理设备　D. 虚拟设备

8. 如果I/O所花费的时间比CPU的处理时间短很多,则缓冲区(　　)。

A. 最有效　　　　B. 几乎无效　　　C. 均衡　　　　D. 以上都不是

9. 程序员利用系统调用打开I/O设备时,通常使用的设备标识是(　　)。[2009年全国统考真题]

A. 逻辑设备名　　B. 物理设备名　　C. 主设备名　　　D. 从设备名

10. 设备独立性的说法正确的是(　　)。

A. 设备独立性是指能够实现设备共享的一种特性

B. 设备独立性是指用户程序独立于具体物理设备的一种特性

C. 设备独立性是指I/O设备具有独立执行的I/O功能的一种特性

D. 设备独立性是指设备驱动程序独立于具体物理设备的一种特性

11. 在下列问题中,(　　)不是设备分配中应考虑的问题。

A. 从属关系　　　　　　　　　B. 设备的固有属性

C. 设备无关性　　　　　　　　D. 安全性

12. 虚拟设备是指(　　)。

A. 允许用户使用比系统中具有的物理设备更多的设备

B. 允许用户以标准化方式来使用物理设备

C. 把一个物理设备变换成多个对应的逻辑设备

D. 允许用户程序不必全部装入主存便可使用系统中的设备

13. (　　)是操作系统中采用的以空间换取时间的技术。

A. SPOOLing技术　　　　　　B. 虚拟存储技术

C. 覆盖和交换技术　　　　　　D. 通道技术

14. 对磁盘进行移动臂调度是为了缩短(　　)时间。

A. 寻道　　　　　B. 延迟　　　　　C. 传送　　　　　D. 启动

15. 下面关于磁盘的叙述中,正确的是(　　)。

A. 磁盘上同一柱面上存储的信息是连续的

B. 磁盘扇区的编号必须是连续的

C. 移臂调度的目标是使磁盘旋转的周数最小

D. 固定头磁盘存储器的存取时间包括搜查定位时间和旋转延迟时间

16. 为了使多个进程能有效地同时处理输入/输出,最好使用(　　)结构的缓冲技术。

    A. 缓冲池　　　　B. 循环缓冲　　　　C. 单缓冲　　　　D. 双缓冲

17. 缓冲技术的缓冲池通常设在(　　)中。

    A. 主存　　　　　B. 外存　　　　　C. ROM　　　　　D. 寄存器

18. 用户程序发出磁盘 I/O 请求后,系统的处理流程是:用户程序→系统调用处理程序→设备驱动程序→中断处理程序。其中,计算数据所在磁盘的柱面号、磁盘头号、扇区号的程序是(　　)。[2013 年全国统考真题]

    A. 用户程序　　　　　　　　　B. 系统调用处理程序

    C. 设备驱动程序　　　　　　　D. 中断处理程序

19. 设系统缓冲区和用户工作区均采用单缓冲,从外设读入一个数据块到系统缓冲区的时间为100,从系统缓冲区读入一个数据块到用户工作区的时间为5,对用户工作区中的一个数据块进行分析的时间为90(参见下图)。进程从外设读入并分析 2 个数据块的最短时间是(　　)。[2013 年全国统考真题]

    A. 200　　　　　B. 295　　　　　C. 300　　　　　D. 390

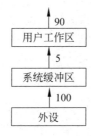

20. 操作系统的 I/O 子系统通常由 4 个层次组成,每一层明确定义了与邻近层次的接口,其合理的层次组织排列顺序是(　　)。[2012 年全国统考真题]

    A. 用户级 I/O 软件、设备无关软件、设备驱动程序、中断处理程序

    B. 用户级 I/O 软件、设备无关软件、中断处理程序、设备驱动程序

    C. 用户级 I/O 软件、设备驱动程序、设备无关软件、中断处理程序

    D. 用户级 I/O 软件、中断处理程序、设备无关软件、设备驱动程序

二、综合题

1. 什么是 DMA 方式？它与中断方式的主要区别是什么？

2. 下面的任务在什么地方实现？在逻辑 I/O 层,还是设备驱动程序,还是两者都有？

(1) 将一个逻辑块号转换成磁盘的扇区、柱面和读/写头。

(2) 分配一个 I/O 缓存区。

(3) 检查设备的就绪状态。

(4) 将一个从输入设备中接收到的回车字符转化为通用的换行符。

3. 什么是通道？通道经常采用如下图所示的交叉连接,为什么？

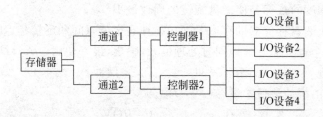

4. 若干个等待访问磁盘者依次要访问的柱面（即磁道）为 20,44,40,4,80,12,76,假设每移动一个柱面需要 3ms 时间,移动臂当前位于 40 号柱面,请按下列算法分别计算为完成上述各次访问总共花费的寻找时间。

（1）先来先服务算法；

（2）最短寻找时间优先算法。

5. 假设有 4 个记录 A、B、C、D 存放在磁盘的某个磁道上,该磁道划分为 4 块,每块存放一个记录,安排如下表所示：

块号	1	2	3	4
记录号	A	B	C	D

现在要顺序处理这些记录,如果磁盘旋转速度为 20ms 转一周,处理程序每读出一个记录后花 5ms 的时间进行处理。试问处理完这 4 个记录的总时间是多少? 为了缩短处理时间应进行优化分布,试问应如何安排这些记录? 并计算处理的总时间。

6. 假定在某移动臂磁盘上,刚刚处理了访问 58 号柱面的请求,目前正在 60 号柱面读信息,并且有下述请求序列等待访问磁盘。

请求次序	1	2	3	4	5	6	7	8
欲访问的柱面号	100	40	115	114	65	49	36	71

问：

（1）使用电梯调度算法时,处理上述请求的次序；

（2）使用最短寻道优先算法时,处理上述请求的次序。

（3）使用循环扫描调度算法时,处理上述请求的次序。

7. 设某磁盘有 200 个柱面,编号为 0,1,2,…,199,磁头刚从 140 道移到 149 道完成了读/写。若某时刻有 9 个磁盘请求分别对如下各道进行读/写：

$$86,147,91,177,94,150,102,175,130$$

试分别求 FCFS,SSTF 及 SCAN 磁盘调度算法响应请求的次序及磁头移动的总距离。

8. 在使用磁盘高速缓存的系统中,平均访问时间取决于平均高速缓存的访问时间,平均磁盘访问时间和命中率。对于下面的几种情况,平均访问时间各是多少?

（1）高速缓存：1ms；磁盘：100ms；命中率：25%

（2）高速缓存：1ms；磁盘：100ms；命中率：50%

9. 磁盘请求的柱面按 10,22,20,2,40,6,38 的次序到达磁盘的驱动器,寻道时每个柱面移动需要 6ms。计算按以下算法调度时的寻道时间：

（1）先来先服务；

（2）最短寻道优先。

以上所有情况磁头臂均起始于柱面 20。

10. 假定磁盘的旋转速度为每圈 20ms，格式化时每个磁道被分成 10 个扇区。现有 10 个逻辑记录存放在同一磁道上，其排列顺序如下图所示。

扇区号	1	2	3	4	5	6	7	8	9	10
逻辑记录号	A	B	C	D	E	F	G	H	I	J

处理程序要顺序处理这些记录，每读出一个记录要花费 4ms 的时间进行处理，然后再顺序读下一个记录并进行处理，直到处理完这些记录，请回答：

（1）顺序处理完这 10 个记录总共花费了多少时间？

（2）请给出一种记录优化分布方案，使处理程序能在最短的时间内处理完成这 10 个记录，并计算优化时间。

11. 在磁盘调度算法中的"电梯调度算法"与"最短寻找时间优先算法"有什么本质不同？

12. 考虑 56Kb/s 调制解调器的性能，驱动程序输出一个字符后就阻塞，当一个字符打印完毕后，产生一个中断通知阻塞的驱动程序，输出下一个字符，然后再阻塞。如果发消息、输出一个字符和阻塞的时间总和为 0.1ms，那么由于处理调制解调器而占用的 CPU 时间比率是多少？假设每个字符有一个开始位和一个结束位，共占 10 位。

第9章 文件系统

计算机系统中需要长期存储的信息通常以文件的形式存储在辅助存储器中,使用辅助存储器进行信息存取是一项相当复杂和繁琐的工作。为了减轻用户负担和保证系统安全,操作系统中具有对信息进行控制管理的模块,称为文件系统。文件系统是建立在存储设备上的信息存储管理系统,它是操作系统的重要组成部分。

文件系统的基本功能包括:文件存储空间的管理和分配;文件的存取、检索、更新;文件的共享和保护;向用户提供方便快捷的操作接口等。

文件系统是本章的一条主线,希望读者在学习本章内容时,时刻考虑所学内容在文件系统中的地位和作用,做到从文件系统的高度来思考和看待问题。

【本章学习目标】

- 文件系统的层次结构。
- 流式文件和记录式文件的区别。
- 文件的逻辑结构:顺序文件、索引文件和索引顺序文件。
- 连续分配、链接分配和索引分配方式。
- 混合索引方式能访问的磁盘容量及其读取所需要的磁盘 I/O 次数。
- 文件目录结构及各自特点。
- 常见文件系统调用。
- 文件共享和保护。

9.1 文件的基本概念

在计算机系统中,操作系统及用户程序、数据等都是以文件的形式组织和存放的。文件是计算机系统的软件资源,对这些资源进行有效管理和充分利用是操作系统的基本功能。

9.1.1 文件的概念

文件是由文件名标识的、存储在外部存储介质上的一组相关信息的集合。文件通常作为一个独立单位存放并实施相应的操作。

文件分为有结构文件和无结构文件两种。有结构文件中,文件由若干个相关记录组成。记录是一些相关数据项的集合,数据项是数据组织中可以命名的最小逻辑单位。例如每个学生的情况记录由姓名、学号、性别、出生年月、联系方式等数据项组成。无结构文件则被看成是一个字符流。组成文件的信息可以是各式各样的,如一个源程序、一批数据、编译程序、流媒体文件等。文件是文件系统中最大的数据操作单位。

文件是一种抽象机制,它隐蔽了硬件和实现细节,提供了把信息保存在存储设备上且便于以后读取的手段,使得用户不必了解信息存储的方法、位置以及存储设备实际运作方式便可存取信息。

在这一抽象机制中最重要的是文件命名。文件名以字符串的形式描述,它通常是由一串 ASCII 码和/或汉字构成,名字的长度因系统不同而异。各个操作系统的文件命名规则略有不同,有的系统采用扩展名表示文件的属性和类型,如 Windows 中用 exe 扩展名表示二进制可执行文件;有的系统通过修改文件属性描述文件的类型,而不是使用扩展名,如 Linux 系统文件名中的“.”只是一个字符,该字符之后的所有字符也被认为是文件名的一部分,不能以此来识别文件类型,文件类型要通过文件属性来描述。

9.1.2 文件属性及其分类

1. 文件属性

一个文件具有若干属性,但文件属性并不是文件内容的一部分,不同系统中定义的文件属性存在一定的差别。文件属性是文件的重要数据,通常保存在文件目录中。

一般来讲,常见的文件属性包括如下 7 个。

① 标识符:包括用户指定和使用的文件名,以及系统内使用的内部标识。一个文件可以有多个文件名,但只有一个标识符,它通常是一个整数。

② 类型:反映文件内容的类型,例如:普通文件、目录文件、系统文件、隐式文件、设备文件等。也可按文件信息分为:ASCII 码文件、二进制码文件等。

③ 长度:指明文件的当前长度和最大允许长度,一般以字节为单位计算。

④ 时间:指明文件是在什么时间创建的,一般还给出最后修改时间。

⑤ 位置:指明文件存放在存储介质上的具体物理位置。

⑥ 存取控制权限:指明可对文件进行的存取操作,如可读、可写、可执行、可更新、可删除等。

⑦ 文件拥有者:大多数系统中,文件创建者就是文件拥有者。文件的存取控制权限由文件拥有者进行管理,文件拥有者可以把文件的存取控制权限赋予其他的用户。

2. 文件分类

为了方便、有效地组织和管理文件,常常按照文件的某种属性对文件进行分类。文件分类方法有很多种,这里介绍 4 种常用的分类方法。

(1) 按用途分类

① 系统文件:由系统软件构成的文件称为系统文件。包括操作系统内核、编译程序文件等。这些通常都是可执行的二进制文件,只允许用户使用,不允许用户修改。

② 库文件:由标准的和非标准的子程序库构成的文件称为库文件。标准的子程序库通常称为系统库,它提供对系统内核的直接访问;非标准的子程序库是满足特定应用的程序库。库文件又分为两大类,一类是动态链接库,一类是静态链接库。

③ 用户文件:由用户创建和使用的文件称为用户文件,如用户的源程序、可执行程序和文档等。

(2) 按性质分类

① 普通文件:普通文件指系统所规定的普通格式的文件。例如,字符流组成的文件,包括用户文件、库函数文件、应用程序文件等。

② 目录文件:目录文件是包含普通文件与目录的属性信息的特殊文件。主要是为了

更好地管理普通文件与目录。

③ 特殊文件：在 UNIX 系统中，所有的输入/输出设备都被看作是特殊的文件，甚至在使用形式上也和普通文件相同。通过对特殊文件的操作可完成相应设备的操作。文件系统是对设备操作的组织与抽象，而设备操作则是对文件操作的最终实现。

（3）按保护级别分类

① 只读文件：允许授权用户读，但不能写的文件。

② 读/写文件：允许授权用户读/写的文件。

③ 可执行文件：允许授权用户执行，但不能读/写的文件。

④ 不保护文件：用户对该类文件具有一切访问权限。

（4）按文件数据的形式分类

① 源文件：源代码和数据构成的文件。

② 目标文件：源程序经过编译程序编译，但尚未链接成可执行代码的目标代码文件。

③ 可执行文件：目标代码由链接程序链接后形成的可以运行的文件称为可执行文件。

除了以上分类方法外，还可以按照文件的其他属性进行分类。由于各系统对文件的管理方式不同，因而对文件的分类方法也有很大差异，但其根本目的都是为了提高文件的处理速度，以及更好地实现文件的共享和保护。

所有文件系统都必须至少识别一种或多种文件类型，不同文件系统识别的文件类型往往不一致。

9.2 文件系统

9.2.1 文件系统的概念

文件系统是操作系统中负责存取和管理文件信息的模块，它由管理文件所需要的数据结构、实现文件管理的系统程序以及涉及文件操作的一组系统调用组成。

现代操作系统中都配置了较为完备的文件系统。文件系统的基本功能通常包括以下 6 个方面。

（1）文件存储设备存储空间的分配和管理。文件系统对文件存储设备的存储空间进行统一管理，包括存储空间的划分、分配和回收，以及当用户修改文件时对存储空间进行调整等操作。

（2）文件管理。文件系统中的系统程序实现对文件的基本管理，如按照用户要求创建、删除文件，对指定的文件进行打开、关闭、读、写、执行等操作。

（3）目录管理。能够根据用户的要求建立目录或删除目录，并能对目录进行有效维护。

（4）文件共享。为了节省文件存储空间，方便用户存取，文件系统为并发进程用户提供了文件共享功能。

（5）文件保护和保密。文件系统还应提供可靠的保护和保密措施，防止非法用户对文件进行未授权访问或破坏。

（6）提供用户接口。为用户提供多种文件操作接口，包括操作命令、系统调用、图形界面操作等，使用户能够对文件实现"按名存取"。这样一来，用户可通过文件名对文件实施存取和相应管理,而不必考虑磁盘如何组织、无须知道文件信息在磁盘中的位置,也不必关心存储设备的具体实现细节,极大方便了用户的文件操作。

文件系统的设计目标是:方便用户对文件实现按名读取;对存放文件的存储空间实现合理组织和分配,使系统能高效地存储、检索、读取文件;实现文件的共享与保护。

引入文件系统之后,用户可用统一的文件观点对待和处理各种存储介质中的信息,文件系统被视为用户和各种存储介质间的接口。

9.2.2 文件系统的组成

文件系统是一个相对独立子系统,常常不被认为是操作系统的必要组成部分。但文件系统并非完全独立于操作系统,它仍需要操作系统的支持,一部分文件管理功能要由操作系统实现。

按照功能分工的不同,文件系统通常可以分成两部分:设备文件系统和文件管理系统,两者相辅相成,互相影响。

1. 设备文件系统

设备文件系统又称文件卷,它是文件系统在存储设备上的存储组织结构。文件中的数据、文件属性、文件系统管理数据以及设备存储空间的分配信息等,都需要按照一定的组织结构存放在存储设备上。操作系统依据这些组织结构,获得所需的文件管理信息,才能为文件分配存储空间,才能查找到指定文件并定位文件数据块在存储设备上的地址。

设备文件系统通常由以下5个部分组成,如图9.1所示。

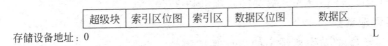

存储设备地址: 0   L

图 9.1 设备文件系统的组成

超级块是设备文件系统的重要组成部分,其中存放着设备文件系统的一些设置参数,包括索引区和数据区的位置、数据区的组织单位等。当用户访问一个文件时,操作系统首先读入设备文件系统中的超级块,获得索引区和数据区的起始位置,从索引区中读入文件的控制块,获得该文件在数据区中的具体位置,然后对该文件进行操作。为了快速确定文件控制块在索引区中的位置,文件卷中通常建立目录文件。如果存储设备的超级块被破坏或损坏,操作系统无法读出该文件卷上的所有文件信息。例如:早期使用的软盘中,通常使用的是DOS操作系统,如果该盘上用于存放超级块的0磁道坏了,盘上所有文件均不能读出,成为废盘。为了防止超级块损坏带来的严重后果,设备文件系统通常采用备份超级块等措施,或采用特殊的软件工具恢复超级块。文件控制块、目录文件等内容在后续章节中再详细讲解。

一般情况下,一个物理存储设备上可以建立多个文件卷。用户感觉有多个逻辑存储设备可供使用。其实,这是一种虚拟技术,用户使用的逻辑存储设备实际是物理存储设备的一部分。此时的文件卷,我们称之为逻辑卷。逻辑卷在能够提供文件服务之前,必须由专门的与文件系统格式相关的实用程序对其进行初始化,划分好存放文件控制信息的管理信息区和存放文件数据信息的数据区,并建立空闲空间管理机构及存放逻辑卷信息的超级块。

用户更愿意接受逻辑存储设备,因为它更便于用户管理文件。例如:Windows下,用户把硬盘分成多个分区,每个分区存放不同类型的文件。比如C盘存储系统文件,D盘存储学习文件,E 盘存储工作文件等。

一般来说,一个文件不能跨文件卷存放,只能存放在一个文件卷中。为了存放超大型文件,可以在多个物理存储设备上建立一个大文件卷。例如:Windows NT 操作系统通过卷集技术支持由多个硬盘上的分区构成一个文件卷,如图 9.2 所示。一个卷集最多允许由 32个硬盘分区构成,系统可在不影响已存储数据的条件下把一个硬盘分区增加到卷集中。卷集技术可用于合并多个小硬盘分区,形成跨越多个小硬盘的更大卷,方便动态增加卷的大小。

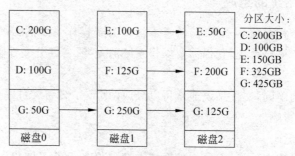

图 9.2 利用卷集技术扩展文件卷

现代操作系统一般都同时支持多种文件系统,只有当操作系统支持存储设备上的文件系统时,用户才能访问该存储设备中的文件。常见文件系统有 Windows 的 FAT32、NTFS文件系统;UNIX 的 SYS V、BSD 文件系统;Linux 的 Ext2、Ext3 文件系统;苹果电脑公司Mac OS 的 HFS 文件系统和光盘文件系统 ISO-9660 等。

2. 文件管理系统

文件管理系统是操作系统中的文件管理模块,实现对设备文件系统的管理和操作功能,为用户提供一个方便、共享和安全的文件使用界面。文件管理系统读取设备文件系统中管理文件信息,实现设备存储块的分配功能、文件目录的管理功能、文件创建与撤销功能、文件名查找功能、文件属性设置功能和文件数据读/写功能等,并维护设备文件系统的管理数据。

按照设备管理 I/O 软件层次的划分,文件管理模块可以划入设备无关 I/O 软件层。如果把文件看成是一种虚拟设备,文件管理模块则可以看成是一种虚拟设备驱动程序。

文件管理系统的软件层次结构如图 9.3 所示。图中每一层软件都依赖于它的下层软件,且基于下层软件而向上层软件提供更强、更灵活的功能。这种层次结构方法使得人们对复杂的文件管理系统设计、构造和理解变得相对容易。

下面分别介绍一下文件管理系统的各个软件层次。

(1) 用户接口层

该层直接与用户接触,为用户提供若干条与文件、目录相关的系统调用。当用户发出系统调用命令

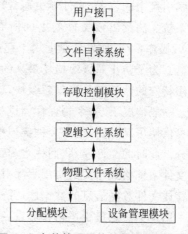

图 9.3 文件管理系统的软件层次结构

后,首先对其进行语法检查,若合法则把系统调用码及参数转换成内部调用格式,然后补充用户默认提供的参数,完成相应的初始化过程,最后调用下一层程序,完成相应的系统调用功能。

用户接口层通常还为用户以图形界面的形式,提供文件操作窗口和文件系统管理工具;以命令和实用程序的形式,提供文件操作命令和文件系统管理功能等。

（2）文件目录系统层

该层软件主要负责管理文件系统中的文件目录。文件系统为程序和用户提供了按文件名存取文件的机制,而将文件名转换为外存的物理地址及对文件实施控制管理则需要通过文件目录来实现。管理好文件目录,可以提高文件查找速度,方便用户对文件进行存取,利于保密和共享。

（3）存取控制验证层

该层软件主要实现文件保护,它把用户的访问要求与系统中规定的该文件的访问控制权限进行比较,以确定访问的合法性。如不合法,则向上层软件返回出错信息,表示请求失败;如果合法,则将控制传递给逻辑文件系统。

（4）逻辑文件系统层

其主要功能是根据文件的逻辑结构特点,把用户欲读/写的文件内容转换为该文件逻辑结构中相应的逻辑记录,并将逻辑记录号转换为"相对块号"和"块内相对地址",为对存储在实际存储设备上的物理文件进行操作而做好准备。

有些操作系统在内存中设立文件数据信息缓冲区,以利提高文件访问的速度,减少访问辅存的次数。系统将文件的某些"相对块号"的数据存放在缓冲区中,系统将这些存有文件数据信息的缓冲区按照 Hash 队列形式链接起来。当要读/写某个文件的某"相对块号"时,按照文件内部号和"相对块号"首先到 Hash 队列中查找数据是否已经在内存缓冲区中。如果在,则立即访问,无须再访问辅存。

（5）物理文件系统层

该层软件的功能是找到逻辑记录所在的相对块号转换成存储设备上的实际物理地址。当然,随着文件的物理结构不同,确定物理块号的方法也不同。

物理文件系统还负责与下层进行通信。若本次是写操作,如系统没给其分配辅存空间,则调用辅存分配模块分配物理块,然后调用设备管理程序模块进行实际的写操作。

（6）分配模块层

其主要功能是管理辅存空间,即负责分配辅存"空闲"空间和回收辅存空间。

（7）设备管理程序模块层

该层的主要功能是对存储设备进行管理,如分配设备、分配设备读/写缓冲区、磁盘调度、启动设备、处理设备中断、释放设备读/写缓冲区、释放设备等功能。此部分内容多划归为设备管理模块。

该文件系统的软件层次划分从总体上给出了文件系统的组成和特征。我们力争使得读者在学习具体内容前先对文件系统有一个整体上的认识。在下面的讲解中详细介绍软件层次图中的各个组成部分,如文件系统调用、文件结构、目录、文件存储器空间管理、文件的共享与保护等。读者在学习后续内容时,要逐渐学会从文件系统角度出发思考问题。

9.3　文件结构

文件结构指文件的组织形式,常分为逻辑结构(file logical structure)和物理结构(file physical structure)两种。

文件逻辑结构是从用户角度出发定义的独立于文件物理特性的文件组织形式,它是用户可以感知并能进行操作的文件结构。

文件物理结构也称文件存储结构,它是从计算机系统角度出发定义的文件在存储设备上的存放组织形式,它直接关系到文件存储设备的空间利用率和文件读/写效率。

9.3.1　文件逻辑结构

1. 文件逻辑结构分类

文件的逻辑结构可分为两大类:一种是字符流式的无结构文件,另一种是记录式的有结构文件。

(1) 无结构文件

无结构文件又称为流式文件。流式无结构文件指文件内的数据不组成记录,只是有序的信息集合,也可看成只有一个记录的记录式文件。这种文件的长度常常按字节来计算。实际中,许多类型的文件并不需要区分记录,像用户作业的源程序、可执行文件、库函数等,硬要把这类文件信息分割成若干记录只会带来操作复杂、增大系统开销等缺点。为了简化系统设计,大多数现代操作系统仅支持流式无结构文件,有结构文件往往由高级编程语言或数据库管理系统提供。在 UNIX 操作系统中,所有的文件就都被看作是流式文件,有结构文件也被视为流式文件,系统不对文件进行格式处理。

(2) 有结构文件

有结构文件包含若干逻辑记录,逻辑记录是逻辑上具有独立含义的信息单位。逻辑记录按长度可分为定长记录和不定长记录两类。

根据用户访问和系统管理的需要,有结构文件的逻辑结构通常分为顺序、索引、索引顺序文件和哈希文件。

① 顺序文件:它是由一系列记录按某种顺序排列而形成的文件。组成顺序文件的记录通常是定长记录,因而能较快的查找文件中的记录。

② 索引文件:当记录为可变长度时,为了加快对逻辑记录的检索速度,文件系统通常为每个文件建立一张索引表,索引表本身是一个定长记录的顺序文件,每个逻辑记录在表中占据一个表项,这样的有结构文件被称为索引文件。

③ 索引顺序文件:它是顺序文件和索引文件相结合的产物,可能是最常见的一种逻辑文件形式。它将文件中的所有记录先分组,再为文件建立一张索引表,为每组记录中的第一个记录在索引表中设置一个表项。

④ 直接文件:用户在使用文件中的记录时,直接给出记录的键值,由系统完成从记录键值到记录物理地址的转换。

⑤ 哈希文件:系统利用 Hash 函数(或称散列函数)将记录键值转换为相应记录的物理地址。它是目前应用最为广泛的一种直接文件。

2. 常见文件逻辑结构介绍

下边我们把常见的有结构逻辑文件逐一进行详细介绍。

（1）顺序文件

顺序文件中的记录是任意顺序的，可按照各种不同的逻辑顺序排列。一般归纳为以下两种方式。

第一种是串结构，文件中记录间的顺序与关键字无关。往往是按记录存入文件时间的先后顺序排列，最先存入文件的记录为第一条记录，其次为第二条记录，依此类推。

第二种是顺序结构，文件中的记录按关键字排列。例如：可按关键字数值的大小排序或按关键字的英文字母顺序排序等。

顺序文件既有优点又存在许多问题，其优点是：适合对文件记录进行批量存取，其存取效率是所有逻辑文件类型中最高的；管理简单，系统开销小。

顺序文件也存在着严重的缺点。当用户（程序）检索某个记录时，系统要去逐一地查找各个记录，效率低下，尤其是当文件较大时，这种情况更为严重。对一个含有 N 个记录的顺序文件，如果采用顺序查找法查找一个指定记录，需平均查找 N/2 个记录；如果是可变长记录的顺序文件，查找一个记录所需付出的开销更大。检索速度慢限制了顺序文件的长度。顺序文件的另一个缺点是增加或删除一个记录困难，往往会引起大量记录在存储设备上迁移，耗费大量系统时间。为了解决这一问题，可为顺序文件配置一个运行记录文件（log file）或事务文件（transaction file），把试图增加、删除或修改的信息先记录在运行记录文件中，规定每隔一定时间，例如 4 小时，将运行记录文件与原来的主文件进行合并，生成新的顺序文件。顺序文件的另一个缺点是存在外部碎片，在存储介质上存在许多空闲块，由于它们都不连续，无法被顺序文件使用，造成存储空间的浪费。

顺序文件是唯一的一种同时适合在磁盘和磁带中存储的文件。

（2）索引文件

为了解决对于变长记录文件的快速存取访问，为变长记录建立一张索引表。文件中的每个记录，都对应于索引表中的一个表项。索引表表项包含记录长度和指向记录的指针。索引表本身是一个定长记录的顺序文件。如果要检索第 i 个记录，首先通过计算获得该记录在索引表中对应表项的位置，找到其索引表项，然后通过索引表项给出的指向记录的指针值找到该记录在文件中的地址，最后访问该记录内容。当索引文件中增加记录时，必须及时修改其索引表的内容。图 9.4 给出了索引文件的组织形式。

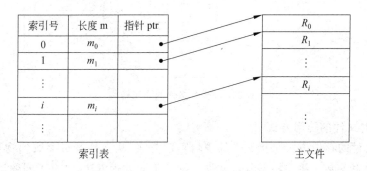

图 9.4　索引文件的组织

303

索引文件检索记录较快,适合实时性要求较高的场合。但除了主文件外,需为每个文件配置一张索引表,并且还要及时更新索引表的内容,这些都增大了系统开销。

(3) 索引顺序文件

索引顺序文件是顺序文件和索引文件的结合,它有效地克服了变长记录文件检索速度慢的缺点,同时又降低了索引文件的系统开销。它先将顺序文件记录按照某种准则进行分组,索引表中为每组中的第一个记录建立索引项,包括该记录的键值和指向记录的指针。图9.5 给出了一个索引顺序文件的组织形式。

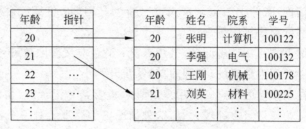

年龄	指针		年龄	姓名	院系	学号
20			20	张明	计算机	100122
21			20	李强	电气	100132
22	…		20	王刚	机械	100178
23	…		21	刘英	材料	100225
⋮	⋮		⋮	⋮	⋮	⋮

图 9.5　索引顺序文件

在对索引顺序文件进行检索时,首先也是利用用户(程序)所提供的关键字以及某种查找算法去检索索引表,找到该记录所在记录组中第一个记录的表项,从中得到该记录组第一个记录在主文件中的位置;然后,再利用顺序查找法去查找主文件,从中找到所要求的记录。

(4) 哈希(Hash)文件

哈希文件是目前应用最为广泛的一种直接文件。用户检索文件记录时,系统利用 Hash 函数(或称散列函数)将待检索记录的键值转换为该记录的物理地址。为了实现文件存储空间的动态分配,Hash 函数所求得的通常是指向目录表中相应表目的指针,该表目的内容指向相应记录在磁盘中的物理地址,如图 9.6 所示。哈希文件虽然检索速度快,但容易出现"冲突"现象,即不同记录键值的哈希函数值相同。采用哈希文件结构时,要尽量避免"冲突"。

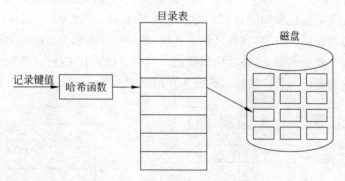

图 9.6　Hash 文件的逻辑结构

3. 用户对文件的访问方式

用户对文件的存取方式是指文件的逻辑存取方式,从文件逻辑存取到物理存取之间有一个复杂的映射关系。用户根据其对文件数据的不同处理方法,可有不同的访问数据方法。采用哪一种方法访问,与文件的逻辑结构有直接关系。

常见的访问方式有 3 种：顺序访问、随机访问、按键访问。

(1) 顺序访问

顺序访问是指用户从文件初始数据开始依次访问文件中的信息。对于记录式有结构文件，被顺序访问的逻辑记录应顺序存储在文件存储设备上，以便提高其读/写效率。为了便于顺序访问，系统中常设置一个读/写指针，动态指示文件的读/写位置。读文件时，读完第 i 个记录，指针自动下移指向第 i+1 个记录的首地址。写文件时，指针总是指向下一个可写入的存储单元首地址。对于流式无结构文件，通常也设置自动前移的字节读/写指针，读/写时以字节的整数倍作为读/写长度。

顺序访问方式适宜对文件信息进行批量读/写，此种方式读/写效率最高。

(2) 随机访问

随机访问也称直接访问，用户按照记录编号直接对文件中的某段信息进行存取。如果支持用户以随机访问方式访问文件，文件必须存放在支持快速定位的存储设备上，如磁盘上。对于记录式有结构文件，用户给出可读记录的逻辑号，文件系统将逻辑记录号转换成文件存储设备中相应的物理块号。对于流式无结构文件，允许用户从任意字节开始读/写任意长度的信息。

随机访问方式能够随机访问文件的任意部分，但需经过一系列查找过程，其读/写效率没有顺序访问高。

(3) 按键访问

按键访问是根据用户给定的记录键值进行存取，这种存取方法多适合于多重结构文件。文件系统首先搜索该键值在所有记录中的位置，一般可从多重结构队列表中得到；找到键值所在位置后，进一步在含有该键值的相关记录中查找所需记录；当检索到所需记录的逻辑位置后，再将其转换为相应的物理地址进行存取。

按键访问方式中，检索过程与文件的逻辑结构密切相关。不同逻辑结构文件，其搜索方法和效率也不相同，常用的检索算法有线性搜索、折半查找法、散列法等。

9.3.2　文件物理结构

文件物理结构又称文件存储结构，它指文件在文件存储设备上的组织形式。操作系统或文件管理系统负责为文件分配和管理数据块。文件物理结构涉及文件所在文件存储设备的存放方式，它和文件存储设备的分配方式有着密切关系。

1. 文件存储设备及其特征

文件存储设备分为不可重复使用和可重复使用两类。

① 不可重复使用文件存储设备。此类设备又称为 I/O 字符设备，如打印机、绘图仪等；

② 可重复使用的文件存储设备。此类设备通常以块为单位进行存取，又称为块设备，如磁带、磁盘、闪存等。

不同的存储设备特性决定了其上文件的访问方式以及文件的物理结构。

下面我们介绍一下典型存储设备及其存取方式特征。

(1) 磁带

早期的文件系统以磁带为存储介质。它容量大、价格低，目前在一些特定场合仍然被广泛使用。磁带上的数据以块为单位存放，只有在前面物理块被访问之后，才能访问后续的物理块,块与块之间用间隔分开,间隔用于控制磁带机以正常速度读取数据,在读完一块数据后自动停滞。每个物理块一般包含一个以上的记录,每个记录有唯一的标识号。

磁带是一种顺序存取设备,一般不适合直接访问文件信息,只支持顺序访问。如果从磁带上随机存取一个物理块,当该块离磁头当前位置太远时,系统将花费很长时间检索,找到该物理块后,真正读取数据的时间往往很短。

(2) 磁盘

磁盘是一种可直接存取(按地址存取)的文件存储设备。它容量大,访问速度快,现在已成为计算机系统中的主流文件存储设备。磁盘将文件信息存储在盘片上,每个盘片分为若干磁道和扇区,通过磁头读取盘片上的数据。根据磁盘的物理特性,存放在磁盘上的文件可采用顺序结构、链接结构及索引结构等多种形式,用户对磁盘文件既可直接存取又可顺序存取。

(3) 光盘

光盘也是一种可直接存取的文件存储设备。它容量大、价格便宜、访问速度快,其上的文件往往是一次性写入,不可删除或重写。因为光盘的一次性写入特性,它通常用于文件备份。光盘文件的物理结构是将文件连续地存放在光盘上,用户对光盘文件通常是顺序存取。

2. 文件物理结构

用户确定文件物理结构时,应综合考虑文件的大小、长度变化、记录格式、访问频繁程度和存取方法等因素。文件在外存上如何组织,主要与下述两个因素有关:

① 存储介质。不同的文件存储设备有不同的分配方式,选哪种存储介质,直接决定了用户对文件的访问方式。若选用磁带作为存储介质,用户只能对文件进行顺序存取;若选用磁盘作为存储介质,用户既能对文件进行直接存取,又能进行顺序存取。

② 检索速度要求。不同的文件物理结构将产生不同的文件检索速度,用户可依据检索速度需求,选取合适的文件物理结构。

目前常用的物理文件有 3 种:顺序文件、链接文件、索引文件。由于这 3 种物理文件均能在磁盘上存储,所以我们以磁盘为存储设备讲解这 3 种物理文件的特点,在其他文件存储设备上存放的物理文件结构的特点与之类似。

(1) 顺序文件

文件系统把逻辑文件中的各记录顺序存储到连续的物理盘块中,这样结构的文件称为顺序文件。顺序文件保留了逻辑文件中的记录顺序,它是最简单的物理文件结构。为使系统找到文件存放的物理地址,应在该文件目录项的"文件物理地址"中记录该文件第一个记录所在的盘块号和文件长度。图 9.7 给出了顺序文件的结构,这里文件长度以盘块数来计量。顺序文件的主要优点如下:

① 顺序访问容易。访问一个占有外存连续空间的文件,只须从目录中找到文件所在的第一个盘块号,然后再根据长度进行简单的计算,便可直接访问该文件的所有内容。

② 顺序访问速度快。顺序文件所占用的盘块可能位于一条或几条相邻的磁道上,访问顺序文件中的下一盘块时,磁头的移动距离最少。因此,顺序文件的访问速度最高。

顺序文件的主要缺点如下:

① 要求有连续的存储空间。顺序文件要求为每一个文件分配一段连续的存储空间。因此,会产生许多外部碎片,降低了外存空间的利用率。如定期地利用"紧凑"技术来消除碎

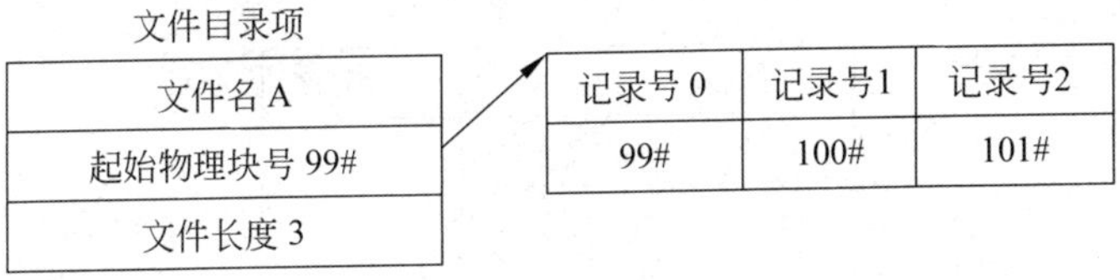

文件目录项

文件名 A		
起始物理块号 99#		
文件长度 3		

记录号 0	记录号1	记录号2
99#	100#	101#

(a)

目录文件

文件名	起始块号	文件长度
A	99	3
B	110	6
C	126	7
⋮	⋮	⋮

(b)

图 9.7　顺序文件结构

片,则需花费大量系统时间。

② 必须预先知道文件长度。要将一个文件装入到一块连续的存储区中,必须事先知道文件的大小,才能在存储设备中找出一块大小与之匹配的存储区,将文件装入。在有些情况下,知道文件的大小是件非常容易的事,但有时却很困难,只能靠估算。对于动态增长的文件,如果增长的很慢,那么预分配存储空间的利用率将很低。

(2) 链接文件

为提高存储设备利用率,文件系统不是为整个顺序文件分配连续存储空间,而是将文件离散地装入到多个不连续的盘块中,这样可消除顺序文件的缺点。于是,人们提出了链接文件。链接文件通过每个盘块上的链接指针,将属于同一文件的多个离散存储的盘块链接成一个链表,这样的物理文件称为链接文件。

由于链接文件采取了离散分配方式,它消除了外部碎片,提高了外存空间的利用率,同时无须事先知道文件长度,而是根据文件需要,动态分配物理块。链接文件的文件长度可以动态增长,只要调整链接指针就可在文件任何位置插入或者删除一个信息块。链接文件可分为隐式链接和显式链接两种。

① 隐式链接。把一个逻辑文件分为若干个逻辑块,每个逻辑块的大小与物理块的大小相同,并为逻辑块进行编号,然后把每一个逻辑块存放到一个物理块中。在每一个物理块中设置一个链接指针,通过这些指针把存放该文件的物理块链接起来。由于链接指针隐含地存放在文件的物理盘块中,故称为隐式链接。隐式链接文件的文件分配表与顺序文件的文件分配表相同,图 9.8 给出了一个隐式文件的示例。

在图 9.8 中,文件 A 的长度为 4,即含有 4 个逻辑块,编号为 0、1、2、3。文件 A 的目录项中指出了第一个物理块号是 16,每个物理块都含有指向下一个物理块的指针,最后一个物理块号为 9,其盘块内指向下一物理块的指针为 0,表示文件 A 到此结束。

隐式链接文件虽然解决了顺序文件存在的主要缺点,但其自身存在的缺点也很明显。它只适合于顺序访问,随机访问效率低下。如果欲访问文件所在的第 i 个盘块,就必须先读

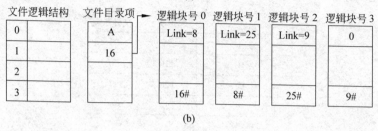

(a)

(b)

图 9.8　隐式文件结构

出该文件的第一个盘块、第二个盘块，……，第 i−1 个盘块，才能查找到第 i 块，在此期间，磁头可能频繁移动，查找速度慢，系统开销较大。此外，只通过链接指针将一大批离散盘块链接起来，可靠性较差，其中任何一个指针出现差错都会导致文件访问错误。

②　显式链接。显式链接文件把用于链接文件物理块的链接指针显式地存放在内存中的文件分配表 FAT(File Allocation Table)中。该表整个磁盘中仅设一张，如图 9.9 所示。

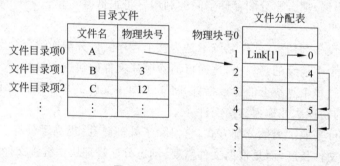

图 9.9　显式链接结构

表中每个表项的序号是物理块号，从 0 开始直至 N−1，N 为物理块总数。在每个表项中存放一个链接指针，指向下一个物理块。文件的第一个物理块号都作为文件地址被填入到相应文件目录项中的"物理地址"字段。由于查找记录的过程在内存中进行，因而显著提高了文件检索速度。MS-DOS、Windows 及 OS/2 等操作系统都采用了这样的文件分配表。

(3) 索引文件

①　单级索引文件。链接式文件虽然解决了顺序文件所存在的问题，但又出现了另外两个问题：首先，它不能支持高效地直接存取。当对一个较大的文件进行直接存取时，须首先在文件分配表中顺序地检索许多盘块；其次，文件分配表需占用较大的连续内存空间。由于一个文件所占用盘块的盘块号随机分布在文件分配表中，因而只有将整个文件分配表调入内存，才能保证在文件分配表中快速找到一个文件的盘块号。当磁盘容量较大时，文件分配表将占用较大的内存空间。

索引文件将每个文件的所有盘块号集中存放在一起,这既可以满足文件动态增长的要求,又可方便而迅速地实现随机存取。由于检索速度较快,其主要用于信息处理及时性要求较高的场合。

采用索引文件结构时,系统为每个文件建立一张索引表,把分配给该文件的所有盘块号都记录在该索引表中。创建一个文件时,须在文件目录项中保存指向该索引块的指针。图 9.10 给出了单级索引文件的结构。

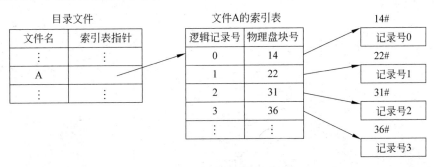

图 9.10　单级索引文件结构

在检索索引文件时,先从文件目录项中读出索引表始址,然后从索引表中找到指定关键字所对应的索引项,根据索引项中的文件物理地址读出所需文件内容。

② 两级和多级索引文件。由索引文件特点可知,大文件的文件索引表也将很大。如果索引表的大小超过了一个物理块,那么我们必须像处理文件存放那样决定索引表的物理存放方式。索引表可按照顺序文件或者链接文件方式组织,但这增加了存放索引表的时间开销。一种有效的方法是采用两级或多级索引。为第一级索引表建立第二级索引表,形成两级索引,如果第二级索引表仍然很长,则还可建立三级索引表,依次类推。每次查找文件或记录时,总是先从最高一级的索引(常称为主索引)开始查找。随着索引级数的增多,检索文件时访问磁盘次数也相应增加,降低了存取文件的速度,加重了系统的 I/O 负担。例如,对于两级索引,存取一个记录通常要进行三次磁盘访问。图 9.11 给出了两级索引结构的示意。

一种改进的办法就是把部分或全部索引表提前存入内存,这样可有效地减少磁盘访问次数,提高文件的存取速度。

③ 混合索引文件。所谓混合索引文件是指将多种索引分配方式相结合而形成的一种物理文件类型。这种类型文件首先在 UNIX 操作系统中采用。混合索引文件中采用了直接地址、一级索引、二级索引、甚至多级索引。在 UNIX System V 系统中,每个索引结点中设有 13 个地址项,iaddr(0)~iaddr(12),分别用于不同的索引方式,如图 9.12 所示。

- 直接地址。为了提高对文件的检索速度,用索引结点中的 iaddr(0)~iaddr(9)存放数据块的直接地址。每个直接地址项中所存放的是文件数据的前十个物理盘块号。假如每个盘块的大小为 4KB,当文件不大于 40KB 时,便可直接从索引结点中读出该文件的全部盘块号,照顾了小文件,增加了用户满意度。由于索引结点通常在内存中,检索文件的前十个物理盘块时,只须访问一次磁盘即可,加快了小文件的读/写速度。
- 一次间接地址。对于大、中型文件,只采用直接地址是远远不够的。可再利用索引

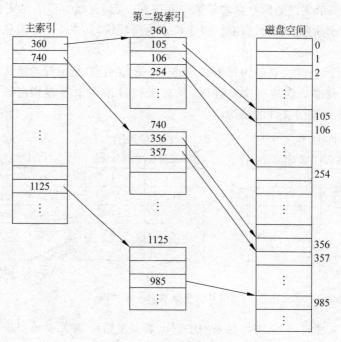

图 9.11 两级索引结构

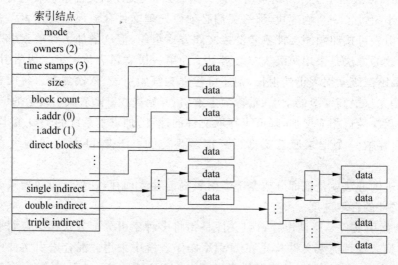

图 9.12 混合索引结构

结点中的地址项 single indirect 来提供一次间接寻址。它本质就是一级索引分配。系统将分配给文件的盘块号记录在 single indirect 指示的一次间址块中。假如一次间址块中可存放 1K 个盘块号,采用一次间址后,该文件系统允许的最大文件长度为 40K+1K×4K≈4MB。

- 多次间接地址。当文件长度大于 4MB+40KB 时,系统可利用二次间址分配方式。这时用地址项 double indirect 提供二次间接地址,该方式本质是两级索引分配。double indirect 指示的二次间址块中记录系统中所有一次间址块的盘块号。采用二次间址方式后,该文件系统允许的最大文件长度为 $40K+1K\times4K+1K\times1K\times4K\approx4GB$。依此类推,如还不能满足文件的存储需求,可采用三次间接地址,在 triple indirect 指示的三次间址块中,存放系统中所有二次间址块的盘块号,此时文件系统支持的文件最大长度为 $40K+1K\times4K+1K\times1K\times4K+1K\times1K\times1K\times4K\approx4TB$。

3. 文件物理结构比较

三种文件物理结构的比较如表 9.1 所示。

表 9.1 文件物理结构的比较

	访问第 n 个记录	优 点	缺 点
顺序结构	需访问磁盘 1 次	顺序存取时速度快,当文件是定长时可以根据文件起始地址及记录长度进行随机访问	文件存储要求连续的存储空间,会产生碎片,也不利于文件的动态扩充
链接结构	需访问磁盘 n 次	可解决外存的碎片问题,提高外存空间的利用率,文件动态增长较方便	只能按照文件的指针顺序访问,查找效率低;指针信息存消耗外存空间
索引结构	m 级需要访问磁盘 m+1 次	可随机访问,易于实现文件的增删	索引表增加存储空间开销,索引表结构对文件系统效率影响较大

9.4 文件目录和目录查询

用户将大量文件存放于辅存设备中,文件系统除要实现用户对文件的"按名存取"外,还要力求查找简便,快速存取,实现文件共享和保护。为了实现上述目标,文件系统一般采用文件目录的方式来组织管理所有文件。

9.4.1 文件目录的概念

1. 文件控制块(文件目录项)

每一个文件在文件目录中登记一项,作为文件系统建立和维护文件的清单。每个文件的文件目录项又称为文件控制块(File Control Block,FCB)。从操作系统管理角度看待文件,文件由文件控制块和文件体组成。文件控制块包含文件的基本信息、存取控制信息和文件使用信息。由于设计目标和管理方法的差异,各操作系统的文件控制块内容和格式不尽相同。文件控制块常包括以下内容。

(1) 文件基本信息

① 文件名,用于标识一个文件的符号名。每个文件在系统中必须具有唯一的文件名,用户按文件名进行存取。

② 用户名,文件创建者的相关信息。

③ 文件结构,指示文件的逻辑结构和物理结构,它决定了文件的存取方式。

④ 文件物理位置,指明文件在文件存储设备上的位置和范围。对不同的文件物理结构,有不同的说明。顺序结构时,应指出用户文件第一个逻辑记录的物理地址及整个文件长度;链接结构时,应指出用户文件首尾逻辑记录的物理地址;索引结构时,则应包含索引表,以指出每个逻辑记录的物理地址及记录长度;在多级索引情况下,文件控制块应包含最高级

的索引表。

(2) 存取控制信息,包括各类用户对该文件的存取权限,实现文件的共享与保护。

(3) 文件使用信息,文件创建、修改的日期和时间,以及当前使用的状态信息。

上述内容由用户在建立文件时提供。为了方便用户,用户在建立文件时只需提供必要的信息即可,如文件名、文件类型等,其他内容可采用缺省值或由系统依据实际情况替用户填写。

2. 文件目录

文件说明的集合称为文件目录。文件目录由文件目录项组成,每个文件目录项表示一个文件,它可以是完整的文件控制块,也可以是指向文件控制块的指针。文件系统常将若干个文件目录组织成一个独立的文件,称之为目录文件,简称目录。目录文件是文件系统管理文件的基本手段,它是操作系统所拥有的文件,具有固定的格式,由系统进行管理,用户不能直接访问目录。操作系统或文件系统为了方便检索目录文件,还要解决目录快速查询、文件命名冲突以及文件共享等问题。

系统中文件较少时,用一个文件目录文件就可以记录所有的文件目录项。文件较多时,可对文件目录进行组织,这样就形成了各种不同的文件目录结构。

当一个用户进程使用文件(即打开文件)时,文件系统通常将文件目录项中的全部或大多数信息,以及一些当前使用文件的有关信息(如文件在内存中的起始地址等),填入文件控制块中。这些信息将用于实现文件的各种操作,并随着文件的使用而动态地修改,其中某些信息还将引起外存中的文件目录项的修改,如文件的最近访问时间、文件长度、修改后的存取控制权限等。

3. 索引结点

当系统中文件数量较多时,文件目录将会占用大量的磁盘存储空间。在频繁进行地查找文件目录操作中,文件目录所在盘块将会被频繁地检索,引起多次磁盘访问。如果让文件目录常驻内存,又会占用大量的宝贵内存空间。例如一个文件目录项为 64B,盘块大小为 0.5KB,则每个盘块中只能存放 8 个文件目录项;若一个文件目录中共有 640 个文件目录项,需占用 80 个盘块,共 40KB 存储空间,查找一个文件平均需启动磁盘 40 次,这显然不能接受。

文件检索时,只用到了文件名,其他的文件属性信息暂时用不到,这些信息在检索目录时无须调入内存。为此,有的系统,如 UNIX 系统,便采用了把文件名和文件其他属性信息分开存放的策略。把文件名以外的其他属性信息单独组成一个称为索引结点(index node)的数据结构,每个文件对应一个索引结点。文件目录项中仅包含文件名和指向该文件对应索引结点的指针。例如,在 UNIX 系统中,每个目录项占用 16 个字节,其中 14 个字节存储文件名,2 个字节存储该文件索引结点指针,如图 9.13 所示。在一个 0.5KB 的盘块中可存储 32 个目录项,目录项数目是上例中不采用索引结点方式的 4 倍。当检索文件时,可使平均启动磁盘次数减少到原来的 1/4,大大节省了系统开销,提高了文件检索效率。

放在磁盘上的索引结点称为磁盘索引结点,每个文件都有唯一的磁盘索引结点,其包含的文件属性信息有:文件标识符、文件类型、文件存取权限、文件物理地址、文件长度、文件链接计数、文件存取时间等内容。操作系统根据文件的磁盘索引结点对文件进行操作。

当文件被打开时,磁盘索引结点被复制到内存的索引结点中,此时称为内存索引结点。

通常情况下，内存索引结点比磁盘索引结点要增加部分内容，如内存索引结点编号、访问计数、文件所属文件系统的逻辑设备号、与之相关的链接指针等。

目录文件

文件名	索引结点指针
A	10
B	25
C	20
⋮	⋮

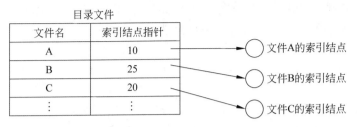

图 9.13　采用索引结点的目录文件

9.4.2　文件目录结构

文件目录结构指文件目录的组织形式，组织好文件目录结构是设计文件系统的重要环节。目前常用的文件目录结构有单级目录结构、两级目录结构、多级目录结构和无环图目录结构。

1. 单级目录结构

单级目录结构是最简单的目录结构，整个文件系统建立一张文件目录表，即只有一个目录文件。系统中的每个文件在该表中占一个表项，表项中含文件名、文件扩展名、文件长度、文件类型、文件物理地址以及其他文件属性。每当建立一个新文件时，须先检索所有目录项，以保证新文件名在目录文件中是唯一的。如果唯一，从目录文件中找到一个空白表项，填入新文件的文件名及其他说明信息；删除文件时，先找到该文件的目录项，回收文件所占用的存储空间，然后清除该目录项。图 9.14 给出了常见的单级目录结构。图中用方框代表目录文件、圆圈代表数据文件。

目录文件

文件名	物理地址	文件说明	状态位
A	12#	顺序文件说明	1(非空闲)
B	107#	索引文件说明	1(非空闲)
…	…	…	…

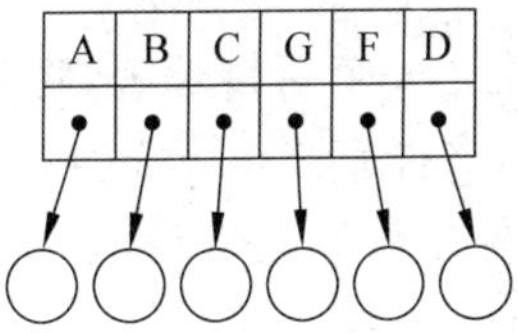

图 9.14　单级目录结构

单级目录结构在早期的文件系统中较常见。它的优点是简单，能实现目录管理的基本功能——按名存取，适合于文件较少的文件系统。正是由于这种目录结构太过简单，存在下述缺点。

(1) 查找速度慢。对于一个具有 N 个目录项的单级目录，检索一个目录项，平均需查找 N/2 个目录项。对于稍具规模的文件系统，会拥有数目可观的文件目录项，检索一个目录项需要花费较长时间。

(2) 不允许重名。同一个目录文件中的所有文件都不能重名。然而，重名问题在多道程序环境下却又是难以避免的。即使在单用户环境下,当文件数超过数百个时,用户难以记清。

(3) 不易于实现文件共享。通常每个用户都具有自己的名字空间或命名习惯,应当允许不同用户使用不同的文件名访问同一文件。然而,单级目录却要求所有用户都用同一个名字来访问同一文件。

简言之,单级目录只能实现目录管理中"按名查找"的基本功能,它只适用于单用户环境。

2. 两级目录结构

为了克服单级目录结构的缺点,可为每一个用户建立一个单独的用户文件目录(User File Directory,UFD)。这些文件目录具有相似的结构,均由用户所有文件的文件控制块组成。此外,在系统中再建立一个主文件目录(Master File Directory,MFD)。在主文件目录中,每个用户文件目录都占一个目录项,其中包括用户名和指向该用户文件目录的指针,如图9.15所示。

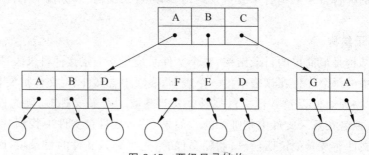

图9.15　两级目录结构

在两级目录结构中,如用户希望有自己的用户文件目录,可请求文件系统为其建立一个用户文件目录;如用户不再需要UFD,也可请求文件系统管理员将它撤销。有了UFD后,用户可以根据自己的需要创建新文件。每当用户创建一个新文件时,文件系统只检查该用户的UFD,判定在该UFD中是否已有同名文件。若有,用户必须为新文件重新命名;若无,便在UFD中建立一个新目录项,将新文件名及其有关属性填入该目录项中。当用户要删除一个文件时,文件系统也只需查找该用户的UFD,从中找出指定文件的目录项,在回收该文件占用的存储空间后,将该目录项删除。

3. 树型目录结构

(1) 目录结构

把二级目录的层次关系加以推广,就形成了多级目录。多级目录结构常又称树型目录结构。其中,主文件目录称为根目录,数据文件称为树叶结点,其他文件目录作为树内结点。图9.16给出了多级目录结构示意图。在该树型目录结构中,主文件目录中有3个用户的总目录项A、B和C。用户B的总目录项B中又包含3个分目录F、E和D,每个分目录中又包含多个文件,如F分目录中又包含J和N两个文件。为了提高文件系统的灵活性,应允许在一个目录文件中的目录项既可以作为目录文件的文件目录项,又可以是数据文件的文件目录项。

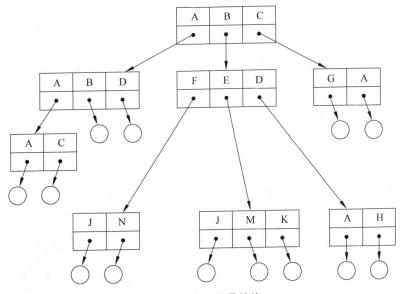

图 9.16　多级目录结构

（2）路径名

在树型目录结构中，从根目录到任何数据文件都只有一条唯一的路径。从树的根目录开始，把全部目录文件名与数据文件名，依次地用符号"/"连接起来，构成该数据文件的路径名。例如，在图 9.15 中，用户 B 为访问文件 J，应使用其路径名/B/F/J 来访问。

（3）当前目录

在多级树型目录中，每访问一个文件都要使用从树根开始直到树叶的路径名，检索时间较长。

为了缩短文件的检索时间，系统可为每个进程设置一个"当前目录"，又称为"工作目录"。进程对各文件的访问都相对于"当前目录"而进行，各文件所使用的路径名，只须从当前目录开始，逐级经过中间的目录文件，最后到达所要访问的数据文件。把此路径上的全部目录文件名与文件名用"/"连接形成路径名，即得到该文件的相对路径，如图 9.16 中，如用户 B 的当前目录是 F，则文件 J 的相对路径仅是 J 本身。

4. 无环图目录结构

树型目录结构便于实现文件的分类和查找，但不便于实现文件共享。在多道程序并发执行系统中，经常会出现不同用户进程以不同的名字访问同一个文件。如果在树型目录结构中达到这个要求，就必须生成两份相同文件拷贝，既浪费了存储空间，也不利于保证拷贝的一致性。为此，人们引入了便于实现文件共享的无环图目录结构。

无环图目录结构允许若干目录共同描述或共同指向被共享的子目录或文件。如图 9.17 所示，分目录 D 和 F 指向同一个文件 N，不同目录中的文件 C 和文件 J 实际上是同一文件，文件 A 和文件 H 实际上也是同一文件。

无环图目录结构实际上是在树型目录结构中增加一些未形成环路的链，当需要共享文件或共享子目录时，即可建立一个称为链的新目录项，由它指向共享文件或目录。

无环图目录结构比树型目录结构易于实现文件共享，但也给文件管理带来了一系列新

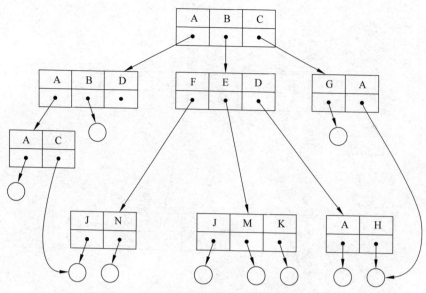

图 9.17　无环图目录结构

问题,其中最主要的就是共享文件一致性问题和删除共享文件问题。

　　如果不同目录中存放同一文件的多份文件目录项,文件系统几乎不能维护其一致性。解决此问题的常见方法是将文件的文件目录项独立于目录存放的无环图目录结构。目录中不直接存放该目录所含文件或子目录的文件控制块,目录由占用空间更小的小型目录项组成,小型目录项中只存放文件或子目录名字以及对应文件目录项的物理地址。这样一来,同一文件或目录可以有多个不同的名称,但只有一个文件目录项。当一用户以一文件名修改文件时,文件的其他用户都能感觉到其变化,保证了文件使用的一致性。

　　共享文件存在着安全删除问题。例如,对于被两个用户共享的文件,若一个用户简单地将共享文件删除,那么另一个用户的共享链便指向了一个不存在的文件,访问时会发生错误。对于此类问题,一种可行的解决方法是在文件的文件目录项中设置一个访问计数器。每当文件增加一个共享链,访问计数器就加 1。当需要删除某个文件时,首先对其文件目录项中的访问计数器减 1,然后判断减完后是否为 0。如为 0,才能删除该文件,否则只减少访问计数,不删除文件。

9.4.3　目录查询技术

　　当用户要访问一个文件时,系统首先利用用户提供的文件名对目录进行查询,找出该文件的文件控制块或索引结点;然后,根据文件控制块或索引结点中记录的文件物理地址(盘块号),换算出文件在磁盘上的物理位置;最后,再通过磁盘驱动程序,将所需文件读入内存。目前对目录进行查询的方式有两种:线性检索法和 Hash 检索法。

1. 线性检索法

　　线性检索法又称为顺序检索法,在单级目录中,利用用户提供的文件名,用顺序查找法直接从文件目录中找到指定文件的目录项。在树型目录中,用户提供的是文件路径名,此时需对多级目录进行查找。例如在索引结点的某文件系统中,假设用户给定的文件路径名是

/usr/ast/mbox,其线性检索过程如图 9.18 所示。

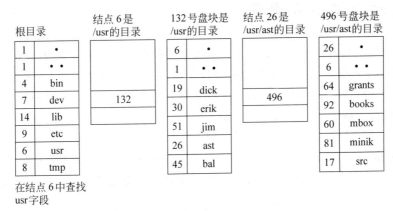

图 9.18　查找/usr/ast/mbox 过程

首先,系统读入第一个文件分量名 usr,用它与根目录文件(或当前目录文件)中各个目录项的文件名顺序地进行比较,从中找到匹配者,并得到匹配项的索引结点号 6,再从 6 号索引结点中得知 usr 目录文件放在 132 号盘块中,将该盘块内容读入内存。

然后,系统再将路径名中的第二个分量名 ast 读入,用它和放在 132 号盘块中的第二级目录文件中的文件名进行比较,找到匹配项,从中得到 ast 的目录文件放在 26 号索引结点中。从 26 号索引结点中得知/usr/ast 是存放在 496 号盘块中,再读入 496 号盘块。

再后,系统又将该文件的第三分量名 mbox 读入,用它与第三级目录文件/usr/ast 中各目录项中的文件名进行比较,最后得到/usr/ast/mbox 的索引结点号为 60,即在 60 号索引结点中存放了指定文件的物理地址,目录查询操作至此结束。如果在顺序查找过程中,发现一个文件分量名未能找到,则应停止查找并返回"文件未找到"信息。

2. Hash 检索法

如果文件系统建立了 Hash 索引的文件目录,便可利用 Hash 方法进行查询。系统利用用户提供的文件名,通过 Hash 函数将它变换为文件目录的索引值,利用该索引值直接到目录文件中去查找相应目录项,这将显著地提高检索目录速度。

顺便指出,现代操作系统多提供了模式匹配功能,即在文件名中使用了通配符" * ""?"等。对于使用了通配符的文件名,系统无法利用 Hash 法检索目录。

在进行文件名转换时,有可能把几个不同的文件名转换为相同的 Hash 值,即出现了所谓的"冲突"。处理"冲突"的规则如下:

(1) 在利用 Hash 索引查找目录时,如果目录表中相应的目录项是空的,则表示系统中并无指定文件。

(2) 如果目录项中的文件名与指定文件名相匹配,则表示该目录项正是所要寻找的文件所对应的目录项。故而可从中找到该文件所在的物理地址。

如果目录表的相应目录项中文件名与指定文件名不匹配,则表示发生了冲突,须将其Hash 值再加上一个常数,该常数应与目录长度互质,形成新的索引值,再返回到第一步重新开始查找。

9.5　文件存储空间管理

　　文件存储器空间的有效管理是所有文件系统要解决的一个重要问题。为了实现存储设备空间的分配,文件系统必须能记住存储空间的使用情况。如对于一个磁盘,它的哪些物理块空闲,哪些已分配出去,已分配的区域被哪些文件所占有等。已分配的区域被哪些文件所占有可由文件目录解决。文件目录中登记了系统中的文件的所有信息,其中包括文件所占用的外存地址。

　　文件存储器空间的分配和释放算法较为简单。最初,整个存储空间可连续分配给文件使用,但随着用户文件的不断建立和撤销,文件存储空间会出现许多碎片。系统应定时或根据命令要求集中进行碎片整理。

　　外存空间分配与内存的分配方式相似,常采用连续分配和离散分配两种方式。下面介绍几种常见的文件存储器空间管理方法。

9.5.1　文件存储空间划分

　　一般情况下,一个文件存储在一个文件卷中。文件卷可以是一个物理盘,也可以是一个物理盘的一部分。一个支持超大型文件的文件卷也可以由多个物理盘组成,如图 9.19 所示。图 9.19 中,物理盘 1 上存储了两个文件卷——卷 a 和卷 b,物理盘 2 和物理盘 3 组成了一个文件卷——卷 c。

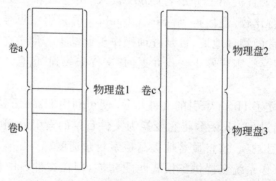

图 9.19　逻辑卷与物理块的关系

　　一般来说,存放文件数据信息的空间(文件区)和存放文件控制信息的空间(目录区)是分离的。不同文件系统有不同的文件卷格式,文件区和目录区的布局也不相同。文件卷必须先初始化才能使用,初始化工作包括:划分好管理信息区和文件数据区、建立空闲空间管理表格、建立超级块等。

　　不同的文件系统的卷布局和目录结构不同,各区的空闲空间管理方法也不同。下面介绍文件系统中常见的空闲文件存储空间管理方法。

9.5.2　文件存储空间的分配技术

　　前面讲解文件物理结构时已经说明,文件物理结构由操作系统或文件系统决定。文件物理结构直接由操作系统或文件系统对文件存储空间的分配技术决定。根据文件在外存空间中的存储空间是连续的还是非连续的,可将文件存储空间分配技术分为连续分配和非连续分配两类。其中,连续分配是为每个文件分配连续的存储空间,形成顺序文件;非连续分配又可分为链接分配和索引分配两种,分别形成链接文件和索引文件。

各种不同文件存储空间分配技术形成的多种文件物理结构各有特点,详见 9.3.2 节介绍。

9.5.3 空闲文件存储器空间管理方法

1. 空闲表法

空闲表法的基本思想是系统为外存上的所有空闲区建立一张空闲表,每个空闲区对应于一个表项,其中包括表项序号、起始空闲块号、空闲块数和空闲块号等内容,所有空闲区按其起始块号递增的次序排列,空闲表如表 9.2 所示。

表 9.2 空闲表

分区号	起始块号	空闲块数	空 闲 块 号
1	4	4	4、5、6、7
2	20	2	20、21
3	40	5	40、41、42、43、44
4	83	3	83、84、85

系统为某个新文件分配空闲块时,首先按顺序扫描空闲表,直到找到第一个能满足分配的空闲区,将该空闲区分配给申请者,同时修改空闲表。当一个文件被删除,释放物理块时,系统则把被释放的块号、长度及起始块号置入空闲表中的新表项中。需注意的是,在回收时如果回收区与空闲块表中插入点的上(前)区和下(后)区相邻接,则需要进行合并,并修改空闲表的相应表项。

空闲表法适用于连续分配方式,与内存的动态分区管理类似,它非常适合于连续文件的分配与回收。空闲表的检索算法有最先适应、最佳适应和最坏适应算法等。连续分配的优点是顺序访问时通常无须移动磁头,文件查找速度快,管理较为简单,但为了获得足够大的连续存储区,需定时进行碎片整理。因而,空闲表法不适于文件频繁进行动态增长和缩短的文件系统,且要求用户在分配前知道文件长度。

2. 空闲块链法

空闲块链法是一种较常用的空闲块管理方法,将所有空闲盘块或空闲盘区组织成一条空闲链。当用户要创建新文件而请求分配空闲块时,分配程序从空闲盘块或盘区链表的链首开始依次摘下适当数目的空闲盘块分配给用户,然后调整链首指针。反之,当用户删除文件而释放外存空间时,系统把释放的空闲块依次插入空闲盘块或盘区链表的链尾。例如磁盘分区上有 4 个空闲物理块,分别为 14♯、30♯、16♯ 和 22♯,采用空闲块链的结构图如图 9.20 所示。

空闲块链法可用于离散分配方式,适合链接文件和索引文件的分配与回收。其分配和回收的过程很简单,但在为一个文件分配空间时,每申请一块都要读出空闲块并取得指针,申请多块时要多次读盘,但便于文件动态增长和收缩。空闲块链的链接方法因系统而异,常

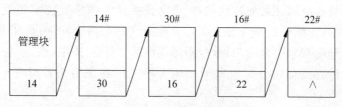

图 9.20　空闲块链法示意图

用的链接方法有按空闲区大小顺序链接的方法,还有按释放先后顺序链接的方法。为了提高分配速度,可以采用显式链接的方法,即在内存中为空闲区建立一张链表。

3. 成组链接法

空闲块表和空闲块链法不适合用于大型文件系统,因为它们会使空闲块表或空闲块链太长。成组链接法是综合上述两种方法而形成的空闲块管理方法。

(1) 成组链接法的基本思想

成组链接法将空闲块分成若干组,假设每 100 个空闲块为一组,将每组含有的盘块总数和该组所有可用的空闲盘块号分别记入其前一组的第一个盘块中,这样由各组的第一个盘块可链成一条链。第一组的盘块总数和所有可用的空闲盘块号记入内存专用块——空闲块索引表中,用以记录当前可供分配的空闲盘块号。最后一组的第一个盘块号用"0"表示,作为空闲盘块链的结束标志。

例如某系统中共有 4 组空闲块,如图 9.21 所示。第 1 组登记在空闲块索引表中,其中第 1 个盘块号(43 号)登记了第 2 组的盘块号;第 2 组中的第 1 个盘块号(132 号)登记了第 3 组的盘块号;第 3 组中的第 1 个盘块号(156 号)登记了第 4 组盘块号;第 4 组的第 1 个盘块号为"0",表示该组是系统中的最后一组,并且该组的空闲盘块数少一个,共 99 块。

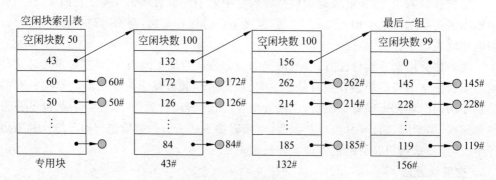

图 9.21　成组链接法示例

由于专用块是临界资源,每次只允许一个进程去访问,故系统为其设置了一把锁来实现互斥访问。

(2) 空闲盘块的分配

当系统要为文件分配盘块时,首先检查专用块是否上锁,如已上锁则等待;否则再查看当前组空闲盘块数,如果大于 1 则执行空闲盘块数减 1 操作,并从专用块顶部中取出一空闲盘块号,将其对应的盘块分配给用户;若专用块中只有一个可分配的盘块号(该盘块号所对应的盘块中记有下一组可用的盘块号,暂时不能分配)且不是最后一组(结束标记不为 0),

须将此盘块号所对应盘块的内容读入专用块中,作为专用块的新内容,并把栈中原来的盘块号对应的盘块分配出去(其中的有用数据已读入栈中,可以分配出去);否则结束标记为 0,即表示当前磁盘已无可用空闲块了,分配不成功。

（3）空闲盘块的回收

在系统回收空闲块时,首先检查专用块是否上锁,如已上锁则等待;否则若当前组空闲盘块数不足 100 块,则将回收块的盘块号记入专用块的顶部,并把空闲盘块数加 1。当专用块中空闲盘块数已达 100 时(表示专用块已满),便将现有专用块中内容记入新回收的盘块中,然后将新回收的盘块号写入专用块作为新的一组空闲块的第一个盘块号(此时原来的第一组成了第二组,而专用块中记录了新的第一组空闲块),此时空闲块数为 1。

成组链接法可用于离散分配方式。其主要优点是专用块占用的内存空间小,而且大多数盘块的分配与回收操作都在内存中完成,降低了启动磁盘的次数,提高了效率。

4. 位示图法

空闲块表法和空闲块链法在分配和回收空闲块时都需在外存上查找空闲块号或链接块号,这均需经过设备管理程序启动外设才能完成。为提高空闲块的分配、回收速度,可采用位示图法对其进行管理。

（1）位示图法基本思想

位示图中用二进制位状态表示磁盘中一个盘块的使用情况,可用"0"表示对应的盘块空闲;"1"表示被分配。位示图中的行号、列号和盘块号都从 0 开始编号,m 行 n 列位示图中的 $m \times n$ 个位数可表示 $m \times n$ 块盘块的使用情况。字长为 16 的位示图如图 9.22 所示。

	0	1	2	3	4	5	6	7	8	9	10	11	12	13	14	15
0	1	0	1	1	1	0	0	0	1	1	0	0	1	1	0	0
1	0	0	1	0	1	0	1	0	1	0	1	0	1	0	1	0
2	1	1	0	1	0	1	0	1	0	1	0	1	0	0	0	1
3	0	0	1	0	1	1	1	0	1	0	1	0	1	0	1	0
4	0	0	1	1	1	0	1	0	0	1	1	0	1	0	0	0
5	1	1	0	0	1	0	0	0	0	1	0	0	1	1	0	1
⋮								⋮								

图 9.22　位示图

（2）空闲盘块的分配过程

① 顺序扫描位示图,从中找出一个或一组其值为"0"的二进制位。

② 将所找到的一个或一组二进制位转换成与之相应的盘块号。

假设值为"0"的二进制位是位示图中的第 i 行第 j 列,则其相应的盘块号应按下式计算:

$$b = i \times n + j$$

其中,n 代表每行的位数,在外存中找到块号为 b 的空闲盘块分配给文件。

③ 修改位示图,设置第 i 行、第 j 列的数值为 1。

（3）空闲盘块的回收过程

① 某个文件释放一个盘块。

② 将回收盘块的盘块号转换成位示图中的行号和列号。转换公式为:

$$i = b/n$$

$$j = b \% n$$

③ 修改位示图,设置第 i 行、第 j 列的数值为 0。

例如:某系统用 8 个字(字长 32 位)组成的位示图管理内存,假定用户归还一个块号为 100 的内存块时,它对应位示图的位置是:

$$字号 i 为: \quad 100/32 = 3$$
$$位号 j 为: \quad 100 \% 32 = 4$$

位示图既可用于连续分配,也可用于离散分配。其主要优点是在位示图中很容易找到一个或一组相邻接的空闲盘块;此外,位示图占用空间少,可把位示图全部或大部分保存在主存中,减少磁盘访问次数。

9.6　文件的共享与保护

文件共享是指多个用户可以共同使用某一个或多个文件,它是文件系统的重要功能之一。文件共享不仅是多个用户共同完成某一任务所必需的,而且能节省大量存储空间,减少输入/输出操作,为用户间的合作提供便利条件,它是衡量文件系统性能好坏的重要标准之一。文件共享除了单机系统中的共享,还包括网络系统中的共享。由于文件实现了共享,文件的安全性就受到了威胁,因此必须对文件进行保护,实现有条件的共享。文件保护是指文件不得被未经文件主授权的任何用户存取,对于授权用户也只能在允许的存取权限内使用文件。文件的共享与保护是文件系统中的一个重要问题。

9.6.1　文件共享

文件共享一方面是为了多用户(进程)交换数据,另一方面是为了对文件数据进行多进程并行处理。文件共享有独占使用和并行共享两种:独占使用是在一个进程访问文件时,其他进程不能打开该文件,一直要到独占进程关闭该文件,这种方式文件数据利用率低。并行共享是指允许文件被多个进程同时打开,多进程可以并行读/写文件。这种方式下,文件数据的一致性需要用户保证。

1. 利用符号链接实现文件共享(软链接)

符号链接方法中,系统为共享的用户创建一个 link 类型的新文件,将这个新文件登记在该用户共享目录项中,这个 link 型文件包含被链接文件的路径名。当用户读该链接文件时,则可找到该文件所链接的文件名字。

利用符号链方式实现文件共享时,只有文件拥有者才拥有指向其索引结点的指针;而共享该文件的其他用户只有共享文件的路径名,并不拥有指向其索引结点的指针。这样就不会发生在文件主删除一共享文件后,留下一悬空指针的情况。当文件拥有者把一个共享文件删除后,其他共享用户用符号链接访问该文件时,会因系统找不到该文件而访问失败,于是再将符号链接删除,此时不会产生任何影响。

符号链接的主要优点是能通过计算机网络链接共享世界任何地方计算机中的文件资源,只需提供该文件所在计算机的网络地址及机内文件路径。然而,符号链接也存在一个主要缺点,那就是需要额外的系统开销。当其他用户去读共享文件时,系统根据给定的文件路径名、线性检索目录,直至找到该文件。而完成这些操作需要多次地读外存,这使得每次访问文件的开销较大。

2. 基于索引结点的共享方式（硬链接）

在树型结构目录中，当有两个或多个用户要共享一个子目录或文件时，通过不同文件控制块中的物理地址数据相同来实现，即文件控制块指向相同的物理块。当其中一个文件控制块添加了新内容后，其他共享该文件的文件控制块却没有改变，新增加的内容不能被所有共享用户共享。

为解决这个问题，可以采用基于索引结点的共享方式，UNIX 文件系统中使用的便是基于索引结点的共享方式。该方式把文件目录项中的文件物理地址和其他的文件属性信息放在索引结点（i 结点）中，如图 9.23 所示。每个文件的 i 结点均按序存储在外存的固定区域，打开文件时，将指定文件的 i 结点中相关内容复制到内存，称之为内存 i 结点或活动 i 结点，也叫内存文件控制块。

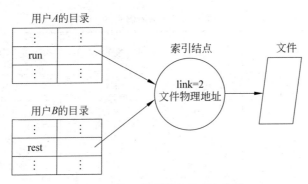

图 9.23　基于索引结点的共享方式

文件目录项中只有文件名和指向相应索引结点的指针，此时不同的文件目录项只需指向相同的索引结点即可实现共享。当一个文件增加了新物理块后，新增加的内容通过共同指向的索引结点能被其他用户所共享。

基于索引结点的文件共享方式一种间接链接方式，此时文件目录项中的内容只有索引结点的指针，降低了用户目录文件的存储开销。

在索引结点中再设置一个链接计数值 link 来表示链接到本索引结点上的用户目录项的个数。当创建一个新文件时将链接计数值置 link=1。当有用户共享此文件时，需增加一目录项指向该文件的索引结点，同时链接计数值加 1。删除共享文件时也要判断链接计数值的值，如果 link=1，就可删除文件及其索引结点，否则只删除当前的目录项并将链接计数值减 1。

基于索引结点的共享方式存在悬空指针问题，即文件拥有者不能删除自己的文件，否则将留下指向该文件索引结点的悬空指针，导致该索引结点不能再分配。为此，文件拥有者只能清除自己的目录项。

9.6.2　文件保护

文件保护可通过对文件访问实施控制实现。常见的访问控制类型有：读、写、执行、添加、删除、修改、列表清单等。此外，还可以从文件的重命名、复制和编辑等方面进行控制。

访问控制就是不同的用户访问同一个文件时采取不同的访问类型，即文件使用权限问

题。根据权限不同,可把用户划分为文件组、工作组用户和其他用户等。文件访问控制方式有:

① 共享。不同的用户共同使用同一文件。

② 保护。文件本身需要防止文件的拥有者或其他用户破坏文件内容。

③ 保密。未经文件拥有者许可,任何用户不得访问该文件。

实际执行中,文件访问控制就是一个用户对文件的使用权限问题,即读、写、执行的许可权问题。文件保护主要有以下 5 种方式。

1. 存取控制矩阵

系统设置一张二维矩阵来进行访问控制。二维矩阵中的一维是所有的用户,另一维是所有的文件,对应的矩阵元素则是用户对文件的访问控制权,包括读 R、写 W 和执行 E,如表 9.3 所示。

表 9.3　存取控制矩阵

用户＼文件	文件 1	文件 2	文件 3	文件 4	⋯
用户 1	-WX	RWX	RW-	RWX	⋯
用户 2	R-X	RW-	RWX	RWX	⋯
用户 3	RW-	R-X	R-X	-WX	⋯
用户 4	--X	R-X	RWX	R-X	⋯
⋮	⋮	⋮	⋮	⋮	⋮

存取控制矩阵的优点是简单,然而要真正实现却有一个严重的问题,即在系统中有很多用户和很多文件时,存取控制矩阵就会很大,且要求占据连续的存储空间。

2. 存取控制表

对存取矩阵存在的问题进行改进,文件系统按用户对文件的访问权限对用户进行分类。通常分为如下几类:

① 文件主。一般情况下,它是文件的创建者。

② 指定的用户。由文件主指定的允许使用此文件的用户。

③ 同组用户。与文件主属于同一特定项目的成员,同组用户与此文件均有关。

④ 其他用户。

用存取控制表对文件保护时,需将所有对某一文件有存取要求的用户按某种关系分成若干组,同时还需规定每一组用户的存取权限。所有用户组的存取权限的集合就是该文件的存取控制表,如表 9.4 所示。

3. 用户权限表

用户权限表是按用户设立,每个用户一张表,表中记录了该用户的文件访问权限。它实际是原存取控制矩阵中的一行,如表 9.5 所示。每当用户提出对文件的访问请求时,系统中的存取控制验证模块便查看这张表,经验证合法时才准许访问。为了安全,所有用户的用户权限表集中存储在受保护的存储区内,用户无权访问它。

表 9.4　存取控制表	
文件　　　　　 用户	文件 1
用户 1	-WX
A 组	R-X
B 组	RW-
其他	RWX

表 9.5　用户权限表	
用户　　　　　 文件	用户 1
文件 1	R-X
文件 2	RWX
文件 3	RW-
⋮	⋮

4. 口令方式

用户在创建文件时,可为文件设置一个口令,并将其置于用户文件目录中。凡请求该文件的用户必须先提供口令,只有当提供的口令与目录中的口令一致时才允许用户存取该文件。当文件主将口令告诉其他用户后,既实现了共享,也可做到保密。使用口令方式的优点是简便、节省空间。其缺点很多,主要有可靠性差、口令易被窃取、存取控制不易改变、保护级别少等。

5. 密码方式

密码方式是对文件进行保护的另一项措施。密码方式指当用户建立一个文件时,利用一代码键启动一个随机数发生器,产生一系列随机数,由文件系统将这些相应的随机数依次加到文件的字节上去。译码时用相同的代码键启动随机数发生器,从存入的文件中依次减去所得到的随机数。

采用密码方式时,存储在外存中的文件是加密之后的文件,读文件时,须对其进行解密。代码键不存入系统,只有当用户存取文件时,才需将代码键送入系统。密码方式的保密性强,代码键由自己掌握,节省了存储空间;但编码和译码过程需要花费大量的时间,增加了系统开销。

9.7　文件系统的可靠性

9.7.1　文件的可靠性

文件系统受到破坏所造成的损失往往比计算机自身受到破坏的损失还大。文件破坏包括物理上的破坏和逻辑上的破坏。物理上的破坏指计算机系统在使用过程中可能会遭遇某些意外,如火灾、雷击、线路短路、地震等事故,损坏了存储设备而导致文件的物理完整性被破坏。逻辑上的破坏指因电源故障、存储设备故障、人为破坏、用户误操作等原因而使文件失去其逻辑上的完整性。

文件系统必须采取某些保护措施,预防文件破坏的出现,这就是文件系统的可靠性问题。

常用的文件可靠性措施是转储,也称备份。它将当前系统上的文件复制到另一个存储介质上,一旦系统遭到破坏就可以利用这个备份将系统恢复到复制时的状态。定期进行系统或用户数据的备份是系统管理员的基本职责之一。

1. 备份介质

备份把存储器中的所有文件转存到另一个存储介质上,数据存取量大。当系统或数据失效时,使用备份把系统或数据恢复到最近一次转储时的系统状态。在恢复时把备份数据从头到尾读一遍,往往不需要随机存取数据。根据备份的这个特点,常用备份介质有磁带、硬盘和光盘等。

2. 备份方法

(1) 周期性完全备份

按照固定时间周期将存储设备中的所有文件转存到另一个存储介质上加以保存,称为周期性完全备份。这是最基本的备份方式。如在备份间隔期间出现数据丢失或破坏,可使用上一次的备份数据将系统恢复到上一次备份时的状态。

周期性完全备份的缺点:

① 由于是完全备份,每次备份的工作量较大,需要耗费很长的系统时间。

② 由于备份时间长而可能导致在备份过程中文件系统被迫停止工作。

完全备份不能频繁进行,一般一周一次。一旦系统遭到破坏,其恢复后的系统与破坏时的系统状态可能会有很大的差异,其平均差异为半周。

这种方法的好处是,备份文件时可同时将文件重新组合,将用户分散在存储介质上的文件块集中存放,恢复备份数据时便可以有较高的文件访问效率。

(2) 周期性增量备份

对要求快速恢复且对恢复后系统状态要求很高的情况,周期性完全备份不能满足要求。采用周期性增量备份能有效地提高转储效率和恢复效果。

在周期性增量备份策略中,首先进行一次完全备份,然后每隔一较短时间进行一次备份,但仅备份在该段时间间隔内修改过的数据。当经过一段较长的时间后,再重新进行一次完全备份,依此反复进行。显然,这种方法具有更高的恢复效率。

为了确定哪些文件发生了改变,系统必须对文件进行跟踪,对更新文件进行标记,周期性地对做了标记的文件进行备份,备份后清除文件的更新标记。

增量备份使得系统一旦受到破坏至少能恢复到数小时前文件系统的状态,造成的损失是最近一次备份后更新的文件内容。

上述两种备份方法在实际中经常配合使用,当系统发生故障后,使用最近一次的完全备份恢复系统。然后,由近及远的从增量备份中恢复修改过的文件,直至恢复到最后一次备份的副本。

9.7.2 文件的保密性

文件保密比文件保护要求更高,不但要求文件不被破坏而且要求其内容不能被非法窃取。操作系统应当根据用户的这种需求,提供相应的措施,对文件进行保密处理。

在个人计算机上,由于所有文件资源只归用户一人所有,通常对文件保密要求较低。但是随着计算机网络的飞速发展,大量文件资源在网络中共享,用户对文件保密的要求越来越高。

文件的使用权限能在一定程度上对文件进行保密,但文件的权限可以用被用户修改,保密性不强。常用的文件保密方法为两种: 设置口令和文件加密。

1. 设置口令

用户建立一个文件时,为其设定一个口令,文件系统把此口令同时保存在该文件的文件控制块中。当用户对该文件提出使用申请时,文件系统首先要求用户输入口令。口令正确允许用户使用,口令不正确则拒绝用户使用。设置了口令的文件还可和文件存取控制矩阵来对不同的用户规定不同的访问权限。

这种方法实现简单,系统开销小,但也存在保密性较差的缺点。口令存放在文件目录中,系统管理员直接接触口令,口令可被无意或有意地泄露。此外,口令修改后,必须通知所有对文件具有访问权限的用户,比较麻烦。

2. 文件加密

文件加密是比设置文件口令更加保密的措施,也是人类很早就在使用的一种保密措施。文件加密是对文件内容加密,加密后的文件即使被非法用户窃取,但它得到的只是很难破译的密文,无法获得文件的真正内容。

常用的加密方法有很多种,它们的算法复杂度不尽相同,可靠性也各具特色。一般情况下,可靠性高的算法通常较为复杂,实现时的系统开销较大。操作系统设计者可以根据系统用户的需求选择合适的加密算法。文件的加密和解密过程如同杀毒软件一样,也需要一定的系统开销,降低了文件的访问速度,但只要在一定的范围内,文件用户还是可以接受的。

9.8 Linux 文件管理

9.8.1 Linux 虚拟文件系统

Linux 的文件系统具有强大的功能,其一个重要特征就是支持多种文件系统,除了支持自己的文件系统 EXT2,还支持多种其他操作系统的文件系统,如 NTFS、MINIX、MSDOS、FAT,并支持跨文件系统的文件操作。不同文件系统之间的差别是巨大的,Linux 为了组织、管理并有效地使用这些文件系统,必须使用一种统一的接口,故引入了虚拟文件系统(Virtual File System,VFS)。通过虚拟文件系统将不同文件系统的实现细节隐藏起来,从外部看来,所有文件系统都是一样的。在虚拟文件系统管理下,Linux 不但能够读/写各种不同的文件系统,而且还实现了这些文件系统之间的访问。

图 9.24 给出了 Linux 虚拟文件系统与实际文件系统之间的关系。虚拟文件系统是 Linux 内核空间中的一个软件抽象层,它给用户空间的进程提供了文件系统接口。同时,它也提供了内核空间中的一个抽象功能,允许不同的文件系统共存。系统中所有的文件系统不但依赖 VFS 共存,而且也依靠 VFS 协同工作。就是说,VFS 是建立在具体文件系统之上的,它为用户进程提供一个统一的、抽象的、虚拟的文件系统界面。这个抽象的界面主要有一组标准的、抽象的有关文件操作构成,以系统调用的形式提供给用户进程,如 read( )、write( )、lseek( )等。用户进程通过这些系统调用就可对 Linux 中的任意文件系统进行操作而无须考虑其所在的具体文件系统格式,可实现对文件的跨文件系统操作。例如,用户可以使用 cp 命令从 VFAT 文件系统格式的硬盘复制数据到 EXT3 文件系统格式的硬盘。

VFS 定义了所有文件系统都支持的基本的、概念上的接口和数据结构。同时,各种实际文件系统为了能安装到 VFS 中,必须提供 VFS 所期望的接口和数据结构。

VFS 并不是一个实际的文件系统,EXT2 等物理文件系统是长期存在于外存空间的,而 VFS 仅存在于内存中,只有在 Linux 启动后,才发挥作用。在 VFS 中包含着向物理文件

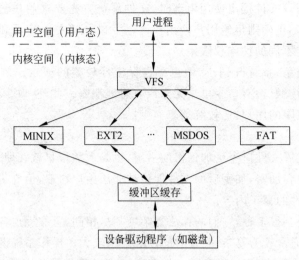

图 9.24　Linux 虚拟文件系统

系统转换的一系列数据结构,如 VFS 超级块、VFS 的 inode、文件等。通过这些数据结构,
VFS 可以转换到各种不同的物理文件系统。

下边概要介绍一下 VFS 中的 4 个重要数据结构。

1. VFS 超级块

超级块是文件系统中描述整体组织和结构的信息体,是文件系统中的重要数据结构。
在 VFS 中,每个加载的文件系统,如 MSDOS、NTFS 等都有各自的超级块,Linux 系统中的
虚拟文件系统也有自己的超级块。不同的是,虚拟文件系统超级块要把不同文件系统的整
体组织和结构信息进行抽象,兼顾不同文件系统的特征。所以,虚拟文件系统超级块中的数
据主要取自于 Linux 中已安装文件系统的超级块。每次安装一个实际文件系统到 Linux 中
时,Linux 内核就会从磁盘的特定位置读取一些控制信息填充到虚拟文件系统的超级块中。

在 Linux 中,VFS 超级块被定义为 super_block 结构,其主要包含以下 7 类信息。

(1) 文件系统所在设备的标识。这主要指存储文件系统的物理块设备的设备标识。如
系统中第一个 IDE 磁盘/dev/hda1 的标记为 0X301。

(2) 索引结点指针。安装索引结点指针指向被安装的子文件系统的第一个索引结点。
覆盖索引结点指针指向安装文件系统目录(安装点)的索引结点。根文件系统的 VFS 超级
块中没有覆盖索引结点指针。

(3) 文件系统中数据块大小。文件系统中数据块的字节数。

(4) 锁标志位。用以标识其他进程能否对该超级块进行操作。

(5) 文件系统类型。指向所安装的文件系统类型的指针。

(6) 超级块操作集合指针。指向某个特定的逻辑文件系统中用于超级块操作的函数
集合。

(7) 指向文件系统根目录的索引结点。即所安装文件系统的第一个索引结点。

2. VFS 索引结点

索引结点存储了文件的相关信息,代表了存储设备上的一个实际物理文件。VFS 中每
个文件、目录及符号链接都有一个且只有一个对应的 VFS 索引结点。当一个文件或目录首

次被访问时,内核就会在内存中组装相应的索引结点,以便向内核提供对一个文件进行操作时所必需的全部信息。VFS索引结点长期保存在外存中,仅在系统需要时才保存在系统内核的内存及VFS索引结点缓存中,不再需要时撤销。

每个VFS索引结点都由inode结构表示,其包含了文件的所有关键信息,如文件所在的设备、文件类型、文件大小、文件的时间属性、文件在存储设备上的具体位置、文件的用户属性等。

在Linux中,VFS索引结点由数据结构struc inode来实现,其主要包含的内容如下。

(1) 主、次设备号。

(2) 外存的inode号。

(3) 文件类型和访问权限。

(4) 该文件的链接数。

(5) 文件所有者的用户标识。

(6) 文件的用户组标识。

(7) 文件长度。

(8) 文件最近访问时间、修改时间和创建时间。

(9) 文件块的大小。

(10) 文件所占块数。

(11) 文件版本号。

(12) 文件同步操作信号量。

(13) 文件在内存中所占页数和这些页所构成的链。

(14) 指向该文件系统的VFS超级块指针。

(15) 文件同步操作用的等待队列。

(16) 文件使用的虚拟存储区域。

(17) 该文件的inode链表指针。

(18) 文件的管道文件域。

(19) 文件的套接字域。

(20) 该文件inode的锁定标志。

(21) 文件索引结点的操作集。VFS中设置了对inode进行各种操作的函数,这些函数实质上是一个面向各种不同文件系统进行操作的转换接口。该操作集是函数指针的集合,完成VFS文件系统索引结点操作到安装文件系统索引结点操作的映射,实现文件的打开、寻址、读/写等操作,完成索引结点的创建、查询,实现目录的建立、删除以及文件的链接、重命名等操作。

3. 目录项

Linux中的目录是一个驻留在磁盘上的文件,称为目录文件。Linux引入目录项的概念主要是出于方便查找文件、提高查找效率的目的。

目录由若干个目录项组成,每个目录项对应目录中的一个文件。在UNIX系统中,为了提高文件的查找效率,把文件名和文件控制信息分开存储,文件控制信息单独组成索引结点(inode)结构体,极大简化了文件目录项的内容。Linux继承了UNIX系统的这个特点,简化后的目录项中只由两部分组成：文件名和该文件所对应的 inode 结点号，如图 9.25 所示。

在 Linux 自己的文件系统 EXT2 中，通过定义结构体 ext2_dir_entry 来实现目录项，各个目录项之间前后链接成一个类似链表的形式。

4. 文件对象

文件对象是已打开的文件在内存中的表示，主要用于建立进程和磁盘上的文件的对应关系。在多道程序并发执行的 Linux 中，多个进程可能同时打开、操作同一个文件，因此同一个文件可能存在多个对应的文件对象。但是，一个文件对应的文件对象可能有多个，但其对应的索引结点和目录项是唯一的。在 Linux 进程的数据结构 task_struct 中，域 files_struct files 记录了该进程当前所打开的文件对象。

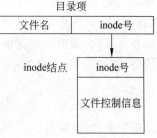

图 9.25　Linux 文件系统目录项

9.8.2　文件系统的安装与拆卸

Linux 启动时，根文件系统自动被安装，其上的文件主要是保证系统正常运行的操作系统的代码文件，以及若干语言编译程序、命令解释程序和相应的命令处理程序等构成的文件。此外，还有大量的用户文件空间。根文件系统一旦安装上，则在整个系统运行过程中是不能卸载的，它是系统的基本部分。

用户在启动后看到的文件系统都是在系统启动时安装的。系统启动后，用户也可以通过 mount、unmount 命令随时装卸所需的文件系统，从而实现文件存储空间的动态扩充。

当超级用户试图安装一个文件系统时，Linux 内核首先检查有关参数的有效性。VFS 首先应找到要安装的文件系统，通过查找由 file_systems 指针指向的链表中的每一个 file_system_type 数据结构来搜索已知的文件系统。file_system_type 数据结构中包含文件系统的名字和指向 VFS 超级块读取程序地址的指针。当找到一个匹配的名字后，就可以得到读取文件系统超级块的程序的地址。接着查找作为新文件系统安装点的 VFS 索引结点，并且同一目录下不能安装多个文件系统。VFS 安装程序必须分配一个 VFS 超级块，并且向它传递一些有关文件系统安装的信息。申请一个 vfsmount 数据结构（其中包括存储文件系统的块设备的设备号、文件系统安装的目录和一个指向文件系统的 VFS 超级块的指针），并使它的指针指向所分配的 VFS 超级块。当文件系统安装以后，该文件系统的根索引结点就一直保存在 VFS 索引结点缓存中。

进程在访问目录和文件的过程中，会调用系统例程对 VFS 结点进行遍历。因为每个文件和目录均由一个索引结点表示，因此，有相当多的索引结点会被重复访问。由于这一原因，为了提高索引结点的访问速度，VFS 将这些结点保存在索引结点高速缓存中。如果某个结点当前不在高速缓存中，则调用专用于某种文件系统的索引结点读取例程，以便读取适当的索引结点。读取的索引结点会保存在高速缓存中，而较少使用的 VFS 索引结点会从高速缓存中剔除。

VFS 同时维护一个目录高速缓存，以便能够快速找到频繁使用的目录索引结点。目录高速缓存并不保存目录本身的索引结点，这些索引结点应当保存在索引结点高速缓存中；目录高速缓存实际保存的是完整目录名到对应索引结点编号的映射关系。

卸载文件系统的过程基本上与安装文件系统的过程相反。如果文件系统中的文件正在被使用,该文件系统是不能被卸载的。如果文件系统中的文件或目录正在使用,则 VFS 索引结点高速缓存中可能包含相应的 VFS 索引结点。根据文件所在设备的标识符查找是否有来自该文件系统的 VFS 索引结点,如果有,而且使用计数大于 0,则说明该文件系统正在被使用,该文件系统不能被卸载。否则,查看对应的超级块,如果该文件系统的 VFS 超级块标志为"脏"(被修改过),则必须将超级块信息写回磁盘,上述过程结束后,释放对应的 VFS 超级块和安装点,从而卸载该文件系统。

9.8.3 Linux 常见文件系统调用

操作系统必须为用户提供若干系统调用,以方便编程用户使用和控制文件。最基本的文件操作有:创建文件、删除文件、读文件、写文件、设置文件读/写位置等。

文件系统对文件的操作通常由两步组成:第一步是检索文件,通过检索文件目录找到指定文件的属性;第二步是对文件实施相应的操作,如读文件或写文件等。当用户要求对一个文件实施多次读/写或其他操作时,每次都要从检索目录开始。为了避免多次重复地检索目录,大多数文件系统都提供了打开(open)文件系统调用。现代操作系统均提供了丰富的文件系统调用,帮助用户进行文件操作。由于篇幅所限,本节我们只结合 Linux 操作系统重点介绍一下常见的文件打开与关闭、文件读与写系统调用。希望读者举一反三,今后能通过相关书籍的学习,掌握所需的其他文件系统调用。

1. 打开文件系统调用

文件建立后不能立即使用,要通过"打开"文件操作建立起文件和用户之间的联系。文件打开后,直至关闭之前,可被反复使用,不必多次打开,这样做能减少查找目录时间,加快文件存取速度,从而提高文件系统的运行效率。所以,从系统角度来看,设置打开文件和关闭文件操作能改善性能;从用户角度看,能以显式提出对文件的使用要求,理解为有一种权限许可,防止错误使用文件。

Linux 系统中打开文件系统调用 open 有两种格式:

```
int open(char * frame, int flags);
int open(char * frame, int flags, int mode);
```

其中,参数 frame 是要打开文件的路径名;flags 说明文件的打开方式,是多个宏名字的连接表达式,每个宏名字代表一种访问权限或操作方式,如表 9.6 所示。

表 9.6 flags 参数取值说明

打开方式	作　用　说　明
O_CREAT	如文件存在,则打开文件,否则创建新文件
O_EXCL	与 O_CREAT 一起使用,当需要创建的新文件已经存在时,认为发生了错误,open 函数失败返回
O_RDONLY	"只读"方式打开文件
O_WRONLY	"只写"方式打开文件
O_RDWR	"读、写"方式打开文件

打开方式	作　用　说　明
O_TRUNC	若文件的打开方式允许"写",文件的长度被截成 0
O_APPEND	对文件以追加方式进行"写",保留原文件的内容

第 3 个参数 mode 仅在创建新文件时使用,以数字形式规定了新建文件的访问权限表。mode 由 3 个八进制数字组成,分别(从左到右)描述了文件所有者(user)、文件所属组(group)、其他用户(others)的访问权限,八进制数字的每一个二进制位分别(从左到右)对应于"读"、"写"、"执行"权限。例如:764 表示文件所有者能够对该文件进行读、写、执行操作;文件所属组用户能对文件进行读、写操作;文件其他用户只能对文件进行读操作。

当建立文件后,我们可以用命令 ls - l 查看所建文件的详细信息。文件权限信息一共占 10 位。第一位是文件类型,后 9 位中,三位一组,分别表示文件所有者、文件所属组、其他用户的访问权限。其中,r 表示可读,w 表示可写,x 表示可执行。例如某用户用 ls - l 命令查看文件信息,结果截屏如图 9.26 所示。

```
[root@rhel5 ~]# ls -l
total 60
-rw------- 1 root root  1163 Oct 28 21:48 anaconda-ks.cfg
drwxr-xr-x 2 root root  4096 Oct 28 15:21 Desktop
-rw-r--r-- 1 root root 29505 Oct 28 21:48 install.log
-rw-r--r-- 1 root root  3502 Oct 28 21:47 install.log.syslog
```

图 9.26　Linux 系统中文件访问权限举例

在图 9.26 中,第 3 个文件 install.log 的文件访问属性是 rw-r--r--,前三位表示文件所有者对该文件能进行读和写操作,中间三位表示文件所属组用户能对该文件进行读操作,后三位表示其他用户能对该文件进行读操作。

open 的返回值是一个整数,它是新打开文件的句柄或"文件描述符"。以后的文件操作都需要使用这个文件描述符。如果返回值是-1,那么表示文件打开失败。

操作系统实现 open 系统调用的主要步骤是:

① 检查参数的合法性。

② 查找文件路径名。

③ 如果文件不存在且 flags 中包含 O_CREAT,创建新文件及其目录项和索引结点,在索引结点中保存 mode 规定的访问权限表,转步骤⑤。

④ 读入文件索引结点,检查是否允许用户以 flags 方式打开文件。否则,返回-1。

⑤ 建立文件对象和文件描述符 fd,在文件对象中初始化文件读/写指针,保存获得准许的访问权限。

⑥ 返回文件描述符 fd。

2. 关闭文件系统调用

当一个文件使用完毕后,使用者应关闭文件以便让别的使用者用此文件。关闭文件的要求可以用关闭操作直接向系统提出,也可用隐含方式实现。当打开同一设备上的另一个文件时,就可以认为先要关闭当前使用文件,然后再打开新文件。

关闭文件的系统调用为 close,其调用格式为:

```
int close(int fd);
```

其中,fd 是被关闭文件的描述符。如果返回值为−1,表示文件关闭失败。不使用的文件,应当及时关闭。因为每个有效的文件描述符对应于内核的部分资源,每个进程允许同时打开的文件数目是有限的,整个系统允许打开的文件总数也是有限的。如果每次打开文件使用完毕后都不关闭,可能会导致以后的文件无法打开。当进程结束时,操作系统会释放其所有资源,包括关闭所有打开的文件。

操作系统实现 close 系统调用的主要步骤是:

① 检查参数的合法性。

② 由文件描述符 fd 找到文件对象及其在内存中的索引结点。

③ 释放文件对象及其在内存中的索引结点。

④ 将文件缓冲区中的"脏"数据全部写回到磁盘中。

⑤ 释放文件句柄 fd。

⑥ 返回调用语句。

3. 读文件系统调用

Linux 中,从文件读取数据的系统调用是:

```
ssize_t read(int fd, void * buf, size_t count);
```

read 函数可以读取文件。读取文件指从某一个已打开的文件中,读取一定数量的字符,然后将这些读取的字符放入某一个预存的缓冲区内,供用户以后使用。

各个参数的含义为:fd 是将要读取数据的文件描述符,buf 是所读取到数据的内存缓冲指针,count 需要读取的数据量。

返回值说明:成功执行时,返回所读取的数据量,失败返回−1。当有错误发生时,错误代码存入 errno 中,而文件读/写位置则无法预期。

errno 通常被设为以下的某个值。

EAGAIN:打开文件时设定了 O_NONBLOCK 标志,并且当前没有数据可读取;

EBADF:文件描述词无效,或者文件不可读;

EFAULT:参数 buf 指向的空间不可访问;

EINTR:数据读取前,操作被信号中断;

EINVAL:一个或者多个参数无效;

EIO:读/写出错;

EISDIR:参数 fd 索引的是目录文件。

4. 写文件系统调用

Linux 中,向文件中写入数据的系统调用如下。

```
ssize_t write(int fd, void * buf,size_t count);
```

write 函数把参数 buf 所指内存中的 count 个字节写到参数 fd 所指的文件内。当然,文件读/写位置也会随之移动。

各个参数的含义为:fd 是已经打开文件的描述符;buf 是用户缓冲区的指针,buf 中的数据被写入到文件中;count 是需要写入的字节数。

返回值说明：成功执行，write 函数返回实际写入文件的字节数。当有错误发生时则返回-1，错误代码存入 errno 中。在写的过程中如果遇到资源的限制，实际写入的字节数可能会小于 count。

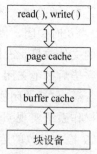

Linux 在读/写文件时采用了页缓冲机制，该机制能够有效地减少 I/O 操作的次数。尽管文件在磁盘上以磁盘块为基本单位存放，但在内核中文件被看成是由页面组成，对文件的读/写首先要经过页缓冲。读操作首先到页缓冲中查找页面是否存在，如果存在则将结果返回。如果没找到，则发出 I/O 请求。写操作并不立即发出 I/O 请求，而是写入页缓冲，在后面的某个时刻才会启动 I/O 操作。图 9.27 给出了文件操作中的页缓冲流程图。

图 9.27　文件操作中的页缓冲流程

9.9　EXT2 文件系统

Linux 最早的文件系统是 MINIX，它受限甚大且性能低下。在虚拟文件系统（VFS）被加入内核后，1992 年 4 月开发出了第一个专门为 Linux 设计的文件系统，被称为扩展文件系统（Extended File System）或 EXT，但仍然受到其性能上的困扰。1993 年 Remy Card 对 EXT 进行了改进，开发出了性能更好的 EXT2，EXT2 添加到 Linux 中后，很快成为了当前 Linux 文件系统的标准文件系统。

EXT2 是一个功能强大、易扩充、性能上进行了全面优化的文件系统，各种 Linux 的系统发布都将 EXT2 文件系统作为操作系统的基本部分。EXT2 是 Linux 文件系统类型，它很好地继承了 UNIX 文件系统的主要特色，如普通文件的三级索引结构、目录文件的树型结构和把设备作为特别文件等。

首先来看一下 EXT2 文件系统的硬盘布局。

1. EXT2 文件系统的硬盘布局

Linux 将整个硬盘划分成若干个分区，每个分区被当做独立的设备对待；一般需要一个主分区（Native）和一个交换分区（swap）。主分区用于存放文件系统，交换分区用于虚拟内存。主分区内的空间又分成若干个块组（block group），在每个块组里再分成若干个块（block），并且同一个块组中的所有块都是连续的。另外每个块组都包含有一组管理信息，用来管理该块组的逻辑块的分配与回收。除此以外，在块组中还复制了对于文件系统一致性至关重要的信息（超级块和别的块组信息），当发生灾难、文件系统需要恢复的时候，这些复制的信息是必要的。EXT2 磁盘布局在逻辑空间的映像如图 9.28 所示。

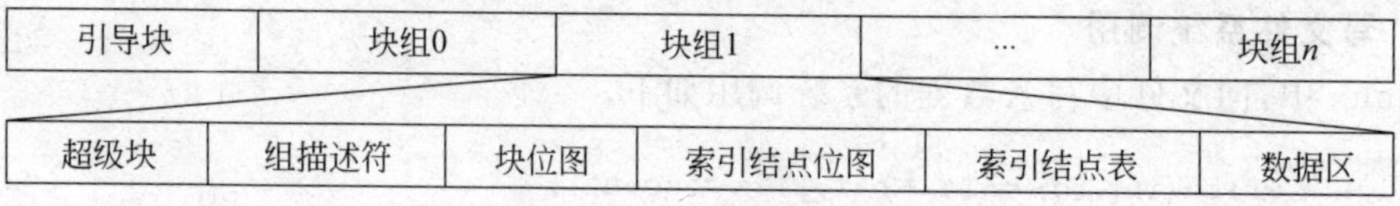

引导块	块组0	块组1	...	块组n

超级块	组描述符	块位图	索引结点位图	索引结点表	数据区

图 9.28　EXT2 磁盘布局在逻辑空间的映像

同一 EXT2 系统中，每个块组大小相等，但是对于不同的 EXT2 文件系统，块的大小可以有区别。典型的块组大小是 1024 字节或者 4096 字节。块的大小在创建 EXT2 文件系统的时候已被决定，它也可由系统管理员指定，也可由文件系统的创建程序根据硬盘分区的大小,自动选择一个较合理的值。一个分区的所有块都有一个从 0 开始计数的全局块号,这些块被聚在一起分成几个大的块组,每个块组中的块数是固定的。

EXT2 管理的这组逻辑块用于存放文件,每个文件占用一系列的逻辑块。每个文件的长度都是按块取整,如果块大小是 1024 字节,一个 1025 字节的文件会占用两个块,这意味着平均每个文件要浪费半个块。当文件长度增加,其现有的逻辑块无法存下时,EXT2 文件系统需要为其分配新的逻辑块;当文件被删除或其长度减少时,EXT2 文件需要回收其空闲逻辑块。因此文件系统的一个主要任务是管理逻辑块的分配和回收。正是由于文件长度是动态的,文件占用的逻辑块的数量也是动态的,所以一个文件在块组中占用的逻辑块并不连续,这就需要有一种机制记录文件所占用的所有块。

EXT2 文件系统作为所有 Linux 发行版本的基本文件系统,负责管理在外存上的文件,并把对文件的存取、共享和保护等手段提供给操作系统和用户,这不仅方便了用户,保证了文件的安全性,还有效地提高了系统资源的利用率。

EXT2 文件系统分布在块结构的设备上。文件系统不必了解数据块的物理存储位置,它保存的是逻辑块的编号是由块设备驱动程序完成逻辑块编号到物理存储位置的转换。EXT2 文件系统将逻辑分区划分为块组(block group)。每个块组重复保存着对文件系统的完整性非常关键的信息,而同时也用来保存实际的文件和目录数据。文件系统关键信息的重复存储有助于文件系统在发生故障时还原。

2. EXT2 的目录

在 EXT2 中,目录是一个特殊的文件,它是由结构 ext2_dir_entry_2 组成的列表。目录中有文件和子目录,目录中的每一项对应一个 ext2_dir_entry 结构,其中包含的信息主要有以下 5 种。

(1) 索引结点号。这是相应文件在数据块组中的索引结点号码,即检索索引结点表数组的索引值。

(2) 目录项长度。记载该目录项占多少字节。

(3) 名字长度。记载相应文件名的字节数。

(4) 文件类型。用一个数组标识文件的类型,如 1 表示普通文件,2 表示目录,3 表示字符设备文件,4 表示块设备文件等。

(5) 文件名字。文件名(不包括路径部分)的最大长度为 255 个字符。

每个目录的前两个目录始终是标准的“.”和“..”,分别表示目录自身和其父目录。当用户需要打开某个文件时,首先指定该文件的路径和名称,文件系统根据路径和名称搜索其目录项。找到相应的目录项后,通过其中的文件索引结点号可以找到该文件的索引结点。索引结点中就包含了文件的存储位置,找到该文件的数据块,从而完成文件的读取。

3. 链接文件

链接是实现文件共享的方式。Linux 目录项中,文件名与索引结点号一一对应的关系称为链接。一个索引结点号可以对应多个不同的文件名,这种链接称为硬链接。

Linux 提供了命令 in 为一个已经存在的文件建立一个新的硬链接。例如建立了一个文件 file2,并把它链接到 file1 上,file2 和 file1 就具有了相同的索引结点。Linux 系统中用 llink_count 保存该索引结点上链接的文件数。删除文件时,首先对被删除文件的 llink_count 值减 1,如果减完后为 0,表明该索引结点上没有硬链接,可删除该文件。如果不为 0,

则仅删除文件的一个硬链接,实际的文件并没有真正删除。

同一个文件系统中,索引结点是系统用来辨认文件的唯一标识。而在不同的文件系统中,可能出现相同的索引结点号,因此硬链接只允许出现在同一个文件系统中。

多个文件系统的文件间建立链接可采用符号链接。符号链接与硬链接不同,它不是与索引结点建立链接,而是建立一条指向某个文件的路径。因此,当删除一个文件时,它的符号链接也就失去了作用,而删除一个符号链接时,对该文件本身没有任何影响。

4. 位示图

在 EXT2 文件系统中,采用位示图来描述数据块和索引结点的使用情况。位示图是用一串二进制位的值表示块组中数据块的分配情况。在每个块组中,位示图占用两个块,一个用来描述该数据块的使用情况,另一个用来描述该组索引结点的使用情况。这两个块分别称为数据位图块和索引结点位图块。

数据位图块中的每一位表示该块组中的每一个块的使用情况,如果为 0,则表示相应数据块空闲,如果为 1,表示已分配。索引结点位图块的使用情况一样。块位示图的大小取决于块组的大小。当数据块的大小为 1KB,而块组的大小为 8192B 时,该位示图恰好占一个数据块。在 EXT2 文件系统中,用于索引结点的数据块数量取决于文件系统的参数,而索引结点的位示图不会超出一个数据块。

习 题 9

一、选择题

1. 下列说法中,正确的是(　　)。

　A. 文件系统负责文件存储空间的管理但不能实现文件名到物理地址的转换

　B. 在多级目录结构中对文件的访问是通过路径名和用户目录名进行的

　C. 文件可以被划分成大小相等的若干物理块,且物理块大小可以任意指定

　D. 逻辑记录是对文件进行存取操作的基本单位

2. 存放在磁盘上的文件(　　)。

　A. 既可随机访问又可顺序访问　　　　　B. 只能顺序访问

　C. 只能随机访问　　　　　　　　　　　D. 必须通过操作系统访问

3. 文件系统是指(　　)。

　A. 文件的集合　　　　　　　　　　　　B. 实现文件管理的一组软件

　C. 文件的目录　　　　　　　　　　　　D. 文件、管理文件的软件及数据结构的总体

4. 文件的逻辑组织将文件分为记录式文件和(　　)。

　A. 索引文件　　　B. 流式文件　　　C. 读/写文件　　　D. 联结文件

5. 下列叙述中正确的是(　　)。

　A. 由于磁带的价格比磁盘便宜,用磁带实现索引文件更经济

　B. 索引顺序文件既能顺序访问,又能随机访问

　C. 索引顺序文件是一种特殊的顺序文件,因此通常存放在磁带上

　D. 顺序文件是利用磁带的特有性质实现的,因此顺序文件只能存放在磁带上

6. 物理文件的组织方式是由(　　)决定的。

A. 应用程序　　　　B. 主存容量　　　　C. 外存容量　　　　D. 操作系统

7. 如果文件采用直接存取方法使用,且文件大小不固定,则应采用(　　)物理结构。

　　A. 直接　　　　B. 索引　　　　C. 随机　　　　D. 顺序

8. 在磁盘文件系统中,对于下列文件物理结构,(　　)不具有直接读/写文件任意一个记录的能力。

　　A. 顺序结构　　　B. 链接结构　　　C. 索引结构　　　D. Hash 结构

9. 从用户的观点看,操作系统中引入文件系统的目的是(　　)。

　　A. 保护用户数据　　　　　　　　B. 实现对文件的按名存取

　　C. 实现虚拟存储　　　　　　　　D. 保护用户和系统文档及数据

10. 设文件索引结点中有 7 个地址项,其中 4 个地址项为直接地址索引,2 个地址项是一级间接地址索引,1 个地址项是二级间接地址索引,每个地址项大小为 4 字节,若磁盘索引块和磁盘数据块大小均为 256 字节,则可表示的单个文件的最大长度是(　　)。

　　A. 33KB　　　B. 519KB　　　C. 1057KB　　　D. 16513KB

11. 文件系统中若文件的物理结构采用连续结构,则文件控制块 FCB 中关于文件的物理位置信息应包括(　　)。

　　(1) 首块地址　　　(2)文件长度　　　　(3)索引表地址

　　A. 只有(1)　　　B. (1)和(2)　　　C. (1)和(3)　　　D. (2)和(3)

12. 下列叙述中正确的是(　　)。

　　A. 在索引顺序文件的最后添加新的记录时,必须复制整个文件

　　B. 在磁带上的顺序文件中插入新的记录时,必须复制整个文件

　　C. 变更磁盘上的顺序文件的记录内容时,必须复制整个文件

　　D. 在磁盘上的顺序文件中插入新的记录时,必须复制整个文件

13. 文件系统采用树型目录结构后,对于不同用户的文件,其文件名(　　)。

　　A. 应该不同　　　　　　　　　　B. 可以相同,也可以不同

　　C. 受系统约束　　　　　　　　　D. 由操作系统类型决定

14. 文件系统采用二级目录结构,这样可以(　　)。

　　A. 缩短访问文件存储器时间　　　B. 节省主存空间

　　C. 实现文件共享　　　　　　　　D. 解决不同用户之间的文件名冲突问题

15. 目录文件所存放的信息是(　　)。

　　A. 某一文件存放的数据信息

　　B. 某一文件的文件目录

　　C. 该目录中所有数据文件的目录

　　D. 该目录中所有子目录文件和数据文件的目录

16. 文件系统采用两级索引分配方式。若每个磁盘块的大小为 1KB,每个磁盘块占 4B,则该系统中单个文件的最大长度是(　　)。

　　A. 64MB　　　B. 128MB　　　C. 32MB　　　D. 都不对

17. 在文件系统中,设置一张(　　),它是利用二进制的一位来表示磁盘中一个块的使用情况;一张(　　),其中存放着文件中下一个盘块的物理地址。

　　A. 文件描述符表　　　　　　　　B. 链接指针表　　　C. 文件表

D. 空闲区表　　　　　　　　　　E. 位示图

18. 操作系统为保证未经文件拥有者授权,任何其他用户不能使用该文件,所提供的解决方法是(　　)。

　　A. 文件保护　　B. 文件保密　　C. 文件共享　　D. 文件转储

19. 将文件描述信息从目录项中分离出来(将文件控制块 FCB 分离为文件名和文件描述信息)的好处是(　　)。

　　A. 减少读文件时的 I/O 信息量　　B. 减少写文件时的 I/O 信息量

　　C. 减少查文件时的 I/O 信息量　　D. 减少复制文件时的 I/O 信息量

20. 设磁盘的转速为 3000 转/分,盘面划分为 10 个扇区,则读取一个扇区的时间为(　　)。

　　A. 20ms　　　　B. 5ms　　　　C. 2ms　　　　D. 1ms

21. 用户在删除某文件的过程中,操作系统不可能执行的操作是(　　)。[2013 年全国统考真题]

　　A. 删除此文件所在的目录　　　　B. 删除与此文件关联的目录项

　　C. 删除与此文件对应的文件控制块　　D. 释放与此文件关联的内存缓冲区

22. 为支持 CD-ROM 中视频文件的快速随机播放,播放性能最好的文件数据块组织方式是(　　)。[2013 年全国统考真题]

　　A. 连续结构　　B. 链式结构　　　　C. 直接索引结构　　D. 多级索引结构

23. 若文件系统索引结点(inode)中有直接地址项和间接地址项,则下列选项中,与单个文件长度无关的因素是(　　)。[2013 年全国统考真题]

　　A. 索引结点的总数　　　　　　　　B. 间接地址索引的级数

　　C. 地址项的个数　　　　　　　　　D. 文件块大小

24. 下列文件物理结构中,适合随机访问且易于文件扩展的是(　　)。[2009 年全国统考真题]

　　A. 连续结构　　　　　　　　　　　B. 索引结构

　　C. 链式结构其磁盘块定长　　　　　D. 链式结构且磁盘块变长

25. 若 8 个字(字长 32 位)组成的位示图管理内存,假定用户归还一个块号为 100 内存块,它对应位示图的位置为(　　)。假定字号、位号、块号均从 1 开始计算起,而不是从 0 开始。

　　A. 字号为 3,位号为 5　　　　　　B. 字号为 4,位号为 4

　　C. 字号为 3,位号为 4　　　　　　D. 字号为 4,位号为 5

二、综合题

1. 文件系统中,为什么要设置"打开"和"关闭"操作?

2. 设某文件为链接文件,由 5 个逻辑记录组成,每个逻辑记录的大小与磁盘块的大小相等,均为 1KB,并依次存放在 60,45,75,107,63 号磁盘上。若要存放文件的第 2301 逻辑字节处的信息,要访问哪一个磁盘块?

3. 某个文件系统中,外存为硬盘,物理块大小为 512B,有文件 A 包含 598 个记录,每个记录占用 255B,每个物理块放 2 个记录。文件 A 所在的目录如下图所示。

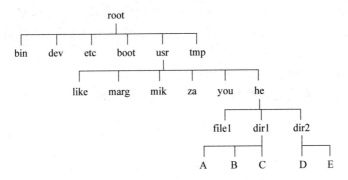

文件目录采用多级树型目录结构,由根目录结点作为目录文件的中间结点和作为信息文件的树叶组成,每个目录项占 127B,每个物理块放 4 个目录项,根目录的第一块常驻内存。

(1) 若文件的物理结构采用链式存储方式,链指针地址占 2 字节,那么要将文件 A 读入内存,至少需要存取几次硬盘?

(2) 若文件为连续文件,那么要读文件 A 的第 487 个记录至少要存取几次硬盘?

(3) 一般为减少读盘次数,可采取什么措施?此时查找一记录最多需要几次访问硬盘?

4. 在 UNIX 系统中有卷资源表如下所示:

```
S_nfree＝97
S_free[0]＝120
S_free[1]＝121

...

S_free[94]＝145
S_free[95]＝146
S_free[96]＝147
```

(1) 现有一个进程要释放 4 个物理块,其块号为 150♯,156♯,172♯,177♯,画出卷资源表的变化。

(2) 在(1)完成后,假定有一进程要求分配 6 个空闲块,画出分配后的卷资源表。

5. 对于空闲磁盘空间的管理采用哪几种方式?简述它们的特点。

6. 有一计算机系统利用位示图来管理磁盘文件空间。假定该磁盘共有 100 个柱面,每个柱面有 20 个磁道,每个磁道分成 8 个盘块(扇区),每个盘块 1KB,位示图如下图所示:

	0	1	2	3	4	5	6	7	8	9	10	11	12	13	14	15
0	1	1	1	1	1	1	1	1	1	1	1	1	1	1	1	1
1	1	1	1	1	1	1	1	1	1	1	1	1	1	1	1	1
2	1	1	0	1	1	1	1	1	1	1	1	1	1	1	1	1
3	1	1	1	1	1	1	0	1	1	1	1	1	1	0	0	0
4	0	0	0	0	0	0	0	0	0	0	0	0	0	0	0	0

...

（1）试给出位示图中的位置(i,j)与对应盘块(盘块号从 0 开始编号)所在的物理位置（柱面号,磁头号,扇区号）之间的计算公式,假定柱面号、磁头号、扇区号都从 1 开始编号。

（2）试说明分配和回收一盘块的过程。

7. 请说明成组链接法的基本原理和分配与释放的过程。

参 考 文 献

[1] 李建伟,刘金河,等. 实用操作系统教程[M]. 北京:清华大学出版社,2011.

[2] TANENBAUM A S. 现代操作系统[M]. 3 版. 陈向群,等译. 北京:机械工业出版社,2009.

[3] NUTT G. 操作系统:现代观点[M]. 2 版. 孟祥山,晏益慧,等译. 北京:机械工业出版社,2004.

[4] STALLINGS W. 操作系统——内核与设计原理[M]. 4 版. 魏迎梅,王涌,等译. 北京:电子工业出版社,2001.

[5] 张尧学,宋虹,张高. 计算机操作系统教程[M]. 4 版. 北京:清华大学出版社,2013.

[6] 汤小丹,梁红兵,哲凤屏,等. 计算机操作系统[M]. 3 版. 西安:西安电子科技大学出版社,2007.

[7] 孟庆昌,牛欣源. 操作系统[M]. 2 版. 北京:电子工业出版社,2009.

[8] 邹恒明. 计算机的心智:操作系统之哲学原理[M]. 北京:机械工业出版社,2009.

[9] 邓胜兰. 操作系统基础[M]. 北京:机械工业出版社,2009.

[10] 左万历,周长林. 计算机操作系统教程[M]. 2 版. 北京:高等教育出版社,2004.

[11] 屠立德,王丹,金雪云,等. 操作系统基础[M]. 4 版. 北京:清华大学出版社,2014.

[12] 孙钟秀,费翔林,骆斌,等. 操作系统教程[M]. 3 版. 北京:高等教育出版社,2003.

[13] 罗宇,文艳军,等. 操作系统[M]. 北京:人民邮电出版社,2009.

[14] 胡明庆,高巍. 操作系统教程与实验[M]. 北京:清华大学出版社,2007.

[15] 罗宇,邹鹏,邓胜兰. 操作系统[M]. 2 版. 北京:电子工业出版社,2007.

[16] 郁红英,王磊,武磊,等. 计算机操作系统[M]. 2 版. 北京:清华大学出版社,2014.

[17] 翟一鸣,任满杰,孔繁茹,等. 计算机操作系统[M]. 北京:清华大学出版社,2012.

[18] 蒲晓蓉,刘丹,刘泽鹏,等. 操作系统原理与 Linux 实例设计[M]. 北京:电子工业出版社,2008.

[19] 李善平. 操作系统学习指导与考试指导[M]. 杭州:浙江大学出版社,2004.

[20] 倪继利. Linux 内核分析及编程[M]. 北京:电子工业出版社,2005.

[21] 孟庆昌,牛欣源. Linux 教程[M]. 2 版. 北京:电子工业出版社,2007.

[22] 刘泱,王征勇. 2016 版操作系统高分笔记[M]. 北京:机械工业出版社,2015.

[23] 季江民,徐宗元,严冰. 操作系统考研辅导[M]. 北京:清华大学出版社,2010.

[24] 许曰滨,孙英华,赵毅,等. 计算机操作系统[M]. 北京:北京邮电大学出版社,2007.

[25] 谭耀铭. 操作系统概论[M]. 北京:经济科学出版社,2005.

[26] 刘循,朱敏,文艺. 计算机操作系统[M]. 北京:人民邮电出版社,2009.